LEHRGANG DER HISTOPATHOLOGIE

FÜR STUDIERENDE UND TIERÄRZTE

VON

PROFESSOR DR. OSKAR SEIFRIED

VORSTAND DES INSTITUTS FÜR TIERPATHOLOGIE DER UNIVERSITÄT MÜNCHEN

MIT 142 ZUM TEIL FARBIGEN ABBILDUNGEN

BERLIN

VERLAG VON JULIUS SPRINGER

1934

ISBN-13: 978-3-642-98231-6   e-ISBN-13: 978-3-642-99042-7
DOI: 10.1007/978-3-642-99042-7

Vorwort.

Dieser „Lehrgang der Histopathologie" will dem Lernenden dieses Wissensgebiet in Erkenntnis seiner Wichtigkeit für die gesamte tierärztliche Ausbildung in möglichst knapper und leicht verständlicher Form darbieten. Ein „Lehrgang" kann nicht den Anspruch erheben, als lückenlose, systematische Sammlung von Daten und Tatsachen auf diesem so umfangreichen Gebiete zu gelten. Es wäre sogar ein Fehler, wollte man vor dem Lernenden alle Seiten der Wissenschaft ausbreiten, weil die Fülle des Neuen ihm Einblick und Überblick verwehren würde. Das Hauptbestreben des histopathologischen Unterrichts muß vielmehr sein, in alle grundlegenden Beziehungen des pathologisch-histologischen Geschehens einzuführen und die Zusammenhänge und das Gemeinsame der Vorgänge unter Fortlassung alles Überflüssigen hervorzuheben. Mit der in der Einleitung näher erörterten Aufteilung des Stoffes, die von der sonstigen Gepflogenheit in verschiedener Richtung abweicht, glaube ich dem mir vorschwebenden Ziele am nächsten zu kommen.

Bei der Abfassung des Buches hat das neueste Schrifttum, soweit es sich um wissenschaftlich feststehende Tatsachen handelt, weitgehende Berücksichtigung erfahren. Daneben stützt sich aber die Darstellung zu einem großen Teil auf eigene Erfahrungen und im einschlägigen Schrifttum niedergelegte Untersuchungen, ohne die eine kritische Bearbeitung des Stoffes nicht möglich ist.

Von Quellenangaben und von der Aufnahme normal-histologischer Bemerkungen vor den einzelnen Abschnitten ist Abstand genommen worden, weil sie das Buch unnötig verteuert hätten.

Da histopathologische Veränderungen nur an einwandfreien Abbildungen studiert werden können (die allerdings das histologische Präparat nicht zu ersetzen vermögen), so ist auf deren Auswahl und Herstellung in künstlerischer und lehrtechnischer Hinsicht und auf die genaue Beziehung des Textes zu ihnen größte Sorgfalt verwendet worden. Die Mehrzahl der Abbildungen ist nach Originalpräparaten von den bewährten wissenschaftlichen Zeichnern B. NERESHEIMER-München und W. FREYTAG-Würzburg gefertigt; ein kleiner Teil entstammt eigenen wissenschaftlichen Arbeiten (Mikrophotographien); nur vereinzelte sind anderen Werken entnommen.

In dem Buche ist, wie in den SPRINGERschen Verlagswerken allgemein üblich, die Schreibweise nach JANSEN durchgeführt.

Möge der „Lehrgang" das ebenso schwierige wie wichtige Studium der Histopathologie erleichtern und das Verständnis für die Krankheitsvorgänge und damit für die klinischen Fächer erwecken und fördern helfen.

München, im Sommer 1934.

OSKAR SEIFRIED.

Inhaltsverzeichnis.

Seite

Einleitung 1

I. Allgemeine Pathologie der Zellen und Gewebe 2

  A. Rückläufige (regressive) Zell- und Gewebsveränderungen 2

    1. Gewebsschwund (Atrophie) 2
      a) Atrophie und Atrophia lipomatosa der Skeletmuskulatur 2
      b) Braune Atrophie des Herzens 3
    2. Entartungen mit vorwiegendem Betroffensein der Zellen 4
      a) Trübe Schwellung (albuminöse Trübung, parenchymatöse Degeneration) 4
      b) Tropfige Entmischung 4
      c) Lückenbildung im Zelleib (vacuoläre Entartung) 4
      d) Ballonierende und retikulierende Zellentartung 5
      e) Verfettung 5
      f) Glykogenanhäufung (Speicherung, Entartung) 8
      g) Zellentartungen durch Anhäufung von Stoffwechselprodukten und durch
        Befall mit Parasiten 9
      h) Gewebstod (Nekrose) 10
      Anhang: Krankhafte Verhornung 11
    3. Entartungen mit vorwiegendem Betroffensein der Zwischenzellsubstanzen 13
      a) Hyaline Entartung (Hyalinisierung, Homogenisierung) 13
      b) Schleimige Entartung 13
      c) Amyloide Entartung 14
      d) Kolloide Entartung 15
    4. Ablagerungen von Kalk, harnsauren Salzen, Konkrementbildungen . . . 15
      a) Kalkablagerungen 15
      b) Ablagerung von Harnsäure und harnsauren Salzen 17
      c) Ablagerungen von krystallinischem Cholesterin 17
    5. Störungen des Pigmentstoffwechsels und exogene Pigmentierungen . . . 18
      1. Körpereigene, gefärbte Abscheidungen (endogene Pigmente) 18
        a) Melanin 18
        b) Abnutzungspigment 19
        c) Abkömmlinge des Blutfarbstoffes. Hämoglobinogene Pigmentierungen
          (Hämosiderin, Hämatoidin) 19
        d) Ablagerung von Gallefarbstoff (Ikterus) 20
      2. Körperfremde Ablagerungen (exogene Pigmente) 21
        a) Kohlenstaubablagerung (Anthrakosis) 21
        b) Sonstige schwärzliche Pigmentierungen 23
        c) Farbstofflösungen 23

  B. Gesteigerte Lebensvorgänge in Zellen und Geweben (progressive
    Zell- und Gewebsveränderungen) 23
  Pathologie der Zellvermehrung 23
    1. Zweckmäßigkeitswachstum 24
      a) Gewebserneuerung (Regeneration) 24
      b) Größenzunahme und Vermehrung der Zell- und Gewebsbestandteile
        (Hypertrophie und Hyperplasie) 26
      c) Wundheilung 26
      d) Gewebliche Ausfüllung und Umwandlung (Organisation) 27
      e) Änderung der Gewebsform (Metaplasie) 29
      f) Überpflanzung (Transplantation) von Geweben 29
    2. Selbständiges Wachstum (Geschwülste, Gewächse) 29
      a) Reife Bindesubstanzgeschwülste 33
        Fibroblastoma (Fibroma) 33
        Myoblastoma (Myoma) 34

Seite

b) Unreife Bindesubstanzgeschwülste (Sarkome) 34
  α) Sarkome niederster Gewebsreife. 34
      Rundzellensarkom 34
      Spindelzellensarkom 35
      Polymorphzelliges Sarkom 36
      Riesenzellensarkom 37
  β) Sarkome höherer Gewebsreife. 37
      Chondroplastisches Sarkom (Chondrosarkom). 37
      Angioplastisches Sarkom (Angiosarkom) 37
      Melanoplastisches Sarkom (Melanosarkom) 39
c) Reife epitheliale Geschwülste 39
      Papillom = reife Deckepithelgeschwulst 39
      Adenome = reife Drüsenepithelgeschwülste 40
      Papilliferes Adenom 41
      Fibroadenom 42
d) Unreife epitheliale Geschwülste 42
      Carcinome (Krebse) 42
      Plattenepithelkrebs der Haut 42
      Basalzellenkrebs (Basaliom) 44
      Drüsenepithelkrebs (Adenocarcinom) 44
e) Mischgeschwülste 45
C. Allgemeine Histopathologie der Entzündung 45
      Alterative Vorgänge 45
      Exsudativ-infiltrative Prozesse 45
      Proliferative oder produktive Vorgänge 46

II. Spezielle Histopathologie (in ausgewählten Krankheitsbildern). 48
  A. Organe des Kreislaufes 48
    1. Myokard. 48
      a) Herzmuskelveränderungen bei bösartiger Aphthenseuche 48
      b) Pullorumknötchen im Herzmuskel 49
    2. Perikard. 50
      Perikarditis 50
    3. Endokard 51
      Endokarditis. 51
    4. Gefäße 52
      a) Gefäßverkalkungen bei Hypervitaminose D 52
      b) Blutpfropfbildung (Thrombose) 55
      c) Schlagaderentzündung und -Ausbuchtung (Arteriitis und Aneurysma). 55
      d) Blutgefäßveränderungen bei Schweinepest 57
  B. Blut und blutbildende Organe 60
    1. Blut 60
      a) Pathologische Blutzellformen 60
      b) Weißblütigkeit. Leukämie (lymphatische und myeloische) 60
    2. Lymphknoten 61
      a) Kohlenstaubablagerung (Anthrakosis) 61
      b) Lymphknotenentzündung (Lymphadenitis) 61
      c) Lymphknotenveränderungen bei Schweinepest 62
      d) Lymphknotentuberkulose 64
    3. Milz 65
      a) Infektiöse (septische) Milzschwellung 65
      b) Milzinfarkte bei Schweinepest 66
  C. Atmungsorgane 67
    1. Nasen-, Nasennebenhöhlen, Kehlkopf, Luftröhre, Bronchien 67
      a) A-Avitaminose der oberen Atmungswege 67
      b) Nasenentzündung. Rhinitis 68
      c) Infektiöse Laryngo-Tracheo-Bronchitis (Huhn) 69
      d) Geflügelpocken und -diphtherie 71
    2. Lungen 71
      a) Vermehrter Luftgehalt. Emphysem 71
      b) Verminderter Luftgehalt. Atelektase 71
      c) Lungenödem 72

Inhaltsverzeichnis. VII

Seite

d) Lungenentzündungen. Pneumonien 73
Allgemeines über Ursache, Entstehung und pathologische Anatomie der
Lungenentzündungen. 73
Fibrinöse Pneumonie. Beispiel: Lungenseuche des Rindes 74
Katarrhalische Bronchopneumonie. Beispiel: Katarrhalisch-eitrige Pneumonie bei Hundestaupe 81
e) Tuberkulose der Lungen 82
f) Rotzknötchen in den Lungen 88
g) Wurmknötchen in den Pferdelungen 90
h) Lungenwurmseuche (Lungenstrongylose) 91
D. Verdauungsorgane 92
1. Mund- und Rachenhöhle, Speiseröhre. 92
a) A-Avitaminose der oberen Verdauungswege 92
b) Mundhöhlenentzündung (Stomatitis) 93
Beispiele: Stomatitis erosiva und ulcerosa (Huhn) 94
Stomatitis pseudomembranacea (Geflügeldiphtherie) 95
Stomatitis vesiculosa (Aphthenseuche, Rind) 95
2. Magen- und Darmkanal. 97
a) Chronischer Magenkatarrh (Gastritis catarrhalis chronica hypertrophicans) 97
b) Akuter Darmkatarrh (Enteritis catarrhalis acuta) 98
c) Darmcoccidiose 99
d) Darmveränderungen bei chronischer Schweinepest. (Beispiel einer
diphtheroiden, nekrotisierenden Enteritis). 102
3. Leber 104
a) Stauungsleber (Stauungshyperämie, passive, venöse Hyperämie) . . . 104
b) Toxische Leberdystrophie (früher enzootische Ferkelhepatitis) 105
c) Leberverhärtung (Lebercirrhose) 107
d) Leber bei Leukämie 108
e) Leber bei infektiöser Anämie (Pferd) 110
f) Gallengangscoccidiose. 112
E. Harnorgane. 114
a) Nierenblutungen bei Schweinepest 114
b) Niereninfarkt 115
c) Nierenentzündungen (Nephritiden) 117
Beispiele: Interstitielle Nephritis. 118
Embolisch-eitrige Nephritis 119
F. Geschlechtsorgane 121
1. Männliche Geschlechtsorgane 121
a) Prostatahypertrophie 121
b) Hodennekrose (bei Abortus-Bang-Infektion). 122
2. Weibliche Geschlechtsorgane 124
a) Allantois-Chorionveränderungen (bei infektiösem Abortus, Rind) . . . 124
b) Euterentzündung (Streptokokkenmastitis). 125
G. Innersekretorische Drüsen 126
Struma (Kropf) 126
Struma parenchymatosa 126
Struma colloides 126
H. Nervensystem 127
Gehirn, Rückenmark, peripherische und viscerale Nerven 127
a) Veränderungen bei Vitamin-A-Mangel 127
b) Nervendegeneration auf der Grundlage von Nährschäden 129
c) Gehirn- und Rückenmarksentzündung. Encephalitis und Myelitis. . . 131
α) Encephalitis und Myelitis acuta non purulenta. 132
β) Encephalitis und Myelitis purulenta. 144
d) Eitrige Hirnhautentzündung (Leptomeningitis purulenta) 145
e) MAREKsche Geflügellähme 146
I. Bewegungsorgane. 147
1. Knochen. 147
a) Osteodystrophia fibrosa (früher Ostitis fibrosa) 147
b) Rachitis 149
c) Chondrodystrophia fetalis 151

Inhaltsverzeichnis.

Seite

  2. Muskeln 152
    a) Hyalin-schollige Muskeldegeneration 152
    b) Sarcosporidiose 153
    c) Myositis eosinophilica 154
    d) Trichinellose 155
K. Haut 157
    a) Eitrige Entzündung des Unterhautzellgewebes (Phlegmone) 157
    b) Virusdermatosen 159
      Beispiele: Aphthenseuche (Maul- und Klauenseuche). 159
        Geflügelpocken 159
    c) Aktinomykose 161

III. Vergleichende Histopathologie (gemeinsame Kennmale) der wichtigsten ursächlich zusammengehörigen Krankheitsgruppen 163
  A. Viruskrankheiten 163
    Histologische Veränderungen 163
    Zell- und Kerneinschlüsse 166
      Auftreten der Einschlüsse in verschiedenen Zellarten 166
      Natur der Einschlußkörperchen 166
  B. Bakterielle Krankheiten 170
  C. Parasitäre Krankheiten 173
    1. Protozoen 173
    2. Würmer 173
    3. Gliedertiere (Insekten und Spinnentiere) 176
  D. Mangel-, Nährschaden- und Überschußkrankheiten 177
    1. Avitaminosen. 177
    2. Nährschaden- und Überschußkrankheiten 179
  E. Vergiftungen 179
    1. Exogene Toxikosen 180
    2. Endogene Toxikosen (Selbstvergiftung, Autointoxikation) 182
  F. Durch thermische, elektrische, Licht- und Strahlenwirkungen und durch mechanische Einflüsse bedingte Krankheiten 182
    1. Thermische Einwirkungen 182
    2. Schädigung durch Elektrizität 183
    3. Lichtwirkungen und andere Strahlenwirkungen 183
    4. Mechanische Einwirkungen 184

Sachverzeichnis 185

Einleitung.

Dem Studium der Histopathologie kommt im Rahmen der tierärztlichen Lehrfächer eine überragende Bedeutung zu. Außer ihr gibt es wohl kaum ein Teilgebiet, dessen gründliche Erlernung das Verständnis für das Wesen, den Verlauf und den Ausgang der Krankheiten in gleicher Weise erwecken und fördern könnte. Da die Kunst der Histopathologie darin besteht, exakte morphologische Anschauung mit richtigem physiologischem Denken zu vereinigen, so wird sie niemals um ihrer selbst willen betrieben werden können, sondern wird stets auf das Erkennen und Verstehen der gesamten krankhaften Vorgänge gerichtet sein müssen. Ihre weitere Aufgabe, die Krankheitsentstehung und den Krankheitsgang unter bestimmten Bedingungen morphologisch zu ergründen (Pathogenese) und außerdem pathognomonische Veränderungen aufzuzeigen (Diagnostik), verleiht ihr in Verbindung mit der experimentellen Histopathologie Ganzheitsanspruch. Die Kenntnis der allgemeinen Grundsätze der Histopathologie bestimmt Tiefe, Weite und Fruchtbarkeit des gesamten ärztlichen Denkens und Handelns.

Der systematischen Erlernung der Histopathologie trägt die Einteilung des Stoffes in folgende drei Abschnitte Rechnung:

Der erste Abschnitt: „Allgemeine Pathologie der Zellen und Gewebe" ist eine Einführung in die grundlegenden, wichtigsten Veränderungen der Zellen und Gewebe und die dabei bestehenden Gesetzmäßigkeiten unter Heranziehung bestimmter Beispiele. Durch das eingehende Studium dieses Kapitels sollen die notwendigen Grundlagen für das Verständnis der speziellen histopathologischen Veränderungen bei den wichtigsten Krankheiten geschaffen werden.

Im zweiten Abschnitt: „Spezielle Histopathologie" ist eine vorsichtige Auswahl der für den Tierarzt wichtigsten Krankheitsbilder, unter besonderer Berücksichtigung der Pathogenese und der histologischen Diagnostik getroffen worden. Die für die einzelnen Krankheiten kennzeichnenden Gewebsveränderungen sind jeweils nur in einem Organ besprochen (z. B. die tuberkulösen Vorgänge nur in den Lungen), weil es im wesentlichen darauf ankommt, das Grundsätzliche des histologischen Charakters einer Krankheit zu erfassen. Für die Denkarbeit des Lernenden ist damit weitester Spielraum gelassen.

Mit dem dritten Abschnitt: „Vergleichende Histopathologie" ist der Versuch unternommen worden, das Gemeinsame der histologischen Veränderungen bei den wichtigsten, ursächlich zusammengehörigen Krankheitsgruppen hervorzuheben. Zweck dieses Kapitels ist nicht nur, den jedem „Lehrgang" anhaftenden Mangel der Vollständigkeit auszugleichen, sondern vor allem das Verständnis für die Wirkungsweise bestimmter Ursachengruppen und für die ihnen eigentümlichen Gewebsveränderungen zu eröffnen. Die Wechselbeziehungen zwischen der Biologie der belebten Krankheitsursachen und der Reaktion des Wirtsorganismus haben dabei besondere Erörterung erfahren. Gleichzeitig soll dem Lernenden mit diesem Kapitel gezeigt werden, daß die auf den ersten Blick fast unerlernbar erscheinende Mannigfaltigkeit und Verschiedenheit der histopathologischen Vorgänge sich auf verhältnismäßig wenige und einfache Grundformen zurückführen läßt.

I. Allgemeine Pathologie der Zellen und Gewebe.

A. Rückläufige (regressive) Zell- und Gewebsveränderungen.

1. Gewebsschwund (Atrophie).

Einfachste und am leichtesten zu verstehende regressive Gewebs- und Zellveränderung. Der damit verbundene Schwund der betroffenen Organe beruht auf Verkleinerung der einzelnen Zellelemente, ohne daß morphologische und chemische Veränderungen zugegen sein brauchen (einfache Atrophie), oder auf zahlenmäßiger Verringerung der Zellen durch massenhaftes Zugrundegehen solcher (numerische Atrophie). Beide Vorgänge laufen oft nebeneinander her. Die Folgen sind von dem Grade des Schwundes, von der Bedeutung der atrophierten oder ausgefallenen Zellen und von der Lebenswichtigkeit des befallenen Organes abhängig. Außer der Verkleinerung der Organe zeigen manche atrophische Gewebe noch besondere Veränderungen (z. B. gallertige Beschaffenheit des atrophischen Fettgewebes, Leichtigkeit und Porosität atrophischer Knochen). Es ist einleuchtend, daß Protoplasma und Kerne hungernder, nicht mehr genügend ernährter Zellen an Volumen abnehmen. Die Kerne zeigen häufig das Bild der Schrumpfung und Verklumpung des Chromatins (Pyknosis). Zellstoffwechselprodukte, wie Fett oder Glykogen können aufgebraucht und verschwunden sein. Auf der anderen Seite können bei der Atrophie Stoffwechselprodukte (Fette, Lipofuscin) im Übermaße in den Zellen abgelagert sein, weil ihnen die Fähigkeit mangelt, diese Stoffe zu verarbeiten. Die Zellverkleinerungen und das Zugrundegehen von Zellen bedingen Gewebslockerung und Gewebsentspannung, so daß andere Gewebe (Fettgewebe, interstitielles Bindegewebe) wuchern und die Gewebslücken auszufüllen suchen (in welchen Fällen eine Verkleinerung der betreffenden Organe vermißt wird). Längere Zeit bestehende Zellatrophie führt zum Zelltode unter Entstehung der auf S. 10 beschriebenen Zellbilder.

Ursachen und Zustandekommen der Atrophie sind nicht einheitlicher Natur. In Betracht kommen: 1. Senilität und Kachexie bei chronischen Infektionen und Intoxikationen (senile, kachektische, Inanitionsatrophie), 2. ungenügende oder aufgehobene Funktion von Organen (Inaktivitätsatrophie), 3. auf verschiedenen Ursachen beruhende Innervationsstörungen (z. B. nach Rückenmarkslähmung, zentrale und peripherische Erkrankungen der cortico-muskulären Leitungsbahnen bzw. der peripherischen, motorischen Nerven (neurotische Atrophie), 4. Kompression, z. B. durch Hämatome, Abscesse, zellige Infiltrate, Blutstauungen (Leber), Ablagerungen verschiedener Art, Geschwülste und sonstige Gewebsneubildungen (Druckatrophie), 5. infektiöse und toxische Ursachen, entweder direkt oder auf dem Wege über Degenerationen und Ernährungsstörungen, 6. Röntgen- und Radiumstrahlen (Keimgewebe, lymphatischer Apparat).

Beispiele. a) Atrophie und Atrophia lipomatosa der Skeletmuskulatur.

In Abb. 1 haben wir einen Schnitt durch die atrophische Oberschenkelmuskulatur eines im Anschluß an nervöse Staupe gelähmten Hundes (also eine neurotische Atrophie) vor uns. Neben gesunden Muskelfasern mit erhaltener Querstreifung sind solche sichtbar, die nicht nur stark verdünnt sind (Schwund), sondern die lediglich eine längsgestreifte, fibrilläre Struktur erkennen lassen (a). An anderen Stellen treten Bruchstücke zugrunde gegangener Fasern hervor, die zum Teil stark gequollen sind und durch ihre homogene, sattrote Farbe ins Auge fallen (b). Sie zeigen an verschiedenen Stellen quere Zusammenhangstrennungen. Bei c sind die Fasern aufgelöst und zu einer blaßrosa sich färbenden, leicht fibrilläre Struktur aufweisenden Masse verschmolzen. Bemerkenswert ist der überall hervortretende Kernreichtum, der zum Teil durch das Zusammenrücken der Kerne auf einen engeren Raum zu erklären ist, in der

Hauptsache aber auf einer Wucherung der Muskelkerne und der Zellen des intermuskulären Bindegewebes beruht. Diese beiden Zellarten sind in unserem Präparat bei st. V.[1] leicht voneinander zu unterscheiden. An vielen Stellen im Bereiche der atrophischen Fasern liegen kettenförmig angeordnete, rundliche oder längsovale, dunkelgefärbte pyknotische und zusammenhängende Kerne (d), die als degenerative, direkte Teilungen der Muskelkerne aufgefaßt und als „Muskelkernschläuche" oder „Kernfasern" bezeichnet werden. Diese Wucherung kann so hochgradig sein, daß die leergewordenen Scheiden ganz davon ausgefüllt werden (e). Mit fortschreitendem Schwund der Muskelfasern kommt es zu einer

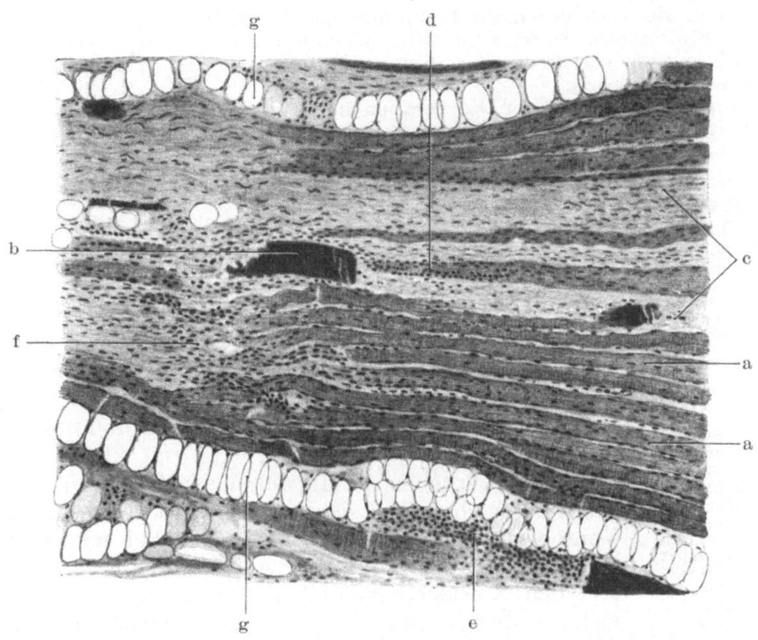

Abb. 1. Atrophia lipomatosa musculorum bei Hundestaupe. 100 ×. Hämatoxylin-Eosin.
a atrophische Muskelfasern mit erhaltener und verlorener Querstreifung, b hochgradig gequollene, hyaline Faserreste, c aufgelöste, verbreiterte Fasern, d, e Muskelkernwucherungen, f vermehrtes Interstitium, g vermehrtes Fettgewebe an Stelle zugrunde gegangener Fasern.

Wucherung des Bindegewebes (f) (längliche, leicht gewellte Kerne), des Fettgewebes (g) (Atrophia lipomatosa, Pseudohypertrophia lipomatosa) und des Perimysium internum. Dieser Vorgang ist als „Vakatwucherung" zu deuten.

b) Braune Atrophie des Herzens.

Im Alter und bei chronischen, entkräftenden Krankheiten kommt es beim Menschen und bei den Haustieren, am häufigsten beim Rinde, zur Atrophie und zu auffallender Braunfärbung der Herzmuskulatur.

Histologisch handelt es sich dabei um Ablagerung eines braunen Farbstoffes im Sarkoplasma, vornehmlich an den Polen der Kerne. Der Farbstoff ist nicht hämatogener Abkunft (keine Eisenreaktion), sondern stellt eine Verbindung fettiger Natur aus der Gruppe der autochthonen oder autogenen Pigmente dar, die Lipofuscin genannt wird. Es ist ein Abnützungspigment, das — den Melaninen nahestehend — in der Herzmuskelfaser bereits bei jungen Individuen angetroffen wird, im Alter mehr und mehr zunimmt oder unter

[1] st. V. = starke Vergrößerung. schw. V. = schwache Vergrößerung.

1*

bestimmten Krankheitsbedingungen zur Ausfällung kommt. Die braune Atrophie ist häufig mit Verlust der Querstreifung der Fasern und einer Fragmentatio myocardii vergesellschaftet, die wahrscheinlich in der Agonie zustande kommt.

Dasselbe Pigment findet sich auch in den Leber- und Darmmuskelzellen (s. S. 111), seltener in denen der Körpermuskulatur und in Ganglienzellen. Auch eisenhaltiges Pigment (Myosiderin) kommt bisweilen vor.

2. Entartungen mit vorwiegendem Betroffensein der Zellen.

a) Trübe Schwellung (albuminöse Trübung, parenchymatöse Degeneration)

tritt im Verlaufe der verschiedensten Infektions- und Intoxikationskrankheiten [z. B. bei Septicämien, Brustseuche, Starrkrampf, Hämoglcbinurie, Autointoxikationen, echten Vergiftungen (Phosphor)], vor allem in der Herz- und Skeletmuskulatur, in der Leber und in den Nieren auf.

Makroskopisch ist diese Art der Degeneration durch Schwellung der betreffenden Organe, durch eine eigenartig glanzlose, trübe, matte, grauweiße oder lehmfarbene Beschaffenheit der Schnittfläche und durch mürbe und brüchige Konsistenz (wie gekocht) gekennzeichnet. Sie gilt im Gegensatze zu ähnlichen Zuständen bei gesteigerter Lebenstätigkeit der Zellen als meist reversible, toxische Stoffwechselstörung (regressive Zellmetamorphose), bei welcher sonst lösbare und wegen ihrer Kleinheit unsichtbare Eiweißgranula ausgefällt oder bei welcher die den Zellen zugeführten Eiweißsubstanzen im Zellprotoplasma nicht mehr verarbeitet werden und dort liegen bleiben.

Mikroskopische Untersuchung am besten im Zupfpräparat zunächst unter Zusatz von physiologischer Kochsalzlösung. Dabei zeigt sich, daß die Zellen geschwollen, in Form und Umrissen wesentlich verändert und entsprechend ihrem matten, glanzlosen Aussehen mit kleinsten, staubförmigen Körnchen häufig so dicht besät sind, daß die Zellkerne nicht mehr sichtbar sind und auch degenerative Veränderungen erleiden. Im Herzmuskel wird die Querstreifung verdeckt oder geht vollkommen verloren (Abb. 2). Bei den Körnchen handelt es sich um Eiweißgranula, die sich bei Zusatz von 1%iger Essigsäure oder von Kali- und Natronlauge lösen und die mit Salpetersäure Gelbfärbung annehmen (Xantoproteinreaktion, Unterscheidung von Fettkörnchen!). (Bei der Autolyse der Organe ähnliche Veränderungen!) Weitere Folgen: Anämie, bedingt durch Kompression der vergrößerten Zellen auf Capillaren, daran anschließend degenerative Veränderungen, Myofragmentatio cordis.

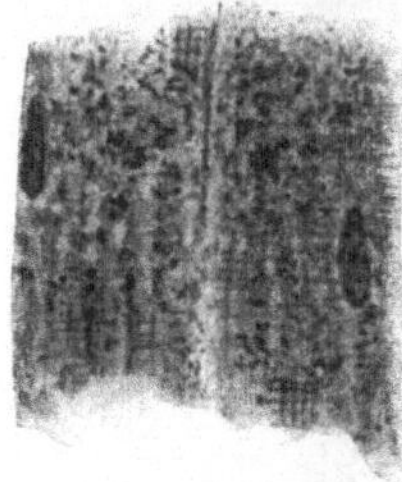

Abb. 2. Trübe Schwellung des Myokards bei Intoxikation im Anschluß an incarcerierten Leistenbruch beim Pferd. ca. 100×. Ungefärbtes Frischpräparat. Die Querstreifung der Muskelfasern ist nahezu vollkommen verschwunden.

b) Tropfige Entmischung.

Die trübe Schwellung steht in enger Beziehung zur tropfigen Entmischung des Protoplasmas (Zustandsänderungen der Eiweißlösungen im Sinne der Kolloidchemie, s. Abb. 2).

c) Lückenbildung im Zelleib (vacuoläre Entartung).

Bei der vacuolären Entartung (vakuoligen Degeneration), wie sie häufig an Zellen wassersüchtiger Gewebe beobachtet wird, aber auch bei reinen Degenerationsprozessen (z. B. an Ganglienzellen s. S. 128, Nerven, zugrunde gehenden Leukocyten) vorkommt, scheint in der Hauptsache eine osmotische Störung vorzuliegen. Die im Protoplasma liegenden Vakuolen enthalten weder Eiweiß noch Fett, sondern müssen als Flüssigkeitstropfen betrachtet werden. Sie dürfen nicht mit autolytischen Zellvakuolen und auch nicht mit ähnlich aussehenden Funktionszuständen normaler Drüsenzellen verwechselt werden.

d) Ballonierende und retikulierende Zellentartung.

Im Bereiche der Epidermis, im besonderen unter der Einwirkung dermato-
troper Virusarten (S. 159, 164), aber auch unter sonstigen Einflüssen, kommt es
durch Flüssigkeitsansammlung zur Loslösung von Zellen aus ihrem Verbande,
zu ihrer Aufquellung und blasigen Umwandlung mit Auflösung des Zellprotoplasmas und Degeneration der Zellkerne. Diese Veränderung wird als *ballonierende Degeneration* bezeichnet (Abb. 3). Im Stratum spinosum dagegen,
dessen Zellverband gefestigter ist, tritt unter denselben Bedingungen vakuolige

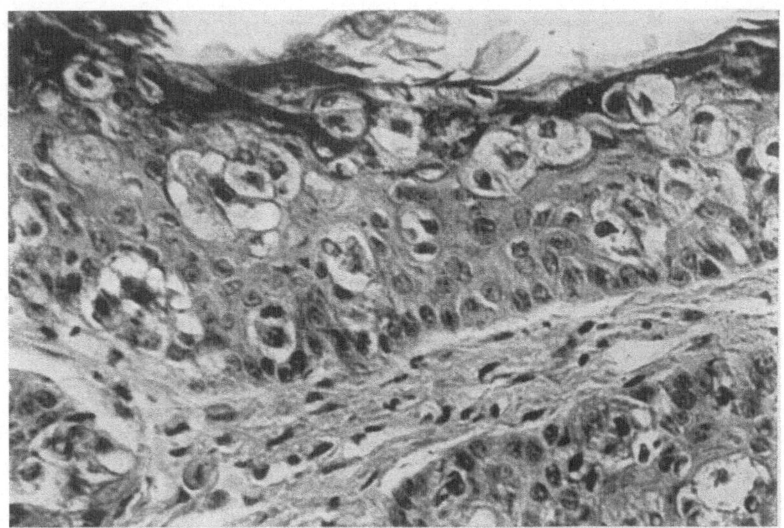

Abb. 3. Ballonierende Zelldegeneration (Epidermis bei Myxomatosis des Kaninchens).
388 ×. Hämatoxylin-Eosin.
In verschiedenen Schichten der Epidermis ballonartig umgewandelte Zellen mit Chromatolysis und
Pyknosis der Zellkerne. Zum Teil Konfluenz derartiger Zellen und Bildung gefächerter Bläschen.

Degeneration der Zellen ein, derart, daß das Protoplasma dicht an dicht mit
rundlichen Hohlräumen besetzt ist, die ein feinmaschiges Protoplasmanetz
zwischen sich stehen lassen = *retikulierende Deqeneration.*

e) Verfettung.

Dem Wesen und der Entstehung nach sind zwei grundsätzlich voneinander
verschiedene Arten der pathologischen Verfettung in den Zellen des Körpers
zu unterscheiden: 1. die progressive Verfettung (einfache Verfettung, Fett-
infiltration, Fettspeicherung) und 2. die regressive Verfettung (fettige
Degeneration).

Die *progressive Verfettung* ist in vielen Fällen nicht vom physiologischen Fettgehalt
der Zellen (z. B. der Leberzellen) zu trennen. Sie entsteht durch vermehrte exogene
Zufuhr von Fett unf fettbildenden Substanzen, also durch vermehrte Fettassimilation
und Oxydation = Fettspeicherung. Dabei handelt es sich entweder um Aufnahme von
fertigem Fett (Phagocytose) oder um einen synthetischen Aufbau von Fett aus zugeführten
Vorstufen, in welch letzterem Falle es häufig an die Zellgranula gebunden ist [granuläre
Fettsynthese (ARNOLD)]. In der reinsten Form wird diese Art der Verfettung bei der Fett-
mast angetroffen, bei der eine Speicherung der Fettsubstanzen in den Fettdepots (Leber,
Nieren, Netz) erfolgt. In gleicher Weise kommt Verfettung zustande, wenn die Oxydation
vermindert ist, wie dies bei chronischen Ernährungsstörungen [chronischen Darmkatarrhen,
Darmverschluß, bei chronischen kachektischen Krankheiten (Tuberkulose, chronische
Infektionen, Krebs, chronische Eiterungsprozesse) und bei Zirkulationsstörungen (Oligämie,

Anämie)] zutrifft. Das Fett bleibt dann in den Zellen unverbraucht liegen und sammelt sich in diesen an (Fettretention). Beide Formen der Verfettung gehen in der Regel ohne tiefgreifende Störungen der Lebenstätigkeit der Zellen einher.

Regressive Verfettung. Andersartige Verhältnisse liegen bei der regressiven Verfettung vor, die auf verminderter Zelltätigkeit infolge primärer Schädigung bzw. Degeneration von Parenchymzellen (Leberzellen) beruht, so daß das zugeführte Fett nicht verarbeitet werden kann und liegen bleibt. Das ist besonders bei Vergiftungen der Fall (Phosphor, Arsen, Antimon, Chloroform, Äther, Tetrachlorkohlenstoff, pflanzliche Gifte). Dabei ist „Fettwanderung", d. h. Zufuhr labilen Körperfettes aus den Fettdepots zu anderen Körperstellen möglich. Die bei nekrobiotischen und autolytischen Vorgängen auftretenden Fettsubstanzen entstammen den Zellen der betreffenden Gewebe selbst und werden durch Zerfall von Fetteiweißkörpern und Lipoiden frei.

Chemische Natur der Fette.

Gruppenbezeichnung	Einzelbeispiele	Chemische Zusammensetzung
1. Glycerinester (Neutralfette) .	—	Glycerin + Fettsäuren
2. Cholesterinester (Cholesterinfette)	—	Cholesterin + Fettsäuren
3. Phosphatide { ungesättigte	Lecithin, Cephalin	Organische Basen + Glycerinphosphorsäure + Fettsäuren
gesättigte	Sphingomyelin	Organische Basen + Phosphorsäure + Fettsäuren
4. Cerebroside - Sphingogalaktoside	Phrenosin, Cerasin	Organische Basen + Galaktose + Fettsäuren
5. Fettsäuren, fettsaure Seifen, Cholesterin	—	—

Myeline sind nicht doppeltbrechende Lipoide, die mit Neutralrot färbbar sind und in Wasser zu eigentümlich vielgestaltigen, doppeltkonturierten Myelinfiguren aufquellen (s. Abb. 4)[1].

Sie treten nicht im lebenden Gewebe in Erscheinung, sondern entstehen bei der Nekrobiose und Autolyse aus den Phosphatiden der Kernsubstanzen.

Im ungefärbten Präparat und im durchfallenden Lichte erscheinen kleine Fetttröpfchen wegen ihrer starken Lichtbrechung

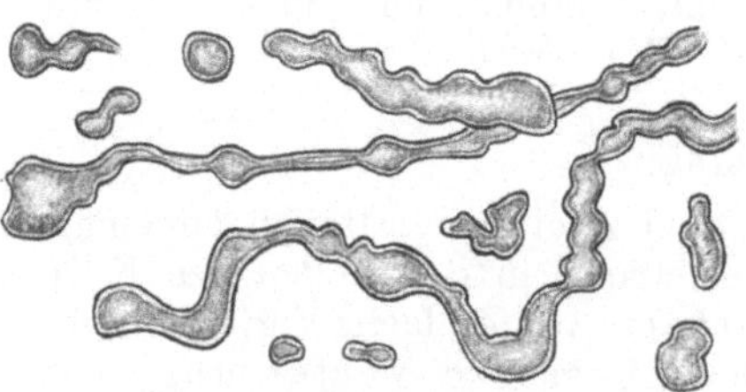

Abb. 4. Myelinfiguren (postmortal veränderte Hirnsubstanz beim Rind).

Abb. 5. Cholesterintafeln (aus dem Gehirn eines Rindes).

dunkel, während größere hell leuchtendes Zentrum und dunklere Randkontur aufweisen. Osmiumsäure färbt Fettsubstanzen schwarz; Sudan III, Scharlachrot geben bei verschiedenartigen Fetten Rotfärbung. Manche Fette, Cholesterinester und Cholesteringemische sind doppeltbrechend (anisotrop), andere isotrop. Bisweilen finden sich Fettsubstanzen in Krystallform: Cholesterin in charakteristischer Tafelform (Abb. 5); Cholesterinester und Fettsäuren in büschelförmig angeordneten, radiär auseinanderstrebenden Nadeln (Abb. 6).

---

[1] Bezüglich der mikroskopischen Darstellung der verschiedenen Fettsubstanzen wird auf SEIFRIED-HEIDEGGER: Pathologische Mikroskopie. Stuttgart: Ferdinand Enke 1933 verwiesen.

Als **Beispiel** pathologischer Verfettung soll die *Leberverfettung* näher besprochen werden, weil die Leber der Hauptumschlagshafen für die Fettsubstanzen ist, weil Leberverfettungen bei den verschiedenen Haustieren häufig vorkommen und die Unterschiede zwischen progressiver und regressiver Verfettung in diesem Organ am deutlichsten in Erscheinung treten. Ähnliche Verhältnisse treffen für die Herzmuskelverfettung zu.

Bei der progressiven Verfettung kommt es neben allgemeiner Adipositas auch zu einer starken Leberverfettung, die meistens in der Peripherie der Lobuli beginnt (Muskatnußzeichnung) und sich allmählich auf die ganzen Lobuli ausdehnt, so daß gleichmäßige Verfettung mit verwaschener Läppchenzeichnung auf der Schnittfläche entsteht. Die Leber sieht dabei gelb bis safrangelb aus. Seltener sind inselförmige Verfettungen, so bei lokalen Zirkulationsstörungen und in cirrhotischen Lebern. Die progressive Verfettung geht ohne nachweisbare, strukturelle Zellveränderungen einher, insbesondere fehlen Kernveränderungen vollkommen. Bei der Färbung mit Osmiumsäure und mit Sudan III bzw.

Abb. 6. Fettsäurenadeln (aus einer Leberverfettung vom Hund).

Scharlachrot treten im Protoplasma zahlreiche, kleinere und größere Fettkörnchen auf, die den Protoplasmaleib besetzen und kugelförmig aufblähen (Abb. 7). Der Kern behält im Falle kleintropfiger Verfettung häufig seine

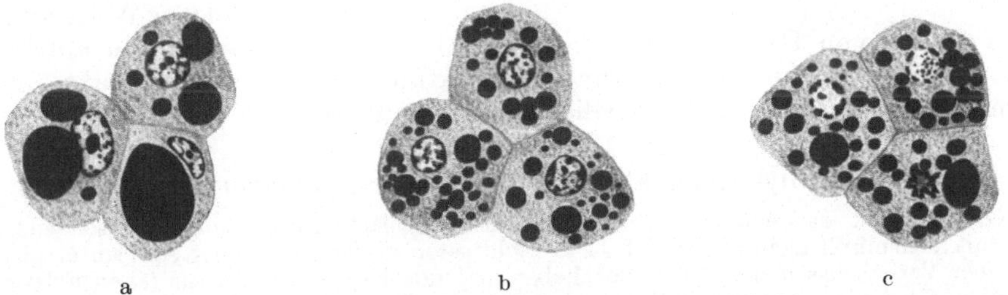

Abb. 7. Verfettung von Leberzellen (halbschematisch).
a einfache großtropfige Verfettung ohne Zellschädigung, b einfache kleintropfige Verfettung ohne Zellschädigung, c regressive Verfettung mit Zellschädigung (Pyknose, Kernwandhyperchromatosis, Karyorhexis) bei Phosphorvergiftung (Huhn).

zentrale Lage, oder er ist überdeckt und überhaupt nicht sichtbar. Beim Auftreten größerer Fetttropfen, die durch Zusammenfließen kleinerer entstehen, ist er konzentrisch oder peripherisch gelagert (Siegelringform, Ähnlichkeit mit normalen Fettzellen). Die oft erhebliche Vergrößerung der Leberzellen führt zur Kompression der Pfortadercapillaren mit anschließender Anämie, unter Umständen auch der Gallencapillaren mit Entstehung von Stauungsikterus.

Bei der regressiven Leberverfettung, wie sie in reinster Form bei der Phosphorvergiftung beobachtet wird, ist das makroskopische Aussehen der Leber ähnlich wie bei der progressiven Verfettung. Intracellulär treten die Fettkörnchen zum Teil in kleintropfiger, zum Teil in großtropfiger Form in Erscheinung, aber es stehen dabei meistens degenerative Zellveränderungen, wie trübe Schwellung, Pyknosis, Karyorhexis, Karyolysis und Zellzerfall im Vordergrund (s. Abb. 7). Diese Veränderungen sind allein maßgebend für die Diagnose der regressiven Verfettung. Progressive Verfettungen sind rückbildungsfähig, regressive führen zur Nekrobiose und zum Zelluntergang, der reparatorische Vorgänge nach sich ziehen kann (Bindegewebswucherung, Cirrhose).

Um eine regressive Verfettung handelt es sich auch bei den primären Strangerkrankungen und sekundären Degenerationen des Z.N.Ss.[1] (myelinige Degenerationen), bei denen das kompliziert gebaute Myelin des Marks — ein Lipoid im engeren Sinne — allmählich zu Neutralfetten abgebaut wird und charakteristische Umwandlungen erfährt (Näheres s. im Kapitel Z.N.S., S. 127).

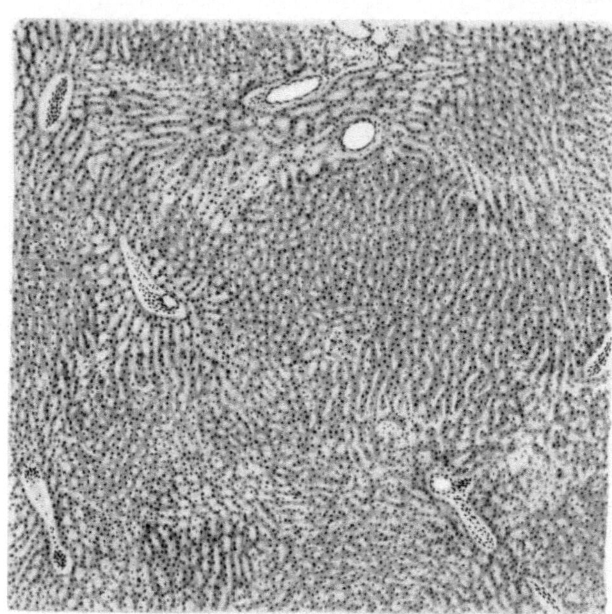

Abb. 8. Leberverfettung beim Huhn. 10×. Hämatoxylin-Sudan III. Nur die Randteile der Leberläppchen sind von der Verfettung verschont. Kerne in den verfetteten Gebieten noch leidlich erhalten. In Blutgefäßen kernhaltige rote Blutkörperchen.

In gleicher Weise können beim Zerfall von Ganglienzellen Fettsubstanzen als Abbauprodukte auftreten. Bei solchem Abbau spielen zur Wegschaffung der Zerfallsprodukte Fettkörnchenzellen (umgewandelte Gliazellen) eine Rolle.

f) Glykogenanhäufung (Speicherung, Entartung).

Glykogen ist das einzige Kohlehydrat, dessen Speicherform morphologisch sichtbar und mikrochemisch nachweisbar ist. Die wichtigsten Glykogenspeicher sind unter physiologischen Verhältnissen die Zellen der Leber und der Körpermuskulatur (auch Fettzellen, Chorionepithelien), in deren Zellprotoplasma es in Form feiner Körnchen, Kugeln oder Schollen (an Zellgranula gebunden?) vorkommt.

Bei gestörter Oxydation kommt es — ähnlich wie beim Fettstoffwechsel — zu einer Glykogenanhäufung und unter Umständen zu einer Degeneration der betreffenden Zellen. Dies ist bei der Zuckerharnruhr (Diabetes mellitus) der Fall. Es handelt sich dabei um eine Atrophie der Bauchspeicheldrüse und damit um den Wegfall des von ihr gelieferten Insulins als Regler des Kohlehydratstoffwechsels der Leber. Dadurch verliert diese die Fähigkeit, das Zuckermolekül (Dextrose) aufzuspalten und als Glykogen zu speichern. So entsteht dann Glykämie und Glykosurie und damit Ansammlung bzw. Ablagerung des

---

[1] Zentralnervensystem.

Glykogens in den Nierenepithelien, während die Leberzellen wenig oder gar kein Glykogen enthalten. Wie die Abb. 9 zeigt, findet die Aufspeicherung besonders in den Hauptstücken, am Übergang in die HENLEschen Schleifen statt. Ob es sich dabei um eine Ausscheidung des Stoffes durch die Nierenepithelien oder um seinen Aufbau aus dem Zucker des Harns handelt, ist nicht sicher entschieden. Bei der Färbung mit BESTschem Carmin (Abb. 9) sehen wir das Glykogen in kleineren und größeren Tropfen im Protoplasma der Epithelien und im Lumen der Harnkanälchen liegen. Bei gewöhnlichen Färbungen sehen diese Zellen eigenartig gequollen und blasig aus. Bei massenhafter Aufspeicherung kann es zur Verdeckung des Zellprotoplasmas und unter Umständen zu Zell- und Kerndegeneration kommen (Abb. 9a). Diese Stoffwechselstörung kann zu einer Säurevergiftung (Aceton, Acetessigsäure, β-Oxybuttersäure) des Körpers, zum Coma diabeticum führen.

g) Zellentartungen durch Anhäufung von Stoffwechselprodukten und durch Befall mit Parasiten.

Die Lebenskraft der Zellen kann erheblich leiden oder aufgehoben werden, wenn es in ihnen zur Anhäufung von Produkten ihrer chemischen Tätigkeit (Sekrete) oder von Stoffwechselschlacken kommt. Hypersekretorische Zellzustände im maximalen Stadium können unmittelbar in Zellentartungen übergehen. Hierher gehören: der schleimige Zerfall von Schleimhautepithelien bei Katarrhen unter übermäßiger Becherzellbildung, die kolloide Entartung in den Acini der Schilddrüse (Struma colloides), die gallertige Degeneration von Krebszellen in gewissen Geschwülsten des Verdauungskanals.

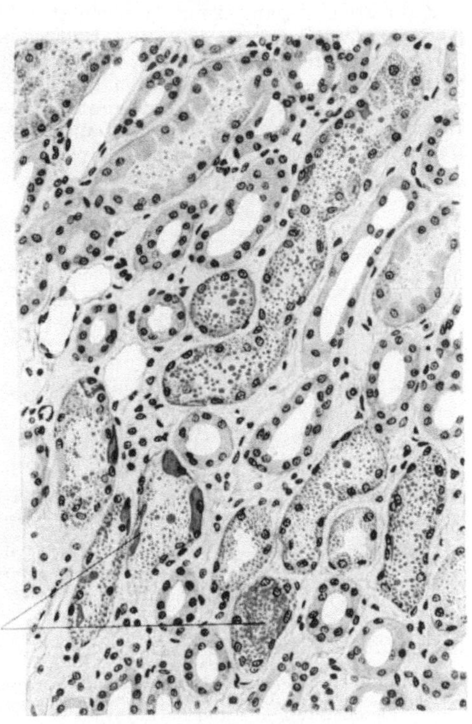

Abb. 9. Glykogenablagerung in den Nierenepithelien bei Diabetes. Hund. 200 ×. BESTs Carmin-Hämatoxylin. Glykogen in kleineren und größeren Tropfen im Protoplasma der Epithelien und im Lumen der Harnkanälchen. Bei a Verdeckung des Protoplasmas.

Auch die Anhäufung von Pigmenten, z. B. des Melanins in den Chromatophoren der Melanosarkome, des Lipofuscins in den Herz- und Leberzellen bei der Altersatrophie, bisweilen auch der hämoglobinogenen Pigmente, des Glykogens, vor allem aber der Zellbefall mit Parasiten (Coccidien, Amöben, Flagellaten, Piroplasmen, eventuell Einschlußkörperchen u. a.) können Zellentartung und unter Umständen Zellzerfall nach sich ziehen. Dies geschieht so, daß entweder die im Übermaß produzierten Sekrete von außen her (z. B. von Drüsenhohlräumen her bei verschlossenem Ausführungsgang) die Drüsenzellen zur Druckatrophie bringen, oder aber, daß die Sekretions- und Ablagerungsprodukte, Parasiten usw. Protoplasma bzw. Zellkern von innen her so stark zusammendrücken oder deren Chemismus verändern, daß die Zellen Schädigungen erleiden und absterben.

h) Gewebstod (Nekrose).

Nekrose = örtlicher Gewebstod, z. B. bei plötzlicher Zerstörung von Geweben mit Unterbindung jeglicher Lebenserscheinungen. Nekrobiose = langsames, allmähliches Absterben von Geweben unter dem Bilde einer Degeneration. Beide Prozesse sind nicht rückbildungsfähige Gewebsschädigungen.

Ursachen. 1. Mechanische Schädigungen (Verletzungen, Quetschungen, Zertrümmerungen, Druck). 2. Chemische und thermische Einflüsse, einschließlich bakterieller Toxine, die imstande sind, Lösungen oder Gerinnungen der Zelleiweißsubstanzen herbeizuführen. 3. Zirkulationsstörungen mit mangelhafter oder fehlender Blutversorgung (Thrombose und Embolie, Druck auf Gewebe und Blutgefäße, Anämie).

Anatomische Beschaffenheit nekrotischer und nekrobiotischer Gewebe ist abhängig von Zusammensetzung, Wassergehalt, Zusammenhang mit gesunden Gewebsteilen und von äußeren Einwirkungen. Es werden unterschieden: einfache Nekrose, Mumifikation (trockener Brand), Koagulations- oder Gerinnungsnekrose, Kolliquations- oder Erweichungsnekrose, Gangrän oder Fäulnisbrand.

Histologisch liegen der Nekrose und Nekrobiose klare, leicht zu übersehende Kern- und Zellveränderungen zugrunde. Entsprechend der Bedeutung des Zellkerns als Erhalter des Lebens der Zelle treten Kernveränderungen zuerst in Erscheinung, und zwar zunächst unter dem Bilde der *Puknosis* (Kernverdichtung) (s. Abb. 10a). Während normalerweise das Chromatin als basophile Substanz die Kernkugel wie ein Netzwerk durchzieht und in dessen Maschen zu Klümpchen und Knoten sich verdichtet, die sich deutlich von dem schwach gefärbten Achromatin abheben, kommt es hier zu einer Zusammenklumpung des Chromatingerüstes nach der Kernmitte zu, so daß der Kern kleiner, unregelmäßig gestaltet, eckig und zackig erscheint. In diesem Stadium sind die Funktionen des Kerns

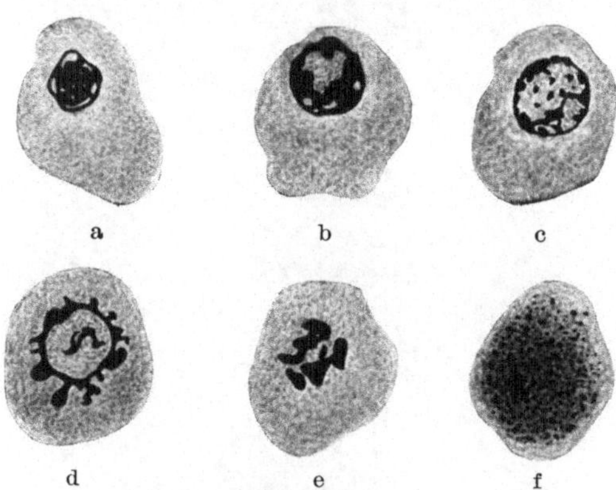

Abb. 10. Kernveränderungen bei Nekrobiose (halbschematisch).
a Pyknose, b grobkörnige, c feinkörnige Kernwandhyperchromatose, d Kernwandsprossung (Nadelkissenbildung), e und f Karyorhexis.

noch nicht eingestellt. Bei fortschreitendem Prozeß sammelt sich das Chromatin in Form von tief basophilen Klumpen im Bereiche der Kernwand an, während das Kerninnere hell erscheint = *Kernwandhyperchromatosis* [entweder grobklumpig oder mehr feinkörnig (s. Abb. 10b und c)]. Sobald die Chromatinpartikel die Kernwand überschreiten und über diese hinaus in Form von immer noch zusammenhängenden Spießen, Keulen, Sprossen oder Knöpfen in das Protoplasma hineinragen, wird von *Kernwandsprossung* oder *Nadelkissenbildung* gesprochen (Abb. 10d). Dieser Zustand leitet unmittelbar über zu dem Bilde der *Karyorhexis*, bei der die Chromatinpartikel aus dem festen Verbande des Kernes sich loslösen und als unregelmäßige, zum Teil noch zusammenhängende Schollen im Protoplasma liegen (Abb. 10e und 11). In der Folgezeit zerfallen diese Chromatinpartikel in immer kleinere Kerntrümmer und staubförmige Massen, die das Protoplasma mehr oder weniger ausfüllen (Abb. 10f und 12). Die Chromatintrümmer verlieren allmählich ihre Färbbarkeit, die achromatische Substanz geht im Zelleibe auf, so daß nur noch ein Kernschatten sichtbar ist = *Karyolysis*, Kernschwund, Kernauflösung. Eine Auflösung des Chromatins im Plasma, *Chromatolysis*, führt zu einem scheinbaren Kernschwund (blasige Beschaffenheit des Zellkerns). Gleichzeitig mit dem Kerntod spielen sich am Protoplasma und an den Zwischengeweben Gerinnungsvorgänge ab, so daß diese eine trübe, schollige, homogene und gequollene Masse (Abb. 11) darstellen, die starke Affinität zum Eosin besitzt (Hypereosinophilie). Bei allen Formen der Nekrose, besonders aber bei der Erweichungsnekrose findet sich im nekrotischen Gewebe *fettiger Detritus*, bei der Gangrän außerdem Blutpigment.

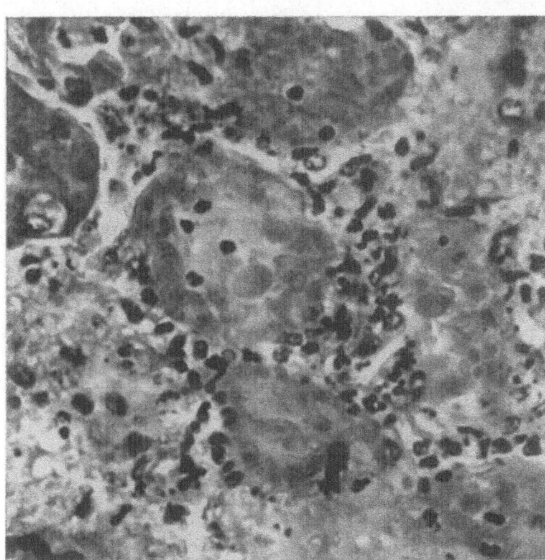

Abb. 11. Nekrobiose der Harnkanälchenepithelien bei Schweinepest. 400 ×. Hämatoxylin-Eosin. Kerntrümmer (Karyorhexis) zwischen dem schollig zerfallenden Protoplasma der Nierenepithelien.

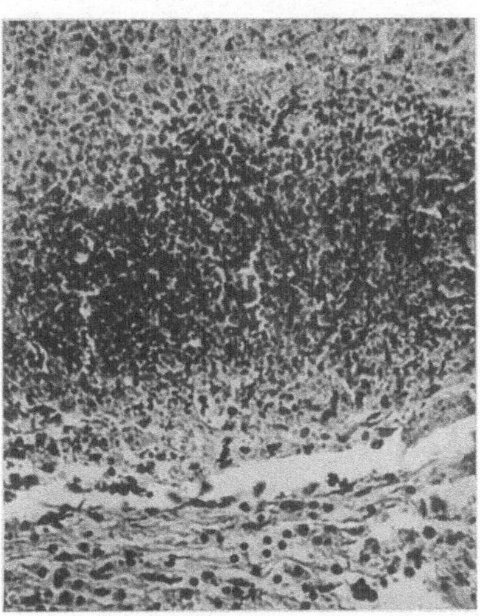

Abb. 12. Nekrose des Lymphknotenparenchyms bei Schweinepest. 200 ×. Hämatoxylin-Eosin. Staubförmige Kerntrümmer mit ausgesprochener Basophilie.

Anhang:

Krankhafte Verhornung

tritt an solchen Stellen der Epidermis oder der mit Plattenepithel versehenen Schleimhäute auf, die fortgesetzten mechanischen Schädigungen ausgesetzt sind, so z. B. an Hautschwielen, Ekzemen, bei Pachydermie, an Warzen, Hauthörnern und an den Efflorescenzen bei Geflügelpocken bzw. -diphtherie (Hyperkeratose). Auch an normalerweise hornfreien Stellen können Hornmassen zur Entstehung kommen, so im Oesophagus und in der Vagina, im Ureter und in der Härnblase. Selbst versprengte Plattenepithelien (Dermoide) und solche in bösartigen Hautgeschwülsten (Plattenepithelcarcinome) produzieren Horn, letztere in Form geschichteter Hornperlen (S. 43).

Beispiel. Von besonderem Interesse ist die Verhornung der Schleimhäute und Drüsen der oberen Atmungs- und Verdauungswege, der Lidbindehäute, zum Teil auch der Vaginalschleimhaut, im Zusammenhange mit A-Avitaminose. Dabei handelt es sich um Ersatz des degenerierenden Originalepithels durch verhornendes Plattenepithel (Metaplasie = Änderung der Gewebsform), an dem die Verhornungsvorgänge histologisch deutlich verfolgt werden können. Die Verhornung der neugebildeten Plattenepithelien geht hier wie bei der physiologischen Verhornung so vor sich, daß in den Zellen an der Oberfläche glänzende, wahrscheinlich aus dem Kern stammende Ceratohyalinkörnchen auftreten, die zu einer eleidinähnlichen Masse zusammenfließen. Sodann entsteht in den obersten Zellschichten das Keratin, ein eigenartiger, sehr resistenter Eiweißkörper; der Rest des Protoplasmas und der Zellkern verschwinden, so daß die Zellen schließlich als abgeplattete Hornlamellen erscheinen, die an der Oberfläche teilweise abgestoßen werden. Der Verhornungsvorgang im einzelnen kann in den tieferen Zellagen verfolgt werden. Dort gehen ausgesprochene Veränderungen der Zellkerne mit der Bildung von Ceratohyalinkörnchen im Protoplasma einher. Vor allem ist deutliche Kernfragmentation, Ausstoßung von Kernteilchen (Nucleoli) und relative Zunahme des Volumens des Zellprotoplasmas im Vergleiche zu demjenigen des Nucleolus auffallend (siehe Abb. 13 u. 14).

Dieselben Kern- und Zellvorgänge werden unter normalen Verhältnissen in der äußeren Haut und in noch ausgeprägterer Form unter pathologischen Bedingungen in der hypertrophischen Haut beobachtet. Deshalb ist es sehr wahrscheinlich, daß die Kernsubstanzen, im besonderen die Nucleoli mit dem

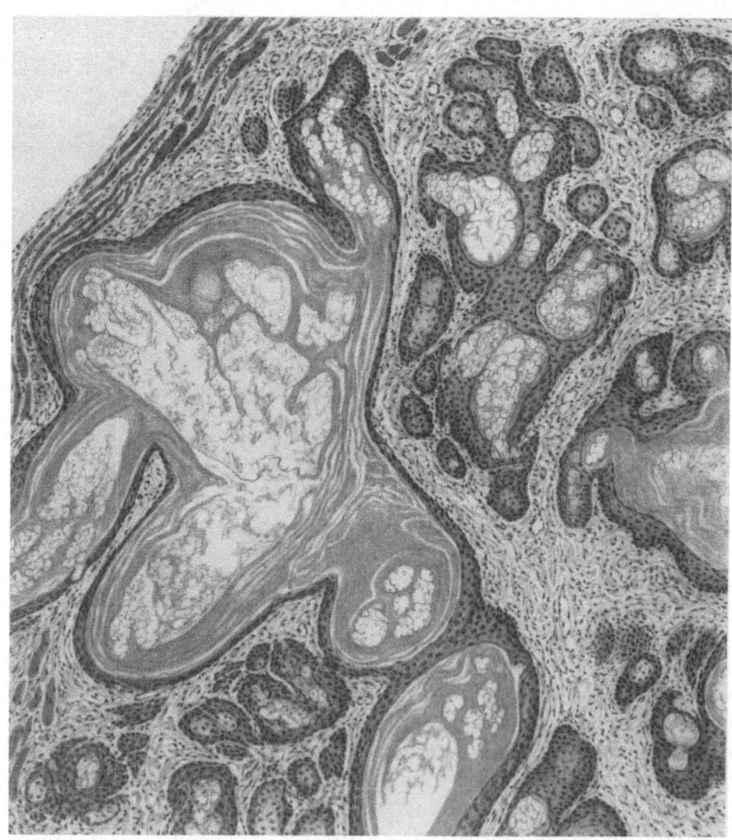

Abb. 13. Zellen der oberflächlichen Lagen eines verhornenden Plattenepithels.
a Kernfragmentation und Ausstoßung von Kernmaterial in das Protoplasma, b Ceratohyalinkörnchen, c Eleidinmassen, d Intercellularbrücken.

Abb. 14. Verhornung des Epithels der Submaxillarisdrüse bei A-Avitaminose. Sumpfbiber. 60 ×. Hämatoxylin-Eosin.

Vorgang der Verhornung und mit der Bildung der Ceratohyalinkörnchen im Zusammenhange stehen. Eine Änderung der Färbbarkeit der Kernsubstanzen (Basophilie → Acidophilie) ist mit diesem Vorgange verbunden.

3. Entartungen mit vorwiegendem Betroffensein der Zwischenzellsubstanzen.

a) Hyaline Entartung (Hyalinisierung, Homogenisierung).

Die Ablagerung von Hyalin, einer eiweißartigen, knorpelähnlichen, mikroskopisch homogenen, glasigen, lichtbrechenden, der chemischen Zusammensetzung nach uneinheitlichen Substanz findet sich verhältnismäßig häufig im Bindegewebe verschiedener Organe, so z. B. in den Corpora lutea, in chronisch-entzündlichen Narben, in chronisch-entzündeten Gelenken, Lymphknoten, serösen Häuten, in tuberkulösem Gewebe, in Milzfollikeln, an Gefäßen (Arteriosklerose, Schweinepest), in den Nieren (Glomeruli), in hämorrhagischen und anämischen Infarkten, in Thromben, in Geschwülsten (Psammome) u. a. Den hyalinen Substanzen werden auch die bei manchen Nierenentzündungen ausgeschiedenen (hyalinen) Harnzylinder, sowie die sog. RUSSELschen (fuchsinophilen) Körperchen = umgewandelte Exsudatzellen zugezählt.

Histologisch handelt es sich um Umwandlung eines zellreichen Bindegewebes in ein zellarmes mit hyaliner Beschaffenheit und um Ablagerung des Hyalins in den Saftspalten des Bindegewebes, oder um hyaline Umwandlung der Intercellulärfasern. Die Substanz ist unveränderlich in Wasser, Alkohol, Äther, widerstandsfähig gegenüber Einwirkung von Fäulnis und Chemikalien, selbst gegenüber Säuren. Lösung beim Kochen in Säuren und scharfen Alkalien = Xantoproteinreaktion (Eiweißkörper); leuchtend rote Farbe mit Säurefuchsin (VAN GIESON-Methode).

Beispiel. Hyaline Entartung der Nieren (Abb. 15). Starke Hyalinisierung zeigen die Glomeruli (a, b, c). Die Gefäßschlingen

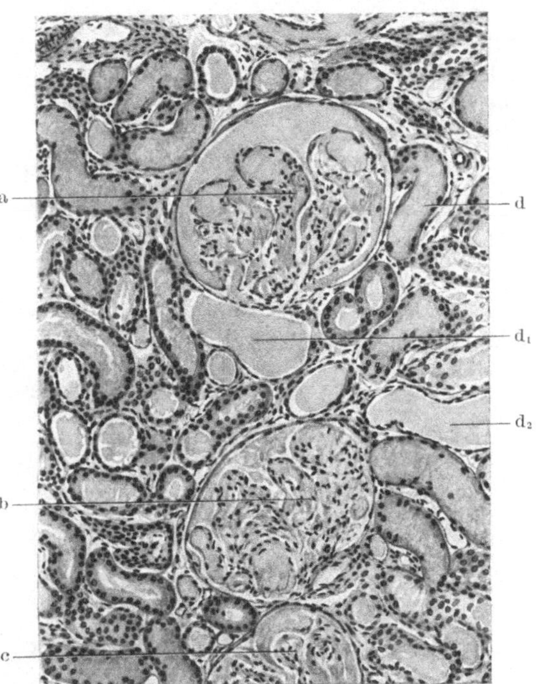

Abb. 15. Hyaline Entartung der Nieren. Hund. 130 ×.
VAN GIESON.
a, b, c hyaline Massen zwischen den Gefäßschlingen der Glomeruli und in der BOWMANschen Kapsel.
d, d₁, d₂ hyaline Zylinder in den gewundenen Harnkanälchen. Bei d₁ und d₂ Kompression der Epithelien.

in ihnen sind verschwunden, die Endothelzellkerne nur noch zum Teil erhalten. Zwischen ihnen und in der BOWMANschen Kapsel findet sich die hyaline, homogene strukturlose Substanz. Auch das Lumen der gewundenen Harnkanälchen ist mit dieser homogenen Masse in Form von hyalinen Zylindern angefüllt (d), so daß deren Epithelien zum Teil atrophisch sind, flach werden und zugrunde gehen (besonders bei d_1 und d_2).

b) Schleimige Entartung.

Im Gegensatz zur hyalinen Entartung steht eine besondere Form der Bindegewebserweichung: die schleimige Entartung des kollagenen Bindegewebes. Dabei handelt es sich nicht um einen Untergang, sondern um eine Lockerung der retikulär angeordneten Fasern im Zusammenhange mit einer schleimigen

Umwandlung der Grundsubstanz in den Reticulummaschen. Auch die Grundsubstanzen von Knorpel- und Fettgewebe können sich in Schleim umwandeln, wobei die Zellen zu sternförmig verästelten Körpern umgebildet werden (sulzige Beschaffenheit der betreffenden Organe). In gleicher Weise können sich aus den verschiedenen Bindesubstanzen gallertige Geschwülste, wie Myxome, Myxochondrome und Myxosarkome entwickeln. Schleim wird auch von den Epithelien der Schleimhäute und Schleimdrüsen sezerniert. Beim Katarrh der Schleimhäute findet solche Überproduktion statt, daß die Zellen verschleimen und entarten. Noch häufiger ist eine schleimige Degeneration in epithelialen Geschwülsten und deren Metastasen (Magen- und Darmkrebse, Mammakrebse, Ovarialcystome).

Schleim oder Mucin ist eine homogene, fadenziehende, quellbare Masse (Glykoproteid), die durch verdünnte Essigsäure fädig ausgefällt und von Alkalien gelöst wird. Elektivfärbung mit Mucicarmin oder Thionin in Form von Tröpfchen und Klümpchen (Hyalosomen), die wahrscheinlich aus den Zellkernen abgesondert werden.

c) Amyloide Entartung.

Die amyloide Entartung (Amyloidose) betrifft bei den Haustieren insbesondere Leber, Milz und Nieren. Auftreten im Gefolge von chronischen Eiterungen, von chronischer, mit

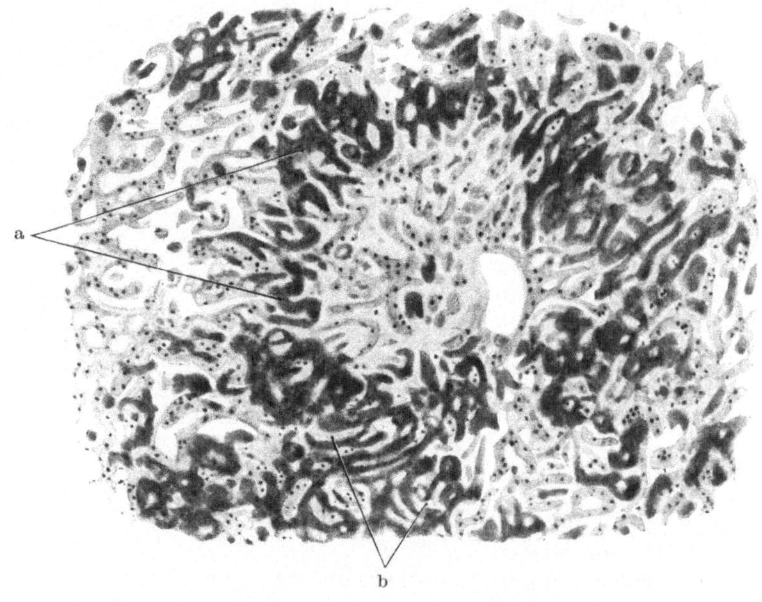

Abb. 16. Amyloidleber. Mensch. 100 ×. Methylviolettfärbung.
a amyloide Ablagerung in der intermediären Zone eines Läppchens, b komprimierte, atrophische Leberzellbalken und Reste von solchen zwischen den amyloiden Massen.

Erweichung einhergehender Tuberkulose und bei zur Serumgewinnung verwendeten Pferden. Amyloid = Präcipitationsprodukt einer Antigen-Antikörperreaktion. Chemisch = Verbindung eines basischen Eiweißkörpers mit der Chondritin-Schwefelsäure (Chondroglykoproteid). Mit Amyloid infiltrierte Organe erfahren in fortgeschrittenen Stadien beträchtliche Vergrößerung und Härtegradsveränderung. Sie werden derb, mattglänzend, wachsähnlich; auf der Schnittfläche glasig und homogen, bei Tieren weich, bröckelig und brüchig. In der Leber erfolgt die Ablagerung zwischen den Leberzellbalken (Wachsleber), in der Milz in den Follikeln (Sagomilz) oder in der Pulpa (Schinkenmilz, Speckmilz), in den Nieren in den Glomeruli und um die Gefäße herum. Organveränderungen durch Druckwirkung: braune Atrophie und fettige Degeneration.

Beispiel. Leberamyloidose. Schon bei gewöhnlichen Färbungen (Hämatoxylin-Eosin) ist das Amyloid als homogene, strukturlose, leicht acidophile Masse zu erkennen, die in Schollen und zusammenhängenden Bändern zwischen Leberzellbalken und Pfortadercapillaren liegt. Die Ablagerung beginnt in der Regel in der Peripherie oder in der intermediären Zone der Läppchen (s. Abb. 16 a) und schreitet nach dem Zentrum zu fort. Auch in den Wänden der interlobulären Gefäße findet Ablagerung statt. Der Grad der Ablagerung wechselt je nach dem Stadium der Erkrankung. In unserem Falle liegt ein mittelstarker Grad vor, bei dem eine zum Teil hochgradige Druckwirkung auf die Leberzellbalken zu erkennen ist. Bei stärkeren Vergrößerungen läßt sich deutlich die pericapilläre (subendotheliale) Ablagerung der amyloiden Massen erkennen. Dadurch werden einerseits die Capillaren verengt, andererseits die Leberzellbalken zusammengedrückt. Die letzteren zeigen an den Stellen starker Amyloidanhäufung: Verschmälerung (Atrophie) und Degeneration der Zellkerne; bisweilen finden sich zwischen den Amyloidmassen eingeschlossene, kernlose Protoplasmaschollen als Reste des Lebergewebes (Abb. 16 b). An Stellen weniger dichter Lagerung des Amyloids sind die Leberzellen besser erhalten. Sie zeigen lediglich stark vacuoläres Protoplasma (Verfettung) und bisweilen Pigmentkörnchen (Lipofuscin, S. 111). Quergeschnittene Gefäßchen lassen homogene Amyloidringe um ihre Lichtung erkennen.

Kennzeichnend für Amyloid ist seine Rotfärbung durch Methylviolett = Metachromasie (Farbumschlag). Bei Tieren handelt es sich vielfach um achromatisches Amyloid, das die bekannten Reaktionen nicht gibt.

d) Kolloide Entartung

kommt in drüsigen Organen vor, deren Epithelien Kolloid liefern (Schilddrüse, Nebenniere, Hirnanhang u. a.). Kolloid ist ebenfalls ein homogenes, hyalines, schleimartiges Produkt, das weder einheitliche chemische Zusammensetzung, noch bestimmte mikroskopische Reaktion aufweist. Im Gegensatz zum Schleim wird es durch Essigsäure und Alkohol nicht getrübt oder fädig ausgefällt, sondern bleibt homogen. Färbung mit sauren Farbstoffen, wie Eosin und Fuchsin, weniger intensiv wie Hyalin, mit Pikrinsäuregemischen gelb. Wichtigste Kolloidentartung: Struma colloides (s. S. 126).

Gebilde epithelialer Abkunft sind auch die kleinen, geschichteten kugeligen Gebilde in der Prostata. Sie geben Amyloidreaktion (Corpora amylacea).

4. Ablagerungen von Kalk, harnsauren Salzen, Konkrementbildungen.

a) Kalkablagerungen.

Unter krankhaften Bedingungen treten Störungen des Kalkstoffwechsels ein und finden sich Kalkablagerungen an Stellen des Körpers (zum Teil innerhalb von Zellen, zum Teil in den Zwischenzellsubstanzen), an denen sonst Kalk nicht vorkommt. Dies ist besonders in degenerierenden, abgestorbenen und senil veränderten Geweben der Fall, in denen die Löslichkeitsverhältnisse des Kalkes durch Mangel an freier Kohlensäure und Aufhebung des Kolloidschutzes der Eiweißkörper sich so ändern, daß die Kalksalze ausfallen = *dystrophische Verkalkung*. Auch eine Überladung des Blutes und der Körpersäfte mit Kalk bei der sogenannten Kalkmetastase bei übermäßiger Verabreichung kalkreicher Nahrung, bei Überfütterung mit Vitamin D (Vigantol, Ergosterin), welch letzteres den Ca-Stoffwechsel aktiviert, führt zu Kalkablagerung in den verschiedenen Organen, so in Lungen, Nieren, Blutgefäßen = *metastatische Kalkablagerung, Kalkgicht*. Eine andere Art der Verkalkung kann im Anschluß an Fettspaltung zustande kommen, indem sich die freiwerdenden Fettsäuren mit Calcium zu fettsaurem Kalk verbinden (Fettgewebsnekrose und -verkalkung).

Im einzelnen finden sich unter solchen pathologischen Bedingungen Verkalkungen in den verschiedensten Organen. So sehen wir mehr oder weniger umfangreiche Kalkablagerungen im Zusammenhange mit nekrotischen Vorgängen in tuberkulösen, rotzigen und parasitären Herden, in alten Thromben (Phlebolithen, Arteriolithen), Infarkten, entzündlichen Bindegewebsschwarten (Pleura, Perikard), endokarditischen Auflagerungen und in hyalin entartetem Bindegewebe. In den Arterien stellen sich häufig Verkalkungen ein, wobei die Kalkkörnchen die elastischen Fasern oder die Grundsubstanz imprägnieren können (Altersveränderungen, Hypervitaminosis s. S. 52). Auch solche Prozesse, die mit

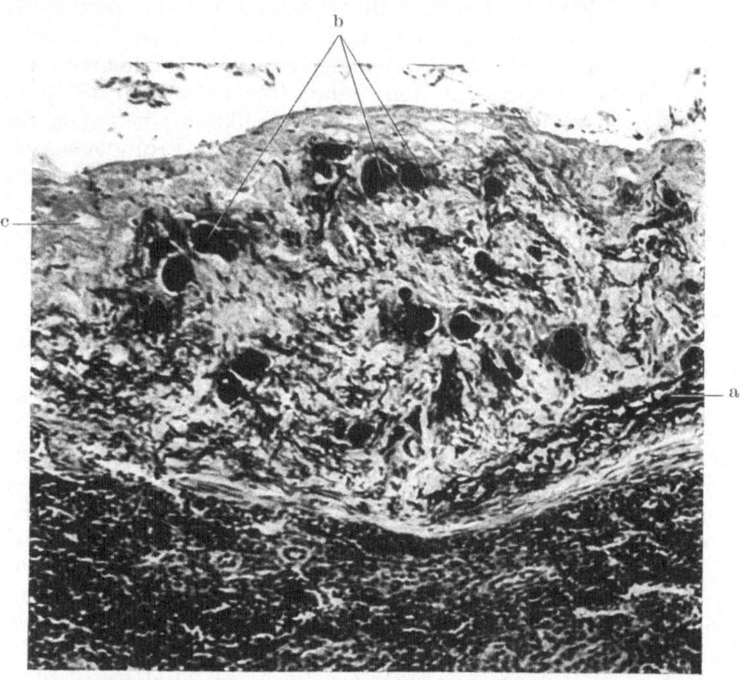

Abb. 17. Kalkablagerung in der Milzkapsel bei Vitamin D-Überschuß. Huhn. 228 ×.
Hämatoxylin-Eosin.
a Kalkimprägnation elastischer Fasern, b Bildung von Kalkkugeln, c Quellung der Kapselgrundsubstanz.

einem Umbau der Gefäßwände verbunden sind, ziehen Verkalkungen nach sich (Wurmaneurysma des Pferdes). In den Nieren kommen Verkalkungen im Anschluß an Hyalinisierungen der Glomeruli und des Bindegewebes, ferner bei der Quecksilber- (Sublimat-) Vergiftung nach Nekrose der Harnkanälchenepithelien vor. Seltene Befunde sind Verkalkungen in der Herzmuskulatur, in den Ganglienzellen und Capillaren des Z.N.S., in der harten Rückenmarkshaut (bei alten Hunden) und in Geschwülsten. In letzteren entsteht Verkalkung teils durch die Art des Geschwulstgewebes, teils im Anschluß an sekundäre, nekrotische Veränderungen.

Wegen histologischer Einzelheiten dieser Kalkablagerungen sei auf die entsprechenden Kapitel des Abschnittes II: Spezielle Histopathologie verwiesen. **Mikroskopisch** stellt sich der Kalk in Form feiner Krümel und Körner dar, die zu Kalkkugeln, Kalkplatten, Kalkspangen, Kalkbändern und größeren Herden zusammenfließen (Abb. 17a, b). Mit großer Vorliebe werden elastische Fasern damit imprägniert; sie gehören wie der Knorpel zu den „kalkgierigen Substanzen" (Abb. 17a). Verkalktes Gewebe besitzt die Eigentümlichkeit, auch nach teilweiser Entkalkung sich mit Hämatoxylin tief dunkelblau zu färben. Weitere Kalkdarstellungsmethoden siehe SEIFRIED-HEIDEGGER: Pathologische Mikroskopie. Stuttgart: Ferdinand Enke 1933.

Chemisch und mikrochemisch stimmt die Zusammensetzung des Kalkes bei pathologischer Ablagerung mit derjenigen des Knochens überein [Mischung von phosphorsaurem und kohlensaurem Kalk. Auflösung durch Salzsäure, letzteres unter Gasbläschenbildung; durch Schwefelsäure unter Bildung von Gipskrystallen (schwefelsaurer Kalk)]. Verkalkte Gewebe enthalten häufig auch Eisenverbindungen.

Auf der Grundlage hyalin entarteter Zellen und Bindegewebsbündel kommt es durch Verkalkung vom Zentrum aus zu mikroskopischen, konzentrisch geschichteten *Kalkkugeln*, wie sie in Psammomen angetroffen werden. In ähnlicher Weise entstehen auch *Konkremente* in Exkretions- und Sekretionsorganen (Bezoare, Kotsteine, Harnsteine, Gallensteine, Speichelsteine).

b) Ablagerung von Harnsäure und harnsauren Salzen

tritt in den verschiedensten Geweben bei der als Störung des Harnsäurestoffwechsels bekannten *Gicht* auf.

Harnsäure wird aus den Purinbasen gebildet, die ihrerseits dem Eiweiß der Zellkerne entstammen (Nukleoproteide) und beim Zerfall zell- und eiweißreicher Nahrung, sowie körpereigener Zellkerne frei werden. Normalerweise werden sie im Urin in Form harnsaurer Salze ausgeschieden. Bei der Gicht häufen sie sich aber infolge übermäßiger Bildung und ungenügender Ausscheidung im Blute (wo sie normalerweise nur in kleinen Mengen vorhanden sind) an (Hyperurikämie) und werden in den Geweben ausgefällt bzw. von diesen festgehalten.

Die bei der Gicht in Mitleidenschaft gezogenen Gewebe sind beim Menschen vor allem die Gelenke (Arthritis urica), bei den Tieren, insbesondere bei Hühnern, die serösen Häute (Epi- und Perikard, Peritoneum, Serosa der Leber und Darmschlingen, Luftsackmembranen), die mit weißen Belägen versehen sind und wie mit Gips bestreut aussehen [(Visceralgicht), Eingeweidegicht]. Auch die Nieren sind betroffen und zeigen weiß gesprenkelte Beschaffenheit und mit bloßem Auge sichtbare Nadeln und Büschel von Harnsäurekrystallen (Nierengicht).

Die **histologische Untersuchung** z. B. einer Pericarditis urica läßt erkennen, daß die Ausscheidung der Urate (harnsaures Natrium und harnsaurer Kalk) auf die freie Oberfläche der serösen Häute erfolgt, wo sie in Form von strahligen Büscheln oder amorphen Massen zwischen Fibrinnetzen und Entzündungszellen liegen. Die Ablagerung geht mit entzündlichen Veränderungen im Epikard einher, in deren Ablauf es zur Organisation der Urate durch Granulations- und Bindegewebe kommt. In den Nieren finden sich die büschel- oder fächerförmig angeordneten Harnsäurenadeln, umgeben von Fremdkörperriesenzellen, in der BOWMANschen Kapsel und in den Sammelröhren. Chemischer Nachweis mittels Murexidprobe.

c) Ablagerungen von krystallinischem Cholesterin,

das in gelöstem Zustande in Galle, Nervensubstanz, im Blute und anderen Geweben frei oder an Fettsäuren gebunden vorkommt, finden sich in Gallensteinen, Atheromen und am häufigsten in den beim Pferde auftretenden Plexuscholesteatomen. In diesen und auf frischem Bruch von Gallensteinen (Cholesterinsteine!) sind die Krystalle schon mit bloßem Auge als seiden- oder perlmutterartige Schüppchen zu erkennen. Die Entstehung der Cholesteatome geschieht wahrscheinlich auf der Grundlage von Zirkulationsstörungen und Lymphstauungen und durch Ablagerung von Cholesterin in den Lymphräumen und perivasculären Lymphscheiden. Die rhombischen Cholesterintafeln (s. S. 6) mit treppenartig ausgebrochenen Ecken sind parallel nebeneinander gelagert und bedingen als Fremdkörper eine chronisch-reaktive, produktive Entzündung, in deren Verlauf zunächst die sog. Perlcholesteatome, später die massiven Cholesteatome gebildet werden (also keine echten Tumoren!).

5. Störungen des Pigmentstoffwechsels und exogene Pigmentierungen.

1. Körpereigene, gefärbte Abscheidungen (endogene Pigmente).

a) Melanin.

Von diesen sind vor allem die **autochthonen Pigmente** zu nennen, die im Körper selbst gebildet werden, aber nicht dem Blutfarbstoff entstammen.

Hierher gehört vor allem das eisenfreie *Melanin* (melanos = schwarz), das normalerweise in den tieferen Schichten der äußeren Haut, in Haaren, Hörnern, Mundschleimhaut, Retina, Chorioidea, beim Menschen in der Haut der Brustwarze, in der Negerhaut vorkommt und durch Einwirkung ultravioletten Lichtes aktiviert wird. Das Pigment besteht aus schwefelreichen, stickstoffhaltigen Körnchen, die wahrscheinlich aus abgebauten Eiweißkörpern unter Mitwirkung von Fermenten in den Epidermiszellen gebildet werden (Melanoblasten), aber auch in Bindegewebszellen (Cutis) vorkommen und von diesen befördert

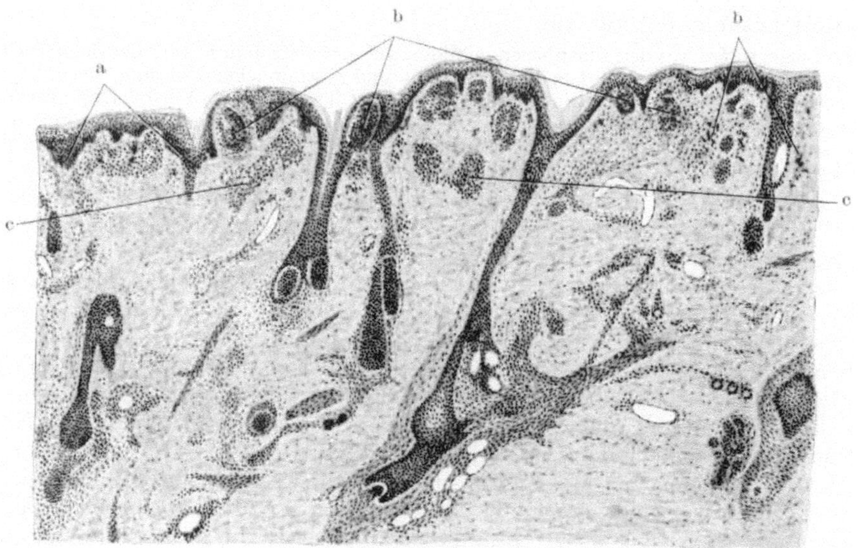

Abb. 18. Pigmentnaevus (Mensch). 50 ×. Hämatoxylin-Eosin.
a Hyperpigmentosis in der Epidermis, b Pigmentzellhaufen und Zellen im Corium, c pigmentlose Naevuszellhaufen.

und weitergetragen werden (Wanderzellen = chromatophore Zellen oder Chromatophoren). Vielleicht können diese selbst ebenfalls Pigment bilden. Hyperpigmentosis, also verstärkte Anhäufung autochthonen Pigments, kommt hauptsächlich in Form der Pigmentmäler, Sommersprossen, Linsenflecke, als Melanosis maculosa bei Kälbern herdförmig, in der Pia mater von Schafen, in den Nieren, in der Mamma von Schweinen (Pigmentspeck) und in Melanomen und Melanosarkomen sowie bei der ADDISONschen Krankheit (Bronzehaut) des Menschen vor.

Beispiel. Muttermal (Pigmentnaevus) (Abb. 18). Bei Betrachtung mit schwächeren Systemen ist nicht nur eine deutlich erkennbare, bräunliche Pigmentierung der Zellen in den tieferen Schichten des Rete Malpighi (a), sondern auch eine Farbstoffanhäufung in Zellen des Coriums, im besonderen des Papillarkörpers (b) zu sehen. Dieser ist unregelmäßig gestaltet und das Corium selbst sehr zellreich. Die Zellen sind zum Teil unregelmäßig verstreut, zum Teil in regelrechten Haufen angeordnet (sog. Naevuszellhaufen). Die einzelnen Zellen dieser Haufen sind mit braunen Pigmentkörnchen dicht beladen (Abb. 18, b) oder pigmentlos (c). Zwischen den Naevuszellnestern liegen vereinzelte, vielverzweigte pigmenttragende Zellen, die sog. Chromatophoren.

Bei Benutzung stärkerer und starker Vergrößerungen ist die feinkörnige Pigmentierung der Retezellen deutlich sichtbar. Sie ist nirgends so dicht, daß die Zellkerne durch das Pigment verdeckt werden. Die in den Naevushaufen liegenden Zellen dagegen, die rundlich und mit einem großen Kern ausgestattet sind, enthalten im reichlich vorhandenen Protoplasma wesentlich grobkörnigeres Pigment, stellenweise in so dichter Lagerung, daß der Kern davon überdeckt wird. Charakteristisch sind die meist einzeln im Corium liegenden Chromatophoren. Sie besitzen ganglienzell- oder gliazellähnliche Fortsätze, die oft mit benachbarten Zellen in Verbindung treten und deren Protoplasma dicht mit gröberen Pigmentkörnchen besetzt ist. Der Kern ist dadurch vielfach unsichtbar.

Das häufige Vorkommen der Naevuszellen in der Epidermis, ja sogar ihre völlige Abschnürung in der Epidermis hat zur Annahme ihrer epithelialen Genese geführt. Vielleicht sind solche Bilder auch nur der Ausdruck einer Entwicklungsstörung des pigmentbildenden Gewebssystems. Da die Chromatophoren vielfach in Verbindung mit Lymphgefäßen treten, ist an ihre Entstehung aus Gefäßwandelementen gedacht worden, ohne daß dafür Beweise vorliegen.

b) Abnutzungspigment.

Ein weiteres körpereigenes Pigment ist das gelbbraune *Lipofuscin*, das im Alter in verschiedenen Organen, besonders in Herzmuskelfasern, Leberzellen, Nierenepithelien und Ganglienzellen abgelagert wird (Alterspigment). Näheres darüber s. bei Atrophie S. 3. Geringere Bedeutung in der Pathologie besitzt das *Lipochrom*.

c) Abkömmlinge des Blutfarbstoffes. Hämoglobinogene Pigmentierungen (Hämosiderin, Hämatoidin).

Beim Zerfall von roten Blutkörperchen, so im Bereiche von Blutungen und am Rande von hämorrhagischen Infarkten wird der Blutfarbstoff (Hämoglobin) aus den roten Blutkörperchen ausgelaugt (Hämolysis) und an Ort und Stelle in körniges *Hämosiderin* umgewandelt (lokale Hämosiderose, Hämochromatose).

Wenn die Blutkörperchen massenhaft geschädigt werden und zugrunde gehen, wie bei den infektiösen und toxischen Anämien unserer Haustiere (infektiöse Anämie, Wurmanämie), so tritt der freiwerdende Blutfarbstoff in die Blutflüssigkeit über (Hämoglobinämie) und erfolgt seine Ablagerung in verschiedenen Organen, besonders in der Milz, wo ja der Blutabbau physiologischerweise vor sich geht. Da von dieser der Abbau in der Regel nicht bewältigt werden kann, wird das Pigment auch in der Leber und in den Lymphknoten abgelagert, in denen es von den Zellen des reticuloendothelialen Systems aufgenommen wird (s. S. 110, Kapitel Leber). Außerdem wird im Falle der Hämoglobinämie der Blutfarbstoff mit dem Urin ausgeschieden (Hämoglobinurie) und in den Nierenepithelien abgelagert. Das Hämosiderin besitzt gelbbraune Eigenfarbe, so daß die betreffenden Organe bei lokaler und allgemeiner Hämosiderosis eine rostrote bis kastanienbraune Farbe annehmen.

Beispiel. Ein Schnitt durch eine makroskopisch kastanienbraun aussehende Niere liegt in Abb. 19 vor. Das Präparat stammt von einem mit schwerer (sekundärer) Wurmanämie (Hämonchus-Invasion) behafteten Schafe. Schon mit bloßem Auge ist die bräunliche Pigmentierung deutlich zu erkennen. Bei st. V. sieht man die Epithelien der Hauptstücke und Schleifen, ganz selten diejenigen der abführenden Harnkanälchen mit feinen gelbbraunen Körnchen angefüllt, die sich hier in ihrer natürlichen Farbe darbieten. Diese Körnchen sind Hämosiderin und geben die Berlinerblaureaktion = Nachweis von Eisen. Im allgemeinen sind sonstige Veränderungen in den Nieren mit einer solchen Hämosiderinablagerung nicht verbunden. In unserem Falle ist aber die Ablagerung so hochgradig, daß an vielen Stellen die Kerne der betroffenen Nierenepithelien vollkommen verdeckt sind und wohl auch druckatrophisch zugrunde gehen.

Diagnostisch können derartige Veränderungen nur mit Einschränkung verwertet werden. Sie sind lediglich der Ausdruck eines allgemeinen oder lokalen Untergangs von roten Blutkörperchen.

In älteren Blutungen ist in diesem Pigment Eisen häufig nicht nachweisbar. Dann handelt es sich um ein Hämosiderin, dessen Eisenkomponente verloren gegangen ist, oder um einen hämoglobinogenen, von vornherein eisenfreien Farbstoff, nämlich das *Hämatoidin.* Es tritt in Form von gelbbraunen Körnern, krystallinischen Nadeln oder rhombischen Tafeln auf und steht dem *Hämatoporphyrin* und dem *Bilirubin* nahe (Oxydationsprodukte des Hämins). Um die Ablagerung eines solchen hämoglobinogenen, aber eisenfreien Pigments handelt es sich wahrscheinlich auch bei der Hämochromatose der Nieren des Rindes.

Hämatogen pigmentierte Gewebe nehmen, sobald sie mit Schwefelwasserstoff in Berührung kommen (Fäulnis) durch Bildung von Schwefeleisen eine schiefergraue bis schwarze Verfärbung an.

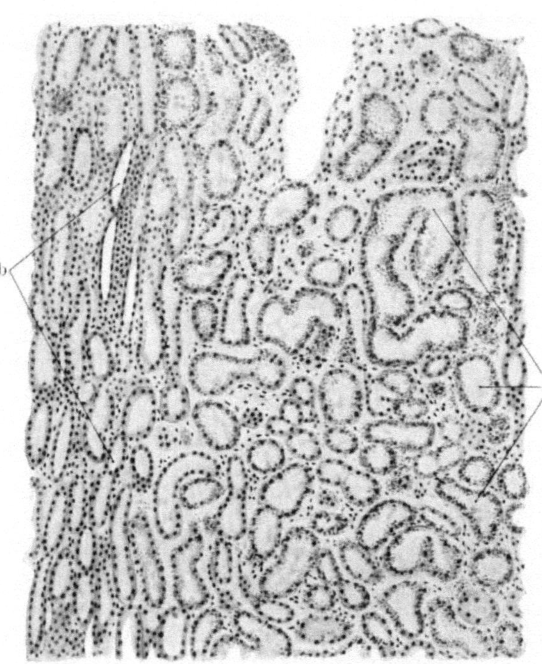

Abb. 19. Hämosiderose der Niere (Wurmanämie, Schaf). 100 ×. Hämatoxylin.
a quer- und schräggetroffene Hauptstücke. Im Protoplasma ihrer Epithelien Hämosiderin in Körnchenform, b abführende Harnkanälchen pigmentfrei.

d) Ablagerung von Gallefarbstoff (Ikterus).

Die Durchtränkung der Gewebe mit Gallefarbstoff (Biliverdin, Bilirubin, Gallensäuren, Cholesterin) durch unmittelbaren Übertritt aus den Gallencapillaren oder auf dem Lymphblutwege und die dadurch bedingte charakteristische Gelbfärbung, besonders pigmentarmer oder pigmentloser Gewebsteile (Schleimhäute, Fettgewebe, Herzklappen, Gefäßintima u. a.) wird Ikterus genannt.

Der Genese nach werden 3 Ikterusformen unterschieden: 1. *Stauungsikterus* (Resorptionsikterus) kommt durch verschieden bedingte Behinderung des Galleabflusses, Rückstauung der Galle in die Gallengänge und Gallencapillaren und Übertritt der Galle in die perivasculären Lymphbahnen und das Blut zustande. 2. *Retentionsikterus* ist die Folge einer meist toxischen Schädigung der Leberzellen; direkter Übertritt der Galle in die Blut- und Lymphbahn. 3. *Superfunktionsikterus* tritt bei gesteigerter Produktion von Gallefarbstoff ein, der auch außerhalb der Leber in den Reticuloendothelien der Milz, z. B. bei massenhaftem Untergang von roten Blutkörperchen aus dem Hämoglobin gebildet und den Leberzellen zur Speicherung zugeführt wird (hämolytischer Ikterus). Diese, die vielfach mitgeschädigt sind, können den Farbstoff aber nicht vollkommen aufnehmen, verarbeiten und weiterleiten; die Galle wird dadurch pigmentreicher (Icterus pleiochromicus), eiweißhaltiger, dickflüssiger und diffundiert aus den gestauten Gallencapillaren direkt in die Blutgefäße. Bei dieser Ikterusform kommen ursächlich Blutgifte, Bakterientoxine bei Infektionskrankheiten in Betracht (toxischer, septischer Ikterus).

Histologie. Der Farbstoff imprägniert die Zellen und Intercellularsubstanzen der verschiedenen Organe (Nieren, Leber u. a.) diffus oder lagert sich in ihrem Protoplasma in Form von gelben, gelbbraunen oder grünlichen Körnchen und

Schollen oft massenhaft ab. Bisweilen wird krystallinisches Pigment (rhombische, rubinrote Täfelchen von Bilirubin) in Nieren und anderen Organen angetroffen.

Beispiel. Retentionsikterus der Leber (Abb. 20). Schon bei schw. V. (Abb. 20) sieht man leuchtend gelbes Gallepigment (Bilirubin) zum Teil intercellulär in klumpigen Massen, zum Teil in feinkörniger Form in Zellen eingeschlossen. Bei Betrachtung mit st. V. ist festzustellen, daß eine mächtige Aktivierung von Reticuloendothelien (KUPFFERschen Sternzellen) stattgefunden hat (a), die zwischen den Leberzellbalken liegen, diese weit auseinanderdrängen, zum Teil komprimieren (b) und zur Atrophie bringen. Diese Reticuloendothelien sind es, deren Protoplasma vollkommen mit den leuchtend gelben Bilirubinkörnchen angefüllt sind, während die Leberzellen nur selten und in geringen Mengen Gallefarbstoff aufgenommen haben. Neben den Reticuloendothelien scheinen auch die intralobulären Bindegewebszellen (c) vermehrt zu sein.

Icterus gravis kann mit sog. biliären Nekrosen vergesellschaftet sein, deren Entstehung auf die toxische Wirkung von Gallensäuren zurückzuführen ist.

2. Körperfremde Ablagerungen (exogene Pigmente).

a) Kohlenstaubablagerung (Anthrakosis).

Am wichtigsten ist die Ablagerung und Speicherung von Kohlenstaub in den Lungen und Lungenlymphknoten (Anthrakosis).

Sie kommt bei Hunden, die in Großstädten und Industriebezirken gehalten werden, fast regelmäßig vor. Auch Pferde, Rinder, Katzen und andere Haustiere sind vielfach — wenn auch in geringerem Grade —

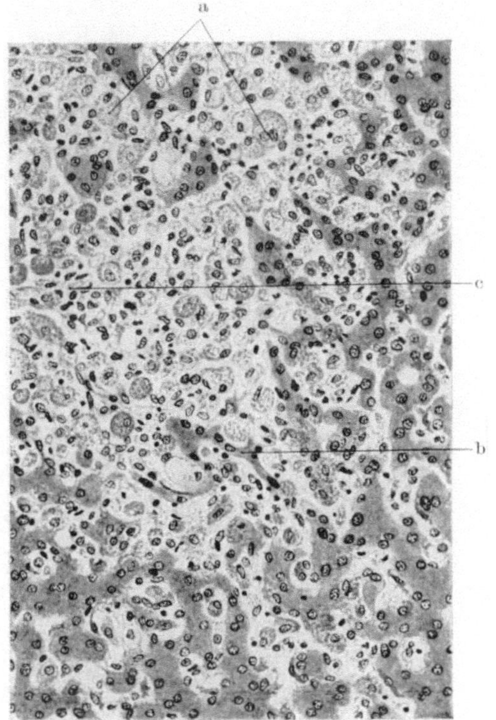

Abb. 20. Retentionsikterus der Leber (Hund). 200 ×. Hämatoxylin-Eosin.
a Reticuloendothelien, deren Protoplasma mit Bilirubinkörnchen angefüllt ist, b Kompression von Leberzellbalken durch die gewucherten Reticuloendothelien, c Vermehrung bindegewebiger Elemente.

mit Anthrakose der Lungen- und Lungenlymphknoten behaftet. **Makroskopisch** ist das Bild, besonders bei stärkerer Ablagerung sehr charakteristisch, in der Art, daß der Kohlenstaub als total schwarze Masse in den subpleural und interstitiell liegenden Lymphgefäßen sowie zentral im Lymphknotenparenchym gelegen ist, während die peripherische Rinde in der Regel frei bleibt. Lediglich in Fällen von ganz hochgradigen Ablagerungen erscheinen die Lymphknoten gleichmäßig schwarz gefärbt, so daß ihre normale Struktur völlig verwischt ist.

Histologie. Ein großer Teil des eingeatmeten Staubes bleibt an den feuchten Wandungen der großen Luftwege hängen oder wird durch den Sekretstrom und die Flimmerbewegungen der auskleidenden Zylinderepithelien wieder nach außen befördert. Ein anderer Teil gelangt in die Bronchiolen und Alveolen, von wo er teils passiv in die Lymphgefäße resorbiert, teils aktiv von Wanderzellen dorthin getragen wird (s. Abb. 21). Auf dem Wege der

Lymphgefäße gelangt er in die bronchialen Lymphknoten, in denen er abfiltriert wird. Das Pigment findet sich hauptsächlich in den Marksträngen (nicht in den Rindensinus und in den Follikeln), und zwar im Protoplasma von zum Teil stark vergrößerten Reticulumzellen in Form schwarzer, vielfach zusammenfließender Pigmentkörner (Abb. 21).

Bei fortgesetzter Zufuhr kann das Pigment auf dem Lymphwege in benachbarte und weiter entfernte Lymphknoten und schließlich durch den Ductus

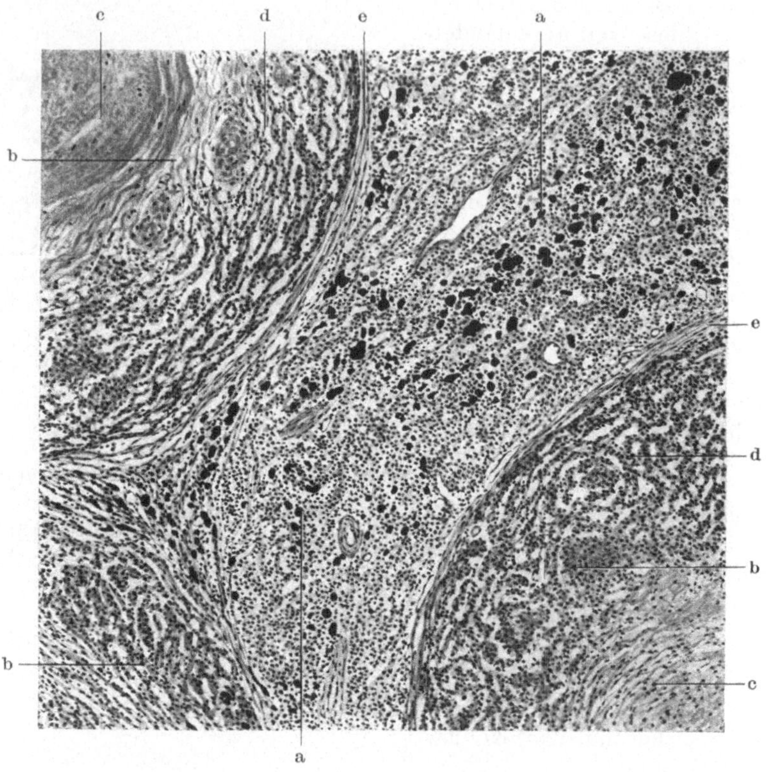

Abb. 21. Lymphknotenanthrakose und -tuberkulose (Hund). 90 ×. Hämatoxylin-Eosin.
a schwarze Kohlepigmentmassen in Reticulumzellen eingeschlossen, b Miliartuberkel mit zentraler Verkäsung (c), Epitheloidzellzone (d) und bindegewebiger Kapsel (e).

thoracicus ins Blut gelangen. Auf dem Blutwege wird es dann nach den verschiedensten Organen verschleppt und dort ebenfalls abgelagert (Milz, Leber, Knochenmark, Darmlymphknoten) = generalisierte Anthrakosis. Seltener ist ein direkter Übergang von den Lymphknoten in Venen und Arterien, wenn — was selten vorkommt — durch entzündlich-degenerative Veränderungen Einbruchspforten in Blutgefäße geschaffen werden. Die Wege und Wanderungen der inhalierten corpusculären Substanzen können also mannigfaltig sein. Sie und die erzeugten Reaktionen sind sowohl von der Qualität als auch von der Quantität der eingeatmeten Staubmassen abhängig.

In ähnlicher Weise können Steinstaub, Tonstaub und Eisenstaub aërogen aufgenommen und in Lungen und Lungenlymphknoten abgelagert werden. Diese sog. *Pneumokoniosen* (Chalicosis, Aluminosis, Siderosis) spielen beim Menschen als Gewerbekrankheiten eine Rolle, bei den Haustieren sind sie von geringerer Bedeutung.

b) Sonstige schwärzliche Pigmentierungen

werden im Darmkanal (Darmzotten, Darmepithelien) nach intestinaler (medikamentöser) Verabreichung von Quecksilber-, Blei- Wismut- und Silberpräparaten beobachtet (z. B. Schwarzfärbung der Darmzotten beim Pferde nach Kalomelverabreichung).

c) Farbstofflösungen.

Auch Farbstofflösungen (Methylenblau, Carmin, Fuchsin, Indigo) werden nach intestinaler (Methylenblautherapie!), subcutaner, intravenöser und intracerebraler Einverleibung in granulärer Form in Zellen abgelagert.

B. Gesteigerte Lebensvorgänge in Zellen und Geweben (progressive Zell- und Gewebsveränderungen).

Pathologie der Zellvermehrung.

Die Hauptformen der Neubildung von Zellen und Geweben unter bestimmten pathologischen Bedingungen sind das entzündliche, erneuernde und geschwulstbildende Wachstum, welch letzteres gegenüber den beiden ersteren durch seinen

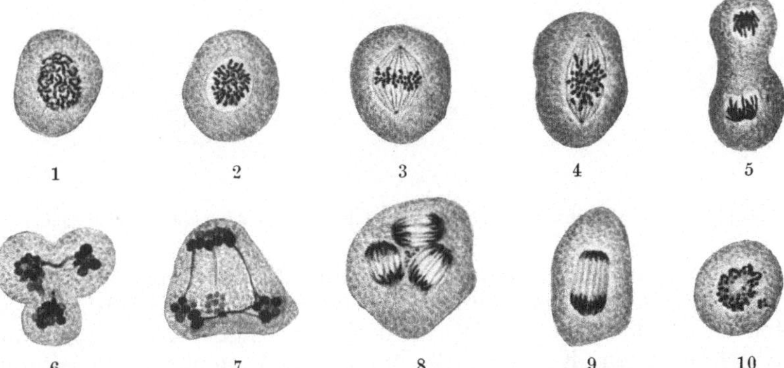

Abb. 22. Normale und pathologische mitotische Kernteilungsfiguren (halbschematisch nach BORST). 1—5 verschiedene Phasen bei normaler Karyokinese; 6 tripolare Mitose, 7 vierteilige Mitose, 8 sechsteilige Mitose, 9 asymmetrische Mitose, 10 Monaster mit versprengten Chromosomen.

autonomen, unaltruistischen Charakter gekennzeichnet ist. In welchen Faktoren die Ursachen für eine krankhafte Zellvermehrung auch immer zu suchen sein mögen (intra- und extracelluläre Wachstumsreize, Reize der Bindesubstanzen auf das Epithel, Störungen des Zellgleichgewichts, d. h. der Beziehung zwischen Zellfunktion, Ernährung und Proliferation, Gewebsentspannung, nervöse Einflüsse, ererbte Wachstumsenergie), so gelten für sie allgemein die Gesetze: 1. daß ein Gewebe von bestimmter Struktur und Funktion immer nur aus gleichartigen Gewebselementen hervorgehen kann und 2. daß es in seiner Entwicklung stets Stufen geringerer Differenzierung durchlaufen muß. Bei allen Wachstumsvorgängen pathologischer Art spielen Größenzunahme (Hypertrophie) und Vermehrung (Hyperplasie) der einzelnen Zellelemente gleichzeitig eine Rolle. Indessen können bei Raumbeengung auch unternormale Zellgrößen entstehen.

Die Zellvermehrung geschieht im wesentlichen durch *indirekte Zellteilung = Mitose, Karyokinese*, bei der verschiedenartige Kernteilungsfiguren auftreten (s. Abb. 22). Die mitotischen Figuren einzelner Gewebsarten sind ihrer Zusammensetzung nach so charakteristisch, daß sie Rückschlüsse auf die betreffenden Gewebsarten gestatten. Wie andere Zellbestandteile, so kann auch der Zellvermehrungsapparat entweder für sich oder mit den dazugehörigen Zellen Schädigungen der Centrosomen, Chromosomen und achromatischen Fäden erfahren, so daß pathologische Kernteilungsfiguren zustande kommen. Solche finden sich vornehmlich in Geschwülsten, aber auch in anderen Gewebsneubildungen und zwar in Form von seitenungleichen, vielgestaltigen, verfrühten und entartenden Mitosen mit Chromatinverklumpungen und mit Auflösung oder Zerfall der chromatischen Substanz. Auch Änderungen des Chromatinbestandes selbst kommen vor = hypo- und hyperchromatische Mitosen. Nicht alle dieser ungewöhnlichen Zellteilungen dürfen als durchaus krankhaft angesehen werden, da sie normalerweise auch im Granulationsgewebe, in Knochenmarksriesenzellen und in anderen Geweben auftreten können.

Neben der indirekten Zellteilung spielt unter normalen und pathologischen Bedingungen auch die *direkte Teilung = Amitose* (Kernzerschnürung, Kernfragmentierung) eine Rolle, im besonderen in pathologischen Neubildungen. Dabei handelt es sich um eine einfache Durchschnürung von Kern- und Zelleib unter Entstehung hochwertiger Zellelemente. Häufigstes Vorkommen bei Regeneration der Epidermis und der quergestreiften Muskulatur, sowie bei

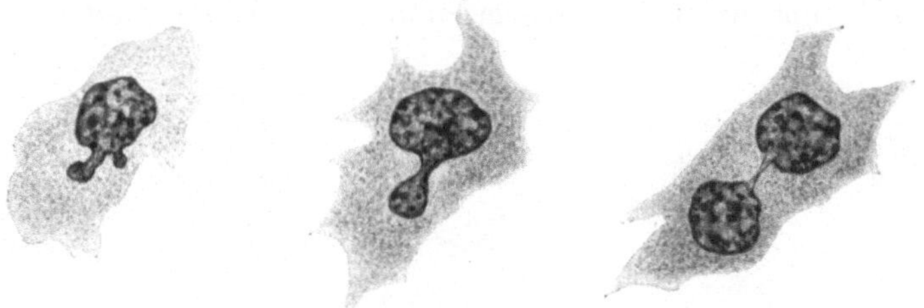

Abb. 23. Verschiedene Phasen der direkten Zellteilung = Amitose (halbschematisch).

überstürzter Proliferation. Auch diese Art der Kernteilung kann unter Entstehung ungewöhnlicher Kernteilungsfiguren einhergehen. Am häufigsten werden beobachtet: Einschnürungen, gelappte und verzweigte Kernformen, unregelmäßige Abschnürungen, Kernvergrößerungen mit Vermehrung der Chromatinbestandteile, Riesenkerne (s. Abb. 23). Indirekte und direkte Kernteilungen kommen bisweilen innerhalb eines Gewebes abwechselnd vor.

Bei fortgesetzter direkter Kernteilung ohne gleichzeitige Teilung aber bei gleichzeitiger Vergrößerung des Protoplasmas kommt es zur Bildung von vielkernigen Riesenzellen (Proliferationsriesenzellen, Plasmodien). Solche können auch durch Verschmelzung von Einzelzellen entstehen (Konglutinationsriesenzellen, Syncytien). Diese Bildungen werden als funktionelle Anpassungsformen aufgefaßt (Reizvermittlung, Stoffwechselvermehrung, Phagocytose). Sie finden sich besonders in tuberkulösen Herden, in der Umgebung von Fremdkörpern, bei Regenerationsstörungen verschiedener Gewebsarten, sowie in bösartigen Geschwülsten.

1. Zweckmäßigkeitswachstum.

a) Gewebserneuerung (Regeneration).

Die auf der Grundlage von Stoffwechsel- und Zirkulationsstörungen und unter sonstigen pathologischen Bedingungen entstehenden Zell- und Gewebsschädigungen ziehen häufig zwangsläufig progressive Zell- und Gewebsprozesse nach sich, die mit entzündlichen Vorgängen (s. S. 45) in enger Beziehung stehen und als Regeneration bezeichnet werden. Dieser Vorgang ist als eine der hauptsächlichsten Selbsthilfen zu betrachten, der die Lebens- und Funktionstätigkeit des Organismus unter krankhaften Bedingungen bis zu einem gewissen Grade sicherstellt. Man versteht darunter den Ersatz verlorengegangener oder degenerierter Zellen und Gewebe durch gleichgeartete, vollwertige gewucherte Zellen der Umgebung (Wiederherstellung des Zusammenhanges).

Während die physiologische Regeneration in jedem Falle eine in morphologischer und funktioneller Hinsicht vollkommene ist, bleibt das pathologische Regenerat häufig sowohl seinem Bau als auch seiner Funktion nach minderwertig und stellt, besonders bei größeren Gewebsschäden, lediglich Füllmaterial dar. Bei kleineren kann indessen nach Wegschaffung der Gewebstrümmer durch Lysis und Resorption eine Restitutio ad integrum eintreten. Jegliche Gewebserneuerung geht um so leichter und vollständiger vor sich, je kleiner der zu ersetzende Gewebsverlust ist, je besser Gesamtstruktur und Bindegewebsgerüst erhalten sind, je günstiger die Blutzirkulation (Steigerung der Assimilation) in dem betreffenden Gebiet beschaffen und je höher das Regenerationsvermögen des betreffenden Organismus selbst ist (bessere Regenerationsfähigkeit bei jungen und niedrig stehenden Tierarten). Die Bedingungen für die Regeneration können so günstig sein, daß das Ersatzgewebe im Übermaße gebildet wird, wie dies bei Knochenbrüchen (Callusbildung), bei der Regeneration von Bindegewebe und bei Entzündungen häufig der Fall ist (Hyperregeneration, luxuriöse Regeneration).

Was die **histologischen Vorgänge** bei der Regeneration im einzelnen anbetrifft, so beteiligt sich daran je nach Größe und Sitz des Gewebsverlustes sowohl das spezifische Gewebe (Deck- und Drüsenepithelien, Muskel- und Nervenfasern), als auch das sog. nicht spezifische Bindegewebsgerüst (Blutgefäßbindegewebsapparat) oder beide.

Die Wucherung der Bindegewebszellen spielt bei der Bildung des Ersatzgewebes eine Hauptrolle. Sie vermehren sich unter mitotischer Kernteilung und Vergrößerung des Protoplasmas. Die neu entstandenen Zellelemente sind weniger spindelförmig, sondern vielgestaltig, sternförmig und oft mit mehreren Ausläufern versehen, bisweilen 2—3 Kerne enthaltend. Sie werden Fibroblasten genannt. Dazu werden auch noch andere Bindegewebszellen gerechnet, vor allem die Histiocyten, die aus mesenchymalen Zellen (Lymphocyten) ihre Entstehung nehmen sollen, als Wanderzellen Bedeutung besitzen und als solche Monocyten, Makrophagen oder Polyblasten genannt werden. Die diesen Elementen eigene Kontraktilität, ihre Fähigkeit zur Phagocytose und zur Bildung von Fasern und Zwischensubstanzen befähigen sie besonders für ihre Aufgabe als Abräum- und Ausfüllzellen. An der Bildung von Bindegewebe beteiligen sich weitgehend auch die Blut- und Lymphgefäßendothelien. Sie führen außerdem durch Sprossung und Teilung (Angioblasten) zur Entstehung solider Zellstränge (s. Abb. 38), aus denen netzförmig zusammenhängende Capillarröhren sich entwickeln, in deren Lichtung die Blutkörperchen nachtreiben. Aus den Capillaren bilden sich wieder größere Gefäße (Arterien und Venen). Alle diese Vorgänge sind begleitet von Hyperämie, Auswanderung von Leukocyten (die die Beseitigung von Zerfallsmassen, Bakterien und Fremdkörpern besorgen), sowie von Lymphocyten, Plasmazellen und Mastzellen. Bindegewebsriesenzellen (Polykaryocyten) treten besonders bei Anwesenheit von Fremdkörpern auf den Plan. Die Gesamtvorgänge bei der Regeneration des Bindegewebes gleichen also weitgehend denjenigen bei gewissen Entzündungsformen (s. S. 45).

Die Regeneration des Stützgewebes kann nun an Menge diejenige der spezifischen Gewebe übertreffen, so daß die Gewebsverluste fast nur durch ersteres ausgefüllt sind (Flickgewebe, unvollkommene Regeneration). Derartige Zustände führen zur Narbenbildung, und später nach Ablauf der Rückbildungsvorgänge an Zellen, Intercellularsubstanzen, Gefäßen, zu entsprechender Umfangsverminderung und zur Narbenschrumpfung.

Außer dem Bindegewebe kommt dem Knochen-, Knorpel- und Fettgewebe gutes Regenerationsvermögen zu. Auch die Epithelien der äußeren

Haut und der Schleimhäute erneuern sich nach oberflächlichen Defekten schnell, wozu ihre Wanderungs- und Gleitfähigkeit auf den Wundflächen wesentlich beitragen (Abheilung der Blasen bei Maul- und Klauenseuche). Hier und in Drüsen, in denen die Ersatzbildung im ganzen ungünstiger ist, nimmt die Regeneration meist von besonderen Zentren (Proliferationszentren) ihren Ausgang. In der Magen- und Darmschleimhaut werden Drüsenschläuche von noch erhaltenen gebildet (Beispiel: Geschwürsabheilung bei Schweinepest, S. 103, Tuberkulose u. a.). Ausgezeichnetes Regenerationsvermögen kommt den **Leberzellen und Gallengangsepithelien** zu, wie dies bei Leberatrophie und Lebercirrhose in schöner Weise zu beobachten ist. Schwerer regenerierbar ist **quergestreiftes Muskelgewebe.** Die Ersatzwucherung geht hier durch sog. terminale Knospung von erhaltenen Muskelfasern kontinuierlich vor sich (atrophische Kernwucherung, s. Atrophie, S. 2). **Glatte Muskulatur wird schlecht, Herzmuskulatur so gut wie gar nicht ersetzt** (s. Narbenbildung bei Maul- und Klauenseuche). Bei der günstiger liegenden **Regeneration von peripherischen Nerven** handelt es sich im Anschluß an Degeneration um mitotische Vermehrung der SCHWANNschen Zellen, die sich zu Neuroplasten entwickeln. Aus diesen bilden sich unter fortgesetzter Kernvermehrung bandartige Gebilde, in denen die Differenzierung zu Neurofibrillen vor sich geht. Die völlige Ausbildung der Nervenfasern hängt von der Vereinigung mit den Enden des zentralen Stumpfes ab (funktionelle Reizübertragung). **Ganglienzellen und Milz** besitzen fast keine Erneuerungsfähigkeit, während diejenige des Blutes und der blutbildenden Organe äußerst groß ist. Für sämtliche auf dieser Grundlage gebildeten Ersatzgewebe gilt das Gesetz der funktionellen Anpassung.

b) Größenzunahme und Vermehrung der Zell- und Gewebsbestandteile (Hypertrophie und Hyperplasie).

Unter *Hypertrophie* wird ein über das normale Maß hinausgehendes Wachstum einzelner Zellen und Gewebe oder ganzer Organe verstanden (Muskel-, Nervenfasern, Epithelien). Die Zunahme der Gewebe ist auf die Vergrößerung ihrer einzelnen Elemente (Muskelfasern, Zellen usw.) zurückzuführen = *Hypertrophie* im engeren Sinne, oder sie ist durch Vermehrung der Zahl der einzelnen Zell- bzw. Gewebsbestandteile bedingt = *Hyperplasie.*

Vorkommen der Hypertrophie unter physiologischen Bedingungen in der Muskulatur des trächtigen Uterus, unter pathologischen Verhältnissen als Superregeneration (z. B. Callusbildung nach Knochenbrüchen), als kompensatorische Hypertrophie (kompensatorische Vergrößerung einer Niere nach Ausfall der anderen), als Arbeitshypertrophie (z. B. Herzmuskulatur bei Klappenfehlern). Auch physikalische und chemische Einflüsse, bessere und vermehrte Blutversorgung und nervöse Einflüsse vasomotorischer oder trophischer Art können hypertrophisches Wachstum bedingen.

Wenn Vergrößerung eines Organes nicht durch Vermehrung des spezifischen Gewebes, sondern des Binde- oder Fettgewebes zustandekommt, wird von Pseudohypertrophie gesprochen (s. S. 3).

c) Wundheilung.

Die komplexen Vorgänge, die sich bei der Wundheilung abspielen, werden unter dem Begriffe „Wundheilungsprozeß" zusammengefaßt. Dabei spielen entzündlich-reparative, organisatorische und regenerative Prozesse eine Rolle. Sie führen in den seltensten Fällen zu einer völligen Wiederherstellung, sondern zum Zustande der Vernarbung.

Die unmittelbaren Folgen einer Verwundung sind mechanische [Trennung und Verlagerung der Teile, Eröffnung von Blutgefäßen (Blutung)], degenerative (sog. traumatische Degeneration, Ernährungsstörungen) und funktionelle. Daran anschließend kommt es zu entzündlichen Vorgängen (traumatische Entzündung), die allerdings geringfügig sein können. Im Bereiche der Wundränder treten Hyperämie, Exsudation (Flüssigkeitsaustritt aus Gefäßen) und Emigration (Auswanderung von Leukocyten in den Vordergrund. Dadurch wird die Bedeckung der Wundflächen mit einem gerinnenden Fibrinbelage und deren Verklebung bedingt. Gleichzeitig damit gehen Auflösung und Resorption von Blutextravasaten, entzündlichen Exsudaten, degenerierenden Gewebsteilen, Beseitigung sonstiger Schädlichkeiten durch Freßzellentätigkeit einher. Diesen folgen regenerative Vorgänge besonders bindegewebiger Natur (s. Regeneration, S. 24), die nicht nur Ersatz verloren gegangenen Gewebes bewirken, sondern auch die Gewebslücke wieder schließen.

Die Heilungsvorgänge an offenen, klaffenden (Haut- und Weichteilverletzungen) oder an geschlossenen Wunden (unkomplizierte Knochenbrüche) sind nicht grundsätzlich, sondern nur gradweise voneinander verschieden. Es werden unterschieden:

1. Unmittelbare (primäre) Heilung. Sie ist möglich bei glattrandigen Schnitt- und Stichwunden, wenn die Wundränder sich aneinander legen oder durch Naht fixiert werden. Es kommt dann im Bereiche der Wundränder zu den oben beschriebenen Vorgängen und dadurch, z. B. in der äußeren Haut, zur Bildung von Bindegewebe, das die Wundspalte in eine Narbe umwandelt.

2. Heilung unter dem Schorf. Durch Eintrocknung von Sekret, Blut oder nekrotischen Geweben (Ätzschorf, Brandschorf, mumifizierte Gewebe) bildet sich ein oberflächlicher Schorf, unter dem die Epidermis durch Wucherung von den Rändern her den Gewebsverlust ausgleicht. Nach Vollendung der Überhäutung fällt der Schorf ab; bei tieferen Defekten wuchert Bindegewebe, wodurch Narben und Narbenschrumpfungen zustande kommen.

3. Heilung durch Bildung eines Füllgewebes spielt sich an größeren, freiliegenden oder mit Verbandstoff bedeckten Wunden ab. Sie erfolgt durch Bildung von Granulationsgewebe, bestehend aus Fibroblasten, Wanderzellen verschiedener Art, Capillarsprossen (s. S. 46) und geht, da die Wundflächenflüssigkeit meist bakteriell infiziert wird, mit Eiterung einher. Nach Ausfüllung des Defektes mit Granulationsgewebe erfolgt Überhäutung vom Rande her oder an Schleimhäuten von Resten des Schleimhautgewebes aus. Das zellreiche Granulationsgewebe wandelt sich in Bindegewebe um, wird später zellärmer, faserreicher, beansprucht weniger Raum und führt zur Narbenschrumpfung. (Heilung von Schleimhautwunden s. S. 94, 102; Heilung von Defekten in der Leber s. S. 106, 107.)

d) Gewebliche Ausfüllung und Umwandlung (Organisation).

Unter „Organisation" wird ein Vorgang verstanden, der aus resorptiven, entzündlichen und ausgleichenden reparativen Prozessen mit Beteiligung des Gefäßbindegewebes zusammengesetzt ist.

Diese Begriffsbestimmung macht es klar, daß zwischen diesem Vorgang und zwischen Entzündung (chronisch-reaktive Form) und Regeneration ein scharfer Trennungsstrich nicht gezogen werden kann. Organisationsprozessen begegnet man am häufigsten bei Gegenwart von Fremdkörpern (auch von blanden), von Parasiten, von Exsudaten, Thromben, extravasculären Blutgerinnseln, Abscessen und in nekrotischen Geweben, z. B. Infarkten. Dem ganzen Vorgang liegt also eine Fremdkörperwirkung (exogener oder endogener Natur: eingedrungene Fremdkörper, endogene Zerfallsprodukte) und damit eine funktionelle Erregung des fibrovasculären Apparates zugrunde.

Histologisch beginnt die Organisation mit Hyperämie in der Umgebung z. B. eines Fremdkörpers, Exsudates oder einer Nekrose mit Fibrinexsudation und Auswanderung polymorphkerniger Leukocyten, die Fremdkörper oder Stoffwechselprodukte phagocytieren, Lysis von Exsudaten durch Abscheidung eiweißlösender Fermente bewirken und damit die Möglichkeit der Resorption schaffen. Gleichzeitig treten Rundzellen (Granulationszellen) und zwar teils Lymphocyten, teils Abkömmlinge des Bindegewebes, im Z.N.S. auch Gliazellen, vor allem Mikrogliazellen, auf den Plan. Sie wandeln sich unter Vergrößerung ihres Protoplasmas in Mikro- und Makrophagen (Wanderzellen) um, die zur Phagocytose und Wegschaffung von Zerfallsmaterial (Fett, Blutkörperchen, Abbauprodukte) bestimmt sind. Bei Anwesenheit von Fremdkörpern, die schwer auflösbar sind (Seidenfäden, Metallstücke) entstehen aus jungen Bindegewebs- und Endothelzellen sog. Fremdkörperriesenzellen, die aus umfangreichen Protoplasmamassen mit zahlreichen, meist an einem Zellende liegenden Kernen bestehen. Sie umfließen die Fremdkörper, umgeben sie oft von allen Seiten wallartig und besitzen die Fähigkeit der Auflösung.

Die Entstehung der Fremdkörperriesenzellen ist noch umstritten. Im Gegensatz zu den bei tuberkulösen Prozessen auftretenden LANGHANSschen Riesenzellen scheinen diese lediglich aus einer Verschmelzung mehrerer Bindegewebszellen hervorzugehen (SABIN).

Hand in Hand mit diesen phagocytären und resorptiven Prozessen geht eine Wucherung von Fibroblasten, Angioblasten mit Capillar- und Gefäßneubildung, also die Entstehung eines zellreichen, vascularisierten Bestandgewebes, das mit zunehmendem Alter zellärmer und fibrillenreicher wird und zum ausgesprochenen Narbengewebe sich umbildet.

Durch diese Vorgänge werden Fremdkörper von Bindegewebe umhüllt, durchwachsen und nach ihrer Auflösung durch solches ersetzt (schwartige Bindegewebskanäle in der Umgebung von Nägeln bei Fremdkörperperforationen des Muskelmagens beim Huhn und der Vormagenwand beim Rind), fibrinöse Exsudate auf Oberflächen (z. B. Pericarditis, Pleuritis) und in Hohlräumen (z. B. fibrinöses Exsudat in Lungenalveolen) organisiert, d. h. durch Binde- und Narbengewebe ersetzt. Dasselbe geschieht mit Hämatomen, Abscessen, absterbenden und abgestorbenen Parasiten, indem sich zunächst eine demarkierende Bindegewebskapsel um solche Herde bildet und sie später nach Auflösung und Resorption des Inhalts von Bindegewebe durchwachsen werden (Obliteration solcher Höhlen). Auch Thromben (blande und infizierte) werden von den Vasa vasorum ausgehend organisiert (Obliteration des Gefäßlumens bei obturierenden Thromben). In der Umgebung von Nekroseherden (Herzmuskelnekrose, Lebernekrose, Niereninfarkte) verlaufen die Vorgänge in analoger Weise. Kleinere Herde werden vollkommen durch Binde- und Narbengewebe ersetzt (Herzschwielen, Bindegewebsnarben in Leber und Nieren). Solche Prozesse werden leicht als chronische, interstitielle Entzündungen angesprochen, während es sich in Wirklichkeit um die Ausheilung eines Parenchymdefektes handelt. Größere werden nur in ihren peripherischen Teilen organisiert, weil eine vollständige Resorption unmöglich ist. Im Zentrum bleiben dann körnige Detritusmassen zurück, in denen Fett, Cholesterin und Kalk sich ablagern. Gerinnungsnekrosen im Gehirn erfahren Abkapselung unter starker Beteiligung und Wucherung gliöser Elemente (Mikroglia). Besonderer Art ist die Organisation des nekrotischen Interstitiums und die Bildung von Sequesterkapseln bei der Lungenseuchepneumonie insoferne, als die Bildung des Ersatzgewebes von erhalten gebliebenen Capillaren (perivasculäre und randständige Organisationsherde) ihren Ausgang nimmt.

Histologisches Studium von Einzelbeispielen: Pericarditis, S. 50; Thrombus, S. 55; Herzschwiele bei Maul- und Klauenseuche, S. 48; Niereninfarkt, S. 115; Lungenseuchepneumonie, S. 74.

e) Änderung der Gewebsform (Metaplasie).

Von dem für alle krankhaften Neubildungsvorgänge geltenden Gesetze der Zellspezifität (einseitige Potenz endgültig differenzierter, spezialisierter Zellen) bildet der Vorgang der Metaplasie eine Ausnahme. Man versteht darunter die Tatsache, daß ein voll ausdifferenziertes Gewebe morphologisch und funktionell den Charakter eines anderen annehmen kann. Eine solche Möglichkeit besteht innerhalb der Abkömmlinge ein und desselben Keimblattes, also lediglich innerhalb des Formenkreises der Deckepithelien und desjenigen der Stützsubstanzen.

Für die Entstehung von Metaplasien kommen in erster Linie Änderungen der funktionellen Beanspruchung chemischer und mechanischer Art, sowie der Lebensbedingungen, des Zellstoffwechsels und damit der Wachstumspotenz in Betracht.

Beispiele. Umwandlung der prolabierten Blasenschleimhaut in verhornendes Plattenepithel und Entstehung von Zylinderepithelien und Becherzellen im Oberflächenepithel. Bildung von Schleimdrüsen im Fundus der Gallenblase beim Vorliegen einer Gallenblasen-Dünndarmfistel. Im Verlaufe chronischer Bronchitiden, also auf entzündlicher Grundlage, kommt es in der Bronchialschleimhaut zur Entstehung von Plattenepithelinseln, wie auch sonst auf chronisch entzündetem Bindegewebe das Epithel seinen Charakter ändert. Auf ähnlicher, zum Teil seniler Grundlage beruht die allgemein anerkannte Metaplasie von Bindegewebe in Knorpel oder in Knochen, wie sie in der Sklera, in der harten und weichen Hirnhaut, im Endokard, in der Herzmuskulatur (Myositis ossificans) und an anderen Stellen bisweilen vorkommt. Fettgewebe kann sich aus Bindegewebe entwickeln. Eine besonders typische Metaplasie von Zylinder- und Drüsenepithel in mehrschichtiges, verhornendes Plattenepithel im Bereiche der oberen Atmungs- und Verdauungswege, sowie bestimmter Teile der weiblichen Geschlechtsorgane wird bei der durch Mangel an Vitamin A bedingten Systemerkrankung beobachtet (Änderung des Zellstoffwechsels, s. S. 67, 93). Hier wie in den meisten Fällen von Metaplasie handelt es sich um eine Art Regeneration mit Umdifferenzierung der Zellelemente (indirekte Metaplasie). Das Vorkommen direkter Metaplasie unter Persistenz der ursprünglichen Zellen ohne Zellenneubildung ist fraglich. In vielen Fällen kann Metaplasie durch Rückdifferenzierung auf ontogenetisch und phylogenetisch frühere Zustände der betreffenden Gewebe erklärt oder durch embryonale und postembryonale Versprengung von Zell- und Gewebskeimen vorgetäuscht werden.

Durch äußere Einflüsse (Zug, Druck, Raumbeengung, Gewebsentspannung u. a.) bedingte Formveränderungen von Zellen (Abplattung von zylindrischem Epithel bei Kolloidstruma, in unter gewissem Innendruck stehenden sonstigen Drüsenhohlräumen, Umwandlung des flachen Alveolarepithels in kubisches und zylindrisches Epithel bei Atelektase) ist lediglich eine histologische Anpassungserscheinung, aber keine Metaplasie, da strukturelle und funktionelle Zellveränderungen dabei fehlen. Auch Verdrängung eines Gewebes durch ein üppig wucherndes Nachbargewebe darf nicht mit Metaplasie verwechselt werden.

f) Überpflanzung (Transplantation) von Geweben.

Bei der Transplantation spielen sich histologisch ähnliche Vorgänge ab wie bei der Wundheilung.

2. Selbständiges Wachstum (Geschwülste, Gewächse).

Geschwülste (Gewächse, Blastome) sind aus den Zellen des eigenen Körpers hervorgegangene Neubildungen von selbständigem Bau und Wachstum.

Aus allen Körpergeweben können Geschwülste entstehen. Deren Einteilung geschieht nach ihrer geweblichen Zusammensetzung (s. umstehende Tabelle).

Zusammenstellung und Einteilung der Geschwulstformen (einschließlich der Fehlbildungen und Hyperplasien).

Muttergewebe	Gewebsform	Fehlbildungen und Hyperplasien	Reife (homologe, typische) Geschwülste	Unreife (heterologe, atypische) Geschwülste
A. Mesenchymales Gewebe.				**Sarkome.**
a) Stützgewebe	1. Fibrilläres Binde-gewebe	Keloid. Schwiele	Fibroblastom (Fibrom)	Fibroplastisches Sarkom (Fibrosarkom) (Rund-, Spin-del-, Riesenzellsarkome usw.)
	2. Embryonales Binde-gewebe	—	Myxoblastom (Myxom)	Myxoplastisches Sarkom (Myxosarkom)
	3. Fettgewebe	Fettgewebshyperplasie	Lipoblastom (Lipom)	Lipoplastisches Sarkom (Liposarkom)
	4. Knorpelgewebe	Versprengter Knorpel. Ekchondrose	Chondroblastom (Chondrom)	Chondroplastisches Sarkom (Chondrosarkom)
	5. Knochengewebe	Exostose. Osteophyt	Osteoblastom (Osteom)	Osteoplastisches Sarkom (Osteosarkom)
	6. Mesenchymales Speichergewebe	Xanthelasma	Xanthom	Xanthomatöses Sarkom
b) Muskelgewebe	7. Glatte Muskulatur	—	Leiomyoblastom (Leiomyom)	Myoplastisches Sarkom (malignes Myosarkom)
	8. Quergestreifte Musku-latur	—	Rhabdomyoblastom (Rhabdomyom)	Rhabdomyoplastisches Sar-kom (malignes Rhabdomyom)
c) Gefäßgewebe	9. Blutgefäße	Gefäßektasie (Aneurysmen, Varicen, Capillarektasien)	Hämangioblastom (Hämangiom)	Angioplastisches Sarkom (Angiosarkom)
	10. Lymphgefäße	Lymphangiektasie	Lymphangioblastom (Lymphangiom)	Malignes Lymphangioendo-theliom
d) Retikuläres Gewebe	11. Lymphoretikuläres Gewebe	Hyperplastische Lymph-knoten (aleukämische und leukämische System-erkrankung)	Lymphocytoblastom (Lymphom), Plasmocytom	Lymphoplastische Sarkome (Lymphosarkome)
	12. Myeloretikuläres Ge-webe	Myeoloische Leukämie	Myelocytoblastom (Myelom)	Myeloplastische Sarkome, Riesen- und Rundzellen-sarkome
e) Pigmentbildende Gewebe	13. Melanoblasten	—	Melanoblastom (Melanom)	Malignes Melanom
	14. Chromatophoren	—	Chromatophorom	Malignes Melanom

B. Neuroektodermales Gewebe.				
a) Nervenstützgewebe	15. Neuroglia	Gliaknoten, Gliosen	Glioblastom (Gliom)	Glioplastisches Sarkom, malignes Gliom
	16. Peripherisches Stützgewebe (SCHWANNsche Zellen)	— —	Neuroblastom (Neurom) Neurinom	Neuroplastisches Sarkom, malignes Neurinom Spindelzellensarkom
b) Zentralnervengewebe	17. Ganglienzellen und Achsenzylinder	—	Ganglioblastom, Ganglioneurom, Paragangliom	Ganglioplastisches Sarkom, malignes Neuroblastom
C. Epithelgewebe.				**Carcinome.**
a) Deckepithel	18. Plattenepithel	Warzen	Papillom	Verhornendes Plattenepithelcarcinom, Basalzellencarcinom, Carcinoma simplex usw. Zylinderepithelcarcinom
	19. Zylinderepithel	Epithelverlagerung (Heterotopie)	Papillom	
b) Drüsenepithel	20. Tubuläre und alveoläre Drüsen	Verlagerungen, Cysten	Adenom (entsprechender Bildung)	Adenocarcinom (entsprechend Bildung) (Carcinoma simplex, scirrhosum, medullare, gelat.)
c) Besondere Epithelformen	21. Keimepithel (Ovarium und Hoden)	Cysten	Cystoma glandulare und papillare	Cystadenocarcinom und Hodentumoren
	22. Fetales Ektoderm	—	Blasenmole	Malignes Chorionepitheliom
D. Zusammengesetzte Gewebe.				
a) Einfache Mischgeschwülste	23. Bindesubstanzen (Mesenchym)	Gemischte Gewebsheterotopien	Gemischte Bindesubstanzgeschwülste	Sarkomatöse einfache **Mischgeschwülste**
	24. Bindesubstanzen und Epithel	Gemischte Gewebsheterotopien	Gemischte Bindesubstanz-Epithelgeschwülste	Sarkomatöse bzw. krebsige Abarten von Mischgeschwülsten
b) Komplizierte Mischgeschwülste	25. Ektoderm	Adenome, Cystadenome, Carcinome, Teratoide Cysten, Dermoidcysten	Ektodermale, teratoide Mischgeschwülste	Sarkomatöse, krebsige Abarten. Sog. embryonale Adenosarkome, Cystosarkome usw.
	26. Mesoderm		Mesodermale, teratoide Mischgeschwülste	
	27. Entoderm		Entodermale, teratoide Mischgeschwülste	
	28. Eiwertige Keime (Blastomeren, Urgeschlechtszellen)	Rudimentäre Parasiten	Teratome, Embryome, komplizierte Dermoide	Embryonale Teratome. Blastomatöse, maligne Teratome. Deren krebsige, sarkomatöse und andere Entartungen.

Ist das Geschwulstgewebe nach Anordnung und Ausbildung der einzelnen Teile dem Muttergewebe weitgehend gleich, so liegt eine gleichartige, homologe oder typische Geschwulst vor; weicht sie dagegen nach Größe, Entwicklung und Differenzierung der Zellen sowie nach deren Anordnung vom Stammgewebe ab, so wird von ungleichartiger, heterologer oder atypischer Geschwulst gesprochen. Die Abweichung liegt in einer geringeren Ausbildung der Gewebseigentümlichkeiten, einer mangelhaften Ausreifung. Im allgemeinen sind ausgereifte Geschwülste langsam wachsende, daher in der Regel gutartige Neubildungen; unreife Geschwülste dagegen schnell, häufig überstürzt wachsende, in der Regel bösartige Gewächse. Ausnahmen hiervon sind nicht selten. Zwischen einer reifen Geschwulstform und einer unreifen gibt es alle Zwischenstufen. Selbst in der gleichen Geschwulst kann ausgereiftes und unreifes Gewebe vertreten sein.

Die Geschwulstzellen, auch diejenigen der bösartigen Gewächse, sind nicht ohne weiteres von den Körperzellen der betreffenden Gewebsform unterscheidbar. Die morphologischen Abweichungen beziehen sich im wesentlichen auf Größe, Gestalt und besondere Ausbildung der Zellkörper und ihrer Kerne. So ist z. B. eine Bindegewebsgeschwulst mit zahlreichen Fasern als ausgereiftes Gewächs (Fibrom), eine solche mit spindeligen Zellen ohne Fasern als unausgereifte Geschwulst (Sarkom) anzusprechen.

Entsprechend ihrem langsamen Wachstum zeigen die reifen Geschwülste nur wenig Kernteilungen (Mitosen), während die unreifen, besonders die überstürzt wachsenden eine große Zahl solcher enthalten. Als Zeichen des ungeregelten Zellteilungsablaufes kommen in ihnen häufig Störungen der Kernteilungsvorgänge vor, wie sie auf S. 23 beschrieben sind.

Ein weiteres Zeichen der Gutartigkeit oder Bösartigkeit einer Geschwulst liegt in der Art ihres Wachstums. In den reifen Geschwülsten findet die Zellvermehrung vorwiegend im Innern statt; sie wachsen infolgedessen unter Verdrängung der Nachbargewebe (expansiv). Bei den unreifen Geschwülsten geschieht die Zellvermehrung vorwiegend am Rande, weshalb die neugebildeten Zellen in die Lücken der angrenzenden Gewebe vordringen und diese durchsetzen (durchsetzendes, infiltratives, destruierendes Wachstum). Von diesen beiden Wachstumsarten steht die Verbreitung der Geschwülste und damit ihre Gutartigkeit bzw. Bösartigkeit in unmittelbarer Abhängigkeit. Die verdrängend wachsenden sind in der Regel gutartig (wenn von den durch ihre Größe bedingten mechanischen Folgen abgesehen wird), während die durchsetzend wachsenden bösartig sind, weil sie durch Übergreifen auf andere Organe sich rasch auf weite Gebiete ausbreiten können. Da hierbei Geschwulstzellen auch in Lymph- und Blutgefäße einwachsen, so kommt es durch lymphogene bzw. hämatogene Verschleppung zur Entstehung von Tochtergeschwülsten (Metastasen), wie solche auch durch unmittelbare Verpflanzung (Implantation, Abklatsch-, Kontaktmetastasen) entstehen können. Primärgewächs und Tochtergeschwulst sind einander meist völlig gleich, abgesehen von bisweilen vorkommenden Verschiebungen des Verhältnisses zwischen Parenchym und Stroma.

In allen Geschwülsten wird zwischen dem Geschwulstgewebe (Parenchym) und dem Nähr- und Stützgewebe (Stroma) unterschieden. Beide sind entweder innig miteinander verbunden (Bindesubstanzgeschwülste) oder scharf voneinander getrennt, wie bei den Epithelgeschwülsten. Sind mehrere Gewebsarten am Aufbau einer Geschwulst beteiligt, so handelt es sich um eine Mischgeschwulst. Blutgefäße finden sich in allen Geschwülsten, während ein richtiger Lymphgefäßapparat und Nerven in der Regel fehlen.

Von den in der vorstehenden Tabelle aufgeführten Geschwulstformen, aus der auch ihre Benennung zu ersehen ist, werden einige der wichtigsten Vertreter besprochen.

a) Reife Bindesubstanzgeschwülste.

Fibroblastoma (Fibroma). (Beispiel aus der Gruppe der Bindesubstanzgeschwülste im engeren Sinne). Weißliche, einzeln oder in der Mehrzahl auftretende, bisweilen eigenartig sehnig glänzende, derbe, seltener weichere, gutartige Geschwülste verschiedener Größe. Wuchsform: An Oberflächen (Haut und Schleimhaut) knotige, polypöse Hervorragungen, oder gestielte Anhängsel; in Geweben ebenfalls knotige oder unscharf abgesetzte, sog. diffuse Bindegewebsgeschwülste. Bei letzteren handelt es sich vielfach um entzündlich-hyperplastische Bindegewebswucherungen, die von echten Fibromen schwer abzugrenzen

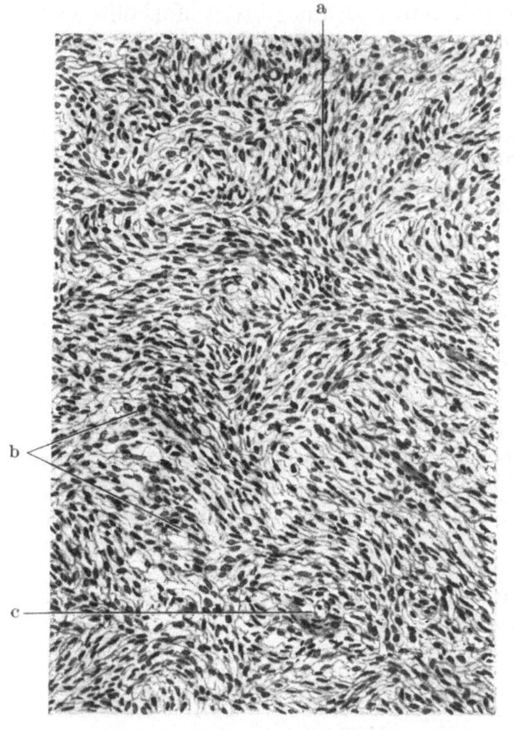

Abb. 24. Fibroma durum (Hund). 160 ×
Hämatoxylin-Eosin.
a längsgetroffene, b quer- und schräggetroffene
Bündel des Fibromgewebes, c dichtere Anhäufung
von Zellen um ein kleines Blutgefäß.

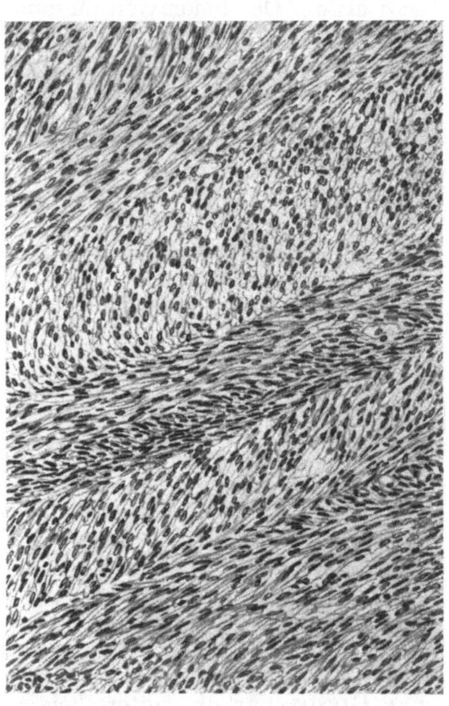

Abb. 25. Leiomyoma uteri (Rind). 140 ×.
Hämatoxylin.
Längs-, quer- und schräggetroffene Muskel-
bündel. Stäbchenform der Kerne.

sind (Fibromatose). Schnittfläche harter Fibrome zeigt häufig geflechtartigen Aufbau. Mutterboden: faseriges Bindegewebe.

Histologisch ist das Verhältnis zwischen Kernen und Grundsubstanz in verschiedenen Abschnitten eines Fibroma durum (Abb. 24) Schwankungen unterworfen. Der geflechtartige Aufbau tritt in Form bündel- oder zugweiser Zusammenfassung der Geschwulstbestandteile hervor, die bald längs (a), bald quer, bald schräg (b) im Schnitt getroffen sind. In der Nachbarschaft von Blutgefäßen, die in Fibromen stets nachweisbar sind, findet sich oft besonders dichte Anhäufung von Geschwulstzellen (c). Die Betrachtung mit st. V. enthüllt die charakteristische Form der Zellkerne: in längs getroffenen Bündeln sind sie ausgesprochen spindelig, während sie in quer- und schräggetroffenen in rundlicher oder längsovaler Form sich darstellen. Die Zellform ist nur in ganz jungen Fibromen sichtbar (Fibroblasten). Im allgemeinen sieht man zwischen den Zellen nur Grundsubstanz, die bald fein-, bald grobfaserig, parallel, unregelmäßig verlaufend, sich verflechtend, bald in hyaline, homogene Massen umgewandelt ist. Letzteres trifft für das Keloidfibrom zu, bei dem es sich selten um eine echte Geschwulst, sondern um hypertrophisch, in obiger Weise umgewandeltes Narbengewebe handelt (Narbenkeloid).

Unter „Fibroma molle" werden durchscheinende, saftige Schleimhautgeschwülste (z. B. Nasenpolypen) verstanden, die histologisch aus durchsichtigem, maschigem, ödematösem Bindegewebe mit sternförmig verzweigten Zellen aufgebaut sind und häufig Entzündungszellen enthalten.

Myoblastoma (Myoma). (Beispiele aus der Gruppe der Muskelgewebsgeschwülste.) Das Leiomyom (Myoma laevicellulare) ist aus glatten Muskelfasern, das Rhabdomyom (Myoma striocellulare) aus quergestreiften Muskelfasern aufgebaut. Erstere sind ausgereifte, gutartige Geschwülste, letztere häufig unreife, bösartige Gewächse (myoplastische Sarkome, Myosarkome).

Leiomyoblastoma (Leiomyoma). Rötlichweiße, scharf umschriebene, knotige, bisweilen polypöse Tumoren derber Konsistenz von zum Teil erheblicher Größe und deutlich faszikulärem Bau auf der Schnittfläche. Häufig multiples Auftreten im Uterus der Haustiere. Bei Einschluß von drüsenartigen Bildungen = Adenomyom. Muttergewebe: Glatte Muskelfasern.

Abb. 25 zeigt einen Schnitt durch ein Leiomyom des Uterus einer Kuh bei van Gieson-Färbung. Schon bei schw. V. fällt die faszikuläre Anordnung der Geschwulstzellen auf. Sie sind in schmäleren oder breiteren Bündeln zusammengefaßt, die längs, quer und schräg im Schnitt getroffen sind. Zwischen den Muskelbündeln liegen spärlich bindegewebige Bestandteile, die auch Blutgefäße führen. Wenn der bindegewebige Beisatz reichlich ist, wird von Leiomyoma fibrosum gesprochen. Die st. V. läßt verschiedene Besonderheiten gegenüber dem oben besprochenen Fibrom erkennen. Sie bestehen in der schönen parallelen Anordnung der längs getroffenen, schmalen, langen, an den Enden abgerundeten Kerne (Stäbchenform). Diese liegen in einem homogenen oder äußerst feinfaserigen Protoplasma (Myofibrillen!). Quer- oder schräggetroffene Bündel ergeben verschiedene Bilder: die einzelnen Zellen sind deutlicher begrenzt, länglichoval oder rund in der Form und häufig von feinsten Bindegewebsfäserchen netzförmig umgeben. In älteren bindegewebsreichen und muskelarmen Partien kommt bisweilen eine hyaline Sklerose des Bindegewebes vor. Die Bindegewebsfasern lassen sich von Myofibrillen am besten mit Hilfe der van Gieson-Färbung unterscheiden: erstere = rot, letztere = gelb. Sekundäre Veränderungen in Myomen, wie Nekrose und Verkalkung sind die Folgen schlechter Gefäßversorgung.

b) Unreife Bindesubstanzgeschwülste (Sarkome).

α) *Sarkome niederster Gewebsreife.*

(Beispiele aus der Gruppe der eigentlichen Bindesubstanzgeschwülste.)

Rundzellensarkom. Graurötliche oder grauweißliche, weiche, sehr bösartige Geschwülste. Wuchsform: Knotig oder diffus infiltrierend mit Neigung zum Zerfall. Mutterboden: Bindesubstanzen im weitesten Sinne des Wortes, einschließlich Nerven- und Muskelgewebe.

Histologisch bestehen diese Sarkome aus zahlreichen, kleineren oder größeren, rundlichen Zellen, die zwischen einer faserigen Grund- oder Intercellularsubstanz liegen, deren Herkunft unbekannt ist. In unserem Präparat (Abb. 26) handelt es sich um ein großzelliges Rundzellensarkom. Die Geschwulstmasse ist aus ziemlich dicht liegenden, großen Zellen zusammengesetzt, die bei st. V. rundliche, ovale, dunkelgefärbte, chromatinreiche Kerne, aber fast keine Protoplasmaleiber erkennen lassen. Entsprechend der Neigung solcher Gewächse zum Zerfall zeigen viele Kerne bei st. V. degenerative Veränderungen in Form von Hyperchromatosis (b), Kernwandhyperchromatosis, Kernwandsprossung und Karyorhexis (näheres über diese Begriffe s. S. 10). Daneben sind auch einzelne Kernteilungsfiguren sichtbar (a). In manchen Geschwülsten sind die Sarkomzellen wesentlich kleiner als diese hier und gleichen weitgehend typischen Lymphocyten = ziemlich reife, sog. lymphoplastische Sarkome. Die Sarkomzellen liegen in unserem Präparate (besonders bei st. V.) in einer leicht faserigen,

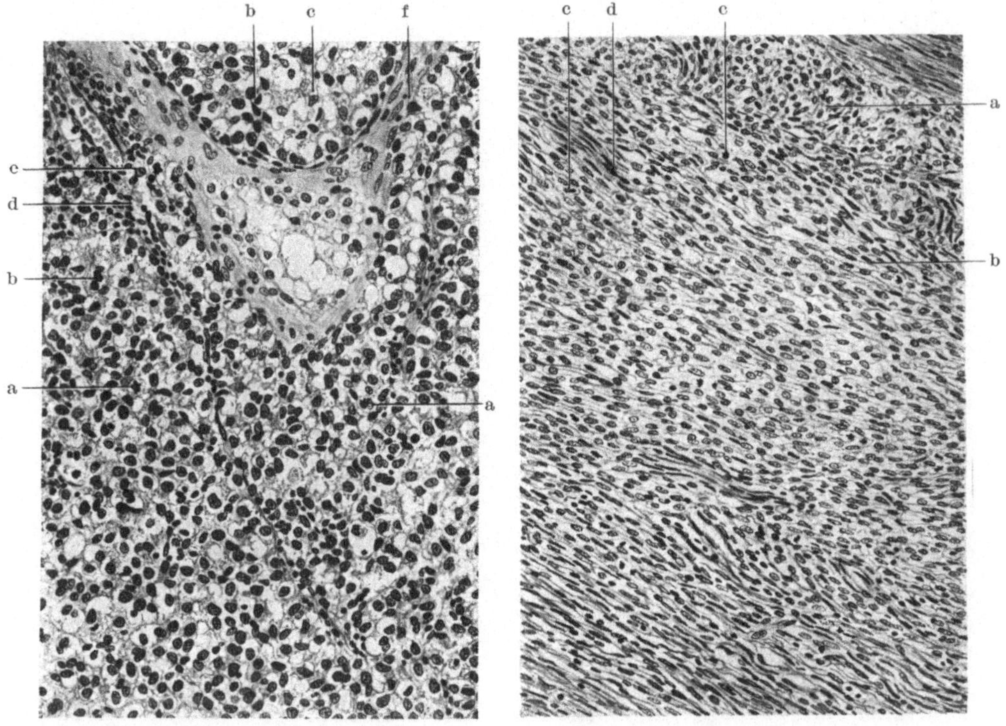

Abb. 26. Großzelliges Rundzellensarkom (Mensch). 180 ×. Hämatoxylin.
a Kernteilungsfiguren in Sarkomzellen, b hyperchromatische Zellkerne, c retikuläre Grundsubstanz, d Lymphocytenansammlungen, e Gefäß mit Einbruch von Sarkomzellen, f fibrilläres und homogenisiertes Bindegewebe.

Abb. 27. Kleinzelliges Spindelzellensarkom (Hund). 180 ×. Hämatoxylin.
a quer-, b längsgetroffene Zellbündel, c Mitosen in Sarkomzellen, d Bündel reifer Bindegewebszellen.

retikulär angeordneten Grundsubstanz (c), die wahrscheinlich von den Sarkomzellen selbst gebildet wird. Als Stroma sind einzelne Züge fibrillären, homogenisierten Bindegewebes (f), sowie Gefäßchen von capillärer Größe zu sehen, um die herum Ansammlungen von kleinen Lymphocyten (d) (perivasculäre Infiltrate) sich finden. Letztere sind als Ausdruck einer im Gewächs sich abspielenden, sekundären Entzündung anzusehen. Bei (e) ist der Einbruch der Sarkomzellen in ein kleines Blutgefäß sichtbar (Zeichen der Bösartigkeit).

Spindelzellensarkom. Weißliche Geschwülste von etwas härterer Konsistenz als die Rundzellensarkome. Sehr bösartig. Wuchsform: expansiv und infiltrativ; gleichmäßige faszikulär gegliederte Schnittfläche. Mutterboden: Bindegewebssubstanzen im weiteren Sinne.

Abb. 27 zeigt ein Sarkom, das in der Hauptsache aus kleinen, spindeligen Zellen aufgebaut ist = kleinzelliges Spindelzellensarkom. Schon bei schw. V.

läßt sich stellenweise parallele Anordnung und Zusammenfassung der dicht gelagerten Zellen zu Bündeln feststellen, die im Schnitt teils längs, teils quer getroffen sind (a und b) (Verflechtung). Zellkerne bei st. V. rundlich, länglich-oval, spindelig, sehr chromatinarm, oft blasig aussehend. Zahlreiche Mitosen verschiedenster Form (c). Die Protoplasmaleiber der einzelnen Zellen sind an Stellen weniger dichter Lagerung als längliche, spindelige Formelemente deutlich erkennbar, während an Stellen dichterer Lagerung eine scharfe Abgrenzung der Zellelemente nicht möglich ist. Faserige Grundsubstanz tritt auch bei st. V.

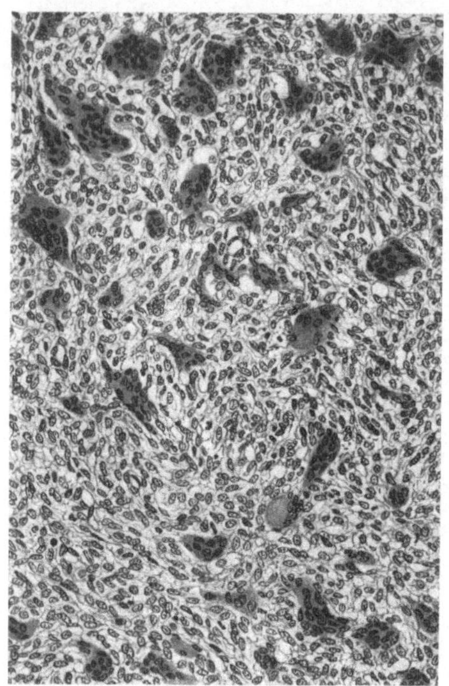

Abb. 28. Riesenzellensarkom (Epulis sarcomatosa, Hund). 160 ×. Hämatoxylin. Zahlreiche Riesenzellen in zellreichem Sarkomgewebe.

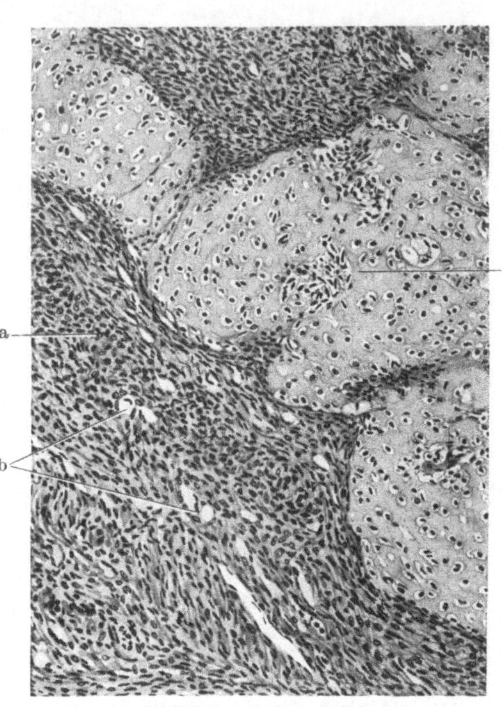

Abb. 29. Chondroplastisches Sarkom (Eierstocksmetastase, Schaf). 140 ×. Hämatoxylin-Eosin. a wuchernde, vielgestaltige Chondroplasten, b kleine Blutgefäße, c Insel von Knorpelgewebe.

nur andeutungsweise in Erscheinung. Zwischen diesen so charakterisierten Sarkomzellen sind dicht nebeneinander Bündel von Zellen mit langgestreckten, spindelförmigen, schmalen Kernen und schwer abzugrenzendem Zelleib sichtbar, die als ausgereifte Bindegewebszellen zu betrachten sind (d). Capillaren und größere Gefäße sind spärlich. In ihrer Umgebung meist faseriges Bindegewebe. Großzellige Spindelzellensarkome lassen den Charakter der Zellen deutlicher erkennen.

Polymorphkerniges Sarkom. Sarkome mit großer Unreife der Zellelemente zeigen eine solche Variabilität in Form, Größe und Struktur der einzelnen Kerne und Zellen, daß von „Zellverwilderung" oder polymorphkernigen Sarkomen gesprochen wird. Dabei kommen alle Formen der normalen und pathologischen direkten und indirekten Kern- und Zellteilung vor, was auf ein ganz regelloses und stürmisches Wachstum hindeutet. Die Zwischensubstanz dieser polymorphkernigen Sarkome gleicht derjenigen der bereits besprochenen Sarkomarten.

Riesenzellensarkom. Riesenzellensarkome sind Geschwülste, die mehr oder weniger zahlreiche Riesenzellen (Proliferations- oder Konglutinationsriesenzellen s. S. 24) enthalten. Die vom Knochengewebe ihren Ausgang nehmenden Sarkome, wie sie besonders bei Hunden am Kiefer als Epulis sarcomatosa vorkommen, besitzen diese Eigentümlichkeit.

Derbe Gewächse. **Wuchsform:** örtlich zerstörend ohne Neigung zur Metastasenbildung. **Mutterboden:** Periostales Gewebe, myeloretikuläres Gewebe.

Histologischer Aufbau aus zellreichem Grundgewebe mit zahlreichen, dazwischen liegenden großen Riesenzellen, reichlichen Gefäßen und bisweilen auftretendem Knochengewebe, sowie entzündlichen, zelligen Infiltraten. Das Grundgewebe besteht bei st. V. (s. Abb. 28) aus spindeligen und rundlichen Zellen mit fibrillärer Zwischensubstanz in wechselnder Menge. Die in großer Zahl darin eingelagerten Riesenzellen enthalten viele gleichmäßig gestaltete, in der Mitte der Zellen angeordnete Kerne, so daß an der Peripherie ein Protoplasmasaum freibleibt. Sie gleichen weitgehend den Osteoclasten und verleihen diesen Geschwülsten ein charakteristisches Aussehen.

β) Sarkome höherer Gewebsreife.

(Beispiele aus der Gruppe der Bindesubstanzgeschwülste im weiteren Sinne.)

Chondroplastisches Sarkom (Chondrosarkom). Je nach Menge der von den Sarkomen gebildeten knorpeligen Substanz handelt es sich um Gewächse weicherer oder festerer Konsistenz von meist hyalinem, opalescierendem Aussehen. Sie gehen in der Regel vom Skelet aus und sitzen entweder dem Knochen auf (periostale Entstehung) oder entwickeln sich zentral im Knochen, verdrängen das Mark, perforieren die Rinde und breiten sich unter dem Periost aus = endostale Entstehung. Bildung von Tochtergeschwülsten ist häufig. In den Primär- und Sekundärgewächsen finden sich Gefäße, Blutungen, Erweichungen, Verschleimungen, Cystenbildungen, Verkalkungen.

Abb. 29 stellt einen Schnitt durch eine Eierstocksmetastase eines chondroplastischen Sarkoms beim Schafe dar. Bei Betrachtung mit schw. V. zeigt sich die Geschwulst aus zwei Zellarten zusammengesetzt, nämlich aus dichtgedrängt liegenden, länglichen und vielgestaltigen Zellen, zwischen denen Inseln regulären Knorpelgewebes eingelagert sind. Bei den ersteren handelt es sich um indifferente Chondroplasten (a), die gehäuft um Blutgefäße (b) herum auftreten, sonst aber in ziemlich gleichmäßiger Verteilung vorhanden sind. Bei Betrachtung mit st. V. sind die Zellgrenzen schwer feststellbar. Die Kerne scheinen vielmehr in einer ziemlich homogenen Grundsubstanz zu liegen. Sie zeigen große Variabilität in Form und Bau. Im allgemeinen sind es rundliche, rundlichovale, spindelige, stäbchenförmige, eingekerbte und gelappte Gebilde. Auch ihr Chromatingehalt und ihre Struktur bieten große Verschiedenheiten. Neben blassen (chromatinarmen) finden sich dunkle (chromatinreiche) mit feinkörniger oder klumpiger Beschaffenheit des Chromatins. Direkte und indirekte Kernteilungsfiguren, auch solche von pathologischem Aussehen sind ebenso häufig wie degenerative Vorgänge (Pyknosis, Kernwandhyperchromatosis, Karyorhexis u. a.). Zwischen diesen Zellen und den Knorpelinseln (c) bestehen fließende Übergänge. Der gebildete Hyalinknorpel erreicht selten vollkommene Reife. Ein Teil der Zellen liegt in Kapseln, ein anderer Teil nicht. Die Knorpelsubstanz ist homogen. Sie kann verkalken; sogar Knochenbälkchen können gebildet werden = osteoplastisches Sarkom.

Angioplastisches Sarkom (Angiosarkom). Makroskopisches Aussehen uneinheitlich. Bisweilen multiples Auftreten. Lokal zerstörend, selten Tochtergeschwülste bildend. **Mutterboden:** Endothelien der Blut- und Lymphgefäße = Hämangioendotheliom bzw. Lymphangioendotheliom.

Histologisch besteht das Wesen dieser Geschwülste in der Gefäßneubildung. Allerdings kommt es dabei — im Gegensatz zu den Angiomen — nicht zur

Entstehung typischer Endothelröhren; die Differenzierung bleibt vielmehr auf der Stufe der Endothelsprossen stehen, die netzartig zusammenhängende Zellstränge von solider oder alveolärer Struktur bilden. Bisweilen wuchern sie auch diffus und gleichen so, da die Endothelzellen sarkomzellenartiges Aussehen besitzen, gewöhnlichen Sarkomen oder Fibrosarkomen. In anderen Fällen geht die Ausreifung so weit, daß ein netzartig verbundenes Kanal- oder Röhrensystem entsteht, dessen Wand aus einer oder mehreren Lagen von Endothelien aufgebaut ist. Eine solche Form eines Angioendothelioms zeigt Abb. 30. Es

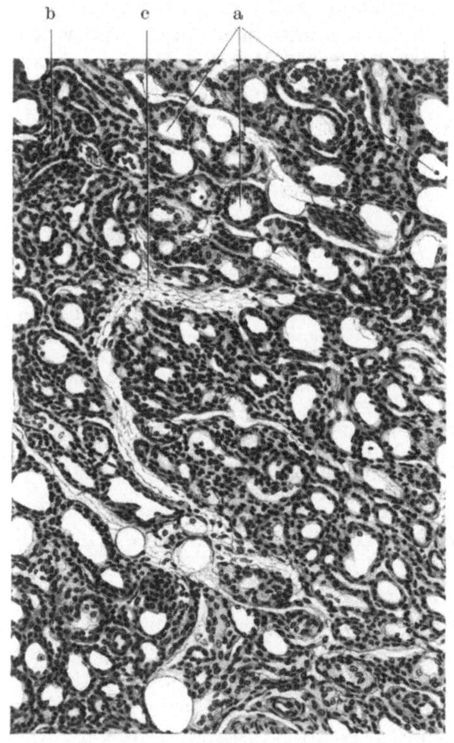

Abb. 30. Angioendotheliom (Haut, Hund).
140 ×. Hämatoxylin-Eosin.
a Kanäle von mehrschichtigen „sarkomartigen"
Zellen umgeben, b solide Zellstränge,
c feinfibrilläres Stroma mit Gefäßen.

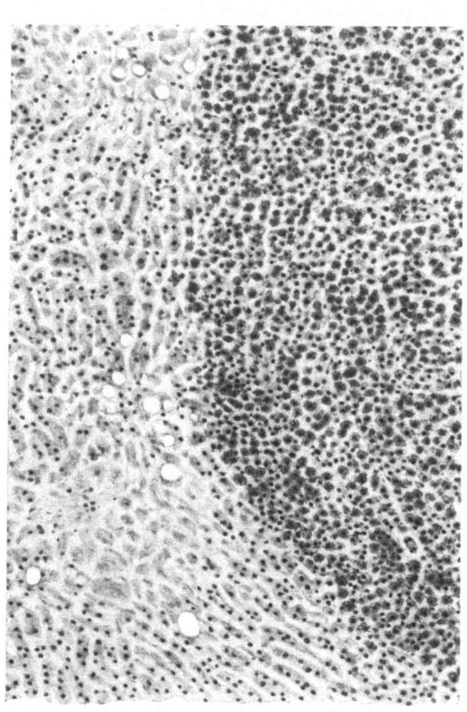

Abb. 31. Lebermetastase eines melanoplastischen
Hautsarkoms (Pferd). 100 ×. Hämatoxylin-Eosin.
Pigmentierte, epithelähnliche Sarkomzellen
inmitten von Lebergewebe.

stammt aus der Haut eines Hundes. Bereits bei schw. V. ist der eigenartig alveoläre Aufbau der Geschwulst deutlich zu erkennen. Bei Anwendung st. V. erweisen sich die Wände der verschieden weiten, runden, ovalen und länglichen Hohlräume aus einer oder mehreren Lagen länglicher und rundlicher Zellen mit ebensolchen chromatinreichen Kernen zusammengesetzt (a). Da die gewucherten Endothelien an verschiedenen Stellen ausgesprochen kubische Form besitzen, so gewinnt die Geschwulst eine auffallende Ähnlichkeit mit epithelialen, drüsigen Bildungen (tubulöses, adenomartiges Endotheliom) oder, wo solide Zellstränge sich dazwischen ausdehnen (b), mit adenocarcinomatösen Neubildungen. Zwischen dem Geschwulstgewebe breitet sich ein strangartiges, feinfibrilläres Stroma (c) aus, das normale Blut- und Lymphgefäße (mit dünnen, langgestreckten Endothelien ausgekleidet) führt. In Hämangioendotheliomen enthalten die neugebildeten Röhren Blutkörperchen, deren Herkunft strittig ist. Sie können aber auch leer sein. Die in Lymphangioendotheliomen gebildeten Hohlräume schließen meistens seröse oder hyaline Massen ein.

Die sog. Peritheliome nehmen aus Blutgefäßen ihren Ursprung, die besondere adventitielle Belegzellen (Perithelien) besitzen. Diese Geschwülste gleichen den oben beschriebenen mit dem Unterschiede, daß die Geschwulstzellen in mehreren Lagen auf einem normal entwickelten capillären Endothelrohr sich ausdehnen.

Endotheliome können auch von den platten Belegzellen der meningealen Lymphräume des Zentralnervensystems und von den Deckzellen der serösen Häute ausgehen. Bei diesen fehlt der angioplastische Wachstumstyp.

Melanoplastisches Sarkom (Melanosarkom). Besondere Form bösartiger Sarkome, die durch Pigmentgehalt ihrer Zellelemente außen und auf der Schnittfläche bräunliche bis schwarze Farbe aufweisen. Häufigstes Vorkommen in der Haut des Pferdes (Schweifwurzel, Anus, Präputium, Euter). Wuchsform: knotige und knollige Gewächse von raschem Wachstum und erheblicher Größe; früher Einbruch in Gefäßbahn und Bildung von bisweilen pigmentlosen Tochtergeschwülsten. Mutterboden: Pigmenttragende Zellen der Haut, des Auges, des Zentralnervensystems, der Pigmentnaevi (s. S. 18).

Der **histologische Aufbau** der Melanosarkome ist verschieden je nach Art des Mutterbodens. Bei Abstammung von pigmentführenden Zellen der Epidermis tragen sie mehr epithelialen Charakter, während sie bei Entstehung aus bindegewebigen Elementen (sog. Chromatophoren) sarkomähnliches Aussehen besitzen = Chromatophorome. Da die Herkunft des pigmenttragenden Gewebes nicht in allen Fällen zu ermitteln ist, sollten die Pigmentgewächse unter der Bezeichnung „maligne Melanome" zusammengefaßt werden. Abb. 31 stellt einen Schnitt durch eine Lebermetastase eines malignen Melanoms vom Pferde dar. Das Geschwulstgewebe ist gegenüber dem umgebenden Lebergewebe scharf abgesetzt. Die Geschwulstzellen liegen dicht an dicht und verdrängen das Lebergewebe vollkommen. Sie bestehen (st. V.) in der Hauptsache aus protoplasmareichen, im allgemeinen rundlichen, seltener polymorphen, großen Sarkomzellen von epithelähnlichem Charakter. Ihr Protoplasma enthält mehr oder weniger zahlreiche, bräunliche Pigmentkörner in Form feinster Granula, seltener größerer Schollen. Ein Teil der Geschwulstzellen ist frei von Pigment. In anderen kann die Pigmentablagerung so hochgradig und überstürzt sein, daß die Zellkerne überdeckt sind und Zellentartung eintritt. In solchen Fällen werden Pigmentmassen frei und finden sich dann außerhalb von Zellen. Ein besonderes Stroma (Bindegewebsgerüst) tritt in dieser Lebermetastase nicht in Erscheinung. Aus Chromatophoren hervorgegangene maligne Melanome zeigen mehr den faszikulären Aufbau von Spindelzellensarkomen (s. S. 35). Sie sind aus langgestreckten, spindeligen und verzweigten Zellen aufgebaut, die zum Teil pigmenthaltig, zum Teil pigmentfrei sind.

c) Reife epitheliale Geschwülste.

Papillom = reife Deckepithelgeschwulst. Rundliche, warzige, höckerige, lappige, zottige, blumenkohlartige, breitbasig oder gestielt der äußeren Haut und den mit mehrschichtigem Epithel ausgestatteten Schleimhäuten aufsitzende Gewächse. Harte Papillome bestehen aus derbem Bindegewebe und geschichtetem, verhornendem Plattenepithel; weiche Papillome sind aus zartfibrillärem Bindegewebe mit Schleimhautepithelüberzug aufgebaut. Durchaus gutartige Gewächse. Mutterboden: Äußere Haut (z. B. bei Pferd und Rind), Schleimhäute des Oesophagus (Rind) und der Harnblase, seltener Epithelbelag der Hirnventrikel, der Plexus chorioidei u. a. Häufig multiples Auftreten = allgemeine Papillomatosis.

Histologisch bestehen die Papillome wie alle epithelialen Gewächse aus dem epithelialen Geschwulstparenchym und einem bindegewebigen Stroma, in dem die Gefäße verlaufen. Im Gegensatze zu den unreifen epithelialen Geschwülsten, den Carcinomen, besteht in den Papillomen zwischen Parenchym und Stroma eine Art Gleichgewichtslage, so daß das Ergebnis der Bildung eine übertriebene Nachahmung des Papillarkörpers der Haut oder der Struktur gewisser Schleimhäute darstellt. Die Bildung beginnt mit einer Wucherung des Epithels in Form von Falten, in die das gefäßführende Bindegewebe zum Zwecke der Ernährung einwächst. Das Epithel selbst beschränkt sich auf die Oberflächenbekleidung, ohne die Neigung zu besitzen, selbständig in die Tiefe, in den Papillarkörper und das Corium vorzudringen, was als Hauptunterschied gegenüber den bösartigen Deckepithelgeschwülsten zu beachten ist.

Dieser charakteristische Aufbau des Papilloms ist aus Abb. 32 ersichtlich (Hautpapillom vom Pferde). Bei Lupenvergrößerung tritt die mächtige Wucherung der Epidermis und der zottige Bau des Papillarkörpers deutlich hervor.

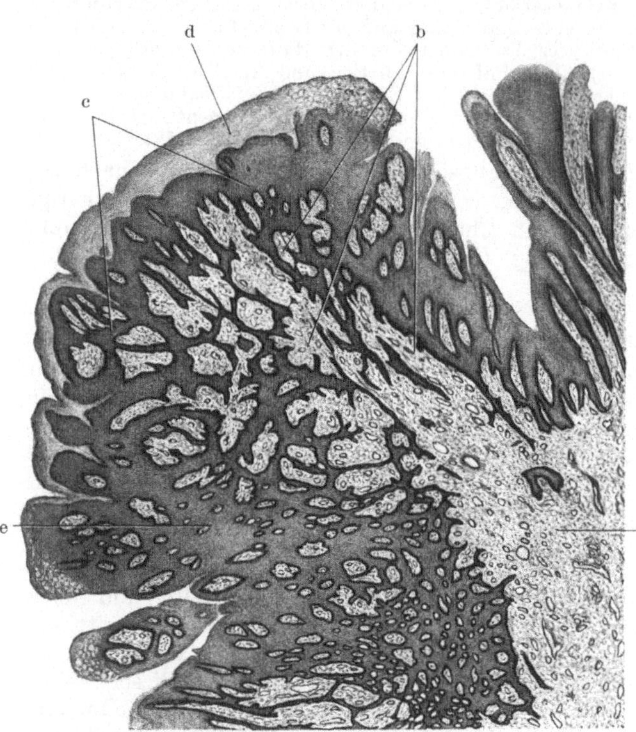

Abb. 32. Papillom der äußeren Haut (Pferd). 12 ×.
Hämatoxylin-Eosin.
a Corium, b längs- und quergetroffene Bindegewebspapillen,
c Epithelbekleidung mit Hyperkeratose (d), e Verwischung des
papillösen Charakters.

Aus einer gefäßreichen Unterlage, dem Corium (a) steigen feine und plumpe, kurze und lange, unverzweigte und vielseitig sich verzweigende, bindegewebige Papillen (b) in die Höhe. Sie sind längs, schräg und quer getroffen, besitzen feinfibrillären Bau und enthalten Gefäße capillärer Artung. Die Papillen sind an ihrer Oberfläche mit einem mehrschichtigen, stark gewucherten, verhornenden Plattenepithel (Epidermis) bekleidet (c), dessen Schichtung in der Regel senkrecht zur Papillenoberfläche verläuft, und das an der Oberfläche vermehrte Verhornung = Hyperkeratose infolge schlechterer Ernährung aufweist (d). Die Dicke des Epithelbelages ist verschieden: rechts oben (s. Abb. 32) tragen die Papillen ein verhältnismäßig normales Epithel, während im linken Teil eine erhebliche Verbreiterung vorliegt. Dort liegen die Papillen so dicht und sind so vielverzweigt (zahlreiche Querschnitte), daß durch Verschmelzung der Epithelbeläge benachbarter Zotten, der papillöse Charakter der Geschwulst verwischt (e) wird oder verloren geht. Epithelmassen liegen hier zwischen bindegewebigen Septen und täuschen krebsähnliche Bildungen vor. In Wirklichkeit wuchert aber nirgends das Epithel in den Papillarkörper oder in das Corium hinein. Bei st. V. sind Zusammensetzung der Zotten, die in ihnen enthaltenen Gefäße und der Epithelbelag noch einer näheren Betrachtung zu unterziehen.

Adenome = reife Drüsenepithelgeschwülste. An Oberflächen knotige, polypöse, lappige Gewächse; im Inneren von Organen kugelige, knollige, meist abgekapselte Geschwülste. Nicht selten multiples Auftreten. Gutartig. Wenn bösartig = maligne Adenome. Mutterboden: Drüsenepithelien jeglicher Art.

Tubuläre, alveoläre, follikuläre Adenome werden unterschieden, aber die Grenzen zwischen diesen Formen können nicht immer scharf gezogen werden. Entstehung der

Adenome entspricht der normalen Drüsenentwicklung, d. h. Bildung von Epithel und Bindegewebe steht in gegenseitiger, planvoller Abhängigkeit. Trotzdem weicht das Ergebnis der Bildungen von drüsigen Mutterorganen durch Mangel an Differenzierung und Organisation weitgehend ab (Mangel an Ausführungsgängen, veränderte Sekretion, Retention von Sekreten und Cystenbildung). Im letzteren Falle wird von Cystadenom oder von Cystoma gesprochen. Wenn an den neugebildeten Drüsen- oder Cystenwänden zottige, sich verzweigende, papillenförmige, epithelbekleidete Auswüchse entstehen, so werden die entstehenden Gewächse als Adenoma papilliferum bzw. Cystadenoma papilliferum bezeichnet.

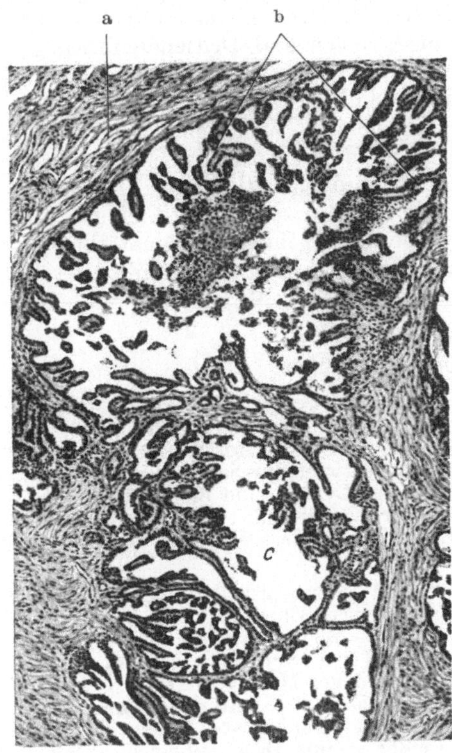

Abb. 33. Papilliferes Gallengangsadenom (Hund). 70 ×. Hämatoxylin-Eosin.
a bindegewebiges, gefäßführendes Stroma,
b mit kubischem Epithel überzogene Papillen,
c Fächerung der drüsenartigen Hohlräume.

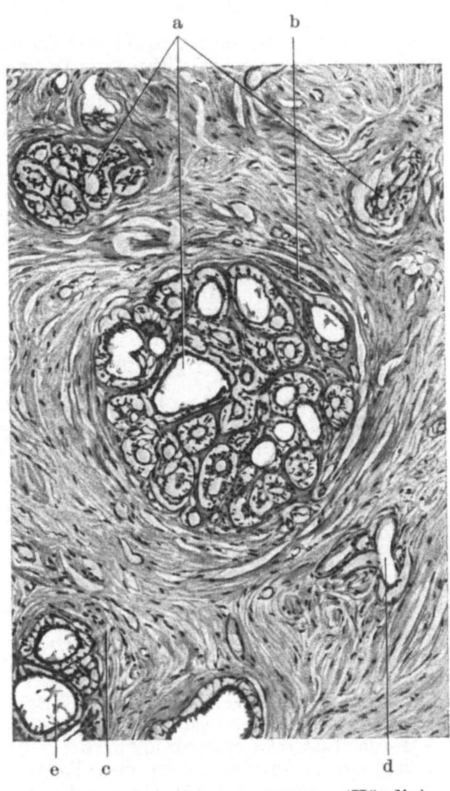

Abb. 34. Fibroadenoma mammae (Hündin). 80 ×. Hämatoxylin-Eosin.
a Querschnitte durch knötchenförmig zusammenliegende, epithelbekleidete Hohlräume,
b, c zirkulärer Faserverlauf des Bindegewebes,
d Gefäße, e Sekret in Drüsenhohlräumen.

Abweichungen von normalen Drüsen zeigen die Adenome auch durch die verschiedengradige und verschiedenartige Bindegewebsbeteiligung. In manchen Adenomen überwiegt der bindegewebige Anteil = Fibroadenoma.

Beispiele. Abb. 33 zeigt einen Schnitt durch ein von den Gallengängen ausgehendes **papilliferes Adenom** vom Hunde. Bei der Betrachtung mit schw. V. tritt die Analogie zwischen Papillom und Adenom klar zutage. Auch hier Zusammensetzung aus bindegewebigem Stroma und Epithel (kubisches Gallengangsepithel). Bei st. V. ist das Stroma ein fibrilläres, an manchen Stellen sich verflechtendes, blutgefäßtragendes Bindegewebe von gewöhnlichem Bau (a). Es stellt die Propria für das Drüsenepithel. Von den Wänden der verschiedenen Drüsenhohlräume ragt es in Form schmaler Septen zottenartig, papillenförmig, vielfach sich verästelnd und verzweigend, mit einfacher Lage eines kubischen Epithels überzogen in die Hohlräume hinein (b). Manche dieser Septen durchziehen die Hohlräume, verbinden sich mit der gegenseitigen Wand und führen so zu einer regelrechten Fächerung der Drüsenlumina (c). In dem oberen Drüsenraum sind Epithelzotten flach getroffen. In der Mitte liegen desquamierte (abgestoßene) Epithelien. Galliger Inhalt fehlt.

In Abb. 34 lernen wir ein **Fibroadenoma mammae** einer Hündin kennen. Es handelt sich um ein tubulöses Adenom. Die vorhandenen Drüsenschläuche liegen in scharf begrenzten Gruppen beisammen und bilden wenig verzweigte, kurze, mit einfacher Epithellage versehene Kanäle mit engerem und weiterem Lumen (a). Eine scharfe Differenzierung in Alveolen und Drüsenausführungsgänge ist nicht gegeben. Die Bindegewebsentwicklung ist umfangreich. Um die Drüsengruppen herum zeigt es deutlich zirkulären Faserverlauf und konzentrische Ringbildung. Selten umgibt es in gleicher Weise einzelne Drüsenhohlräume (c) = Fibroadenoma pericanaliculare. Beim Einwuchern des Bindegewebes in die Drüsenhohlräume = Fibroadenoma intracanaliculare. Das Bindegewebe ist sehr zellarm und faserreich und enthält zahlreiche kleinere und größere Gefäße (d). Bei st. V. ist das stark verfettete, helle Drüsenepithel mit seinen basalständigen Kernen deutlich zu erkennen. Einige Drüsenlumina (e) enthalten geringe Mengen Sekret = milchsezernierendes Mammaadenom.

d) Unreife epitheliale Geschwülste.

Carcinome (Krebse) = bösartige Geschwülste epithelialer Abkunft. An Oberflächen je nach Mutterboden knotige, pilzartige, polypöse, blumenkohlartige, weiche oder harte Gewächse; im Inneren von Organen diffuse, weiche und harte Infiltrationen bildend. Schnittfläche: derb oder weich (Krebsmilch). Zerstörendes, organdurchsetzendes Wachstum, ausgesprochene Bösartigkeit, Metastasenbildung (auf dem Lymph- und Blutwege), Neigung zu Rezidiven und zum Zerfall (zentrale Nekrose der Knoten führt zur Eindellung der Oberfläche = Krebsnabel). Allgemeinwirkung = Krebskachexie. Mutterboden: Deck- und Drüsenepithelien jeglicher Art.

Dementsprechend Einteilung in Deckepithel- und Drüsenepithelkrebse. Zellformen, Entwicklung des Stromas und des Geschwulstparenchyms, Sekretions- und Entartungsvorgänge bestimmen Bezeichnung: z. B. Plattenepithel-, Zylinderepithel-, Flimmerepithelcarcinome. Überwiegt das Stroma, so wird von Scirrhus = harter Krebs, überwiegt das epitheliale Geschwulstparenchym, so wird von Medullarkrebs = weicher Krebs gesprochen. Weist ein Carcinom Besonderheiten nicht auf, so wird es als Carcinoma simplex bezeichnet, besteht es aus soliden Nestern und Strängen von Geschwulstzellen, so ist der Name Carcinoma solidum üblich, werden in ihm Drüsenschläuche gebildet, so liegt ein Adenocarcinom vor. Weiterhin sind die Bezeichnungen: Adenocarcinoma cysticum, Horn-, Gallert- und Kolloidkrebs, osteoplastischer und angioplastischer Krebs u. ä. angebracht, wenn entsprechende Stoffe gebildet oder entsprechende Eigentümlichkeiten des Baues gegeben sind.

Von gewöhnlichen atypischen Epithelwucherungen (chronische Entzündungen, regenerative, hyperplastische Vorgänge) sind Krebse bisweilen schwer zu unterscheiden. Im Gegensatze zu diesen und besonders zu den gutartigen epithelialen Gewächsen handelt es sich beim Krebs nicht um ein planvolles Zusammenwirken zwischen Epithel- und Bindegewebe, sondern um ein eigenmächtiges, schrankenloses Vordringen des ersteren in Form von Zapfen und Strängen in die bindegewebige Unterlage und deren Lymphspalten hinein, mit der Neigung zur Zerstörung (destruierende Heterotopie). Dazu kommt noch als ausschlaggebend für die Feststellung des Krebses: die außerordentliche Kernvariabilität der epithelialen Wucherung (Größe, Gestalt, Chromatingehalt, pathologische Zellteilungen) als Ausdruck ungeordneter, planloser Zellvorgänge.

Beispiele. Plattenepithelkrebs der Haut. Mutterboden: Geschichtetes Plattenepithel der äußeren Haut (s. Abb. 35: Plattenepithelkrebs des Penis vom Pferd). Bei schw. V. fällt der Unterschied gegenüber einem gewöhnlichen, gutartigen Papillom sofort auf. Hier trifft zwar ebenfalls die Zusammensetzung aus einem bindegewebigen Stroma (c) und einem epithelialen Parenchym (a, b) zu, aber es ist ohne weiteres ersichtlich, daß es sich hier nicht um eine übertriebene Nachahmung des Papillarkörpers handelt, sondern daß das Epithel in Form von Zapfen und Strängen das Stroma durchsetzt. Die epithelialen Parenchymkörper besitzen, je nachdem sie im Schnitt getroffen sind, verschiedene Größe und Gestalt. In unserem Schnitte stellen sie meist längliche, bisweilen unregelmäßige, zusammenhängende Epithelinseln dar, in deren Innerem teilweise geschichtete Hornmassen sichtbar sind (a). Betrachtung bei st. V. läßt epidermisartigen Aufbau der Epithelzapfen erkennen und zwar in der Art, daß zwischen der dem Stroma anliegenden Basalzellenschicht in der Richtung nach dem Zentrum zu, die verschiedenen Epidermisschichten, wie Stratum

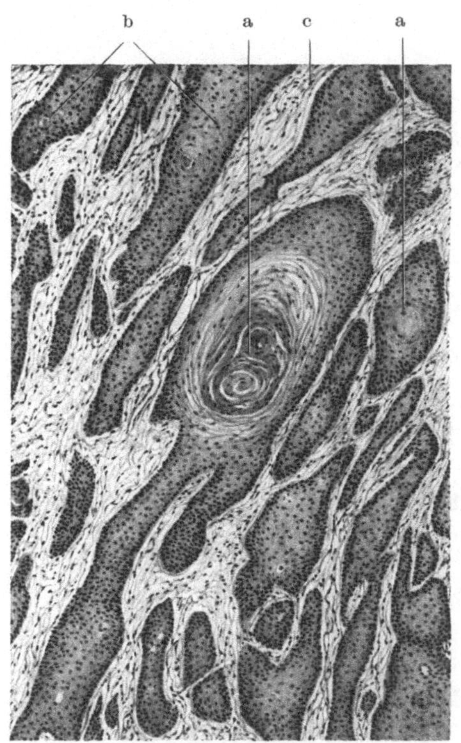

Abb. 35. Verhornender Plattenepithelkrebs (Penis, Pferd). 70 ×. Hämatoxylin-Eosin.
a Epithelzapfen mit geschichteten Hornkugeln, b Epithelzapfen ohne Verhornung, c bindegewebiges, fibrilläres Stroma.

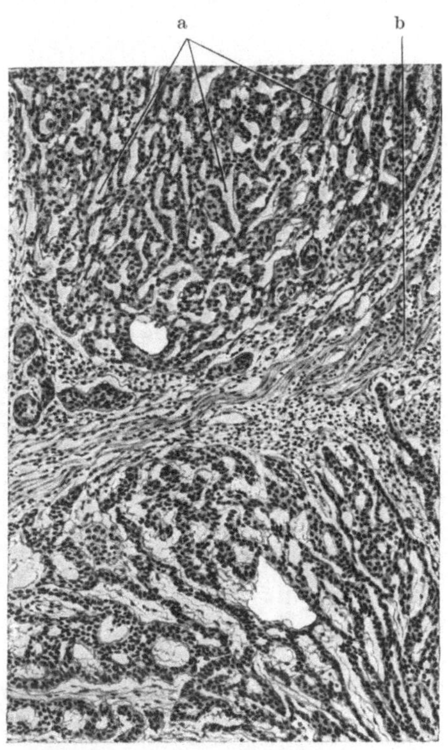

Abb. 36. Basalzellenkrebs = Basaliom (Haut, Mensch). 80 ×. Hämatoxylin-Eosin.
a drüsenähnliche Epithelschläuche, b bindegewebiges Stroma mit Rundzelleninfiltraten.

germinativum, spinosum, granulosum, corneum in Erscheinung treten. Nicht an allen Epithelzapfen treten diese Schichtungen in ihrer Gesamtheit und typischen Anordnung hervor. Immerhin sind das Stratum germinativum, spinosum und corneum fast überall zu erkennen. Das Stratum corneum bildet im Zentrum sog. Schichtungskörper, die auch Cancroid- oder Hornperlen (a) genannt werden. Sie sind für den Krebs nicht charakteristisch. Was die feinere Struktur der Epithelzellen anbetrifft, so treten große Veränderlichkeit in Größe, Aufbau, Chromatingehalt der Kerne, sowie verschiedenartige Kern- und Zellentartungen zutage. Letztere finden sich besonders im Zentrum größerer Epithelkörper. Das gefäßführende Stroma bietet keine Besonderheiten, abgesehen von bisweilen vorkommender Infiltration mit Rundzellen.

Das wurzelartige, infiltrative Tiefenwachstum der Plattenepithelkrebse erklärt die Unmöglichkeit endgültiger operativer Entfernung und die Rezidivbildung.

Basalzellenkrebs (Basaliom). Unter den Hautkrebsen finden sich Vertreter höherer und niederer Gewebsreife. Wenn der Aufbau des eben besprochenen Plattenepithelkrebses in gewissem Grade noch an den Aufbau der normalen Epidermis erinnert, so zeichnen sich die Basalzellenkrebse durch Bildung solch indifferenter Epithelkörper aus, daß die Entstehung aus Deckzellen nicht mehr erkennbar ist. Diese Eigentümlichkeit findet in dem in Abb. 36 dargestellten Basaliom Ausdruck. Der geringe Grad der Differenzierung prägt sich hier nicht nur in der polygonalen, rundlichen, ja sogar länglichen Form der Zellen aus, sondern vor allem in der Bildung lumenhaltiger, mit ein

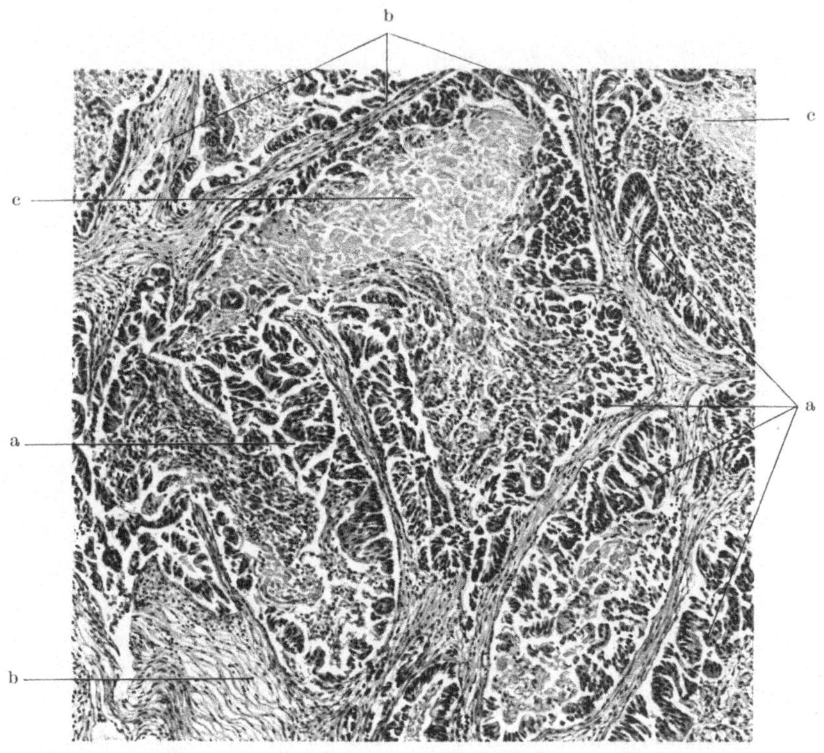

Abb. 37. Primäres Adenocarcinom des Rectums (Pferd). 75 ×. Hämatoxylin-Eosin.
a unregelmäßig gewucherte, aus Zylinderepithelien bestehende, drüsenartige Gebilde, die von der Darmschleimhaut aus nach Durchbrechung der Muscularis mucosae in der Submucosa sich ausgebreitet haben = infiltratives Wachstum, b bindegewebiges Stroma, c Schleimmassen.

und zwei Zellagen ausgekleideter Epithelschläuche und cystenhaltiger Hohlräume, die weniger an Epidermiszapfen, als vielmehr an drüsige Bildungen erinnern. Das Stroma, das zwischen dem Parenchym hinzieht, ist spärlich und zeigt Rundzelleninfiltrate. Als Mutterzellen solcher Gewächse werden indifferente Zellen der Epidermis angesehen, die wie bei der normalen Entwicklung die Fähigkeit der Drüsenbildung (Schweiß- und Talgdrüsen) beibehalten haben.

Drüsenepithelkrebs. Das typische Bild eines Drüsenepithelkrebses (der Darmschleimhaut eines Pferdes) ist in Abb. 37 dargestellt. Es handelt sich dabei um ein **Adenocarcinoma simplex.** Von den tubulösen Drüsen der Darmschleimhaut wuchert das Epithel in die tieferen Schichten der Submucosa und zwar in Form drüsenartiger Schläuche und verzweigter Gänge, die mit Zylinderepithel und vereinzelten Becherzellen ausgekleidet sind (Carcinomschläuche). Mit diesen Bildungen ist nicht nur die Submucosa, sondern zum Teil auch noch die Muscularis und die Serosa infiltriert. Außer den drüsigen Hohlräumen, die teilweise Schleimmassen enthalten, finden sich solide Zellnester und Zellstränge, die aus polymorphen Zellen oder aus ähnlichen Zellformen wie die Drüsenschläuche zusammengesetzt sind. Zwischen dem eigentlichen Geschwulstparenchym findet sich spärliches, zell- und gefäßarmes Stroma (b). Bei st. V. ist die dichte Lagerung der Zellen, ihre Mehrzeiligkeit, ihre Vielgestaltigkeit, die zahlreichen in ihnen enthaltenen Kernteilungsfiguren, die verschiedene Lagerung der Kerne im Protoplasma, als vom normalen Darmdrüsenepithel abweichend besonders zu beachten.

e) Mischgeschwülste.

Gewächse von sehr verschiedenartigem makroskopischem Aussehen. Häufiger Beisatz von Knorpel und Knochen oder von Organteilen, wie Haare, Haut, Zähne, Darmund Extremitätenteile. Mutterboden: Völlig undifferenzierte, pluripotente Gewebskeime.

Histologisch ist diese Gruppe von Tumoren dadurch ausgezeichnet, daß ihr Parenchym aus mehreren Gewebsarten zusammengesetzt ist. Sind dies verschiedene Arten von Bindesubstanzen, so wird von **gemischten Bindesubstanzgeschwülsten** gesprochen, sind auch noch Epithelarten gleichzeitig vertreten, von **Bindesubstanzepithelgeschwülsten.** Kompliziert zusammengesetzte Mischgeschwülste werden **Teratome,** weitgehend differenzierte **Embryome** genannt.

C. Allgemeine Histopathologie der Entzündung.

Unter Entzündung im histopathologischen Sinne wird die durch Einwirkung von Entzündungsreizen (mechanischer, thermischer, toxischer, infektiöser, parasitärer Art) verursachte örtliche Gewebsreaktion im besonderen des Blutgefäßstützgewebsapparates verstanden. Sie stellt einen vielfältig zusammengesetzten, bis zu einem gewissen Grade zweckmäßigen Abwehrvorgang dar, mit dem Ziel der Beseitigung der Schädlichkeit oder des Ersatzes zugrundegegangenen Gewebes. Die dabei sich abspielenden Gewebsvorgänge zerfallen in: 1. alterative (degenerative), 2. exsudativ-infiltrative und 3. proliferative oder produktive.

1. Die alterative vorgang sind durch die Entzündungsnoxe bedingt und daher Entzündungsursache. Sie gehören streng genommen nicht zum Entzündungskomplex, können aber nicht immer scharf davon abgetrennt werden. Histopathologisch sind sie nicht einheitlich. Sie bestehen aus *Nekrose* (Plasmolyse, Karyolyse, Chromatolyse, Karyopyknose, Karyorhexis), fettiger Zellinfiltration und -degeneration, hydropischer Schwellung und vacuolärer Degeneration, trüber Schwellung und albuminöser Entartung (s. S. 4). Diese Prozesse ziehen auch die Zwischenzellsubstanzen in Mitleidenschaft.

2. Die exsudativ-infiltrativen Prozesse beginnen mit Kreislaufstörungen (entzündliche capilläre Hyperämie) und ihren Folgen (Randstellung der weißen Blutkörperchen, Gefäßwandschädigungen), die zum Austritt seröser, fibrinhaltiger Flüssigkeit und zelliger Elemente aus der Gefäßbahn, d. h. zur Entstehung des entzündlichen Exsudats oder der entzündlichen Infiltrate (weil Flüssigkeit und Zellen die Gewebe durchsetzen) führen. Unter den *Exsudatzellen* überwiegen zu Beginn die neutrophilen Leukocyten mit ihren amöboiden Eigenschaften und ihrer chemotaktischen Sensibilität, bei parasitären Entzündungsnoxen stehen die eosinophilen Leukocyten im Vordergrund; später, bei längerer Dauer des Entzündungsprozesses, folgen die lymphocytären Elemente (s. Z.N.S., S. 133), die Plasmazellen, die roten Blutkörperchen und Blutplättchen.

Außer den Exsudatzellen, die sich an Ort und Stelle vermehren, finden sich im Entzündungsherd noch *andere Zellformen:* die histiogenen Zellen und die Zellen des reticuloendothelialen Systems (Clasmatocyten, Adventitialzellen, Histiocyten, Monocyten, Polyblasten[1]), ferner die Abkömmlinge der seßhaften Bindegewebs- und Gefäßdeckzellen (Fibroblasten), die sich, soweit sie nicht zugrunde gehen, lebhaft mitotisch und amitotisch teilen. Im Zentralnervensystem spielt die Mobilisation der Glia eine bedeutsame Rolle (s. S. 135). **Aufgabe dieser Zellelemente:** Zerstörung und Beseitigung des entzündlichen

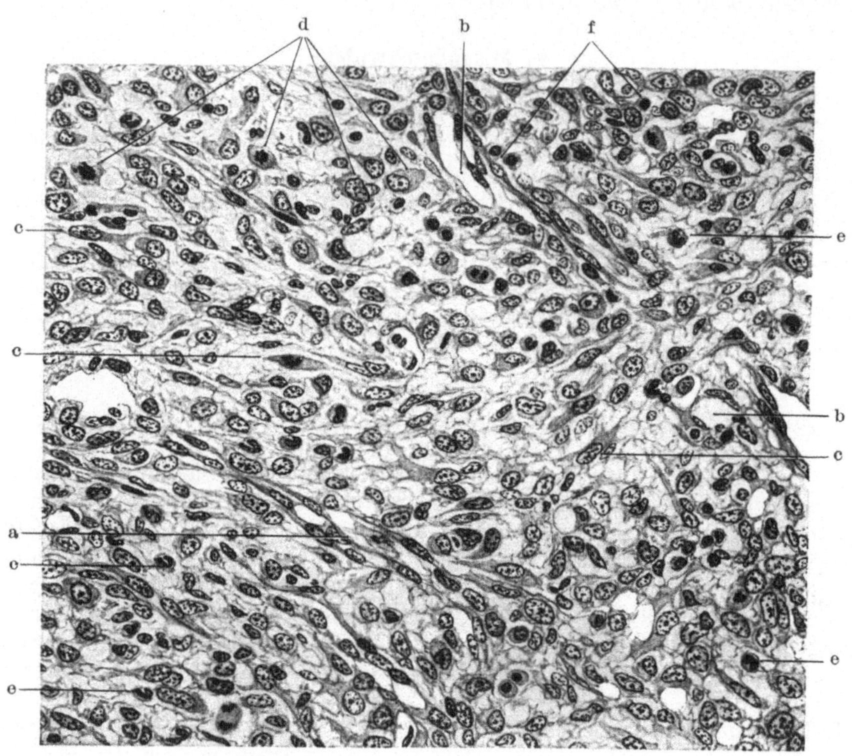

Abb. 38. Granulationsgewebe. 300 ×. Hämatoxylin-Eosin.
a Capillarsprossen, b neugebildete Capillaren, c Fibroblasten mit zahlreichen, verschiedenartigen Kernteilungsfiguren, d Makrophagen, zum Teil in Mitose, e polymorphkernige Leukocyten, f Lymphocyten.

Agens durch Phagocytose und Demarkation, wobei eine gewisse Arbeitsteilung eingehalten wird. Gleichzeitig damit erfolgt Resorption (Aufsaugung) des entzündlichen Exsudats nach Auflösung durch Leukocytenfermente und auf diese Weise Wiederherstellung des ursprünglichen Zustandes oder Wiederersatz des geschädigten Gewebes durch regenerative Wucherung.

3. Die proliferativen oder produktiven Vorgänge (sog. reparative Entzündung) entwickeln sich entweder aus den exsudativ-infiltrativen oder beherrschen von vornherein das Bild. Sie treten vornehmlich bei chronischen Entzündungen auf, können aber gleichwohl nicht immer als Ausdruck solcher betrachtet werden. Es handelt sich dabei um Zell- und Gewebsneubildungen, die unter dem Begriff des *Granulationsgewebes* zusammengefaßt werden. Dieses besteht (Abb. 38):

---

[1] Auf die Meinungsverschiedenheiten bezüglich Benennung, Abstammung und Deutung der Exsudatzellen wird hier nicht eingegangen.

aus neugebildeten Capillarsprossen (a), Endothelröhren mit großen, protoplasmareichen Endothelzellen (b), aus vereinzelten polymorphkernigen (neutrophilen, seltener eosinophilen) Leukocyten (e), Lymphocyten (f), Plasmazellen und größeren, vielgestaltigen Zellelementen, von denen die Clasmatocyten (Blutzellen oder umgewandelte Fibroblasten) und die damit identischen leukocytoiden Wanderzellen, Polyblasten und Makrophagen (d) zu nennen sind. Außerdem nehmen an der Zusammensetzung des Granulationsgewebes die Abkömmlinge der fixen Bindegewebszellen, die Fibroblasten (c), einen erheblichen Anteil. Viele dieser Zellen, vor allem die Fibroblasten und Makrophagen befinden sich in Teilung. Endlich kommen noch vereinzelte mehrkernige Riesenzellen darin vor, die aus Bindegewebs- und Endothelzellen entstehen und der Phagocytose schwer resorbierbaren Materials dienen.

Die Beteiligung dieser verschiedenen Zellelemente an der Zusammensetzung des Granulationsgewebes ist je nach dessen Alter Schwankungen unterworfen. Aus ihm findet allmählich eine Umwandlung in derbes Bindegewebe statt, das mit zunehmendem Alter zellärmer und faserreicher wird, weniger Raum beansprucht und zu narbigen Einziehungen (Narbengewebe) der betreffenden Organoberflächen führt (s. z. B. chronische interstitielle Nephritis, S. 118).

Die Zusammensetzung des typischen Granulationsgewebes kann vorteilhaft an Abb. 38 näher studiert werden.

Je nach Artung und Zusammensetzung des entzündlichen Exsudates bzw. der entzündlichen Gewebsneubildung wird die Entzündung eingeteilt in: seröse, katarrhalische, eitrige, fibrinöse, pseudomembranöse, croupöse, diphtheroide, hämorrhagische, putride und produktive Formen, wobei fließende Übergänge zwischen den einzelnen bestehen können.

Unter der Bezeichnung *„abgestimmte* oder *spezifische Entzündung"* oder *„infektiöse Granulationsbildungen"* werden jene meist herdförmig auftretenden, knötchen- und knotenbildenden Gewebswucherungen zusammengefaßt, die unter der Einwirkung bestimmter pathogener Mikroorganismen oder deren Toxine entstehen. Sie besitzen Ähnlichkeit mit Granulationsgewebe, zeigen aber doch Kennmale spezifischer Art. Zu ihnen gehören die tuberkulösen (s. S. 82), rotzigen (s. S. 88), aktinomykotischen (s. S. 161), beim Menschen unter anderem auch die luischen und leprösen Gewebsneubildungen.

Über die mit der Entzündung eng verwandten und nur unscharf von ihr abzutrennenden Vorgänge der Regeneration, der Wundheilung und der Organisation s. S. 24, 26 und 27.

II. Spezielle Histopathologie
(in ausgewählten Krankheitsbildern).

A. Organe des Kreislaufes.

1. Myokard.

a) Herzmuskelveränderungen bei bösartiger Aphthenseuche.

Bei bösartigem Verlauf der Seuche kommen plötzliche, apoplektiforme Todesfälle bei Rindern, Kälbern, Schweinen und Ziegen häufig vor. In der Herzmuskulatur des linken

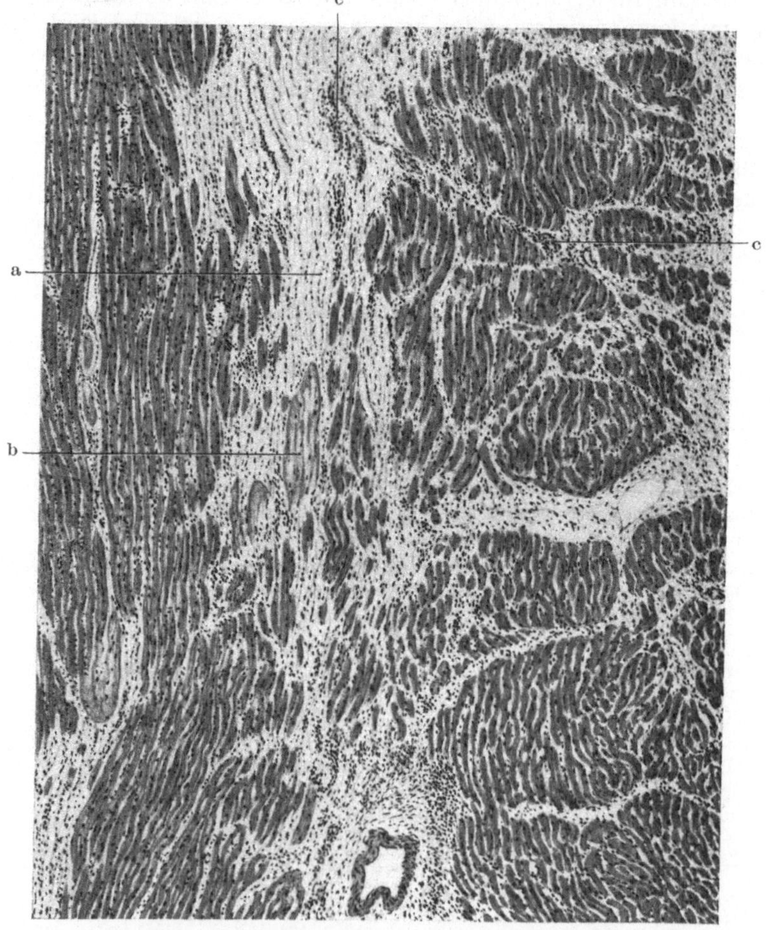

Abb. 39. Herzschwiele bei bösartiger Aphthenseuche (Rind). 50 ×. VAN GIESON.
a schwieliges, kernarmes Bindegewebe, b degenerierende, homogenisierte Muskelfasern, c entzündliche Zellinfiltrate im Schwielengewebe und im intermuskulären Bindegewebe.

und rechten Ventrikels sowie des Septums solcher Tiere finden sich dabei unregelmäßige, streifenförmige Herde von grauweißer bis graugelber Farbe, die dem Herzen ein getigertes Aussehen verleihen (Tigerherz).

Histologisch handelt es sich bei diesen Herden um degenerative und entzündliche Prozesse, die in buntem Bilde gleichzeitig und nebeneinander vorhanden sein können. In den perakuten Fällen stehen die degenerativen Veränderungen im Vordergrunde, während bei subakutem und chronischem Verlaufe der Krankheit die entzündlich-proliferativen Prozesse das Bild beherrschen. Die degenerativen Veränderungen bestehen in einem hyalin-scholligen Zerfall (Abb. 39b), vielfach mit völliger Auflösung der Muskelfasern (Myolyse). Pathologische Verfettung sowie körnig-albuminöse Trübung ist häufig damit verbunden. Die entzündlich-produktiven Herde sind aus jungem Granulations- und Fibroblastengewebe zusammengesetzt, das sich in ein Narben- und Schwielengewebe verwandeln kann (s. Abb. 39a), wenn nicht vorher der Tod erfolgt. Dieser ist auf massenhaften Ausfall von funktionstragendem Parenchym zurückzuführen. Die Entstehung dieser Veränderungen, die in ähnlicher Form bei der hämorrhagischen Septicämie der Kälber und als Myokardfibrose bei der infektiösen Anämie der Pferde vorkommen, erfolgt durch Toxine, die dem Herzmuskel auf dem Blutwege zugeführt werden.

b) Pullorumknötchen im Herzmuskel.

Myokardveränderungen sind bei der durch das Bact. pullorum hervorgerufenen Kükenruhr sowohl bei Küken als auch bei erwachsenen Hühnern ein verhältnismäßig häufiger

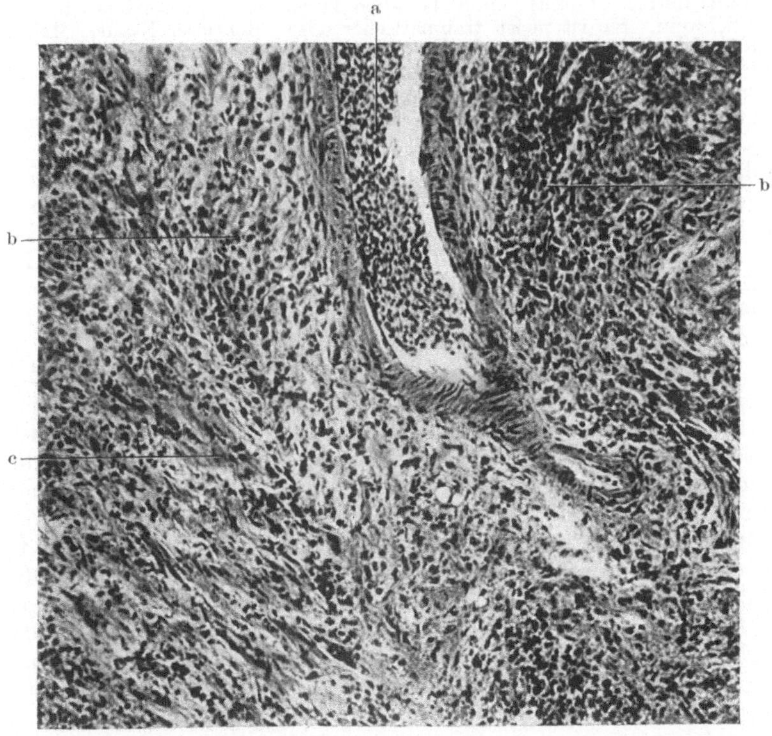

Abb. 40. Pullorumknötchen im Myokard (Küken). 220 ×. Hämatoxylin-Eosin.
a Blutgefäß mit kernhaltigen roten Blutkörperchen, b histiocytäre Wucherungen, c komprimierte, atrophische Muskelbündel.

Befund. Bei der perakuten und akuten (septicämischen) Form dieser Krankheit werden derartige Veränderungen in der Regel vermißt, während sie in den subakut und chronisch verlaufenden Fällen sowie bei der Pullorumkrankheit der Legehühner selten fehlen. Aus diesem Grunde kommt ihnen eine gewisse diagnostische Bedeutung zu. Die Veränderungen treten als grauweiße oder graugelbe, pinienkernförmige, scharf abgesetzte Knötchen hervor, die meistens die Oberfläche des Herzmuskels buckelig vorwölben. Sie werden auch in der Tiefe des Herzmuskels angetroffen. Ihre Größe ist Schwankungen unterworfen: neben solchen von mikroskopischer Größe kommen Knötchen vor, die $^1/_3$ oder die Hälfte einer Ventrikelwand einnehmen. Von den Veränderungen bei der Aphthenseuche unterscheiden sie sich durch ihre scharfe Begrenzung gegenüber dem umgebenden Gewebe. Streifenförmige Herde sind selten.

Histologisch (s. Abb. 40) handelt es sich — ähnlich wie bei der Aphthenseuche — um degenerative und entzündlich-produktive Vorgänge. Die degenerativen, die durch körnigen Zerfall, vacuoläre Entartung, Fragmentation und Nekrose gekennzeichnet sind, treten indessen meistens zurück, während die Bildung zellreichen Granulationsgewebes oder Bindegewebes im Vordergrund des krankhaften Geschehens steht. In dem uns vorliegenden Präparat (Abb. 40) ist es zur Bildung eines derartigen zellreichen Granulationsgewebes gekommen, und zwar in solchem Umfange, daß die Muskelbündel zusammengedrängt werden und druckatrophisch zugrunde gehen (c). Bei den Zellen, die das neugebildete Gewebe zusammensetzen, handelt es sich im wesentlichen um Histiocyten (b).

2. Perikard.

Pericarditis fibrinosa (sicca) kommt bei allen Tierarten vor, besonders häufig bei Rind, Kalb und Schwein. Sie ist meist traumatischer oder infektiöser Natur. **Makroskopisch** zeigt das Perikard zunächst ein trübes, glanzloses Aussehen, später feine, leicht abwischbare Fibrinbeläge. Diese nehmen an Dicke und Umfang mehr und mehr zu und bilden deutliche, mehr oder weniger schwer abziehbare Lamellen, die infolge der Herzbewegung zu Zotten und Kämmen zusammengeschoben werden. Im weiteren Verlaufe kommt es zur Verklebung und Verwachsung der Herzbeutelblätter.

Histologisch ist der bei der Pericarditis fibrinosa sich abspielende Vorgang derselbe wie bei den entzündlichen Veränderungen an anderen serösen Häuten (Pleura, Peritoneum). Zunächst kommt es zum Austritt von gerinnendem Exsudat aus den Blutgefäßen und zu dessen Abscheidung auf der Perikardoberfläche. Dies führt in der Folgezeit zur Degeneration und Abstoßung der Deckzellen und zur Vermehrung des Exsudats, das mehr und mehr mit Leukocyten und Fibrin (Fibrinfärbung!) vermischt ist.

Bei schwacher Ausbildung des Exsudats kann es unter Umständen zu dessen Aufsaugung, zur Regeneration der Deckzellen und damit zur Restititutio ad integrum kommen. Die Regel ist aber die sog. „Organisation" des entzündlichen Exsudats, ein Vorgang, der als Heilungstendenz, allerdings mit unvollkommenem Ausgang aufzufassen ist. Diese Organisation beginnt schon in frühen Stadien des Prozesses in der Weise (Abb. 41), daß junges, gefäßreiches Granulationsgewebe vom subepikardialen Gewebe aus in das fibrinöse Exsudat eindringt (a, b), dieses durchsetzt und allmählich zur Aufsaugung bringt. Die Gefäße entsprossen dem subserösen Gefäßnetz und wachsen — wie die Abb. 41 zeigt — die elastische Grenzlamelle durchbrechend und zerstörend, senkrecht in die Höhe, um allmählich umfangreiche Teile und später die ganze Dicke der Fibrinschicht einzunehmen. Zusammensetzung des Granulationsgewebes bei st. V. s. S. 46.

Im weiteren Verlaufe tritt an die Stelle des zell- und gefäßreichen Granulationsgewebes ein zell- und gefäßarmes, derbfaseriges Bindegewebe, das vielfach mit dem äußeren Herzbeutelblatt verwächst und dicke Schwarten bildet. Beim Vorhandensein umfangreicher fibrinöser Beläge ist die Organisation oft unvollständig. Als Folgezustand einer abgelaufenen Pericarditis fibrinosa entstehen oft sklerotische Herde auf dem Perikard (sog. Sehnenflecke), oder es kommt, wenn die Verdickungen des Perikards mehr diffus sind, zur Ausbildung des sog. Zuckergußherzens.

Bei der häufigen Pericarditis tuberculosa wird spezifisches tuberkulöses Granulationsgewebe gebildet (s. S. 82).

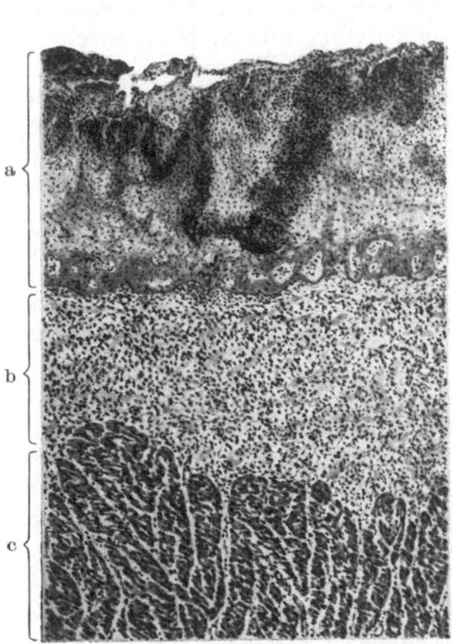

Abb. 41. Pericarditis fibrinosa (Diplokokkeninfektion, Kalb). 40 ×. Hämatoxylin-Eosin. a älteres, in Zerfall befindliches (Kerntrümmerzone), fibrinös-zelliges Exsudat, b durch Granulationsgewebe ersetzte Exsudatschicht, einschließlich des früheren Epikards, c Myokard.

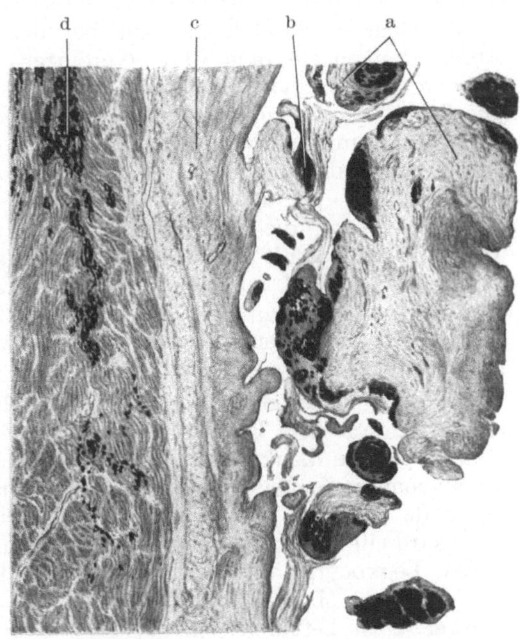

Abb. 42. Frische Endocarditis verrucosa der Mitralis (Schweinerotlauf). 11 ×. Hämatoxylin-Eosin. a knötchenförmige, thrombotische Klappenauflagerungen, b Bakterienhaufen und Zelltrümmer, c Mitralklappe, d Herzmuskel mit Bakterienhaufen.

3. Endokard.

Endocarditis. Je nach Lokalisation des entzündlichen Prozesses sprechen wir von einer Endocarditis valvularis, chordalis, papillaris und parietalis. Dem Verlaufe nach werden akute und chronische (rezidivierende) Prozesse unterschieden.

Ursächlich liegen den bei den verschiedenen Haustieren verhältnismäßig häufig vorkommenden Herzklappenentzündungen Rotlaufbakterien (Schwein), Pyogenesbakterien (Rind, Schwein, Schaf), Streptokokken (Pferd, Schwein), Nekrosebakterien, seltener Tuberkelbakterien, sowie die Erreger der Aphthenseuche und der Schweinepest zugrunde.

Die akute Endocarditis tritt entweder als Endocarditis oder als Thromboendocarditis verrucosa und ulcerosa in Erscheinung. Als wichtigste Endocarditis dieser Art soll hier die Rotlaufendocarditis besprochen werden. Sie wird bei chronischem Verlaufe der Krankheit beobachtet und bei Serumpferden, denen während längerer Zeit Rotlaufbakterien intravenös einverleibt wurden. Dies zeigt, daß das Haften der Keime am Endokard von einer gewissen Immunitätslage des Organismus in Abhängigkeit steht. Auch der Verlauf der einmal entstandenen Endocarditis richtet sich darnach. Im einen Falle — beim Vorhandensein von entsprechenden Abwehrkräften — sehen wir rasch eine Organisation des thrombotischen Materials und damit Stillstand eintreten = *Endocarditis verrucosa*, während bei ungünstiger Immunitätslage des Organismus und größerer Virulenz der Keime der Zerstörungsprozeß fortschreitet = *Endocarditis ulcerosa*. Diese beiden Formen sind also nicht grundsätzlich, sondern nur gradweise voneinander verschieden. Es bestehen fließende Übergänge zwischen beiden.

Pathologisch-Anatomisches. Bei der *Rotlaufendocarditis* werden hauptsächlich die Mitralklappen, seltener die Taschenklappen der Aorta und der Arteria pulmonalis in Mitleidenschaft gezogen. Zunächst sind es kleine, flache, später polypöse, blumenkohlähnliche, den Klappen aufgelagerte oder anhängende Gebilde, die durch Anlagerung von thrombotischem Material einen solchen Umfang annehmen können, daß es zur Stenosierung (Verengerung) der Vorhöfe bzw. der großen Gefäßstämme kommt.

Histologisch handelt es sich bei den Auflagerungen um thrombotische Abscheidungen aus dem Blute (vereinzelte Leukocyten, Fibrin, Blutplättchen) auf dem Boden einer durch Bakterien verursachten Schädigung der Endokardoberfläche. Bei ausgesprochener Heilungstendenz kommt es im Klappengewebe zur Wucherung fixer Elemente, die in Gemeinschaft mit Wanderzellen und später neugebildeten Capillaren in die thrombotischen Massen vordringen und sie allmählich „organisieren“. So kommt es zur Ausbildung der *Endocarditis chronica fibrosa*, die zu Verwachsungen und Schrumpfungen des Klappenapparates und damit zu schweren chronischen Herzklappenleiden führen kann. Deren Folgen sind aus nebenstehender Tabelle ersichtlich. Auch die Endocarditis ulcerosa kann in ähnlicher Weise in Heilung ausgehen. Meistens entstehen aber tiefgehende Geschwüre, die zur Zerstörung des Klappengewebes und der Ventrikelwand führen.

In dem vorliegenden Schnittbilde (Abb. 42) sehen wir umfangreiche Auflagerungen auf dem Endokard, die hauptsächlich aus thrombotischem Material (Blutplättchen, Leukocyten und Fibrin) zusammengesetzt sind (a). Zwischen diesen homogenen Massen befinden sich zahlreiche Bakterienhaufen und Trümmer zugrunde gehender Zellkerne (b). Am Grunde der Auflagerungen unter dem Endokard sind bei st. V. dichte Ansammlungen von Zellen (fixe Zellen, Wanderzellen, Leukocyten und Lymphocyten) sichtbar, die eine Strecke weit in das thrombotische Material eingedrungen sind = beginnende Organisation. Im Herzmuskel selbst befinden sich ebenfalls Bakterienhaufen (d).

Durch reichlich sich vermehrende Bakterien an der Oberfläche kommt es immer wieder zur Zerstörung des Granulationsgewebes. Die sehr brüchigen Auflagerungen lösen sich leicht ab und führen, wenn sie bakterienhaltig sind, zu embolisch-metastatischen Herden in den verschiedenen Organen oder zu blanden (nichtinfizierten) Infarkten hauptsächlich in den Nieren (s. nebenstehende Tabelle).

4. Gefäße.

a) Gefäßverkalkungen bei Hypervitaminose D.

Dem Vitamin D, einem cholesterinähnlichen Körper, der unter dem Einflusse ultravioletter Strahlen aktiviert wird, kommt besondere Bedeutung für den Kalkstoffwechsel (Kalkassimilation) zu. Sein Vorhandensein in genügenden Mengen verhindert die Entstehung der Rachitis (antirachitisches Vitamin). Die Entdeckung des D-Vitamins und seine Beziehung zum Lichte hat dazu geführt, seinen Mangel durch Bestrahlung des menschlichen oder tierischen Körpers selbst oder von Nährstoffen (Milch, Lebertran u. a.) auszugleichen. Dabei ist neuerdings die Erfahrung gemacht worden, daß eine Überdosierung von Vitamin D (andauernde Verabreichung von Lebertran, Ergosterin, Vigantol, Bestrahlung mit der Quarzlampe) ebenfalls pathologische Veränderungen im Gefolge hat. Sowohl menschliche Säuglinge, als auch Tiere (Katzen, Kaninchen, Ratten, Mäuse, Hühner) erkranken unter Gewichtsabnahme, Fettschwund, eigenartiger Milzatrophie mit Schrumpfung und Verhärtung der Milzkapsel, Herzveränderungen, ausgesprochenen Gefäßwandverkalkungen und entsprechenden Kreislaufstörungen. Durch Versuche ist festgestellt worden, daß Kaninchen bei Verabreichung der geringen Dosis von 2 Tropfen Vigantol täglich innerhalb von 2 Monaten zugrunde gehen. Nach eigenen Erfahrungen bedürfen Hühner einer wesentlich stärkeren Überdosierung. Immerhin besitzt diese Erkenntnis besonders in der Geflügel- und auch in der Pelztierzucht praktische Bedeutung, da Überdosierungen von Vitamin D (Lebertran) zur Verhütung der A-Avitaminose bzw. der Rachitis verabreicht, leicht zustande kommen können.

Herzklappenfehler und ihre Folgen für das Herz und andere Organe.

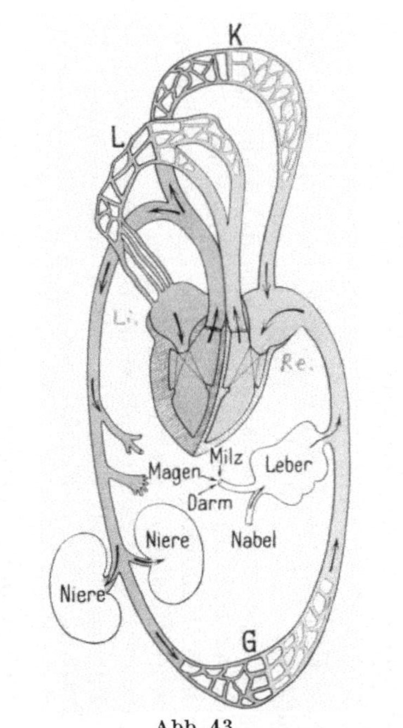

Abb. 43.

G Gebiet des großen Kreislaufes im Bereich der unteren Hohlvene. K Gebiet des großen Kreislaufes im Bereich der oberen Hohlvene, L Gebiet des kleinen Kreislaufes. (Nach E. HEIDEGGER.)

	Mitralklappen	Tricuspidalklappen	Aortenklappen	Pulmonalklappen
Insuffizienz (= Schlußunfähigkeit oder Schlußunvollständigkeit; Defekte, Schrumpfung, Verkürzung).	Stauung in der l. Vorkammer, Dilatation evtl. Hypertrophie derselben, unvollkommene Entleerung der Lungenvenen, Stauungshyperämie und braune Induration der Lunge. Evtl. Hypertrophie des r. Herzens zur Kompensierung des erhöhten Blutdruckes in der Lungenarterie. Weitere Rückstauung im Vorhof mit Hypertrophie des r. Vorhofes, Stauung im großen Kreislauf.	Stauungsblutfülle, Dilatation und evtl. Hypertrophie der r. Vorkammer, Rückstauung des Hohlvenenblutes zur Leber, Stauungsmuskatnußleber, Stauungshyperämie im ganzen Venengebiet, cyanotische Induration der Niere, Stauungsschrumpfniere; Hydropsien.	Bei der Diastole Rückkehr des Blutes aus der Aorta in die l. Kammer; deren Dilatation und Hypertrophie. Rückstauung in l. Vorkammer und Lunge.	Rückkehr des Blutes aus der Lungenarterie in die r. Kammer; deren Dilatation und Hypertrophie. Stauung in der r. Vorkammer und allgemeine venöse Stauung.
Stenose (= Verengerung der Ostien durch Protuberanzen entzündeter Klappen, Neubildungen, Mißbildungen).	Unvollkommene Füllung der l. Kammer + Folgen der Mitralinsuffizienz.	Geringe Füllung der r. Kammer, evtl. Thrombosen in der Lungenarterie + Folgen der Tricuspidalinsuffizienz.	Stauung des Blutes vor dem engen Ostium; Dilatation und Hypertrophie der l. Kammer. Rückstauung zur l. Vorkammer und zur Lunge.	Stauung des Blutes in der r. Kammer; deren Dilatation und Hypertrophie. Rückstauung zur r. Vorkammer und allgemeine venöse Stauung.

Die **histologischen Veränderungen** bei der Hypervitaminosis D sind durch Ablagerung von Kalksalzen in den Gefäßwänden (auch in Milzkapsel, Eileiter und anderen Organen) gekennzeichnet. In den Anfangsstufen des Prozesses ist die ausschließliche Imprägnierung der elastischen Fasern, sowohl der Membrana elastica interna als auch externa mit Kalk bemerkenswert. In dem

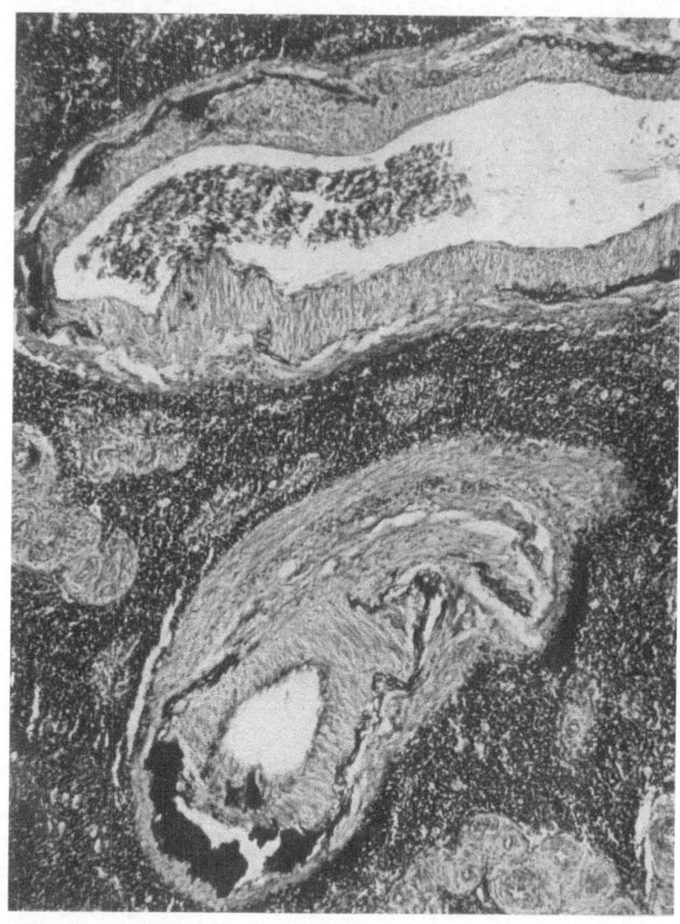

Abb. 44. Verkalkung von Milzgefäßen bei Vitamin D-Überschuß (Huhn). 120 ×. Hämatoxylin-Eosin.
Kalkinkrustation der elastischen Fasern. Deren Fragmentation. Kalkplattenbildung.

vorliegenden, mit Hämatoxylin-Eosin gefärbten Präparat (Abb. 44) gewinnt man den Eindruck, als ob die elastischen Fasern mit einer spezifischen Methode (Elasticafärbung) dargestellt seien. Es handelt sich dabei aber um Ablagerung von Kalk, der sich mit Hämatoxylin tief dunkel- bis blauschwarz färbt. Infolge der Ablagerung bzw. Kalkinkrustation sind die elastischen Fasern verdickt und überaus brüchig. Sie sind an vielen Stellen fragmentiert. Es ist sehr wahrscheinlich, daß dieser Prozeß mit primären degenerativen Veränderungen der Endothelien und inneren Intimabestandteile seinen Anfang nimmt. An anderen Stellen unseres Präparates ist die Kalkablagerung in der Gefäßwand so massenhaft, daß sie nicht auf die elastischen Elemente beschränkt bleibt, sondern große Teile der Gefäßwand einnimmt (Kalkplatten schon mit bloßem Auge

an gefärbten Präparaten sichtbar). Durch diesen Prozeß verlieren die Gefäßwände ihre Elastizität, werden brüchig und Kreislaufstörungen, Gefäßrupturen
mit Verblutungen sind die Folge.

Nach diesen Befunden verursacht die Überfütterung mit Vitamin D Beschleunigung
des Kalkstoffwechsels — Hypercalcämie — und Ablagerung der Kalksalze aus dem Blute
in die Gefäßwände und sonstigen Organe. Eigene Versuche an Hühnern haben gezeigt,
daß Mangel an Vitamin D bei erwachsenen Tieren zu ganz ähnlichen Gefäßveränderungen
führt. Der Kalkhunger der Gewebe und Organe führt in diesem Falle offenbar zur
Resorption bzw. Assimilation von Kalk aus den Knochen und anderen Kalklagern im
Organismus in das Blut. Auf dem Wege dahin bleibt ein Teil des Kalks in den Gefäßwänden liegen. Somit scheint dem Vitamin D für die Aufrechterhaltung des Calcium-
gleichgewichtes eine besondere Rolle zuzukommen, dessen Mechanismus uns in seinen
Einzelheiten noch nicht genügend bekannt ist.

b) Blutpfropfbildung (Thrombose).

Thromben sind während des Lebens in den Blutgefäßen entstandene Blutpfröpfe (Unterscheidung von postmortalen Blutgerinnseln!). Der Entstehung nach werden unterschieden:
1. *Fermentthromben* oder *Agglutinationsthromben* (Auftreten chemischer Substanzen im
Blut, die Fibrinferment frei machen oder Abnahme gerinnungshemmender Substanzen
bedingen). 2. *Adhäsionsthromben* (Schädigung der Gefäßintima besonders durch infektiöse
Stoffe und Parasiten). 3. *Stagnationsthromben* (Verlangsamung der Blutströmung, z. B.
in Aneurysmen). In der Regel muß zum Zustandekommen von Thromben das Zusammenwirken mehrerer Bedingungen gegeben sein. Es gibt rote, weiße und graurote, gemischte
und geschichtete sowie organisierte Thromben.

Histologie. Am Aufbau der roten Thromben sind sämtliche Blutbestand-
teile beteiligt: es handelt sich dabei um ein Netz von Fibrinfasern (s. S. 78),
in dessen Maschen rote und weiße Blutkörperchen sowie Blutplättchen eingelagert
sind. Die Zusammensetzung der weißen Thromben ist Schwankungen unterworfen: reine Plättchenthromben (gekörnt oder homogen), vorwiegende Fibrin-
und Leukocytenthromben, welch letztere in der Regel auch Fibrin und Plättchen
enthalten. Gemischte Thromben bestehen schichtweise aus Plättchen-
massen, Leukocytenanhäufungen, fädigem Fibrin mit Einschluß roter Blutkörperchen (zwiebelschalenartige Schichtung). Alle diese Thrombenarten können
autolytisch (aseptisch) erweichen (blande Thromben) oder durch Einwirkung
von Eitererregern und Leukocytenfermenten eitrig oder jauchig zerfallen. Loslösung von Thrombenteilen führt zur blanden oder zur septischen Embolie. Bei
längerem Bestehen von wandständigen und obturierenden Thromben sowie von
Embolien kommt es zur Organisation des thrombotischen Materials von der
Gefäßwand her. Von dieser aus dringen Fibroblasten von den Vasa vasorum
aus, Endothelzellen, Gefäßsprossen und neugebildete Capillaren in den Thrombus
ein, Wanderzellen gesellen sich hinzu, d. h. das thrombotische Material wird
allmählich durch Granulationsgewebe ersetzt. Aus diesem bildet sich Binde-
und Narbengewebe, das zur Intimafibrose oder zur Gefäßobliteration führt.
Abb. 46 zeigt einen obturierenden, gemischten Thrombus in einer kleinen Hals-
arterie des Pferdes bei Lupenvergrößerung. Die Intima (a) läßt deutliche Zellvermehrung (Fibroblasten), die Media zahlreiche Gefäßchen (b) erkennen, die
in der Richtung auf den Thrombus zu wuchern. Bei st. V. tritt ein typisches
Granulationsgewebe in Erscheinung, in der Media und Adventitia auch perivasculäre Infiltrationen mit Rundzellen (c).

c) Schlagaderentzündung und -Ausbuchtung (Arteriitis und Aneurysma).

Unter Arteriitis wird die Entzündung der Arterienwand verstanden. Sie ist meist
infektiös-toxischer Natur, wobei das schädigende Agens von außen her die Gefäßwand
treffen (Periarteriitis) oder von den Vasa vasorum bzw. von der Gefäßlichtung her auf
diese einwirken kann (Endarteriitis). Letztere ist von großer praktischer Bedeutung.
Ursächlich kommen in der Hauptsache Eitererreger verschiedener Art (embolische oder

metastatische Arteriitis), sowie beim Pferde das Schmarotzertum von Strongylus vulgaris in Aorta und Gekrösarterie in Betracht. Die bakteriellen Erreger werden von den Endothelzellen phagocytiert, welch letztere teilweise zugrunde gehen und zur Entstehung eines umschriebenen, wandständigen Thrombus Veranlassung geben (Thromboendarteriitis). In diesem vermehren sich die Bakterien und führen zu geschwürigem Zerfall (Endarteriitis ulcerosa) oder zu reaktiver, entzündlicher Infiltration der Gefäßwand mit Degeneration und Nekrose der elastischen Fasern und Muskelzellen, verbunden mit solch starkem Umbau der Gefäßwand, daß Ausbuchtungen entstehen und Aneurysmenbildung sich einstellt.

Besonderes praktisches Interesse beansprucht die durch Embryonen von Strongylus vulgaris verursachte häufige *Thromboendarteriitis verminosa* im Bereiche

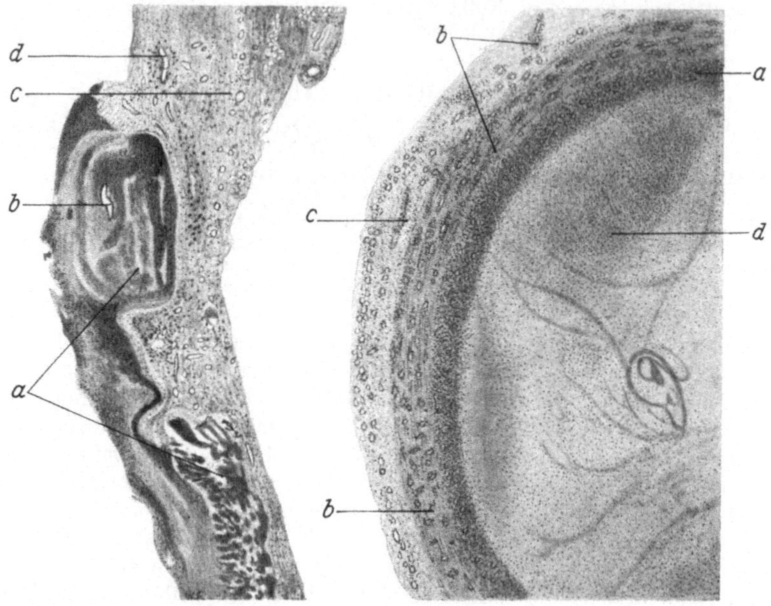

Abb. 45. Endarteriitis verminosa (Gekrösarterie, Pferd). 7 ×. Hämatoxylin - Eosin. a zerfallender Blutpfropf, Intima und Mediazerstörung, b Wurmlarve, c geringgradige Auflockerung der noch erhaltenen Wandbestandteile mit perivasculären Zellinfiltraten (d).

Abb. 46. Gemischter Arterienthrombus mit beginnender Organisation (Pferd). 7 ×. VAN GIESON. a Fibroblastenwucherung in der Intima und den angrenzenden Thrombenteilen, b Gefäßwucherung in Media und Adventitia, c perivasculäre Rundzelleninfiltrate in diesen Wandschichten, d Blutpfropf.

der vorderen Gekrösarterie beim Pferde. Da die Larven dieses Parasiten — ähnlich wie die Ascariden — während ihrer Entwicklung im Wirtstier in die Blutbahn gelangen, so ist ihre primäre Ansiedlung in der Gefäßintima am wahrscheinlichsten. Sowohl durch die beim Eindringen der Larven in die Gefäßwand bedingten mechanischen Verletzungen als auch durch die von ihnen abgeschiedenen Giftstoffe kommt es zur Thrombenbildung und zu reaktiv-entzündlichen Vorgängen in der Gefäßwand. Ein derartiges Stadium ist in Abb. 45 dargestellt. Bei a sehen wir an Stelle der Intima umfangreiches thrombotisches Material, das Wurmlarven enthält (b), in ulcerösem Zerfall begriffen ist, in den auch die Media bereits weitgehend einbezogen wird. In den erhalten gebliebenen Wandschichten, vor allem in der Media, treten entzündliche Prozesse in Erscheinung und zwar in Form von perivasculären, leuko- und lymphocytären Infiltraten (d), an deren Zusammensetzung eosinophile Leukocyten in erheblicher Zahl beteiligt sind, sowie in Form eines mehr oder weniger ausgesprochenen Ödems (c). Die weitgehende Zerstörung der Intima und zum Teil auch der Media, die degenerativen Vorgänge an elastischen und Muskelfasern im Bereiche der ganzen Gefäßwand, bedingen zwangsläufig Wandausbuchtung, Aneurysmenbildung, unter Umständen Gefäßruptur. Später schließt sich chronisch-reaktive Entzündung an, die auch auf die Adventitia übergreift und oft zu erheblicher Wandverdickung führt. Im Endstadium besteht die Gefäßwand lediglich aus derbem, faserigem Bindegewebe, das sich hyalin umwandeln und verkalken kann.

Folgen der Thromboendarteriitis und des Aneurysmas. Perforation und Ruptur der Gefäßwand mit innerer Verblutung; Infektion des Thrombus mit anschließender Pyämie; Druckatrophie des Plexus mesentericus, Degeneration der davon ausgehenden Nerven mit anschließender Darmatonie und Kolik; embolisch-thrombotische Kolik; Druckatrophie der Wirbelknochen.

d) Blutgefäßveränderungen bei Schweinepest.

Capillaren und Präcapillaren zeigen in den meisten Organen fast regelmäßig die frühesten und ausgesprochensten Veränderungen. Am meisten fällt bei schw. V. die Schwellung und blasse Färbbarkeit der Capillarwände auf. Mit st. V. läßt sich feststellen, daß die Kerne der Endothelzellen stark vergrößert sind und wegen ihrer Chromatinarmut blaß oder fast ungefärbt erscheinen (Abb. 48 u. 49). Bisweilen ist der ganze Endothelbelag abgestoßen oder überhaupt nicht sichtbar. Bei verschiedenen Färbungen lassen auch die übrigen Teile der Blutgefäßwand homogene, hyalinähnliche Beschaffenheit erkennen. Die dünnen Lagen der kollagenen und retikulären Fasern, die den Endothelbelag unmittelbar

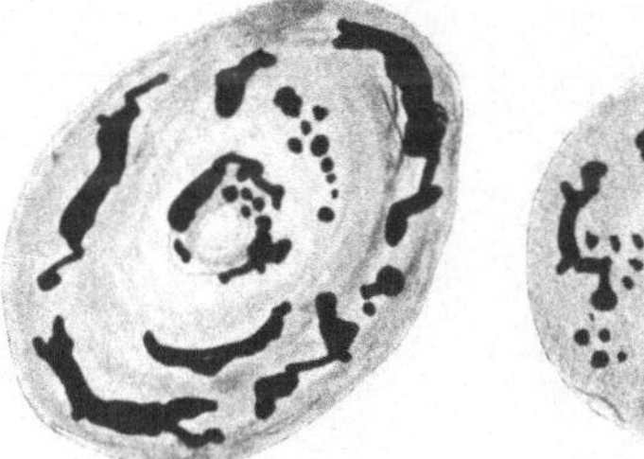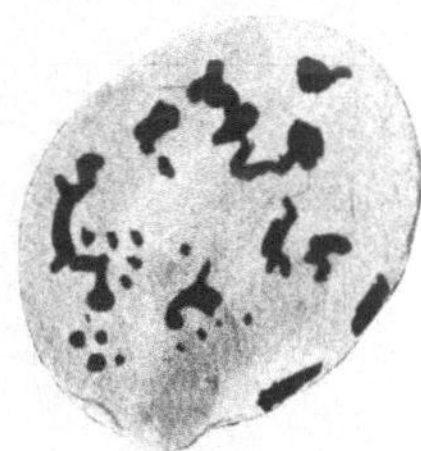

Abb. 47. Querschnitt durch veränderte Capillarwände (Schweinepest); halbschematisch. Verschiedene Stadien von Verdickung, Hyalinisierung und Karyorhexis.

umgeben, sind nur teilweise sichtbar und fallen ebenfalls der Degeneration anheim. Offenbar handelt es sich hier um einen nekrotischen Prozeß besonderer Art, durch den die Gefäße in eine Art hyaline Röhren umgewandelt werden, so daß in ihnen celluläre oder fibrilläre Elemente nicht mehr erkennbar sind. In zahlreichen Fällen führt dieser Prozeß zu einem teilweisen oder vollkommenen Verschluß der Gefäßlichtungen (Abb. 47 u. 48). Seltener wird eine umschriebene, oft tumorähnliche Proliferation von Endothelzellen beobachtet, an denen ebenfalls rückläufige Veränderungen in Form von Pyknosis und Kernfragmentation hervortreten. Außer diesen Veränderungen zeigen die Kerne der Capillarendothelien vielfach Karyorhexis und Kerntrümmer verschiedener Form und Größe, die in der mehr oder weniger verdickten oder verschlossenen, eosinophil sich färbenden Gefäßwand verstreut sind (Abb. 47). Dieser nekrotische Prozeß beschränkt sich auf die Capillarwand, oder greift auf das umgebende Gewebe über.

Kleinere und mittelgroße Gefäße. Die beschriebenen Veränderungen treten in mittelgroßen Arterien seltener auf; sie sind grundsätzlich nicht von jenen verschieden, aber meistens stärker ausgeprägt. Schwellung und Proliferation von Endothelzellen sind häufig; seltener werden tumorähnliche Wucherungen dieser Elemente angetroffen. In beiden Fällen zeigen die Endothelzellen aber dieselben degenerativen Veränderungen wie die Capillaren. Sie treten entweder als Zellschatten in Erscheinung oder lassen verschiedene Formen von Karyorhexis erkennen (Abb. 48 u. 49). Progressive und degenerative Veränderungen können in einem Gefäß gleichzeitig vorhanden sein. Von diesen Veränderungen

werden vielfach auch die übrigen Wandschichten in Mitleidenschaft gezogen
(Abb. 48 u. 49). In der Media und Adventitia finden sich Auseinanderdrängung und Schwellung der verschiedenen Elemente, was bei Anwendung
der Elasticafärbung und verschiedener Silbermethoden deutlich hervortritt.
Die Blutgefäßwand als Ganzes ist häufig durch ödematöse Beschaffenheit
und Vermehrung zelliger Elemente, hauptsächlich in der Adventitia, wesentlich verdickt. In manchen Fällen wird der nekrotische Charakter durch
Fragmentation der Zellkerne und durch ausgesprochene Eosinophilie aller

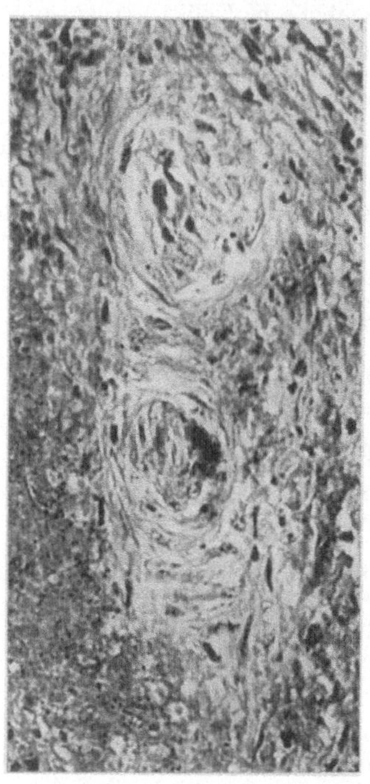

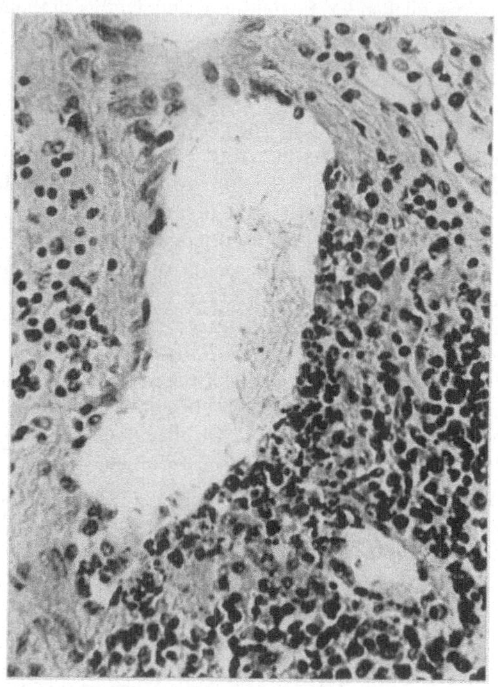

Abb. 48. Blutgefäßveränderungen in der
Milz (Schweinepest). 295 ×.
Hämatoxylin-Eosin.
Schwellung, Nekrose und beinahe voll-
kommener Verschluß kleiner Arterien.
Perivasculäre Koagulationsnekrose.

Abb. 49. Wandveränderungen einer Vene und eines Venen-
astes in einem Lymphknoten (Schweinepest). 300 ×.
Hämatoxylin-Eosin.
Schwellung und Nekrose der Endothelien und übrigen
Wandschichten (Kerntrümmer).

Bestandteile, einschließlich der elastischen Fasern nnd anderer fibrillärer Elemente zum Ausdruck gebracht. Thromben, die in solchen Gefäßen bisweilen
vorkommen, fallen demselben Prozeß anheim, und bisweilen schreitet die
Nekrose in das perivasculäre Gewebe hinein fort.

   Größere Gefäße sind selten von diesem Prozeß betroffen und die Veränderungen in ihnen beschränken sich dann meistens auf die Intima. Gelegent-
lich werden auch die Venen in Mitleidenschaft gezogen, während die Lymphgefäße in der Regel verschont bleiben.

   Die beschriebenen Gefäßveränderungen sind in Fällen von Schweinepest
mit ziemlicher Regelmäßigkeit nachzuweisen. Ihr Auftreten, sowie Art und
Grad ihrer Entwicklung schwankt jedoch in den verschiedenen Organen in
weiten Grenzen. Ihre Ausbildung scheint von der Virulenz des Virus, von
individueller Resistenz und anderen unbekannten Faktoren weitgehend abhängig
zu sein. In den Lymphknoten, in der Milz und in den Nieren sind sie am

ausgesprochensten, während sie in der Leber, in den Verdauungsorganen, im Gehirn, in der Haut und in anderen Organen weniger in den Vordergrund treten.

In vergleichend-pathologischer Hinsicht ist es von Interesse, daß die beschriebenen Gefäßveränderungen eine auffallende Ähnlichkeit mit jenen bei der menschlichen Influenza besitzen.

Pathogenese der Schweinepest. Die in den einzelnen Abschnitten beschriebenen histologischen Veränderungen in den verschiedenen Organen bei Schweinepest sind ein zwingender Beweis dafür, daß Blutgefäßschädigungen bestimmter Art als grundsätzliche Veränderungen zu betrachten und zum größten Teil für das charakteristische pathologisch-anatomische Bild bei dieser Krankheit verantwortlich zu machen sind. Durch diese Veränderungen finden nicht nur die Blutungen, sondern auch die Nekroseherde in den verschiedenen Organen, sowie die anämischen Infarkte in der Milz (s. S. 66) eine befriedigende Erklärung. Sie eröffnen weiterhin das Verständnis für das Wesen der Krankheit und gewähren Einblick in den krankhaften Prozeß. Es muß allerdings zugegeben werden, daß Blutungen nicht selten auch im Bereiche von Blutgefäßen auftreten, die sichtbare Veränderungen nicht erkennen lassen. Auf der anderen Seite brauchen selbst ausgesprochene Blutgefäßveränderungen nicht regelmäßig mit perivasculären Blutungen einherzugehen.

Der Charakter der Gefäßveränderungen in den verschiedenen Organen wird durch die Dauer der Krankheit nicht wesentlich beeinflußt. Auch bestehen grundsätzliche Unterschiede zwischen den histologischen Veränderungen in Fällen von reiner Virusschweinepest und solchen, die mit sekundären Infektionserregern vergesellschaftet sind, nicht. Indessen gewinnt man den Eindruck, daß Umfang und Grad, besonders des nekrotischen Prozesses in gewisser Weise durch die sekundären bakteriellen Erreger beeinflußt und variiert werden. Dies trifft vor allem für die Lymphknoten, für die Milz, die Nieren und den Verdauungsapparat zu.

Die ausgesprochene Atrophie des lymphoiden Gewebes in den Lymphknoten und in der Milz ist wohl unmittelbar auf Kompression durch die Anwesenheit zahlreicher roter Blutkörperchen zurückzuführen. Andererseits ist die Abnahme lymphoiden Gewebes und die Atrophie von Follikeln und Keimzentren in diesen Organen auch in solchen Fällen zu beobachten, in denen Blutungen weniger hervortreten. Diese Veränderungen in den Lymphknoten und in der Milz geben eine Erklärung und eine histologische Grundlage für die Lymphopenie, die fast regelmäßig bei Schweinepest beobachtet wird. Das Schweinepestvirus besitzt offenbar die Fähigkeit, die Lymphopoese bereits in frühen Stadien des Krankheitsgeschehens zu paralysieren, denn eine Hyperplasie in den genannten Organen wird in frühen Stadien nur selten angetroffen. Die histologischen Befunde im Knochenmark befinden sich in Übereinstimmung mit der bei dieser Krankheit häufig vorkommenden Anämie.

Histologische Feststellung der Schweinepest. Was die Frage der praktischen Verwertbarkeit der beschriebenen Veränderungen für die postmortale Diagnose der Schweinepest anbetrifft, so sind folgende histologische Tatsachen in Erwägung zu ziehen:
1. die Schweinepestencephalitis (s. S. 132) und
2. die Gefäßschädigungen und die damit im Zusammenhange stehenden übrigen Veränderungen in den verschiedenen Organen (s. S. 57, 62 u. 66).
Verschiedene Autoren legen in diagnostischer Hinsicht auf die Gegenwart der Encephalitis Gewicht. Nach unserer Auffassung ist aber der diagnostische Wert der Schweinepestencephalitis begrenzt, weil sie nur in etwa 60—80% der Fälle vorkommt, und weil es zur Zeit noch fraglich ist, ob sie für diese Krankheit als streng spezifisch gelten kann. Zum mindesten besteht die Möglichkeit der Verwechslung mit Gehirnveränderungen bei der sog. Schweineinfluenza und mit ähnlichen, entzündlichen Prozessen unbekannter Natur. Nach dem heutigen Stande unserer Kenntnisse kann die Diagnose der Schweinepest nicht auf die Gegenwart einer Encephalitis, auch wenn sie bei sog. Kümmerern vorkommt, allein gegründet werden. Die Blutgefäßveränderungen und die damit im Zusammenhange

stehenden Läsionen, besonders in den Lymphknoten, Nieren und in der Milz sind in diagnostischer Hinsicht viel wichtiger, weil sie fast regelmäßig vorhanden sind. Die Milzinfarkte scheinen sogar von spezifisch-diagnostischem Wert zu sein, aber sie sind nur in 40—50% der Fälle zugegen.

Weitere Untersuchungen müssen zeigen, ob die beschriebenen Veränderungen streng pathognomonisch sind.

B. Blut und blutbildende Organe.

1. Blut.

a) Pathologische Blutzellformen.

Form- und Strukturveränderungen, abnorme Färbbarkeit der Blutzellen, sowie Auftreten ihrer Jugendformen werden hauptsächlich bei den verschiedenen Arten von Anämien, bei Blutverlusten, bei Blutzellregeneration und Kompensation und bis zu einem gewissen Grade auch bei Leukämien angetroffen. Wenn die roten Blutkörperchen als unregelmäßige Gebilde von Birn-, Keulen-, Biskuit- und Stechapfelform, sowie von zackiger und eckiger Gestalt auftreten, so spricht man von *Poikilocytose.* Abnorme Größenunterschiede werden unter dem Begriff der *Anisocytose* zusammengefaßt. Abnorme Färbbarkeit gibt sich in Hämoglobinarmut sowie im Auftreten von Kernresten und basophiler Punktierung oder Körnelung zu erkennen = *Polychromasie, Polychromatophilie.*

Bei überstürzter Regeneration finden sich frühembryonale Formen der Erythrocyten, sowie der myeloischen und lymphatischen Reihe. Verminderung der Zahl der roten Blutkörperchen (z. B. nach Blutverlusten und bei Anämien) wird als *Oligocytämie*, Verminderung der Zahl der weißen Blutelemente (z. B. bei Einwirkung infektiös-toxischer Schäden mit Zerstörung der Bildungsstätten) als *Leukopenie* bzw. *Lymphopenie* bezeichnet. Vermehrung der Zahl der roten Blutkörperchen = *Polyglobulie;* Vermehrung der weißen (funktionelle Reize, toxisch-infektiöse Schädigungen) = *Hyperleukocytosis* (vorübergehend), *Leukämie* (dauernd).

b) Weißblütigkeit. Leukämie (lymphatische und myeloische).

Bei den Leukämien handelt es sich um übermäßige Bildung weißer Blutzellen in- und außerhalb der blutbildenden Organe. Die **Ursache** dieser Systemerkrankungen ist unbekannt, mit Ausnahme der Leukomyelose der Hühner, bei der ein ultravisibles Virus, also eine Infektionskrankheit vorliegt. Alle Leukämien sind **pathologisch-anatomisch** durch zum Teil umfangreiche Vergrößerungen der Milz, der Körperlymphknoten, des lymphadenoiden Gewebes der verschiedenen Körperregionen, durch Blutbildungsherde im Knochenmark und durch diffuse und knotige Zellinfiltrate in Leber, Nieren, Haut, Lungen u. a. gekennzeichnet. Je nach Ursprung und Zusammensetzung dieser Zellneubildungsherde wird eine *myeloische* und eine *lymphatische Leukämie* unterschieden.

Bluthistologie. In solchen Fällen von Leukämie, in denen eine Ausschwemmung der in den verschiedenen Bildungsstätten übermäßig produzierten Weißzellen in die Blutbahn erfolgt, kommt es zu einer wesentlichen Änderung des sog. Blutbildes. Bei der myeloischen Leukämie fällt die starke Vermehrung der polymorphkernigen Leukocyten, vor allem der neutrophilen, aber auch der basophilen und eosinophilen auf. Daneben finden sich reichlich Jugendformen dieser Zellelemente: die Hämocytoblasten und die Promyelocyten in verschiedenartigen Reifungsphasen. Im Gegensatze dazu liegt bei der lymphatischen Leukämie eine wesentliche Vermehrung der lymphocytären Elemente vor, hauptsächlich der reifen Lymphocyten, die bis zu 95% der Weißzellen ausmachen können, aber auch der großen Lymphocyten (Lymphoblasten). Auch pathologische Zellformen treten im Blutbilde auf. Die Lymphadenose des Huhnes geht außerdem fast regelmäßig mit Anämie einher. Der Grad der

Zellvermehrung im Blute ist bei den einzelnen Leukämiefällen großen Schwankungen unterworfen. Das Blutbild bei der Lymphocytomatose des Rindes ähnelt demjenigen bei der leukämischen Lymphadenose, während der pathologisch-anatomische Befund sich demjenigen beim Lymphosarkom nähert.

2. Lymphknoten.

a) Kohlenstaubablagerung (Anthrakosis) (s. S. 21).

b) Lymphknotenentzündung (Lymphadenitis).

Auftreten bei verschiedenen Infektionskrankheiten. Die Reizstoffe (Bakterien, Bakterientoxine, Virusarten, Zerfallsprodukte, resorbierte Exsudate, Fremdkörper u. a.) werden

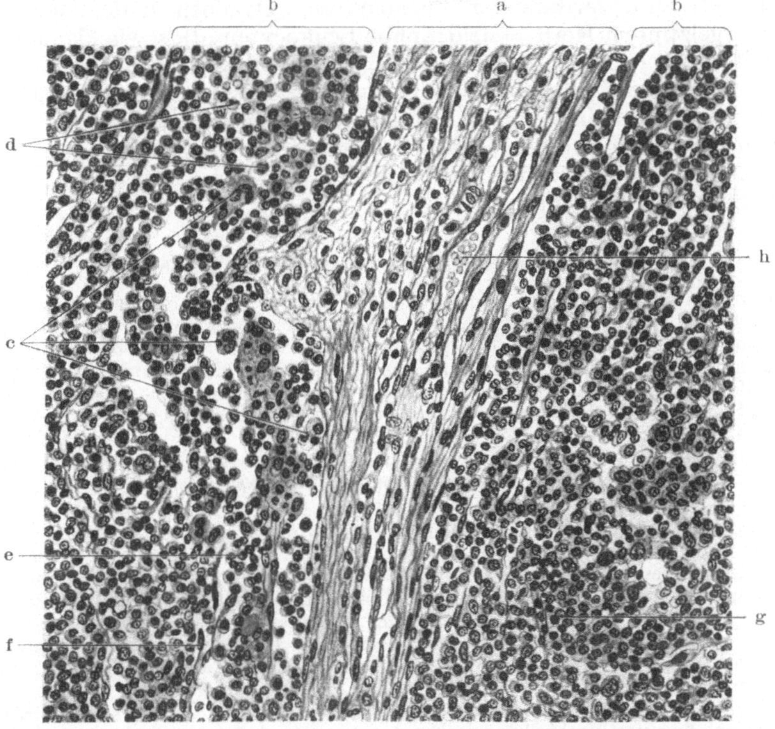

Abb. 50. Lymphadenitis acuta simplex (Kälberruhr). 280 ×. Hämatoxylin-Eosin.
a Trabekel, b mit verschiedenen Zellen angefüllter peritrabeculärer Sinus, c aus dem Verbande gelöste Reticulumzellen, d polymorphkernige Leukocyten, e Lymphocyten, f Sinusendothelien, g lymphadenoides Parenchym, h Trabekelgefäß.

auf dem Wege der Lymphgefäße den Lymphknoten zugeführt und entfalten ihre Wirkung in den Sinus und später auch im Parenchym. Hämatogen zugeführte Stoffe wirken von den Capillaren der Rindenknötchen und Markstränge her. Es werden die *einfache, eitrige, hämorrhagische und chronische Lymphadenitis* unterschieden.

Makroskopisch ist die Lymphadenitis acuta simplex durch Vergrößerung, markige Schwellung, Feuchtigkeit und graurote Verfärbung der Schnittfläche, pralle Spannung der Kapsel gekennzeichnet. Bei der eitrigen Lymphadenitis (z. B. bei Druse) steht die leukocytäre Exsudation mit nachfolgender Einschmelzung und herdförmiger Abscedierung im Vordergrund, während bei der hämorrhagischen Lymphadenitis (z. B. bei Milzbrand) die Lymphknoten herdförmig oder diffus schwarzrot verfärbt sind und ähnliche feuchte und glänzende Schnittfläche aufweisen. Auch die chronischen Lymphadeniten, die in der Regel aus den akuten sich entwickeln, gehen durch die Vorgänge in den Sinus, durch die Hyperplasie des lymphadenoiden Gewebes und vor allem durch die Wucherungen des interstitiellen, trabeculären und kapsulären Bindegewebes mit bedeutenden Vergrößerungen einher. Später können Verhärtungen, Schrumpfungen und Atrophie das Bild beherrschen.

Abb. 50 zeigt eine **Lymphadenitis acuta simplex** bei Kälberruhr. Schon bei schw. V. fällt die Erweiterung und Anfüllung der Lymphsinus mit Zellelementen auf. Die letzteren liegen stellenweise so dicht, daß die Grenze der Sinusendothelien nach dem lymphoiden Gewebe zu verzerrt, verwischt oder überhaupt nicht mehr sichtbar ist. Bei st. V. (Abb. 50) sehen wir in der Mitte einen Trabekel mit geringer Vermehrung der bindegewebigen Elemente (a), rechts und links davon (b) zellangefüllte, stark verbreiterte, peritrabeculäre Sinus. Unter den in den Sinus befindlichen Zellen herrschen die großen, geschwollenen, protoplasmareichen, mit rundlichovalem Kern ausgestatteten, aus ihrem Verbande gelösten Reticulumzellen vor (c) = Aktivierung des Reticuloendothels zum Zwecke der Phagocytose. Daneben finden sich kleinere Zellen mit gelapptem Kern = neutrophile Leukocyten (d), sowie kleine Lymphocyten mit chromatinreicherem Kerne (e). Die Weißzellen gehen wahrscheinlich aus dem Reticuloendothel hervor (s. Leukämie der Leber, S. 108). Die Sinusgrenzen nach außen sind nur noch bruchstückweise zu erkennen (f). Dieselben reaktiven Wucherungen des Reticuloendothels finden sich auch im lymphatischen Gewebe, das einfache Hyperplasie und geringgradiges Ödem mit Gewebsauflockerung erkennen läßt.

c) Lymphknotenveränderungen bei Schweinepest.

Anatomisch lassen sich die Veränderungen in diesem Organ in folgende drei Gruppen einteilen: 1. Schwellung und Hyperämie. 2. Hämorrhagische Infiltration mit besonderer Lokalisation der Blutungen am Lymphknotenrande und im Parenchym und 3. dichte Infiltration mit roten Blutkörperchen mit dunkelroter Farbe des Lymphknotenparenchyms. Im Einzelfalle sind diese drei Typen gewöhnlich gleichzeitig zugegen. Bisweilen, besonders in frühen Stadien, herrscht der erste Typus vor, während in anderen der zweite und dritte mehr im Vordergrunde steht. Dunkelrote Färbung sowie Nekroseherde im Parenchym kommen häufiger in älteren Fällen vor. Bei hochgradiger Virulenz des Virus werden sie auch bei akutem Verlauf der Krankheit angetroffen. Bestimmte Lymphknotengruppen im Körper sind stärker in Mitleidenschaft gezogen als andere.

Um die **histologischen Veränderungen** in den Lymphknoten bei Schweinepest zu verstehen, ist zunächst auf die Besonderheiten der normal-histologischen Struktur dieser Gebilde hinzuweisen, die wie Abb. 51 zeigt, wesentlich vom Bau der Lymphknoten der übrigen Säugetiere abweicht. Was den Lymphstrom anbetrifft, so treten die zuführenden Lymphgefäße an der Bindegewebsplatte ein, verlaufen in den Trabekeln und ergießen sich in die peritrabeculären Sinus. Von da aus kann die Lymphe in die Randsinus und damit in die abführenden Gefäße nur auf dem Wege der sog. „zellarmen Substanz" gelangen, die ein besonderes Lymphstrombett darstellt. Eine unmittelbare Verbindung zwischen peritrabeculären und Randsinus besteht nur an den Stellen, an denen die Trabekel mit der Kapsel in direkter Verbindung stehen.

Histologie. Lymphknoten, Typ 1. Die Veränderungen bestehen aus Auseinanderdrängung der cellulären und fibrillären Elemente, teilweise durch Vermehrung der Reticulumzellen (Mitosen), teilweise durch Ödem. Letzteres ist in der zellarmen Substanz in der Umgebung der Blutgefäße am meisten ausgeprägt. Andere, unregelmäßig vorhandene Veränderungen sind: geringgradige perivasculäre Infiltration in der zellarmen Substanz, perivasculäre Nekrosen verschiedenen Grades; Schwellung und Degeneration von Reticulumzellen; Zunahme eosinophiler Leukocyten; lokale Hyperplasien des lymphadenoiden Gewebes. Follikel und Keimzentren sind gewöhnlich vergrößert, an Zahl aber verringert. Peritrabeculäre und Randsinus sind frei von Veränderungen, abgesehen von leichter Desquamation der sie auskleidenden Endothelien. Trabekel und Kapsel sind häufig ödematös und zeigen stellenweise perivasculäre, aus Lymphocyten und Histiocyten zusammengesetzte Herde. Perivasculäre Blutungen und Nekroseherde fehlen.

Lymphknoten, Typ 2. Charakteristisch ist die Anwesenheit von roten Blutkörperchen im Bereiche veränderter Gefäße in der zellarmen Substanz (s. Abb. 51); im lymphoiden Gewebe selbst sind Blutungen weniger ausgesprochen. Durch diese eigenartige Verteilung findet das makroskopisch marmorierte Aussehen der Lymphknoten dieses Typus seine Erklärung. Perivasculäre Blutungen im Bereiche größerer Blutgefäße sind selten, selbst wenn deren Wände schwere regressive Veränderungen zeigen. Das fast regelmäßige Fehlen von roten Blutkörperchen in den peritrabeculären und Randsinus ist in diesen Stadien besonders hervorzuheben (Abb. 51). Bisweilen finden sich einige wenige Erythrocyten, entweder frei oder von Sinusendothelien und Reticulumzellen phagocytiert.

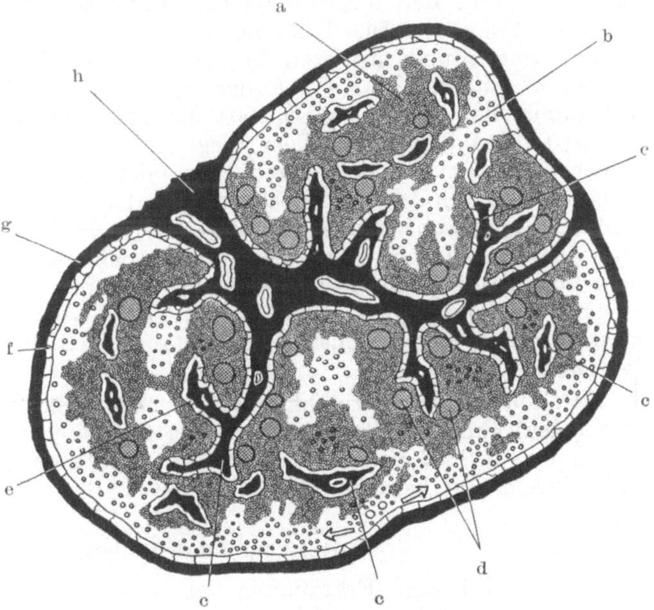

Außer diesen Blutungen können gleichzeitig mehr oder weniger umfangreiche, von veränderten Blutgefäßen ausgehende Nekroseherde mit ähnlicher Verteilung wie die Blutungen zugegen sein. Dieser nekrotische Prozeß kann unter Umständen unter dem Einflusse von sekundären Infektionserregern auf die Sinuswände, Sinus, Trabekel und Kapsel übergreifen.

Was die Veränderungen im übrigen Parenchym anbetrifft, so finden sich im Bereiche der Blutungen ausgesprochene Hämosiderosis und fettige Degeneration von Reticulumzellen, die nicht wesentlich vermehrt sind. In nekrotischen Herden zeigen diese Zellen ebenfalls fettige Degeneration oder sie enthalten phagocytierte Kernfragmente. Herdförmige Hyperplasien des lymphoiden Gewebes sind selten, während Hypoplasie fast regelmäßig vorhanden ist. Follikel und Keimzentren sind atrophisch und zahlenmäßig verringert. Die Veränderungen der Trabekel und Kapsel bestehen aus: Ödem, perivasculären Rundzelleninfiltraten, sowie aus mit Blutgefäßläsionen im Zusammenhange stehenden Blutungen und Nekroseherden.

Lymphknoten, Typ 3 stellen ein fortgeschrittenes oder Endstadium der hämorrhagischen Infiltration dar, wie sie beim Typ 2 angetroffen wird. Rote Blutkörperchen sind in solcher Zahl zugegen, daß fast die ganze zellarme Substanz und Teile des lymphoiden Gewebes davon eingenommen werden. Selbst in solchen Fällen können die peritrabeculären und Randsinus frei von roten Blutkörperchen bleiben. In der Regel sind sie aber mit so zahlreichen Erythrocyten angefüllt, daß es zur Sinuserweiterung und zur Zerreißung der Spannfasern kommt. Die Gegenwart solch zahlreicher roter Blutkörperchen führt

Abb. 51.
Schematische Darstellung eines Schweinepestlymphknotens.
a lymphoides Gewebe des Parenchyms, b zellarme Substanz des Parenchyms, c Trabekel, d Follikel, e peritrabeculärer und f corticaler Sinus, g Kapsel, h Bindegewebsplatte. Die Verteilung der Blutungen im Lymphknotenparenchym in einem Frühstadium ist durch die kleinen Kreise bezeichnet.

zu hochgradiger Verdrängung des lymphoiden Gewebes, so daß nur noch kleine Inseln davon übrig bleiben.

Was die Frage der *Herkunft der roten Blutkörperchen* in den Lymphknoten anbetrifft, so kann es sich nach diesen histologischen Befunden nicht allein um eine mechanisch - lymphogene Resorption dieser Elemente aus anderen Blutungsherden des Körpers handeln, welche Möglichkeit tatsächlich gegeben ist.

Die Gefäßveränderungen (s. S. 57), die besonders in der sog. „zellarmen Substanz" ausgeprägt sind, müssen vielmehr als die Quelle des Ödems, der Blutungen und der fortschreitenden Nekrosen im Lymphknotenparenchym angesehen werden. Die Tatsache, daß die Blutungen in den Lymphknoten in den frühen und mittleren Stadien hauptsächlich in der sog. „zellarmen Substanz" ausgeprägt sind, fordert indessen eine Erklärung. Diese bietet sich durch die strukturelle Eigenart der Schweinelymphknoten und besonders durch die auf experimentellem Wege gefundene Tatsache, daß in der zellarmen Substanz ein besonderer Weg oder Kanal für den Durchgang der Lymphe zwischen den peritrabeculären und den Randsinus gegeben ist. Man muß sich also wohl vorstellen, daß die roten Blutkörperchen nach Austritt aus den veränderten Capillaren im Bereiche der zellarmen Substanz mit dem Lymphstrom rein mechanisch fortgetragen und in der bezeichneten Weise verteilt werden. Wenn sie in großer Zahl vorhanden sind, so treten sie zwangsläufig aus der zellarmen Substanz auch in die Sinus und in das lymphoide Gewebe ein.

Da Blutresorptionslymphknoten (im Zusammenhange mit traumatischen Blutungen) ähnliche histologische Bilder aufweisen können, sind in fraglichen Fällen die auf S. 57 beschriebenen Blutgefäßveränderungen als charakteristisch für Schweinepest heranzuziehen.

d) Lymphknotentuberkulose.

Die zwangsläufige Erkrankung der regionären Lymphknoten im Rahmen der tuberkulösen Primärinfektion und der daran sich anschließenden Frühgeneralisation geht aus Tabelle, S. 83 hervor. Bei Kalb, Jungrind, Schwein, Pferd, Schaf und bisweilen auch bei Hund und Katze beteiligen sich die Lymphknoten regelmäßig an einer tuberkulösen Primärerkrankung. In der Reinfektionsperiode dagegen, die besonders beim Rinde vorkommt, gehört die Miterkrankung der regionären Lymphknoten zu den Seltenheiten.

Histopathologisch sind zwei Formen der Lymphknotentuberkulose zu unterscheiden: 1. die vorwiegend exsudative und 2. die vorwiegend produktive Form. Zu der ersteren gehört die sog. strahlige Verkäsung, das ist die Koagulationsnekrose eines hochgradig exsudativ entzündeten Gewebes (Analogie mit käsiger Pneumonie, s. S. 86). Der zweiten Form werden zugerechnet: die Miliar- und Konglomerattuberkel (s. S. 82) und die sog. großzellige Hyperplasie, bei der histologisch eine reine Epitheloidzellwucherung mit Riesenzellbildung, aber ohne die gewöhnliche lymphocytäre Abgrenzung des Miliartuberkels vorliegt. Diese großzellige Hyperplasie ist eine besondere Eigentümlichkeit der durch den Typus bovinus verursachten Pferdetuberkulose und der durch den Typus gallinaceus hervorgerufenen Schweinetuberkulose. Auch bei Hund, Katze und Silberfuchs wird sie bisweilen angetroffen. Abb. 21 zeigt eine Miliartuberkulose eines Lymphknotens, vergesellschaftet mit Anthrakosis. Einzelheiten s. Beschreibung, S. 21.

3. Milz.

a) Infektiöse (septische) Milzschwellung.

Entsprechend der Teilfunktion der Milz als Abwehr und Filterorgan beteiligt sie sich an akuten Allgemeininfektionen (Sepsis, Pyämie, akuter Milzbrand, Kälberruhr, Paratyphus, Kükenruhr u. v. a.) fast regelmäßig in Form einer Schwellung. In ausgesprochenen Fällen zeigt sie wesentliche Vergrößerung, dunkelrote Farbe, weiche Konsistenz und pralle Spannung der Kapsel. Im einen Falle tritt auf der Schnittfläche die weiche, beinahe flüssige, leicht abstreifbare Pulpa in den Vordergrund *(pulpöse Hyperplasie)*, im anderen

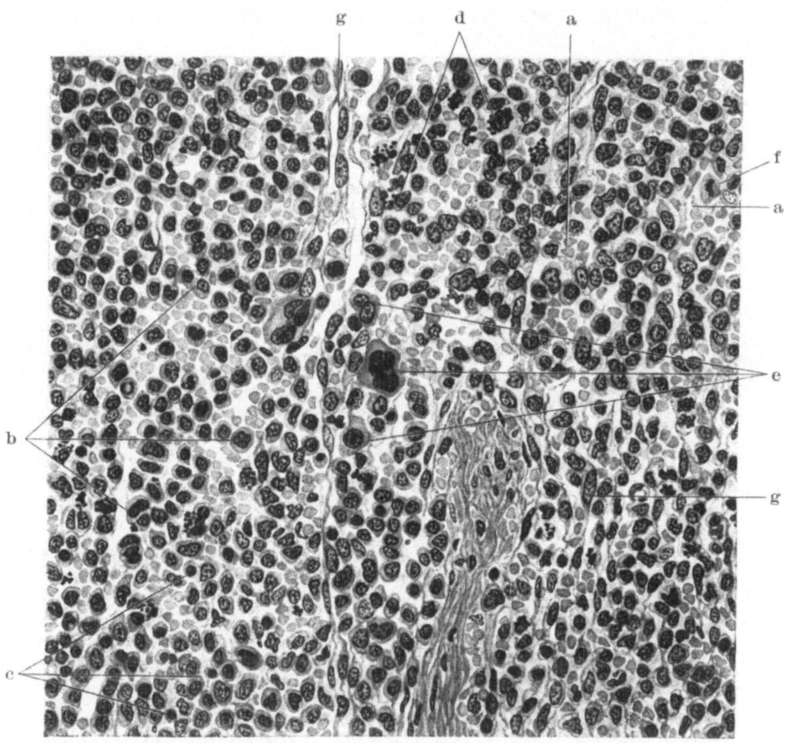

Abb. 52. Akute septische Milzschwellung (Katze). 400 ×. Hämatoxylin-Eosin.
a rote Blutkörperchen, b Pulpazellen, c Lymphocyten, d Pulpazellen mit Blutpigment beladen, e riesenhafte, ein- und mehrkernige Pulpazellen, f Pulpazelle in Mitose, g Endothelzellen.

ragen die Follikel als stecknadel- bis sagokerngroße Gebilde über die Schnittfläche hervor *(follikuläre Hyperplasie)*. Mischformen sind häufig.

Je nach dem Vorherrschen der einen oder anderen Form sind Verschiedenheiten im **histologischen Bilde** gegeben. In Abb. 52 liegt ein Schnitt durch eine Milz mit follikulärer Hyperplasie einer Katze vor. Bei Betrachtung mit schw. V. fällt zunächst die Vergrößerung der Milzknötchen und der Keimzentren sowie der starke Blut- und Zellreichtum der roten Pulpa ins Auge. An manchen Stellen ist im perifollikulären Gewebe der Blutreichtum besonders hochgradig. Auch die Gefäße, vor allem die Capillaren der Trabekel und der Pulpa sind prall mit roten Blutkörperchen angefüllt. Die st. V. zeigt die Zusammensetzung der Pulpa aus verschiedenartigen Zellelementen. An manchen Stellen herrschen die roten Blutkörperchen und ihre Zerfallsprodukte vor, an anderen die Lymphocyten und die Pulpazellen. Besonders die letzteren haben eine wesentliche Zunahme erfahren, so daß von einer Aktivierung des Reticuloendothels gesprochen werden kann. Es handelt sich dabei um große, protoplasmareiche, zum Teil riesenhafte Zellen, die nicht selten mehrere Kerne und fast regelmäßig rote Blutkörperchen oder Hämosiderin, seltener weiße Blutzellen in ihrem Protoplasma beherbergen. Gegenüber den bisher genannten Zellformen treten jene der myeloischen Blutzellreihe ganz in den Hintergrund. Polymorphkernige, neutrophile Leukocyten sind spärlich, sonstige Zellen der myeloischen Reihe nur vereinzelt anzutreffen. Weiterhin ist eine deutliche Aktivierung der Venensinusendothelien erkennbar, die ebenfalls mit roten Blutkörperchen und mit Hämosiderin beladen sein können. Im Parenchym treten Verfettungen, sonstige regressive Zellveränderungen und Nekrosen in Erscheinung.

b) Milzinfarkte bei Schweinepest.

In etwa 40—50% der Fälle werden bei Schweinepest anämische und gemischte Milzinfarkte angetroffen, denen eine diagnostische Bedeutung zukommt.

Makroskopisch treten diese Infarkte als dunkelrote, scharf umschriebene, meist unregelmäßig begrenzte Herde hervor, die deutlich über die Oberfläche des Organs hervorragen. Sie erreichen einen Durchmesser von 1—2 cm und sind gewöhnlich in größerer Zahl am Milzrande gelegen. Auf Querschnitten sind sie ebenfalls von dem umgebenden Gewebe scharf abgesetzt und zeigen verschiedene Formen, am häufigsten diejenige eines Keiles, dessen Spitze dem Milzhilus zugekehrt ist. Im Inneren der Infarkte sind nekrotische Herde häufig, während sie am Rande von einer mehr oder weniger breiten, hämorrhagischen Zone umgeben sind, die unter der Kapsel ihre größte Ausdehnung erreicht. Außer den Randinfarkten werden auch solche von geringerer Größe im Parenchym beobachtet, die ebenfalls durch eine hämorrhagische Randzone vom umgebenden Gewebe abgegrenzt sind.

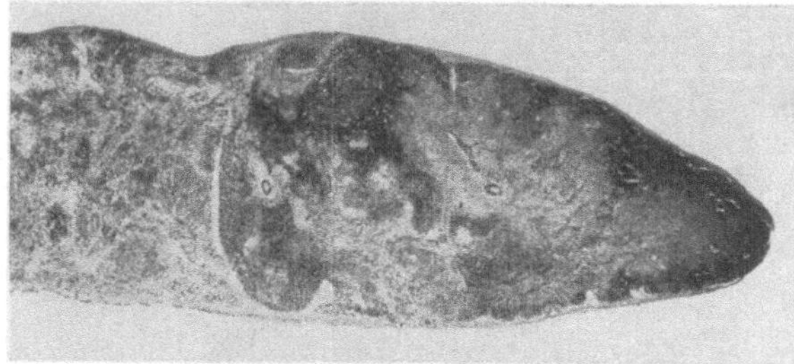

Abb. 53. Randinfarkt der Milz bei Schweinepest. 12 ×.
Hämatoxylin-Eosin.
Nekrotisches Zentrum. Hämorrhagische Randzone. Atrophie des lymphoiden Gewebes in dem außerhalb des Infarkts gelegenen Milzteil.

Durch die **histologische Untersuchung** dieser Infarkte läßt sich einwandfrei feststellen, daß ihre Entstehung auf typische Blutgefäßveränderungen zurückzuführen ist, wie sie auf S. 57 beschrieben sind. Die Follikelarterien, besonders diejenigen an der Spitze der keilförmigen Randinfarkte, zeigen die ausgesprochensten Veränderungen. Häufig ist die Schwellung und Hyalinisierung der Blutgefäßwände so ausgeprägt, daß es zu einem mehr oder weniger vollkommenen Verschluß ihres Lumens kommt (Abb. 53). In solchen Fällen kann auch thrombotisches Material dem Endothel der veränderten Gefäße aufgelagert sein. In unmittelbarer Nachbarschaft solcher Gefäße befindet sich das Parenchym in den verschiedensten Stadien der Koagulationsnekrose. Dieser nekrotische Prozeß kann auf einen einzelnen Follikel beschränkt sein, aber in der Regel schließt er Pulpa, Follikel und Trabekel mit ein. Nach der hämorrhagischen Randzone der Infarkte zu ist die Nekrose des Parenchyms weniger ausgeprägt. In diesem Gebiete enthält das Reticulum zahlreiche rote Blutkörperchen, die häufig eine Art intermediärer Zone zwischen dem nekrotischen Gewebe und der peripherisch gelegenen hämorrhagischen Zone bilden. Wenn diese Zone fehlt, ist das nekrotische Gewebe unmittelbar von einem dichten Erythrocytenwall umgeben, der unter der Kapsel seine größte Ausdehnung besitzt. Dies erklärt die ausgeprägte Vorwölbung der Kapsel im Bereiche der

Infarkte und außerdem die häufige Zerstörung des subkapsulären Parenchyms und der Sinus. Die Kapsel selbst ist in frühen Stadien leicht verdickt und zeigt bisweilen Blutungen; in älteren kann sie, besonders über den Infarkten, vollkommen der Nekrose anheimfallen.

Bei den kleineren Infarkten handelt es sich um mikroskopische Nekroseherde, die ebenfalls von nekrotischen Blutgefäßwänden, besonders von Follikelarterien, ihren Ausgang nehmen.

Im infarktfreien Parenchym und in Milzen, die makroskopische Veränderungen nicht erkennen lassen, sind meist geringgradige Blutgefäßveränderungen von der auf S. 57 beschriebenen Art nachzuweisen. Sie können mit perivasculären Nekrosen vergesellschaftet sein.

Außer den beschriebenen Veränderungen sind Zunahme der Pulpazellen, perifollikuläre Hyperämie und Blutungen verschiedenen Grades, Infiltration der SCHWEIGGER-SEIDELschen Capillarhülsen und Trabekel mit roten Blutkörperchen und auffallende Aplasie der Milzfollikel die hervorstechendsten Milzveränderungen.

Dies ist zugleich ein Beispiel dafür, daß Infarktbildung nicht nur embolisch, sondern auch durch destruierende Veränderungen der Gefäßwände selbst entstehen kann.

C. Atmungsorgane.

1. Nasen-, Nasennebenhöhlen, Kehlkopf, Luftröhre, Bronchien.

a) A-Avitaminose der oberen Atmungswege.

Neuere histologische und experimentelle Untersuchungen bei kleinen Säugetieren und Hühnern zeigen, daß die bekannte A-avitaminotische Augenerkrankung (Keratomalacie, Xerophthalmie) keineswegs der alleinige Ausdruck eines Vitamin A-Mangels ist, sondern daß ein typischer Verhornungsprozeß in den Schleimhäuten und Drüsen der oberen Atmungs-, Verdauungs- und Genitalwege als charakteristisch für diese Mangelkrankheit zu gelten hat. Bei Rind, Schwein und Huhn gesellen sich hierzu in wechselndem Grade noch Veränderungen des zentralen und peripherischen Nervensystems (s. S. 127).

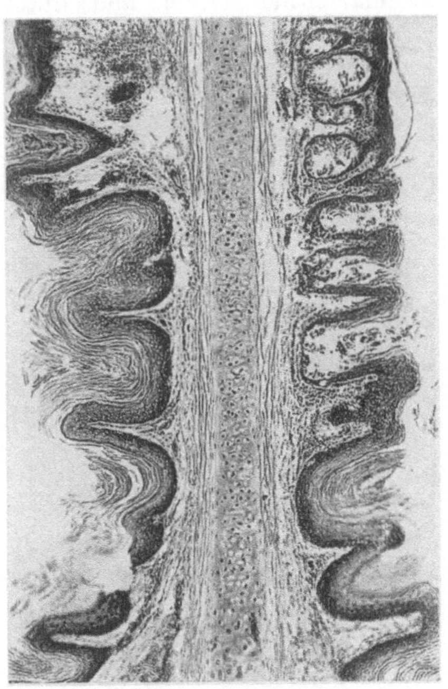

Abb. 54. Verhornung der Nasenschleimhaut bei A-Avitaminose (Huhn). 50 ×.
Hämatoxylin-Eosin.
Ersatz des Oberflächenepithels durch mehrschichtiges, verhornendes Plattenepithel. Desquamation der oberflächlichen Hornschichten. Die Schleimdrüsen zeigen ein frühes Stadium des Prozesses: Atrophie und Abstoßung der Originalepithelien. Geringe entzündliche Infiltration der Submucosa.

Die durch Vitamin A-Mangel bedingten **pathologisch-anatomischen Veränderungen** der Atmungswege beim Huhn besitzen praktisches Interesse, weil sie große Ähnlichkeit mit denjenigen bei der Virusdiphtherie, beim ansteckenden Schnupfen und bei der infektiösen Laryngotracheitis besitzen. Exsudatähnliche Ansammlungen und membranartige Massen im Bereiche der Nasenhöhlen und Nasennebenhöhlen, in der Trachea und in den Bronchien kommen bei diesen Krankheiten in gleicher Weise vor. Die Abtrennung der A-Avitaminose aus diesem Krankheitskomplex ist nur auf Grund der histologischen Vorgänge möglich, die wir an obigem Präparat (Abb. 54) studieren wollen.

In den oberen Atmungswegen ist in der Hauptsache das Oberflächenepithel der Schleimhaut und der Drüsen in Mitleidenschaft gezogen. Im Bereiche der Nasenhöhlen und ihrer Nebenhöhlen, sowohl im Epithel der Regio respiratoria

als auch der Regio olfactoria, im respiratorischen Epithel des Larynx, der
Trachea und der Bronchien, einschließlich der Drüsen kommt es zunächst zu
einer Atrophie und Degeneration der Epithelien, mit Verlust ihrer färberischen
Eigenschaften (Abb. 54).   An Stelle der zugrunde gehenden Schleimhaut-
und Drüsenzellen erscheint ein neugebildetes, mehrschichtiges Plattenepithel
(Abb. 54). Es handelt sich bei diesem Prozeß um einen Ersatz des degene-
rierenden Originalepithels durch lebhaft proliferierende, dem ursprünglichen
Epithelverband entstammende Zellen. Diese treten entweder in Form von
zusammenhängenden Lagen oder von Häufchen und Nestern unter dem
Originalepithel hervor und unterminieren dieses nicht selten, solange es

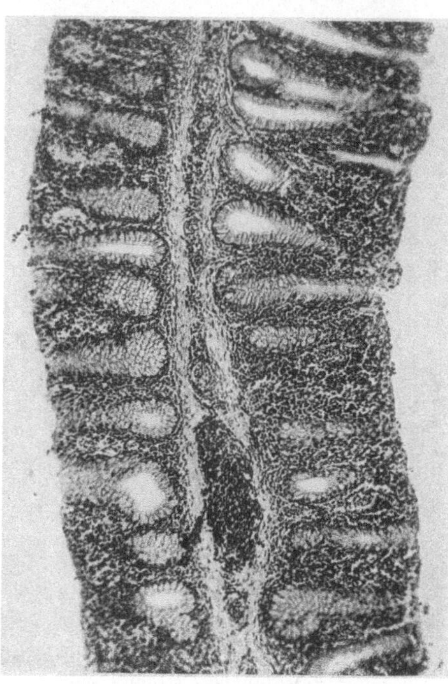

Abb. 55. Coryza contagiosa. Nasenmuschel
(Huhn). 85 ×. Hämatoxylin-Eosin.
Dichte Lymphocyteninfiltration in der Schleim-
haut mit Kompression und Atrophie der Drüsen.
Perivasculäre Infiltration im submukösen
Bindegewebe.

sich noch in normalem Zustande befindet. Dadurch wird es von seiner
Unterlage getrennt und beim Fortschreiten des Prozesses abgestoßen.
Das neu erscheinende Epithel besitzt
Aussehen und Eigenschaften eines an
der Oberfläche allmählich in Verhornung übergehenden Plattenepithels,
mit dem Auftreten von Ceratohyalin,
Eleidin und den sonstigen Eigentümlichkeiten des verhornenden Plattenepithels.

Dieser Prozeß unterbindet die Tätigkeit der Originalepithelien (Flimmerbewe-
gung, Sekretion von Schleim mit bacteri-
ciden Eigenschaften, Vermittlung der
Riechfunktion), und führt damit zur Zerstörung des Schutzmechanismus der Atmungsschleimhäute gegenüber Infektionen
verschiedener Art. Sekundäre Infektionserreger finden deshalb häufig Eingang und
führen im Bereiche der Nasenhöhlen und
ihrer Nebenhöhlen zu entzündlichen Prozessen, deren Unterscheidung von denjenigen bei den oben genannten anderen
Krankheiten Schwierigkeiten bereiten kann
(Seifried).

Die Histologie der A-Avitaminose
ist so charakteristisch und spezifisch,
daß ihr differentialdiagnostische Bedeutung zukommt.

b) Nasenentzündung. Rhinitis.

Die Entzündungen der Nasenhöhlen sind teils infektiöser, teils nichtinfektiöser Natur.
Sie entstehen entweder primär durch unmittelbare Einwirkung der Entzündungsnoxe auf
die unveränderte Schleimhaut oder sekundär durch Schädigung und Zerstörung der örtlichen Schutzeinrichtungen und Eindringen gewöhnlicher Schmarotzer und pathogener
Mikroben. Man unterscheidet: akute katarrhalische Rhinitis; akute, eitrige Rhinitis
(Druse); pseudomembranöse und chronische Rhinitis. Beispiel einer akuten, katarrhalischen Rhinitis: Coryza contagiosa, Huhn.
Darunter wird eine **ursächlich** noch nicht geklärte Infektionskrankheit verstanden
(bipolare Bakterien, Bac. haemoglobinophilus, influenzabacillenähnliche Stäbchen?), die
weder mit der infektiösen Laryngotracheitis, noch mit der Virusdiphtherie im Zusammenhange steht. **Pathologisch-anatomisch** handelt es sich dabei um einen ein- oder doppel-
seitigen, wäßrigen oder schleimig-eitrigen Nasenkatarrh, häufig vergesellschaftet mit Sinusitis
und Keratokonjunktivitis verschiedenen anatomischen Charakters. Auch im Bereiche
der Mundhöhle, in Choanen- und Infundibularspalte, bisweilen sogar im Larynx und in
der Trachea finden sich entzündliches Exsudat oder strichförmige, membranöse Beläge.

Die histologischen Veränderungen in den Schleimhäuten der Atmungswege sind durch Ansammlung eines serös-zelligen Exsudats gekennzeichnet. Abb. 55 stellt einen Schnitt durch die Nasenmuschel dar. Die gesamte Schleimhaut ist so dicht mit Rundzellen, in der Hauptsache mit kleinen Lymphocyten infiltriert, daß die Drüsenepithelien zusammengedrückt und atrophisch, oder vollkommen zerstört werden. Die Gefäße im intermukösen Bindegewebe sind ebenfalls mit mächtigen lymphocytären Zellmänteln versehen. Einschlußkörperchen werden vermißt. Leichte Unterscheidung von A-Avitaminose, Diphtherie und Pocken.

c) Infektiöse Laryngo-Tracheo-Bronchitis (Huhn).

Äußerst kontagiöse, in den Vereinigten Staaten von Amerika und in anderen Ländern auftretende, akut und subakut verlaufende Infektionskrankheit von großer wirtschaftlicher Bedeutung.

Ursache: filtrierbares, ultravisibles Virus. **Pathologisch-anatomisch:** serös-schleimige, hämorrhagische, croupöse, membranöse Laryngotracheitis. Die Veränderungen beschränken sich auf die Atmungswege und sind in Larynx und Trachea am meisten ausgeprägt. Die Beteiligung der Nasenhöhlen, der Nasennebenhöhlen und der Augenlider an dem entzündlichen Prozeß ist von Virulenzgrad, Infektionsweg und Verlauf der Krankheit abhängig. In diesem Falle besteht klinisch und anatomisch große Ähnlichkeit mit dem ansteckenden Schnupfen. Die Schleimhautschwellungen, Blutungen und Ansammlungen von Schleim und Entzündungsprodukten können den Larynx teilweise oder ganz verschließen und die Luftröhre, seltener die Bronchien mit röhrenförmigen Membranen ausfüllen (Atemnot, Erstickungstod!).

Die histologische Untersuchung zeigt die ausgesprochene Affinität des Virus zu den Schleimhäuten der Atmungswege, im besonderen des Larynx und der Trachea. Es scheint primär die unter verschiedenen Degenerationsformen zugrunde gehenden Oberflächenepithelien anzugreifen. Fast gleichzeitig treten entzündliche Prozesse verschiedenen Grades in der Submucosa und in anderen Teilen der Trachealwand auf, die als sekundär, aber trotzdem als die am meisten in die Augen fallenden histologischen Veränderungen anzusprechen sind. In Abb. 56 ist ein Anfangsstadium des entzündlichen Prozesses in der Trachealwand dargestellt. Die mittels Silberimprägnation dargestellten Bindegewebsfibrillen sind in der Submucosa durch eine seröse, gerinnende Flüssigkeit weit auseinandergedrängt (Stadium des Ödems), während schwere degenerative Prozesse an den Oberflächenepithelien gleichzeitig hervortreten. Im weiteren Verlaufe kommt es durch Zerstörung von Blutgefäßen zu mehr oder weniger umfangreichen Blutungen in der Mucosa und vor allem zur Ansammlung von zelligen Elementen, die in der Hauptsache aus lymphocytären Zellen, bei langsamerem Verlaufe auch aus gewucherten Fibroblasten bestehen und durch ihre massenhafte Anwesenheit die Submucosa vollkommen einnehmen und die Drüsen in der Mucosa zur Druckatrophie bringen (Abb. 57). Die mehr allgemeinen degenerativen Vorgänge in der Larynx- und Trachealschleimhaut in späteren Stadien der Krankheit beruhen auf einem Ursachenkomplex, bestehend aus: 1. der Wirkung des Virus, 2. mechanischen Faktoren, bedingt durch Ödem, Ansammlung von Infiltratzellen und von umfangreichen Blutungen in verschiedenen Teilen der Trachealwand und 3. aus der Einwirkung sekundärer Erreger, die jedoch in der Regel eine auffallend geringe Rolle spielen.

Einschlußkörperchen. In einem hohen Prozentsatz der Fälle, besonders in frühen Stadien der Krankheit, finden sich in den Kernen der Oberflächen- und Drüsenepithelien der Tracheal- und Nasenschleimhaut wohl charakterisierte, intranukleäre Einschlüsse (SEIFRIED). Sie kommen innerhalb eines Zellkernes in der Regel in der Einzahl vor und stellen runde, ovale, wurst- und keulenförmige, seltener unregelmäßig gestaltete, scharf begrenzte, homogene Massen dar, in deren Innerem bei Anwendung verschiedener Versilberungsmethoden argentophile Granula in verschiedener Größe, Zahl und Anordnung sich darbieten (Abb. 127). Die Einschlußkörperchen selbst sind oft nicht größer wie die Kernkörperchen; in der Regel sind sie aber so groß, daß die Hälfte oder $^2/_3$ des Zellkernes von ihnen eingenommen werden. Ihre Lage ist meistens zentral. Die sie beherbergenden Zellkerne sind beträchtlich vergrößert und zeigen starke Hyperchromasie der Kernmembranen. Die intensiv basophilen Kernkörperchen

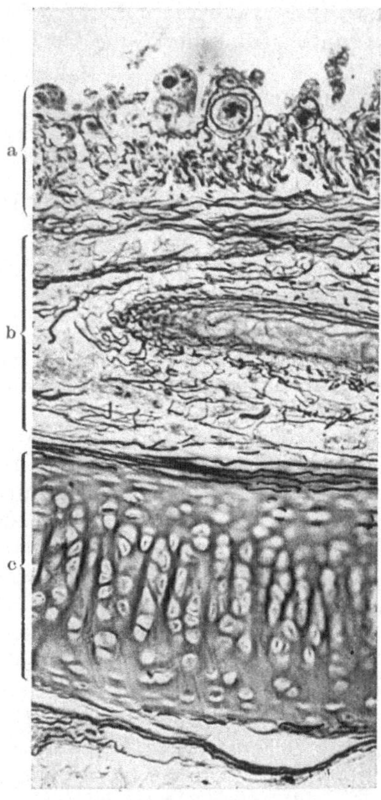

Abb. 56. Infektiöse (Laryngo-) Tracheitis (Huhn). 180 ×. BIELSCHOWSKY-MARESCH. a Schleimhaut mit Degeneration des Oberflächenepithels, b starkes Ödem der Submucosa mit Auseinanderdrängung der Bindegewebsfasern, c Trachealknorpel.

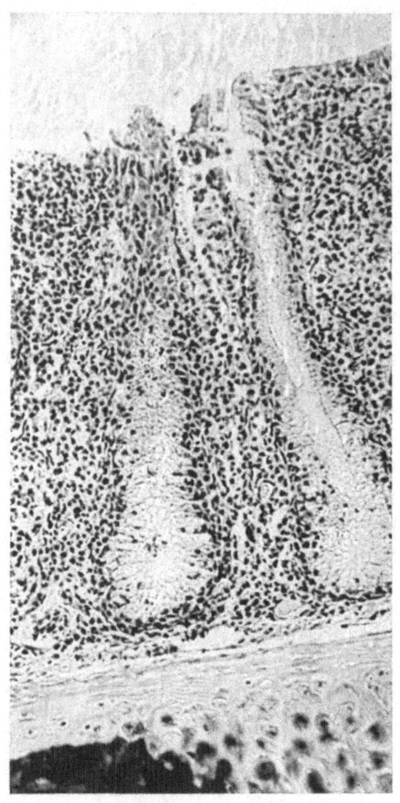

Abb. 57. Spätform der Tracheitis. 180 ×. Hämatoxylin-Eosin. Starke Infiltration der Schleimhaut mit Entzündungszellen (Lymphocyten und Fibroblasten). Druckatrophie zweier Drüsenschläuche.

liegen als runde oder abgeflachte Gebilde unmittelbar der Innenseite der Kernmembranen an (Abb. 127).

Der Raum zwischen Kernmembran und Einschlußkörperchen bleibt regelmäßig ungefärbt und verleiht so den mit Einschlüssen versehenen Kernen ein sehr charakteristisches Aussehen. Da diese Einschlüsse nach Größe, Form, färberischen Eigenschaften und Veränderungen ihrer Wirtszellkerne völlig denjenigen gleichen, die bei anderen Viruskrankheiten (Herpes, Varicellen, Virus III des Kaninchens, Speicheldrüsenviruskrankheit des Meerschweinchens) vorkommen, so wird ihnen eine Bedeutung im Zusammenhange mit der Wirkung des Virus auf die Epithelzellen zuerkannt werden müssen.

Die Einschlüsse und die Lokalisation der unspezifischen entzündlichen Veränderungen sind maßgebend für die histologische Unterscheidung dieser Krankheit vom ansteckenden Schnupfen.

d) Geflügelpocken und -diphtherie

der Atmungsschleimhäute (Nasenhöhlen, Sinus, Larynx) sind histologisch durch spezifische Epitheldegeneration und Anwesenheit meist zahlreicher, protoplasmatischer BOLLINGERscher Einschlußkörperchen gekennzeichnet (Näheres s. S. 95, 159). Diese Veränderungen gewährleisten histologisch sichere Abtrennung von A-Avitaminose, Coryza contagiosa und infektiöser Laryngotracheitis.

2. Lungen.

a) Vermehrter Luftgehalt. Emphysem.

Übermäßig vermehrter Luftgehalt in den Lungen kann je nach Ausdehnung, Dauer und Sitz partiell oder universell, akut oder chronisch, alveolär (vesiculär) oder interstitiell in Erscheinung treten.

Akutes partielles, alveoläres Emphysem wird häufig in der Nachbarschaft pneumonischer Herde infolge vermehrter Inanspruchnahme der von der Pneumonie verschonten Teile beobachtet = vikariierendes Emphysem. In gleicher Weise tritt es auf: beim Verschluß von Bronchien durch Exsudat (Bronchitis) oder durch Lungenwürmer (Lungenstrongylose der verschiedenen Haustiere), weil der Inspirationsdruck für den Durchgang der Luft genügt, der verringerte Exspirationsdruck aber die Luft nicht mehr zu entfernen vermag. Chronisches alveoläres Emphysem entwickelt sich häufig bei chronischer Bronchitis bzw. Peribronchitis (Dämpfigkeit des Pferdes), oder in der Nachbarschaft tuberkulöser Lungenherde. Das universelle alveoläre Emphysem entsteht beim Erstickungs- und Ertrinkungstode und im Anschluß an die Aspiration von Futtermassen oder von Wasser. Bei den genannten Formen kann durch Einrisse der Alveolarwände Luft in das Interstitium und unter die Pleura gelangen und so ein interstitielles Emphysem sich ausbilden (besonders häufig bei geschächteten Tieren). **Makroskopisch** zeigen emphysematöse Lungenteile ein charakteristisches Aussehen insoferne, als sie nicht wie normale Lungenteile zusammensinken, sondern ihren geblähten Zustand aufrecht erhalten. Die abnorm vergrößerten Lufträume, besonders im Bereiche der Lungenränder treten in Form von puffigen, blaß aussehenden Bläschen (Anämie) und Blasen (Emphysema bullosum) hervor, aus denen die Luft durch Druck in andere Gebiete sich verschieben läßt. Beim interstitiellen Emphysem sammelt sich die Luft im Interstitium und unter der Pleura oft in perlschnurartig hintereinander geordneten Räumen an.

Bei der **histologischen Betrachtung** emphysematöser Lungenbezirke (Abb. 58) tritt uns der Prozeß als eine fortschreitende Atrophie der Alveolarsepten und -wände entgegen. Bei schw. V. fallen auf den ersten Blick die abnorm erweiterten Lufträume (a) und die dünnen (atrophischen) Bindegewebssepten (b) auf. An vielen Stellen sind sie so dünn und gedehnt, daß Einrisse erfolgt und nebeneinander liegende Alveolen zu einem Raum zusammengeflossen sind. So können allmählich die Lufträume eines Acinus und schließlich diejenigen eines ganzen Lobulus zusammenfließen und einen einzigen Raum oder eine einzige Blase bilden (bullöses Emphysem). Auch die Septen zwischen benachbarten Lobuli können in gleicher Weise atrophieren und einreißen, so daß größere Blasen entstehen. Die Anwendung der WEIGERTschen Elasticafärbung zeigt den Mangel an elastischen Fasern. Bei st. V. lassen sie ausgesprochene Degeneration in Form schlechter Färbbarkeit, Auflösung in Körnchenreihen, Schwund der elastischen Imprägnation erkennen. Blut- und Lymphgefäße gehen in gleicher Weise zugrunde. An größeren Gefäßen wird zuweilen funktionelle Hyperplasie bzw. Sklerose der Intima beobachtet. Dieser histologische Befund macht es verständlich, daß ein chronisches Lungenemphysem nicht mehr rückbildungsfähig ist.

b) Verminderter Luftgehalt. Atelektase.

Enthält die Lunge oder ein Lungenbezirk weder Luft noch sonstigen Inhalt, so spricht man von Atelektase.

Dieser Zustand einer mangelhaften Entfaltung des alveolären Gewebes ist entweder angeboren (häufig bei Kälbern und Ferkeln) oder erworben. Im letzteren Falle kommen **ursächlich** vor allem Kompressionen der Lungen in Betracht, wie sie beim Vorhandensein von pleuritischen Exsudaten, Geschwülsten, starkem Magen- und Darmmeteorismus u. a.

gegeben sind = *Kompressionsatelektase.* Auch bei Verstopfung von Bronchien, z. B. durch entzündliche Exsudatmassen oder Lungenwürmer kollabiert das alveoläre Gewebe, weil der Durchtritt der Luft behindert oder abgeschnitten ist und die in den Lungenalveolen hinter der Verstopfungsstelle befindlichen Restgase allmählich resorbiert werden = *Verstopfungsatelektase.* **Makroskopisch** ist dieser Zustand durch Verkleinerung, schlaffe oder harte und derbe, luftarme oder luftleere Beschaffenheit, sowie dunkelblaurote Farbe der betreffenden Lungenbezirke gekennzeichnet. Die Schnittfläche ist glatt und trocken.

Histologisch bilden — wie die Abb. 59 zeigt — die Alveolarräume nur noch schmale, längliche Spalten, oder sie sind so eng zusammengepreßt, daß sie als

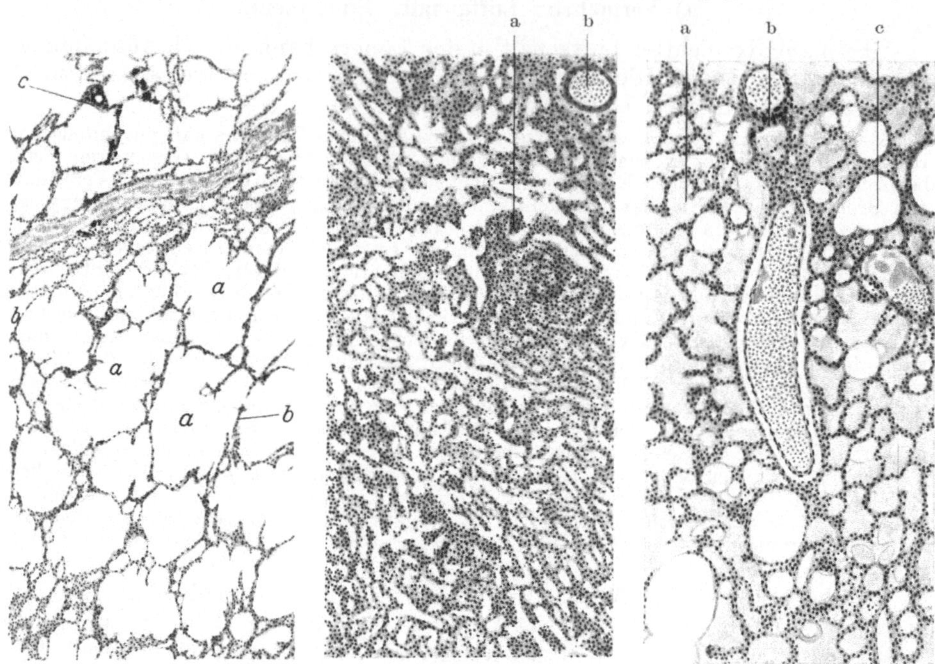

Abb. 58. Chronisches alveoläres Emphysem der Lunge (Pferd). 35 ×. Hämatoxylin-Eosin. a stark erweiterte Lufträume, b atrophische, eingerissene Septenwände, c Kohlepigment (Anthrakosis).

Abb. 59. Fetale Atelektase der Lunge (Kalb). 60 ×. Hämatoxylin - Eosin. a stark kollabierte Alveolarräume, b Blutgefäß.

Abb. 60. Stauungsödem der Lunge bei Herzinsuffizienz (Pferd). 60×. Hämatoxylin-Eosin. a transsudaterfüllte Alveolen, b Kohlepigment im perivasculären Lymphraum, c lufthaltige, emphysematöse Alveole.

solche nicht mehr erkennbar sind. Die in den Alveolarsepten verlaufenden Capillargefäße sind bei längerer Dauer dieses Zustandes prall gefüllt (Stauung). Auch macht sich (st. V.) eine Desquamation der Alveolarepithelien bemerkbar, die sich in den Alveolarlumina ansammeln. Wenn im Beginn und bei kurzer Dauer der Zustand noch rückbildungsfähig ist, kommt es im späteren Verlaufe zu solch umfangreicher Wucherung des interalveolären Septengewebes, daß eine Entfaltung der betreffenden Bezirke unmöglich wird. Bisweilen können Verwicklungen durch Ödem und Pneumonie sich hinzugesellen.

c) Lungenödem.

Unter Lungenödem versteht man die Ansammlung seröser, aus den Capillaren ausgetretener Flüssigkeit in den Alveolen und Bronchiolen.

Makroskopisch zeigt eine ödematöse Lunge schlechte Retraktion, teigige Konsistenz und auffallend helle Farbe. Beim Durchtasten knistert sie wenig, Fingereindrücke bleiben bestehen und beim Einschneiden fließt, insbesondere auf seitlichen Druck, in Mengen wäßrige, mit Luftbläschen vermischte Flüssigkeit ab. In den größeren Bronchien ist die Flüssigkeit zu Schaum geschlagen.

Der **Pathogenese** und den **histologischen Veränderungen** nach ist das *Stauungsödem* von dem *entzündlichen Ödem* zu unterscheiden. Das erstere entsteht rein mechanisch in der Agonie durch Stauung im Lungenkreislauf oder bei Krankheiten, die mit allgemeiner Wassersucht einhergehen (Herz-, Nieren-, Lungenleiden). Das entzündliche Ödem stellt das erste Stadium bei den verschiedenen Lungenentzündungen dar. Es wird auch als kollaterales Ödem in der Nachbarschaft entzündlicher Herde (Rotz, Tuberkulose, Lungenseuche) beobachtet. Entsprechend dieser verschiedenen Entstehungsweise sind die histologischen Veränderungen zwischen Stauungsödem und entzündlichem Ödem verschieden.

Bei dem ersteren finden sich die Alveolen mit einem Transsudat in Form einer homogenen Masse mehr oder weniger dicht angefüllt. Bisweilen sind die Alveolarepithelien unverändert, bisweilen sind sie aber desquamiert und liegen gequollen im Alveolarlumen. Blutgefäße sowie respiratorische Capillaren findet man meistens prall mit roten Blutkörperchen gefüllt. Zwischen den ödematösen Alveolen liegen vereinzelte emphysematöse Lungenbläschen (s. Abb. 60).

Beim entzündlichen Ödem werden in den erweiterten Alveolarräumen außer der serösen Flüssigkeit meist mehr oder weniger zahlreiche, polymorphkernige Leukocyten, desquamierte Alveolarepithelien und vereinzelte rote Blutkörperchen angetroffen. Der Befund in den Alveolarsepten ist ähnlich wie beim Stauungsödem.

Das Ödem breitet sich bei Pferd, Rind und Schwein mit besonderer Vorliebe auf das interstitielle und peribronchiale Gewebe aus (s. Lungenseuchepneumonie, S. 74).

d) Lungenentzündungen. Pneumonien.

Allgemeines über Ursache, Entstehung und pathologische Anatomie der Lungenentzündungen. Die wichtigsten Lungenentzündungen der Haustiere sind fast ausschließlich infektiöser Natur. In den meisten Fällen handelt es sich um aërogene, seltener um hämatogene, primäre oder sekundäre Infektionen. Im letzteren Falle ist die Herabsetzung der Widerstandskraft (Haltung, Fütterung, Erkältungen, infektiöse Allgemeinerkrankungen) infektionsauslösend. Ablauf und Charakter der Entzündungen wird entweder vom primären Erreger allein (Lungenseuche) oder durch sekundär hinzutretende Keime mehr oder weniger weitgehend beeinflußt und variiert (Schweinepest).

Die anatomische Einteilung der Lungenentzündungen geschieht nach der Artung des Exsudats. Die bei menschlichen Pneumonien vorliegende Berechtigung einer scharfen Trennung zwischen fibrinöser (croupöser, lobärer) und katarrhalischer (lobulärer) Bronchopneumonie ist bei den Lungenentzündungen der Haustiere nicht in gleichem Maße gegeben, weil beide Formen zu Beginn des Prozesses ausgesprochen lobulären Charakter besitzen, und bei manchen Haustieren (z. B. beim Hunde) auch die Bronchopneumonie zu lobärer Ausbreitung neigt. Auch fehlt bei den Haustieren eine über ganze Lappen sich erstreckende Gleichförmigkeit des Hepatisationszustandes. Es werden im Gegenteil häufig in benachbarten Läppchen und Läppchengruppen verschiedene Hepatisationsstadien gleichzeitig beobachtet.

Wesentliche Unterschiede zwischen beiden Formen bestehen mit Bezug auf die Zusammensetzung des Exsudats: bei der fibrinösen oder croupösen Pneumonie handelt es sich um ein fibrinöses, bei der katarrhalischen Bronchopneumonie um ein serös-zelliges Exsudat, wobei allerdings bei manchen croupösen Pneumonien auffallende Fibrinarmut besteht. Auch im Ablauf und im anatomischen Erscheinungsbilde dieser beiden Formen treten gewisse Unterschiede hervor. Bei der croupösen Pneumonie lassen sich in der Regel schärfer als bei der katarrhalischen Bronchopneumonie drei Stadien der Entzündung abgrenzen, nämlich 1. die Anschoppung, 2. die rote und graue Hepatisation, 3. die Lysis. Histologische Einzelheiten s. S. 78.

Die Pathogenese der fibrinösen Pneumonie und der katarrhalischen Bronchopneumonie ist ziemlich einheitlich. Beide beginnen mit einer wahrscheinlich aërogen entstehenden Bronchitis bzw. Bronchiolitis (Bronchiolus respiratorius), von der aus die Ausbreitung des entzündlichen Prozesses 1. auf endobronchialem, d. h. auf dem Kanalwege und 2. auf peribronchialem, d. h. auf dem Lymphwege vor sich geht. Auf dem ersteren Wege pflanzt sich die Entzündung von den Bronchioli respiratorii aus auf die zugehörigen Alveolargänge, Infundibeln und Acini über, durch deren Konfluenz lobuläre, bronchopneumonische Herde entstehen. Zu gleicher Zeit läuft die peribronchiale Ausbreitung der Entzündung ab, die zunächst zur Entstehung einer Peri- bzw. Parabronchitis (peri- und parabronchiale Pneumonie) führt. Da im peribronchialen Gewebe die Lymphgefäße und perivasculären Lymphscheiden verlaufen, die in die Lymphgefäße des Interstitiums und der Pleura einmünden, so dehnt sich der Entzündungsprozeß auf diesen Bahnen aus und führt zur Erkrankung des Interstitiums und der Pleura (Ödem, Lymphangiektasie, Lymphothrombose, Organisation). Beide Ausbreitungswege stehen insoferne in gegenseitiger Abhängigkeit, als der endobronchiale Prozeß stets den peribronchialen nach sich zieht, wobei bald die Folgen des ersteren, bald die des letzteren im Vordergrunde des anatomischen Bildes stehen können.

Soferne Lysis des Alveolen- und Bronchialexsudates erfolgt, und die Lymphgefäße nicht thrombotisch verschlossen sind, erfolgt Resorption des Exsudats und Restitutio ad integrum. Andernfalls kommt es zu dessen Organisation, d. h. zur Entstehung der chronischen, indurierenden Pneumonie (Karnifikation), die mit Bronchitis obliterans und Peribronchitis nodosa verbunden sein kann. Mit der peribronchialen Ausbreitung häufig zusammenhängende Gefäßthrombose führt zur Entstehung anämischer, blander Infarkte (Sequester).

Fibrinöse Pneumonie.

Ihr werden unter anderem zugerechnet: die Brustseuche des Pferdes, die Lungenseuche des Rindes, die Wild- und Rinderseuche, die Fremdkörperpneumonie, die pectorale Form der Schweinepest.

Beispiel: Lungenseuche des Rindes.

Wie alle croupösen Pneumonien des Rindes (Wild- und Rinderseuche, Fremdkörperpneumonie, genuine Pneumonie), so zeigt auch die Lungenseuchepneumonie — wenigstens in den mittleren Stadien — das Bild der bunten Marmorierung (verschiedene Hepatisationsstadien nebeneinander), sowie die Verbreiterung des interstitiellen Gewebes und der Pleura in besonders ausgeprägter Weise.

In pathogenetischer und differentialdiagnostischer Hinsicht ist es zweckmäßig, den in den Lungen sich abspielenden, pathologisch-anatomischen Prozeß einzuteilen in:

1. Anfangs- und Frühstadien,
2. Mittelstadien (typische Lungenseuchepneumonie),
3. Folge und Endzustände der unter 1. und 2. genannten Stadien.

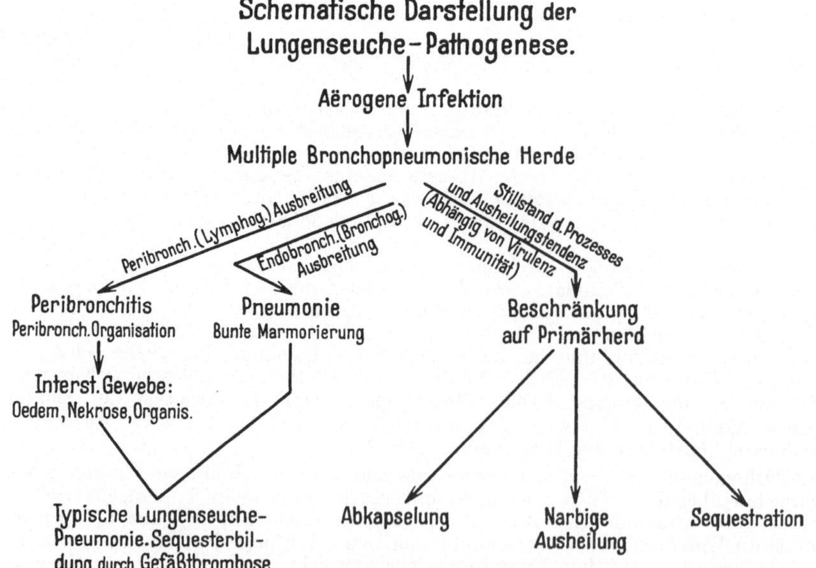

Zu 1. Die ersten Veränderungen bei der Lungenseuche treten in Form von multiplen, lobulären, serös-zelligen, seltener fibrinösen, broncho-pneumonischen Herden auf, die sich von solchen bei anderen Pneumonien nicht unterscheiden (s. S. 81). Sie stellen zunächst die einzigen Veränderungen in den Lungen dar und können bestehen, ohne daß das angrenzende interlobuläre Gewebe oder die Pleura auffällige Veränderungen zeigen. Diese Tatsachen, und die histologischen Verhältnisse an diesen bronchopneumonischen Herden, vor allem das Auftreten der ältesten Veränderungen in den Bronchiolen, sind pathogenetisch von Wichtigkeit. Sie lassen den sicheren und einwandfreien Schluß zu, daß der Infektionsstoff der Lungenseuche aërogen, auf dem Bronchialwege in die Lungen gelangt; sie liefern außerdem den zwingenden und direkten Beweis dafür, daß die Endbronchien primärer Sitz der Erkrankung sind (ZIEGLER, SEIFRIED) (s. Abb. 61).

Zu 2. Von diesen lobulären bronchopneumonischen Herden bzw. von der primären Endbronchiolitis aus kommt es entweder (s. vorstehende schematische Darstellung): zur Ausbreitung des entzündlichen Prozesses und zur Entstehung der typischen Lungenseuchepneumonie, oder, was nicht so häufig beobachtet wird, bleiben diese Anfangs- und Frühstadien auf ihren Primärherd beschränkt.

Im ersteren Falle kommen für die Verbreitung des Infektionsstoffes der Lungenseuche regelmäßig sowohl der *peribronchiale (lymphogene)*, als auch der *endobronchiale (bronchogene)* Weg in Betracht. Die

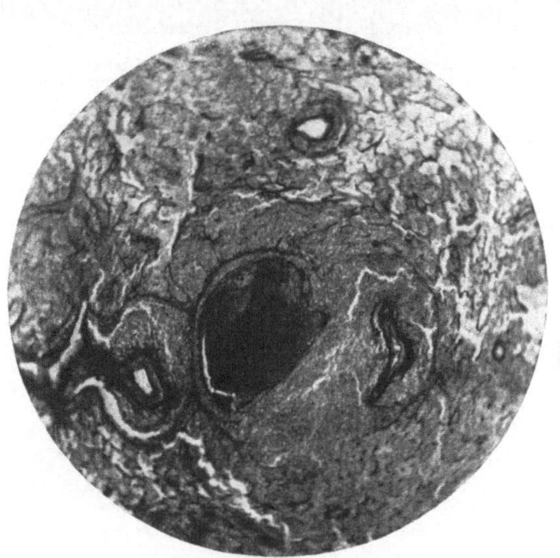

Abb. 61. Primäre Bronchitis und Peribronchitis bei Lungenseuche (Rind). 35 ×. Elasticafärbung. In der Mitte exsudatgefüllter Bronchiolus. Parabronchiolitis mit hochgradiger Beteiligung der Pulmonalgefäße (links: Arterie; rechts: Vene). Ödem des übrigen Lungengewebes.

Ausbreitung des Virus auf dem peribronchialen Wege führt zur Erkrankung der zu dem betreffenden Lymphgefäßbezirk gehörigen Teile der Pleura und des interstitiellen Gewebes. In diesen spielen sich gesetzmäßig ablaufende Vorgänge ab, die sich nach Art und zeitlicher Folge in die Worte: entzündliches Ödem, Nekrose und „Organisationsprozesse" („perivasculäre Organisationsherde", „marginale Organisationsschichten") zusammenfassen lassen.

Der histologische Ablauf des Prozesses im interstitiellen Gewebe ist so charakteristisch und differentialdiagnostisch bedeutungsvoll, daß auf Einzelheiten eingegangen werden muß.

Durch die peribronchiale Ausbreitung gelangt das entzündliche Agens zunächst in die breiten peribronchialen und perivasculären Lymphräume. So entsteht *entzündliches Ödem*, dem in kurzer Zeit Thrombosierungsvorgänge im Bereiche der perivasculären Lymphscheiden folgen. Durch Weiterverbreitung des Virus, sowohl in der Richtung des Lymphstromes, als auch — infolge einer durch den thrombotischen Verschluß der Lymphgefäße eingetretenen Rückstauung der Lymphe und entzündlichen Flüssigkeit — in umgekehrter Richtung,

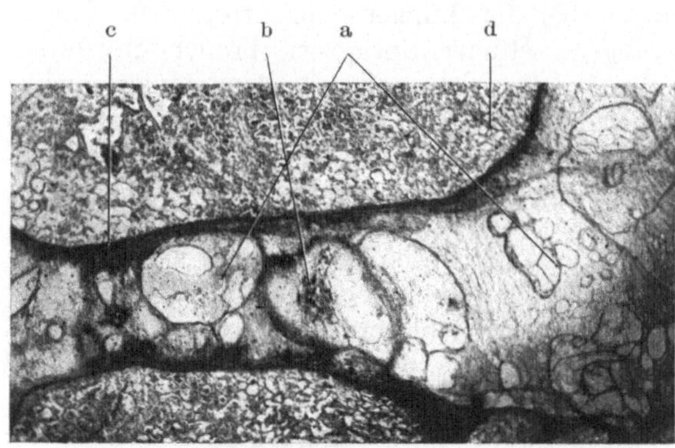

Abb. 62. Verbreitertes Interstitium im Stadium des Ödems, der Nekrose und der beginnenden Organisation (Lungenseuche). 15 ×. Hämatoxylin-Eosin.
a interstitielles Gewebe mit dilatierten Lymphgefäßen und Lymphspalten, b perivasculäre, c marginale beginnende Organisation, d pneumonisches Lungengewebe.

werden nächst dem peribronchialen und perivasculären Gewebe das Interstitium sowie die Pleura in den entzündlichen Prozeß einbezogen. Auf diese Weise werden weite Strecken des Stützgerüstes in ödematöse, sulzige, zum Teil gallertartig aussehende Stränge von beträchtlicher Breite umgewandelt, in denen die stark erweiterten, zum Teil thrombosierten Lymphgefäße häufig schon makroskopisch sichtbar sind (Abb. 62).

In dieser entzündlichen Flüssigkeit scheinen für den Lungenseucheerreger günstige Bedingungen zur Entfaltung toxischer Eigenschaften gegeben zu sein. Diese toxische Einwirkung auf das Gewebe äußert sich in einer ausgesprochenen

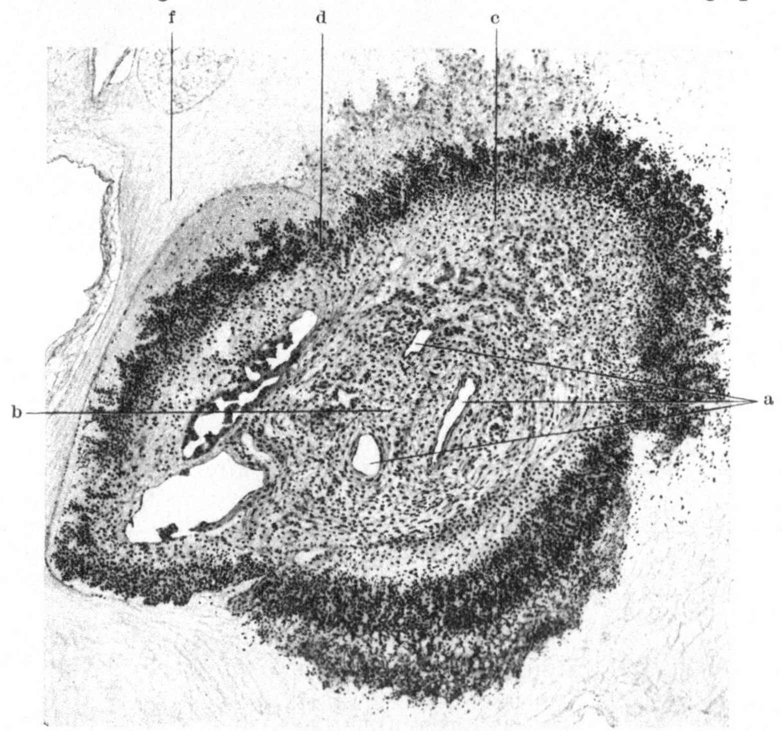

Abb. 63. Perivasculärer Organisationsherd inmitten des völlig nekrotischen Interstitiums (Lungenseuche). 75 ×. Hämatoxylin-Eosin.
a zentrale, erhalten gebliebene Blutgefäße, b Granulationsgewebszone, c zellarme Zone, d Kerntrümmerwall, f nekrotisches Interstitium.

Nekrobiose, die dem Stadium des entzündlichen Ödems unmittelbar sich anschließt und der in kürzester Zeit nicht nur das perivasculäre Gewebe, sondern auch

Pleura und Interstitium anheimfallen (Abb. 62 u. 64). Eine Resorption der nekrotischen Bezirke ist nicht möglich, weil sämtliche Lymphgefäße thrombotisch verschlossen und mit ihrem Inhalt ebenfalls nekrotisch zerstört sind. Eine Organisation von den bindegewebigen Bestandteilen des interstitiellen Gewebes aus ist nicht denkbar, weil sämtliche Bindegewebselemente zerfallen und nicht mehr proliferationsfähig sind. Von der Nekrose bleiben allein die kleinen Äste der Bronchialarterie verschont, die sich im Bereiche des peribronchialen, perivasculären, subpleuralen und interstitiellen Gewebes in feine Verzweigungen aufteilen. Diese, sowie die am Rande der Läppchen verlaufenden Capillaren werden, da es in ihnen nicht zur Thrombose kommt, noch mit Blut gespeist. Von diesen erhalten gebliebenen capillären Gefäßen aus nehmen die in der Folgezeit einsetzenden *Organisationsvorgänge* im subpleuralen (Abb. 64) und interstitiellen Gewebe ihren Ursprung.

Auf diese Weise kommt es zur Ausbildung der *perivasculären und marginalen Organisationsherde* (Abb. 62). Deren Einzelheiten (Abb. 63):

1. Das Zentrum, das von einem oder mehreren kleinen, längs oder quer getroffenen Blutgefäßchen gebildet wird (Abb. 63a).

2. Eine diese Blutgefäße konzentrisch umgebende, zellreiche, in der Hauptsache aus Fibroblasten bestehende Zone, deren Ausdehnung großen Schwankungen unterworfen ist (Abb. 63b).

3. Eine ausgesprochen zellarme, helle Zone (Abb. 63c).

4. Eine äußere, hyperchromatische, wallartige Zone, die aus zerfallenen Zellelementen (wahrscheinlich hauptsächlich ausgewanderten Leukocyten) besteht und als Kerntrümmerzone oder Kerntrümmerwall bezeichnet wird (Abb. 63d).

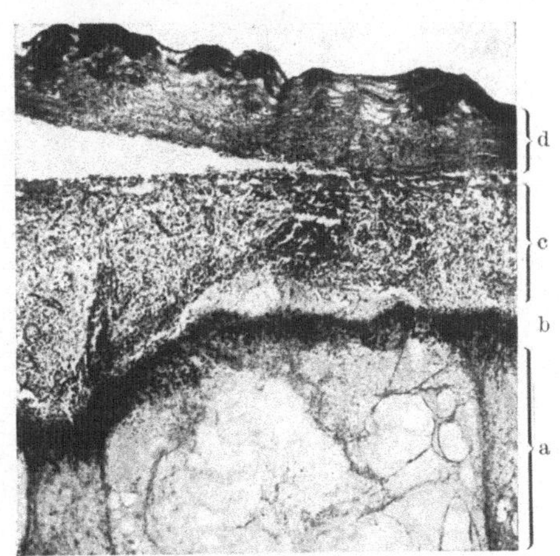

Abb. 64. Pleuritis in Organisation bei Lungenseuchepneumonie. 30 ×. Hämatoxylin-Eosin. a nekrotisches, subpleurales Gewebe, b Zelltrümmerwall, c Organisationsschicht (Granulationsgewebe), d nicht organisierte, abgehobene Fibrinschicht.

Diese Herde sind sehr vielgestaltig, je nachdem sie im Schnitt getroffen sind oder mit benachbarten Herden zusammenfließen. Mit zunehmendem Alter ändert sich auch ihr Aufbau insoferne, als die zweite Zone, die zunächst aus spärlichem Granulationsgewebe besteht, sich mehr und mehr ausdehnt (Abb. 63), so daß ein großer Raum zwischen Zentrum und peripherischer Zerfallszone davon eingenommen wird. Später wandelt sich das Granulationsgewebe in Bindegewebe um, die Kerntrümmerzone wird schmäler und schmäler und verschwindet schließlich ganz. Ein vollkommen wesensgleicher Prozeß spielt sich am Rande der Läppchen von den dort erhalten gebliebenen Capillaren aus ab (Abb. 62c). Die so entstehenden Randherde sind ebenfalls zur Organisation des Interstitiums bestimmt („marginale Organisationsherde"). Durch Zusammenwirken dieser beiden Organisationsmittelpunkte kann es schließlich im weiteren Verlaufe zu einer mehr oder weniger weitgehenden Organisation der betreffenden Teile des Interstitiums, d. h. zu einem Ersatz des nekrotischen Gewebes durch Bindegewebe kommen. In dieser Organisation ist gleichsam das Endstadium der durch die peribronchiale Ausbreitung des Lungenseucheerregers entstandenen Veränderungen im interstitiellen Gewebe zu erblicken.

Zur *Erkrankung des Lungenparenchyms* kann es nur auf dem Wege der endobronchialen Verbreitung des Lungenseucheerregers von der primären

Infektionsstelle aus kommen. Diese erfolgt schubweise in zeitlich verschiedenen Abständen, so daß in benachbarten Läppchen und Läppchengruppen verschiedenartige Hepatisationsstadien (bunte Marmorierung) sich ausbilden. Diese bieten bei der Lungenseuche gegenüber der gewöhnlichen croupösen Pneumonie keine Besonderheiten.

Das Stadium der *Anschoppung* ist durch Hyperämie und starken Saftreichtum der Lungen gekennzeichnet. Histologisch entspricht das Bild demjenigen beim entzündlichen Ödem: stärkste Hyperämie mit Capillarerweiterung, Schwellung und Desquamation der Alveolarepithelien, Austritt von seröser, nicht gerinnender Flüssigkeit, von roten Blutkörperchen, vereinzelten Lymphocyten und Leukocyten in die Alveolen.

Im Stadium der *roten Hepatisation* ist die Farbe der betreffenden Lungenbezirke dunkelrot, die Konsistenz vermehrt, brüchig (wie die Leber = Hepatisation), die Schnittfläche uneben, bisweilen leicht höckerig (Fibrinpfröpfe!). Histologisch besteht auch in diesem Stadium Hyperämie und Dilatation der interseptalen Capillaren. Die Alveolarräume sind mit roten Blutkörperchen, körnig-fädigem Fibrin und mit Leuko- und Lymphocyten angefüllt. Auch abgestoßene Alveolarepithelien befinden sich dazwischen. Die Fibrinfasern bilden ein regelrechtes, mit diesen Zellen durchsetztes Maschenwerk mit oft spitzen Ausläufern, die durch die Poren der Alveolarsepten mit solchen benachbarter Alveolen in Verbindung stehen (Abb. 65).

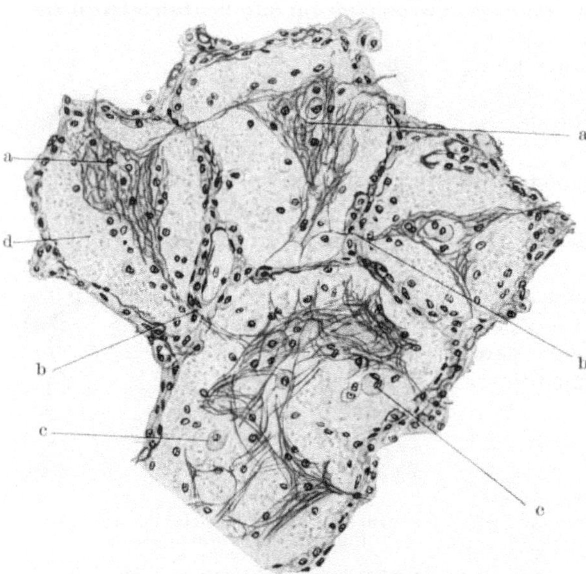

Abb. 65. Lungenseuchepneumonie im Stadium der grauen Hepatisation. 280 ×. WEIGERTS Fibrinfärbung. a in den Alveolen weiße Blutkörperchen und Fibrinnetze, b Septenwände, durch die Fibrinfasern sich mit solchen benachbarter Alveolen verbinden, c desquamierte Alveolarepithelien, d flüssiger Alveolarinhalt.

Bei dem unmittelbar daraus sich entwickelnden Stadium der *grauen Hepatisation* wird die Farbe der betreffenden Lungengebiete graurot und grau, weil die Hyperämie einer Anämie Platz macht (Kompression der Capillaren durch das Exsudat) und der Blutfarbstoff der in den Alveolen befindlichen Blutkörperchen ausgelaugt und aufgelöst wird. Die Konsistenz der betreffenden Lungengebiete ist derb, fest, auf der Schnittfläche trocken oder etwas feucht, luftleer, später unter Umständen erweicht. Histologisch steht in diesem Stadium die Auswanderung der polymorphkernigen Leukocyten und ihre massenhafte Ansammlung zwischen den mit einem dichten Fibrinflechtwerk angefüllten Alveolen im Vordergrund. Durch die eiweißlösende Wirkung ihrer Fermente und Zerfallsprodukte kommt es zur *Lysis*, d. h. zur Verflüssigung des Alveolarinhalts, der sich auf der Schnittfläche als rahmige, eiterähnliche Masse abstreichen läßt. Im günstigsten Falle werden durch Expektoration auf dem Bronchialwege und durch lymphogene Resorption des flüssigen Exsudats die Alveolen entleert, die Alveolarepithelien regeneriert und die alten Verhältnisse wieder hergestellt. Dies ist indessen bei der Lungenseuche selten. Bei ihr kommt es häufiger als bei anderen Pneumonien zur chronischen indurierenden Pneumonie (Abb. 66) dadurch, daß der Alveolen- und Bronchioleninhalt infolge Verlegung der Lymphbahnen nicht resorbiert, sondern vom Rande der Alveolen her organisiert wird.

Zwischen den beiden beschriebenen Ausbreitungswegen besteht eine gewisse Zwangsläufigkeit derart, daß die bronchogene Erkrankung stets die lymphogene nach sich zieht. Im weiteren Verlaufe stehen aber beide Prozesse nicht mehr in unmittelbarer Abhängigkeit voneinander. Sie halten zwar meistens gleichen Schritt miteinander (Ausbildung der typischen Lungenseuchepneumonie); bisweilen sieht man indessen die Entzündung auf dem Lymphwege derjenigen auf dem Bronchialwege vorauseilen. In solchen Fällen findet sich dann zwischen den lymphogen erkrankten interstitiellen Straßen völlig lufthaltiges Lungengewebe, während die pneumonischen Veränderungen noch auf die ersten Läppchen und Läppchengruppen beschränkt sind. Im weiteren Verlaufe des Prozesses fällt in der Regel auch dieses lufthaltige Lungenparenchym auf bronchogenem Wege der Entzündung und Hepatisation anheim.

Zwischen dem peribronchialen Prozeß und den Veränderungen des eigentlichen Lungenparenchyms bestehen ebenfalls enge Beziehungen. Es kommt zur Ausbildung von charakteristischen akuten und chronischen *parabronchitischen Herden*, die ihrem Wesen nach mit den perivasculären Organisationsherden im Interstitium identisch sind (Abb. 67). Auch im peribronchialen Gewebe treten nacheinander Ödem, Nekrose und Organisationsprozesse hervor, deren Endziel, wie bei den peri-

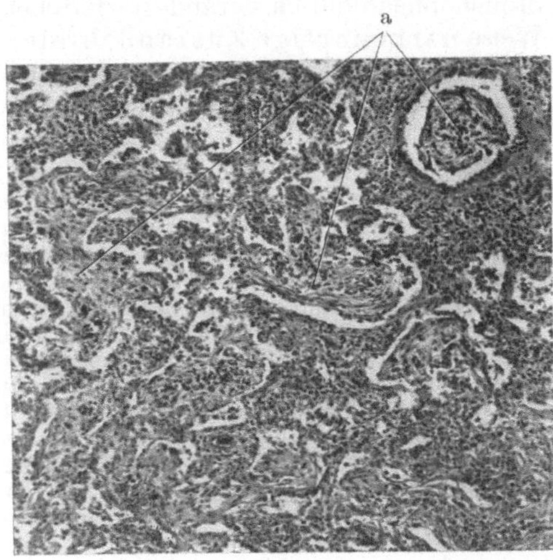

Abb. 66. Chronische indurierende Pneumonie (Lungenseuche). 40×. Hämatoxylin‑Eosin. a mit jungem Bindegewebe ausgefüllte Alveolen und Bronchiolen. Dazwischen verbreitertes, lymphocytär infiltriertes Septengewebe.

vasculären und interstitiellen Herden, in dem Ersatz von zugrunde gegangenem Gewebe durch Granulations- und Bindegewebe besteht. Die chronischen para-

bronchitischen Herde sind differentialdiagnostisch von gewisser Bedeutung (Abb. 67). Im Zusammenhange mit den peribronchitischen Prozessen stehen hochgradige Veränderungen des perivasculären Gewebes (Periarteriitis, Periphlebitis). In der Regel führen diese zur Thrombose der Pulmonalgefäße, die bei dauerndem Fortbestehen anämische Nekrose = Sequesterbildung zur Folge hat. In den größeren für die Lungenseuchepneumonie sehr typischen *Sequestern* kommen chronische parabronchitische Herde vor. Diese lösen sich häufig von ihrer nekrotischen Umgebung los und bilden so gleichsam Sequester in Sequestern.

Zu 3. Bleiben die lobulären Anfangsstadien auf ihren **Primärherd** beschränkt und kommt es nicht zur Ausbreitung des Prozesses, so spielen sich in den die

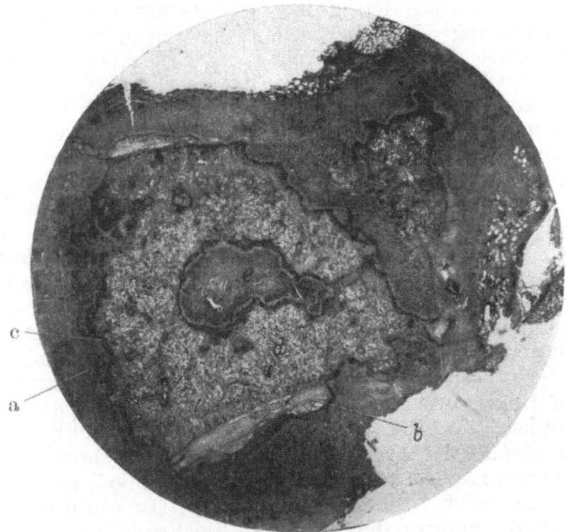

Abb. 67. Abgekapselter, subpleuraler bronchopneumonischer Herd (Lungenseuche). 4,5×. Hämatoxylin-Eosin. a Bindegewebskapsel, b Rest eines nekrotischen interstiellen Streifens, c Zelltrümmerwall, d pneumonisch verändertes Läppchengewebe, e chronischer parabronchiolitischer Herd mit peripherischem Kerntrümmerwall.

betreffenden Herde umgebenden Teilen der Pleura und des interstitiellen Gewebes ebenfalls gesetzmäßig verlaufende „Organisationsprozesse" ab, die zur völligen Abkapselung der Herde führen. Um die feineren Bronchiolen

im Innern dieser abgekapselten Knoten treten ausgesprochene chronische parabronchitische Herde auf (Abb. 67), die das innerhalb der Kapsel gelegene
bronchopneumonisch veränderte Parenchym weitgehend ausfüllen und auf diese
Weise narbenartige Zustandsbilder hervorbringen. Häufig fällt das innerhalb der Kapsel gelegene, pneumonisch veränderte Lungengewebe frühzeitig
der Nekrose anheim: es entstehen kleine Sequester von unspezifischem
Aussehen.

Histologische Feststellung der Lungenseuche. Obwohl die *Mittelstadien* des Lungenseucheprozesses sowie die größeren Lungenseuchesequester in der Regel schon makroskopisch
als solche ausreichend charakterisiert sind, gibt es Fälle, die mit Pneumonien anderer
Ätiologie (Fremdkörperpneumonie, Wild- und Rinderseuchepneumonie, genuine Pneumonie)
verwechselt werden können. Die als pathognomonisch bezeichneten, „perivasculären und
marginalen Organisationsherde" bilden zwar, mit der ausdrücklichen Einschränkung auf die
Mittelstadien und die großen Sequesterbildungen, einen regelmäßigen Befund bei der
Lungenseuche; sie kommen aber auch bei der Rinderseuchepneumonie, allerdings spärlich
vor und können demnach nicht als streng spezifisch, sondern höchstens als charakteristisch
für Lungenseuche bezeichnet werden. Ihr zahlreicher Nachweis vermag aber die Diagnose
„Lungenseuche" zu sichern, weil einerseits sporadische Pneumonien abgetrennt werden
können und andererseits in durchaus fraglichen Fällen für die Unterscheidung der Rinderseuche von der Lungenseuche eine Reihe von anderen Gesichtspunkten gegeben ist.

Die von manchen Seiten ebenfalls als pathognomonisch bezeichneten parabronchitischen
Herde bilden bei der Lungenseuche keinen regelmäßigen Befund; sie kommen nach den
Untersuchungen von SEIFRIED außerdem bei Schluckpneumonie, croupöser Pneumonie,
sowie bei der Rinderseuchepneumonie, allerdings nur in akuter Form, vor. Hinsichtlich
der Beurteilung der letzteren ist in fraglichen Fällen große Vorsicht am Platze und es scheint
ratsam, nur den ausgesprochen chronischen parabronchitischen Herden, die bei anderen
Pneumonien nicht angetroffen werden, eine charakteristische Bedeutung für Lungenseuche
beizumessen. Deren Vorliegen liefert neben zahlreichen perivasculären Herden einen weiteren
sicheren Anhaltspunkt für die Lungenseuchenatur der fraglichen Pneumonie.

Muß nach dem Vorhergehenden der differentialdiagnostische Wert der perivasculären
sowie der parabronchitischen Herde bereits in den Mittelstadien des Lungenseucheprozesses und den großen Sequestern eine Einschränkung erfahren und ihre spezifische
Bedeutung verneint werden, so liegen die Verhältnisse hinsichtlich der histologischen
Diagnose bei den *Anfangs- und Frühstadien* noch ungünstiger. Bei diesen ist nach dem
makroskopischen Aussehen die Möglichkeit der Verwechslung mit gewöhnlichen bronchopneumonischen Herden groß. Histologisch werden sowohl perivasculäre als auch parabronchitische Herde im Bereiche dieser Anfangsstadien völlig vermißt. Auch andere, durchaus zuverlässige Anhaltspunkte, die differentialdiagnostisch Verwendung finden könnten,
kommen nicht vor. Die histologische Untersuchung vermag also in Verdachtsfällen beim
Vorliegen von einfachen bronchopneumonischen Herden eine sichere Entscheidung nicht
zu fällen.

Weitere Schwierigkeiten bei der Diagnose bereiten auch die *Folge- und Endzustände
der Anfangs- und Frühstadien.* Diese treten in Gestalt von gut abgekapselten Knoten,
narbenartigen Zuständen und kleinen unspezifischen Sequestern in Erscheinung, die so große
Ähnlichkeit mit pathologisch-anatomischen Veränderungen anderen Ursprungs besitzen,
daß die makroskopische Unterscheidung oft unmöglich ist. Histologisch ist an den
abgekapselten Knoten die Kapsel in der Mehrzahl der Fälle völlig oder zum größten Teil
in Bindegewebe umgewandelt, so daß „perivasculäre Organisationsherde" nur in seltenen
Fällen angetroffen werden. Ihr Fehlen schließt deshalb Lungenseuche nicht aus. Die
innerhalb der abgekapselten Knoten regelmäßig auftretenden, chronischen „parabronchitischen Herde" können dagegen (s. Abb. 67) als charakteristisch bezeichnet und differentialdiagnostisch herangezogen werden. In durchaus fraglichen Fällen liefern weitere sichere
Anhaltspunkte: der große Zellreichtum am inneren Rande der Kapsel, sowie der nach
innen angrenzende „Zelltrümmergrenzwall".

Bei den narbenartigen Herden, die weiter fortgeschrittene Zustandsbilder der abgekapselten Knoten darstellen, fehlen die perivasculären Herde in der Mehrzahl der Fälle.
Als ausschlaggebend für die Diagnose „Lungenseuche" müssen auch bei diesen die chronischen
parabronchitischen Herde angesehen werden.

In den kleinen Sequesterbildungen endlich können sowohl die perivasculären als auch
die parabronchitischen Herde ganz vermißt werden. Bei diesen geben aber die am inneren
Rande der Sequesterkapsel sich befindliche „Granulationsgewebszone" mit dem dazugehörigen Kerntrümmerwall, weiterhin die Art und Weise der Loslösung des Sequesters
von der umgebenden Bindegewebskapsel und endlich dessen histologisch meist ziemlich
gut erhaltener Aufbau, sichere Kriterien für das Vorliegen der Lungenseuche ab.

Katarrhalische Bronchopneumonie.

Vorkommen bei alten Pferden und bei der sog. Brüsseler Pferdekrankheit, bei Rind, Kalb, Schwein und Hund. **Ursächlich** handelt es sich um verschiedenartige Erreger, am häufigsten um Diplostreptokokken, ovoide Bakterien, Pyogenesbakterien und um das filtrierbare Virus der Hundestaupe.

Beispiel: Katarrhalisch-eitrige Pneumonie bei Hundestaupe.

Alle katarrhalischen Bronchopneumonien beginnen mit einer Bronchitis bzw. Bronchiolitis, von der aus die Ausbreitung der Entzündung teils auf endobronchialem, teils auf peribronchialem Wege erfolgt.

Da die Ausbreitung auf ersterem Wege in der Regel in den Vordergrund tritt, zeigt das **grobanatomische Bild** herdförmige, peribronchiale Infiltrate und solche von acinöser und lobulärer Begrenzung, die die Größe eines Stecknadelkopfes oder einer Haselnuß besitzen. Durch deren Konfluenz entstehen größere Herde, die schließlich zu Lobärpneumonien sich entwickeln. Je nach der Zusammensetzung des Exsudats sind die Herde graurot, dunkelrot, graugelb, gelblich, feucht, bisweilen leicht körnig auf der Schnittfläche (katarrhalische, eitrige Pneumonie). Volumen ist vermehrt, Konsistenz derb, jedoch nicht so fest wie bei croupöser Pneumonie. Die Folge der peribronchialen Ausbreitung, das ist die Erkrankung des Interstitiums und der Pleura in Form eines Ödems, tritt beim Pferde deutlich hervor, weniger in die Augen fallend bei den übrigen Haustieren.

Bei der uns vorliegenden katarrhalisch-eitrigen Bronchopneumonie vom Hunde (Hundestaupe) sieht man schon mit schw. V. den herdförmigen

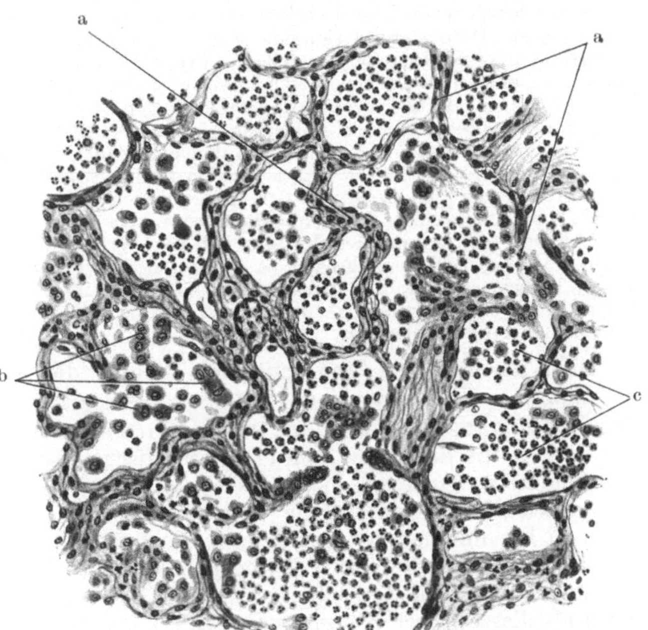

Abb. 68. Katarrhalisch-eitrige Bronchopneumonie (Hundestaupe). 200 ×. Hämatoxylin-Eosin. a Alveolarsepten, stellenweise mit Lymphocyten und Leukocyten infiltriert, b desquamierte, ein- und mehrkernige Alveolarepithelien, c polymorphkernige Leukocyten.

Charakter der pneumonischen Verdichtungen und ihre Zusammenhänge mit einer Bronchitis bzw. Bronchiolitis catarrhalis. Bei st. V. (Abb. 68) finden sich die kleinen Bronchien mit polymorphkernigen Leukocyten, desquamierten Alveolarepithelien, zum Teil auch mit flüssigem Exsudat angefüllt. Die Bronchialwand und das peribronchiale Gewebe sind mit Rundzellen infiltriert, die Gefäße prall mit roten Blutkörperchen angefüllt. Die Zusammensetzung des zelligen Exsudats in den Alveolen wechselt in den verschiedenen Fällen stark. Bei der katarrhalischen Bronchopneumonie finden sich in den Alveolarräumen vornehmlich Alveolarepithelien, das sind große. polygonale, protoplasmareiche, mit einem oder mehreren chromatinarmen Kernen ausgestattete Zellen (Abb. 68b). Bei ihrer ausschließlichen Anwesenheit wird von *Desquamativpneumonie* gesprochen. Diese Zellen tragen bisweilen größte Ähnlichkeit mit lymphocytären Elementen, die oft ebenfalls in großer Zahl die Alveolen erfüllen. In unserem Falle stellen die polymorphkernigen Leukocyten (c) neben den desquamierten Alveolarepithelien die Hauptmasse der Exsudatzellen dar. Sie sind an ihrem eigenartig gelappten Kern leicht zu erkennen. Hier handelt es sich also um eine katarrhalisch-eitrige Bronchopneumonie. Das Septengewebe ist leicht verbreitert und an manchen Stellen mit vereinzelten polymorphkernigen Leukocyten und Lymphocyten infiltriert (a). Der Ausgang der katarrhalisch-eitrigen Bronchopneumonie entspricht demjenigen bei der fibrinösen Pneumonie (s. S. 78).

e) Tuberkulose der Lungen.

Anatomisches Erscheinungsbild und Ablauf der Lungentuberkulose bei unseren Haustieren unterscheiden sich wesentlich, je nachdem eine Erstinfektion eines bisher nicht infizierten Körpers oder eine Reinfektion eines bereits einmal tuberkulös infizierten Organismus vorliegt. Daraus ergibt sich eine Einteilung der vielgestaltigen und verschiedenartigen tuberkulösen Veränderungen in solche der Primärinfektions- und in solche der Reinfektionsperiode. Dem anatomischen Erscheinungsbild der ersten Gruppe wird der tuberkulöse Primärkomplex (akute Prozesse) und seine Folgen, demjenigen der zweiten die chronische Lungentuberkulose und ihre Folgezustände zugerechnet. Ein anatomisches Einteilungs- und Ableitungsprinzip, wie es sich aus den neuesten Untersuchungen auf diesem Gebiete ergibt (NIEBERLE und PALLASKE), ist in den beiden Tabellen auf S. 83 und 84 dargestellt. Beide Ablaufsperioden treten bei der Tuberkulose des Rindes in Erscheinung, während bei Pferd, Schaf, Schwein und anderen Haustieren, teils wegen der Seltenheit der tuberkulösen Ansteckung, teils wegen der kurzen Lebensdauer in der Hauptsache der tuberkulöse Primärkomplex und seine Folgen (s. nebenstehende Tabelle) beobachtet werden. Dabei ist zu berücksichtigen, daß bei den Haustieren — im Gegensatz zum Menschen — die Mehrzahl der Primärkomplexe im Darmkanal und nur eine verhältnismäßig geringe Zahl in den Lungen zu suchen ist.

Die vielgestaltigen anatomischen Bilder, die die Lungentuberkulose in den einzelnen Fällen darbietet, können **histologisch** auf einfache Grundformen der Entzündung zurückgeführt werden, nämlich 1. auf Vorgänge produktiver Art, die durch Bildung eines spezifischen Granulationsgewebes, des sog. Epitheloidgewebes ausgezeichnet sind, und 2. auf exsudative Prozesse, die als vorwiegend pneumonische Infiltrationen mit besonderem Ausgang (verkäsende Pneumonie) sich darbieten. Die bunte Mischung dieser Entzündungsformen im Einzelfalle, das Vorwiegen bald der einen, bald der anderen, erklärt die Mannigfaltigkeit der tuberkulösen Veränderungen in ihrer Gesamtheit. Ihr wechselvolles Auftreten steht von zahlreichen Faktoren in Abhängigkeit, von denen ein Teil im Erreger (Virulenzgrad, Toxizität, Art und Grad der Infektion, Typenpathogenität für die verschiedenen Tierarten, Misch- und Sekundärinfektionen), ein anderer Teil im jeweiligen Zustand des befallenen Wirtsorganismus zu suchen ist (Anaphylaxie, Allergie, Immunität).

Die wichtigsten Grundformen tuberkulös-entzündlicher Vorgänge in den Lungen und in anderen Organen sind: 1. der Miliartuberkel (produktive Entzündung), 2. die käsige Pneumonie (exsudative Form) und 3. die acinös-produktive Lungentuberkulose als besondere Ausbreitungsform in diesem Organ.

1. *Der Miliartuberkel* läßt den spezifisch-produktiven Charakter der Tuberkulose am reinsten und übersichtlichsten erkennen. Diese Form der Tuberkulose entsteht lymphogen-hämatogen (s. Tabelle, S. 83) und ist makroskopisch gekennzeichnet durch das Auftreten von stecknadelkopf- und hirsekorngroßen (miliaren) oder noch kleineren (submiliaren) Knötchen, die meistens die Lungen in ihrer ganzen Ausdehnung durchsetzen (akute disseminierte Miliartuberkulose). Junge, frisch entstandene Knötchen sind kleiner, grau durchscheinend, über die hyperämisch gerötete und durchfeuchtete Schnittfläche hervorragend, während ältere in der Regel etwas größer sind und gelblichweißes, trübes Zentrum (Verkäsung, Nekrose) aufweisen.

In einem Schnitt durch eine mit miliaren Tuberkeln durchsetzte Lunge (Abb. 69) sind die Tuberkel als rundliche, längliche oder unregelmäßig gestaltete Zellherde im interstitiellen Lungengewebe erkennbar, von dem sie ihren Ausgang nehmen. So werden sie im interlobulären, interacinösen, peribronchialen und perivasculären Gewebe (a), sowie zwischen den Alveolen und Infundibeln

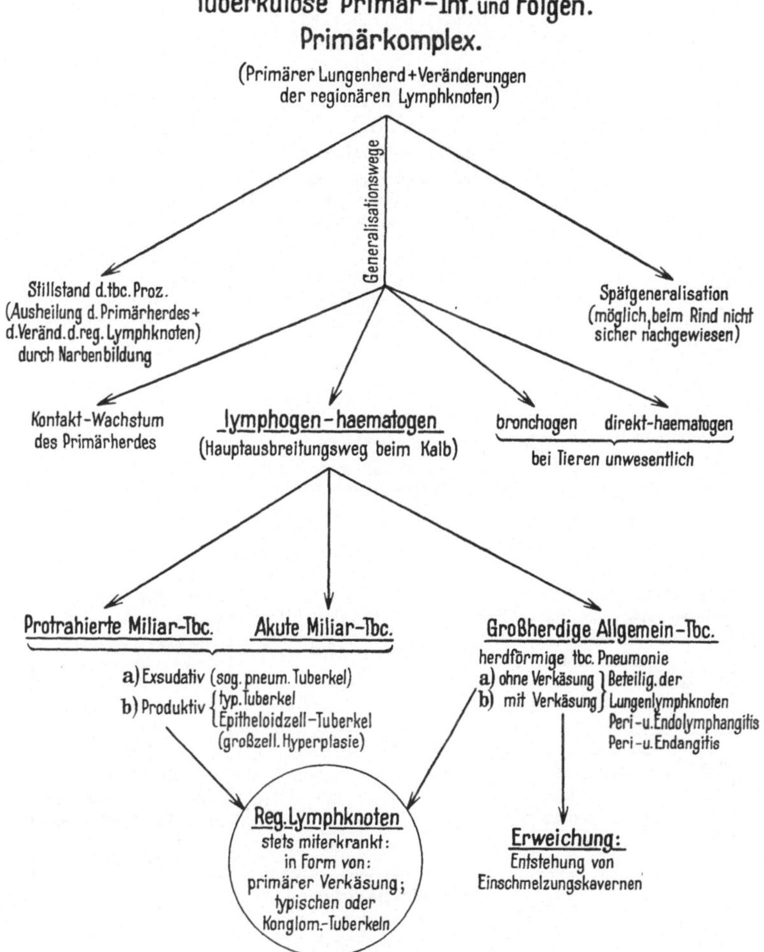

angetroffen. Auch in diese hinein, sowie in Gefäße und Bronchien können sie sich ausbreiten. Ihr Aussehen ist nicht einheitlich: neben den jungen, rein zelligen Herden finden sich ältere, in deren Zentrum die Kernfärbung fehlt, ein staubförmiger Zelldetritus (b), oder dunkelgefärbte, schollige Massen sich vorfinden, die bei c zum Teil ausgefallen sind = zentrale Nekrose, Verkäsung. Das zwischen den Tuberkeln liegende Lungengewebe ist hyperämisch, emphysematös (f), seltener zellig infiltriert, besonders in unmittelbarer Nachbarschaft der Tuberkel (perifokale Pneumonie). Die st. V. (Abb. 70) zeigt den Aufbau eines Tuberkels in seinen Einzelheiten. Im Zentrum des länglichovalen Herdes bei a sind in geringem Umfange Homogenisierung, geringgradige Hypereosinophilie und Kerntrümmer sichtbar. Es handelt sich dabei um beginnende Nekrose in einem verhältnismäßig jungen Tuberkel. Die Hauptmasse der den Tuberkel aufbauenden Zellelemente besitzt eigenartig helle, rundliche, längliche, chromatinarme und deshalb vielfach bläschenförmige Zellkerne, deren Protoplasmagrenzen nicht sichtbar sind. Man gewinnt den Eindruck, als ob die Zellkerne in einer homogenen Protoplasmamasse eingestreut liegen.

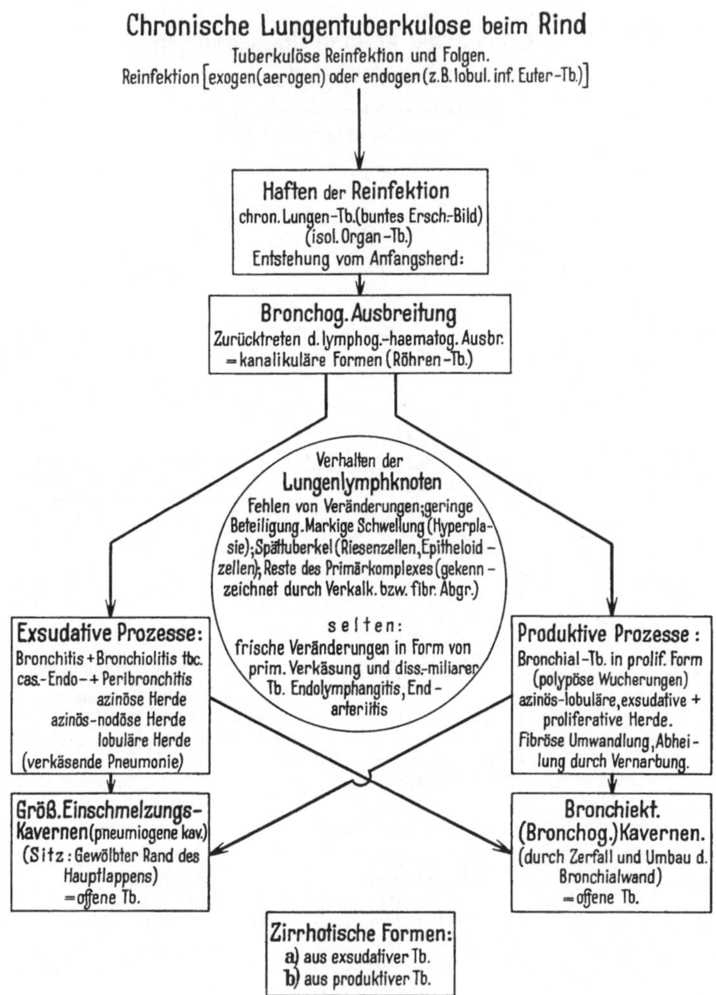

Da diese Zellen eine gewisse Ähnlichkeit mit Epithelzellen aufweisen, werden sie allgemein als Epitheloidzellen bezeichnet (b). Sie sind junge, unreife, in großer Zahl gewucherte Bindegewebszellen (Fibroblasten). Nach experimenteller Untersuchung von SABIN und Mitarbeitern können Epitheloidzellen auch aus Monocyten hervorgehen. Die Lipoidbestandteile des Tuberkelbacteriums enthalten Reifungsfaktoren für beide Zellarten. In manchen Tuberkeln befinden sich zwischen ihnen solche mit zwei und mehr Kernen und vielfach große, protoplasmareiche, schwach mit Eosin färbbare Gebilde, die zahlreiche Zellkerne (bis zu 20—50—100) in randständiger, peripherischer Anordnung enthalten. Das sind die sog. LANGHANSschen Riesenzellen (Abb. 71). Die charakteristische randständige Anordnung ihrer Zellkerne tritt nur in Querschnitten durch die kugeligen Gebilde deutlich hervor, während in Tangentialschnitten sichelförmige Lagerung oder ungeordnete, von spärlichem Protoplasmasaum umgebene Kernhaufen auftreten. Ihre Entstehung nehmen diese Riesenzellen, angeregt durch bestimmte Lipoidbestandteile der Tuberkelbakterien, aus den Epitheloidzellen entweder durch dauernde Kernteilung bei fehlender Protoplasmaabschnürung (Proliferationsriesenzellen) oder durch Konfluenz benachbarter Epitheloidzellen (Konglutinationsriesenzellen, Syncytien). Daß es sich hierbei um funktionelle Zweckformen handelt (s. S. 24), erhellt aus ihrer phagocytären Tätigkeit: ihr

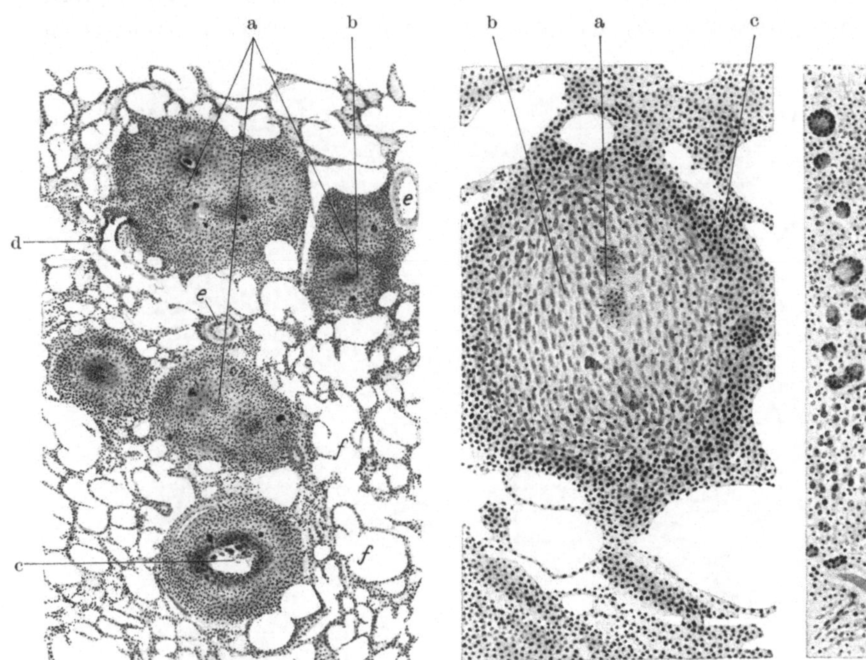
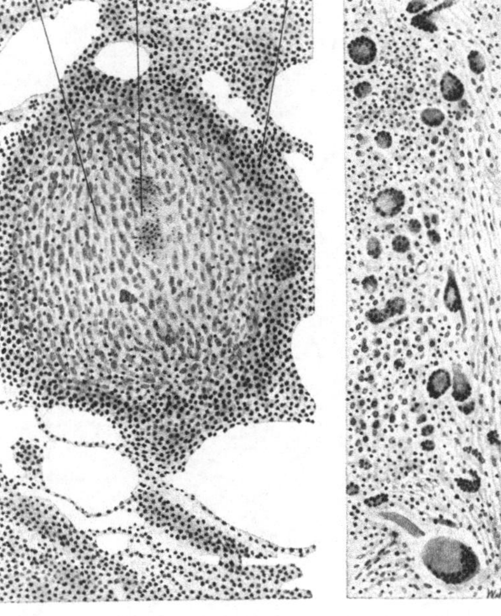

Abb. 69. Akute disseminierte Miliartuberkulose der Lunge (Schwein). 25 ×. Hämatoxylin-Eosin.
a Tuberkel im interstitiellen, peribronchialen und perivasculären Gewebe, b Tuberkel mit zentraler Verkäsung, c Tuberkel mit ausgefallenen Kalkmassen im Zentrum, d Bronchiolus, e Blutgefäße, f Lungenemphysem.

Abb. 70. Frischer zelliger Tuberkel (Schwein). 100 ×. Hämatoxylin-Eosin.
a beginnende zentrale Nekrose, b Epitheloidzellen, c peripherischer Lymphocytenwall.

Abb. 71. Zahlreiche Riesenzellen (LANGHANSsche Zellen) inmitten der Epitheloidzellzone (Reh). 130 ×. Hämatoxylin.

Protoplasma ist mit Tuberkelbakterien dicht beladen. Da diese Zellen auch in anderen infektiösen Granulomen vorkommen, so können sie nicht als pathognomonisch für Tuberkulose angesehen werden. Ihr reichliches Vorhandensein inmitten eines großzelligen Fibroblastengewebes vermag indessen bis zu einem gewissen Grade die tuberkulöse Natur eines entzündlichen Prozesses zu sichern. Auf jeden Fall stellen die Epitheloid- und Riesenzellen das abgestimmte Granulationsgewebe dar, aus dem der Tuberkel aufgebaut ist (Abb. 71).

In der Regel besitzt der Tuberkel neben diesem produktiven Anteil einen exsudativen in seinem Aufbau. Er schließt an die Epitheloidzellzone nach außen an und bildet gleichzeitig einen peripherischen Grenzwall gegenüber der Umgebung. Dieser besteht aus kleinen Zellen, deren Protoplasmaleib unsichtbar, deren Kern rund, chromatinreich, infolgedessen tief dunkel gefärbt ist. Diese Lymphocyten, die in spärlicher Zahl auch in den Randpartien der Epitheloidzellzone sich vorfinden und deren Herkunft ungeklärt ist, stellen also ein

celluläres Exsudat dar (Abb. 70c). Herrscht dieses anteilmäßig vor, so wird
von Lymphoidzelltuberkel gesprochen. Wie mittels Gefäßinjektion leicht nachgewiesen werden kann, ist das Zentrum der voll entwickelten Tuberkel gefäßlos
(Abb. 72), eine Eigentümlichkeit, die wahrscheinlich gemeinsam mit der Toxinwirkung des Erregers für die Entstehung der zentralen nekrotischen Zone
verantwortlich zu machen ist.

Mit zunehmendem Alter ändert sich die Zusammensetzung des Tuberkels
insoferne, als die zentrale Nekrose sich peripheriewärts ausbreitet. In dieser
sind alle Merkmale der Koagulationsnekrose (s. S. 10) wieder zu finden: Pyknose,
Kernwandhyperchromatose, Kernwandsprossung, Karyorhexis, staubförmige

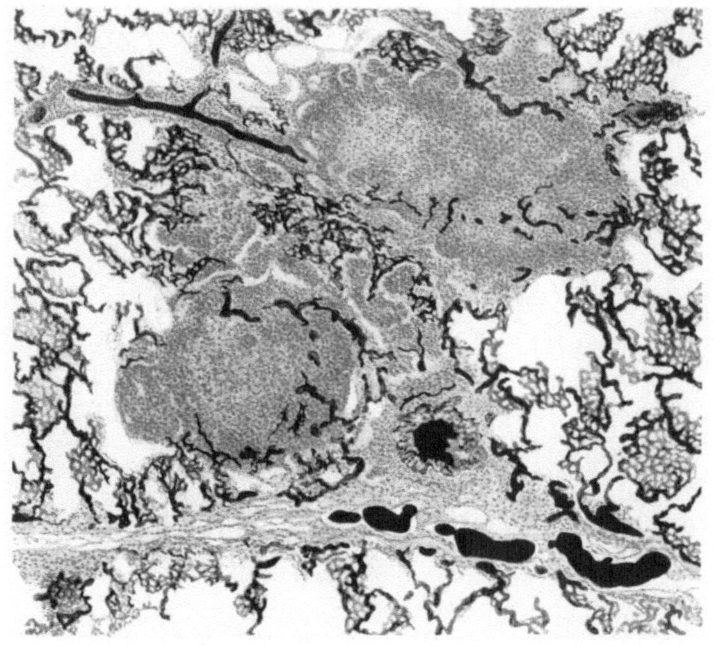

Abb. 72. Frische zellige Tuberkel bei Gefäßinjektion (Schwein). 75×. Carmin.
Das Zentrum der beiden Tuberkel ist gefäßlos.

Kerntrümmer, Chromatolysis, Hypereosinophilie. Zwischen den homogenen
und scholligen Zerfallsmassen finden sich außerdem streifige, oder netzartige
Bildungen, die Fibrin, also exsudative Beimengungen darstellen. Je größere
Teile die Nekrose im Tuberkel einnimmt, desto klarer scheidet sich die mit
Riesenzellen durchsetzte Epitheloidzellzone als intermediärer Zellanteil ab,
wobei an der Grenze zum nekrotischen Gewebe eine radiäre Anordnung der
Epitheloidzellkerne zutage tritt (ARNOLDsche Wirbelstellung; wahrscheinlich
Versuch einer Organisation). Im Zentrum alter verkäster Tuberkel kommt es
häufig zur dystrophischen Verkalkung.

Ein fast rein produktiver, aus Epitheloid- und Riesenzellen zusammengesetzter Ent-
zündungsvorgang in umschriebener und diffuser Form wird beim Pferd (Typus bovinus)
und beim Schwein (Typus gallinaceus) als Epitheloidzelltuberkel oder großzellige Wucherung
(Hyperplasie) beobachtet. Verkäsung wird dabei ganz, oder nahezu ganz vermißt (geringe
Giftigkeit des Typus bovinus für das Pferd und des Typus gallinaceus für das Schwein?).

2. *Die käsige Pneumonie* tritt vor allem im Rahmen der Reinfektionsperiode
bei der chronischen Lungentuberkulose des Rindes auf. Sie beginnt mit einer

Bronchitis bzw. Bronchiolitis tuberculosa caseosa und tritt entweder herdförmig als peribronchiale, acinöse, lobuläre oder diffus als lobäre Pneumonie in Erscheinung. Makroskopisch handelt es sich hierbei um derbe Infiltration des Lungengewebes von graugelber bis grauweißer, bzw. gelblichweißer Farbe. Auf der Schnittfläche ragen die infiltrierten Herde oft in acinöser-lobulärer Form leicht über das Lungengewebe der Nachbarschaft hervor. Auch die Pleura über diesen Herden ist in Mitleidenschaft gezogen (tuberkulöse Pleuritis).

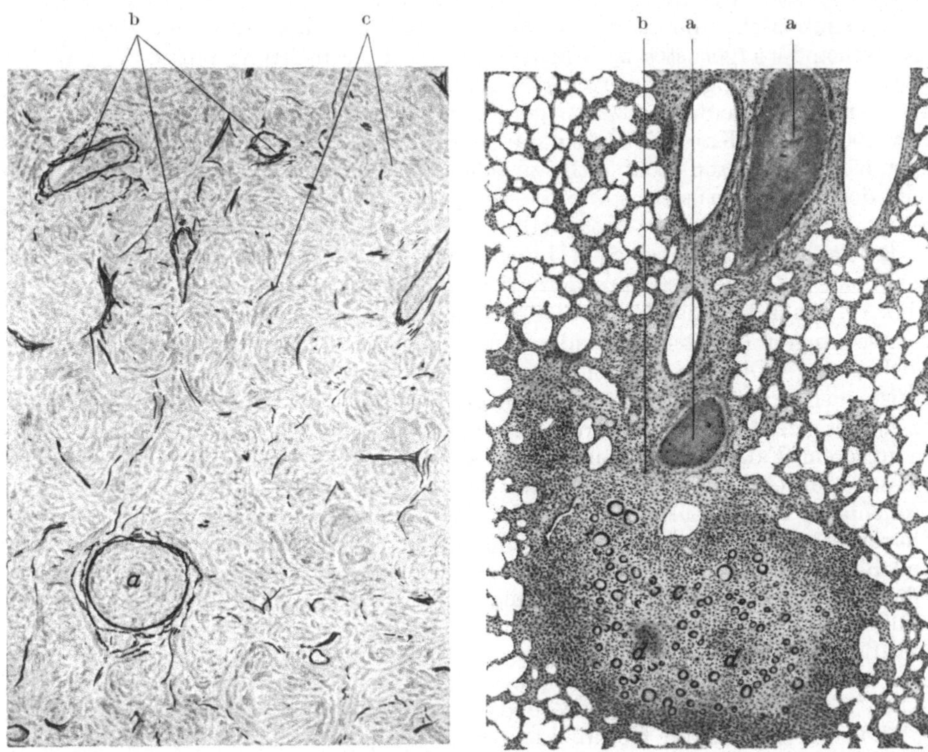

Abb. 73. Käsige Pneumonie und käsige Bronchiolitis (Rind). 75 ×. WEIGERTs Elastin - Carmin. a kleiner nekrotischer Bronchus mit käsigem Inhalt, b erhaltene elastische Fasern von Gefäßen, c käsig-pneumonisches Gewebe mit Resten des elastischen, alveolären Fasergerüstes.

Abb. 74. Exsudativ-produktive Bronchialtuberkulose mit acinöser Ausbreitung (Reh). 25 ×. Hämatoxylin-Eosin. a kleiner Bronchus mit käsigem Inhalt, b peribronchiale Entzündung, c Epitheloidgewebe mit zahlreichen Riesenzellen im Verzweigungsgebiet der acinösen Bronchiolen, d beginnende Nekrose.

Zu Beginn des Prozesses sind die Zusammenhänge zwischen den Bronchioli respiratorii und den käsig-pneumonischen Herdchen im Bereiche der zugehörigen Alveolargänge klar zu übersehen. Das Lumen der Endbronchien ist mit käsig-nekrotischen Inhaltsmassen angefüllt, das Bronchialepithel zerstört. Dieselben homogenen, käsigen Massen füllen die Alveolargänge und Alveolen aus, auf diese Weise pneumonisch-acinöse Bezirke bildend. Diese sind vollkommen der Nekrose anheimgefallen (Einzelheiten s. S. 10). Lediglich das elastische Alveolärgerüst ist bei Anwendung der WEIGERTschen Elastin-Carminfärbung noch stellenweise zu erkennen. Die Ausdehnung und Form einer solchen acinös-käsigen Pneumonie entspricht durchaus der auf gleiche Weise entstandenen, acinösproduktiven Tuberkulose (s. Abb. 74). Das zwischen den käsig-acinösen Herden befindliche Lungengewebe ist noch lufthaltig oder befindet sich im Stadium einer diffusen, katarrhalischen, bzw. Desquamativpneumonie. Durch Konfluenz entstehen nun aus solchen acinösen Herdchen die lobulären und später die lobären käsigen Pneumonien. In Abb. 73 ist ausgedehnte käsige Pneumonie und käsige Bronchitis zu sehen. Der ganze Prozeß kann mit einer gewöhnlichen Pneumonie verglichen werden, mit dem Unterschiede, daß das Exsudat einschließlich des dazwischen gelegenen Lungenparenchyms der Verkäsung anheimfällt. Die Lumina der kleineren Bronchien, deren Wand durch den Ring der erhalten gebliebenen, elastischen Fasern (a) noch deutlich sichtbar ist, sind mit käsigen Massen angefüllt. Das sichtbare alveoläre Lungengewebe ist ebenfalls völlig nekrotisch; die alveoläre Struktur ist nur noch an den Resten des elastischen Fasergerüstes zu erkennen (c). Bei Betrachtung mit st. V. und bei starker Abblendung sind neben den schdlligen Zerfallsmassen in den Alveolen glänzende, faserige Substanzen = geronnenes Fibrin sichtbar. Stellenweise finden sich noch durch Karyorhexis entstandene Chromatinbröckel; in der Regel sind aber Kernsubstanzen nicht mehr zu sehen. Die zelligen und faserigen Bestandteile des Lungengerüstes, sowie die Blutgefäßwände sind außer den elastischen Substanzen ebenfalls der Koagulationsnekrose anheimgefallen.

3. Die bei der chronischen Lungentuberkulose des Rindes so häufig vorkommende *Vermischung exsudativer und produktiver Vorgänge* sehen wir in Abb. 74. Auch hier handelt es sich um eine Tuberkulose der feineren Bronchialverzweigungen (Röhrentuberkulose) und um deren endo- bzw. peribronchiale Ausbreitung. Die Endobronchitis tuberculosa bzw. caseosa ist hier in schönster Weise ausgeprägt, d. h. es finden sich knötchenförmige, tuberkulöse Epitheloidbzw. Riesenzellherde in der Bronchialwand, die weitgehend käsig zerfallen kann. In unserem Falle ist das Lumen eines Bronchiolus respiratorius mit käsigen Massen ausgefüllt (a), das Epithel der Nekrose anheimgefallen. Bei endobronchialer Ausbreitung nehmen die Herdbildungen ausgesprochen acinösen Charakter (s. voriges Kapitel) an (c), indem das charakteristische Epitheloidund Riesenzellgewebe auf die Septen der zugehörigen Alveolargänge und Infundibuli übergreift, wobei die Lichtungen der Bronchiolen und Alveolen davon erfüllt werden (c). Gleichzeitig macht sich peribronchiale Ausbreitung der spezifischen Entzündung bemerkbar (Abb. 74b). Der produktive Prozeß besteht hier wie beim Miliartuberkel in der Bildung von Epitheloid- und Riesenzellen (Abb. 74c), mit sekundärer Nekrose (d). Wenn die letztere sehr ausgedehnt wird, entstehen käsig-acinöse Herde, wie sie im vorigen Abschnitt beschrieben sind.

Die Bildung der *Kavernen* (s. Tabelle, S. 84) geschieht durch Verflüssigung (Kolliquationsnekrose) des Bronchialinhaltes (bronchogene Kavernen), bzw. der käsig-pneumonischen Infiltrationen (pneumiogene Kavernen). Ihre Wand besteht im ersteren Falle aus umgebauter Bronchialwand, im letzteren aus einer oft sklerotischen Bindegewebskapsel. Abkapselung und Ausheilung proliferativer und exsudativer tuberkulöser Prozesse geschieht durch Bindegewebsumwandlung = Induration, Cirrhose, Narbenbildung.

f) Rotzknötchen in den Lungen.

Der Rotz ist wie die Tuberkulose eine sog. spezifische Entzündung, die unter der Einwirkung des Rotzbakteriums und seiner Toxine entsteht.

Die Hauptinfektionspforte und vielfach auch der Sitz der primären Veränderungen ist der Verdauungsapparat, vor allem der Nasenrachenraum. Die regionären Lymphknoten sind häufig in Mitleidenschaft gezogen. Von da aus geschieht die weitere Ausbreitung lymphogen-hämatogen (via ductus thoracicus), so daß also die Erkrankung der Lungen in der Regel eine metastatische ist. **Anatomisch** tritt sie in Knötchenform (Rotzknötchen), mit bald vorwiegend exsudativem, bald vorwiegend produktivem Charakter, oder aber in Form acinöser, lobulärer und lobärer Bronchopneumonien hervor, da die Ausbreitung des entzündlichen Prozesses in den Lungen nicht nur lymphogen (Resorptivknötchen), sondern auch durch Einbruch rotziger Veränderungen in Bronchien, vor allem bronchogen erfolgt.

Anatomisches und histologisches Bild der rotzigen Entzündung wird im Einzelfalle weitgehend von Menge und Virulenz des Erregers sowie von immun-biologischen und anderen unbekannten Faktoren bestimmt (Ähnlichkeit mit tuberkulösen Prozessen, s. S. 82).

Die Rotzknötchen verdienen besondere Aufmerksamkeit, weil sie die einfachsten Vertreter rotziger Veränderungen überhaupt darstellen und weil ihre makroskopische und histologische Abtrennung von den in der Pferde-lunge häufig vorkommenden parasitären Knötchen ähnlichen Aussehens (s. S. 90) praktische Bedeutung besitzt.

Die vorwiegend produktiven Rotzknötchen können in drei Entwicklungsstadien eingeteilt werden, nämlich: 1. in die frischen, miliaren, mit gelbgrauem, trübem Zentrum versehenen und mit rotem Hof umgebenen Knötchen, 2. in die nicht verkalkten, grau-weißlichen, mit Bindegewebskapsel ausgestatteten, älteren Knötchen und 3. in die mit bröckeligem Inhalt und deutlicher Bindegewebskapsel versehenen verkalkten Knötchen.

Histologisch bestehen die frischen Knötchen zentral aus Ansammlungen protoplasmareicher, epitheloider Zellen mit bläschenförmigen Kernen und mehr oder weniger zahlreichen polymorphkernigen Leukocyten. Die Epitheloidzellen entstehen hier, wie bei der Tuberkulose aus Bindegewebszellen, Capillarendo-thelien, Reticuloendothelien und wahrscheinlich auch aus Monocyten. In der Peripherie dieser Zellherde besteht starke Hyperämie der Capillaren, während das übrige Lungengewebe nennenswerte Veränderungen nicht aufweist. — Es ist eine besondere Eigentümlichkeit des Rotzknötchens, daß das Zentrum frühzeitig der Nekrose anheimfällt (2. Stadium, s. Abb. 75). Diese zeigt sich wie überall in einer Homogenisierung des Zellprotoplasmas, das starke Affinität zum Eosin besitzt, und das mit tief dunkelblau gefärbten, staubförmigen, dicht gelagerten Kerntrümmern übersät ist (a). Nach außen folgt der Rest des Epitheloidzellgewebes (c), das nach dem umgebenden, atelektatischen Lungen-gewebe zu durch eine Zone leichter Hyperämie, bzw. von einem pneumonischen Hof abgegrenzt ist. Der letztere geht ohne scharfe Grenze in das Gebiet des normalen Lungengewebes über. In anderen Fällen wird das Knötchen lediglich durch einen kleinzelligen Infiltrationshof nach außen abgeschlossen (Abb. 75d). Mit fortschreitender Nekrose (3. Stadium) und im weiteren Verlaufe kommt es immer deutlicher zur reaktiven Abgrenzung der Knötchen gegenüber der Umgebung. An Stelle der lymphocytären Reaktionszone treten Fibroblasten und schließlich kollagene Bindegewebsfasern. In diesem Stadium besteht also das Malleusknötchen von innen nach außen: aus einem mehr oder weniger umfangreichen, nekrotischen Kern, einer sich anschließenden Epitheloidzellzone, bisweilen mit einigen Riesenzellen und einer peripherischen, zellig-fibrillären Abgrenzungszone. In den älteren Rotzknötchen erfolgt häufig dystrophische Verkalkung vom nekrotischen Zentrum aus: dunkle, mit Hämatoxylin tief blauviolett sich färbende, körnige und schollige Massen treten auf, in deren Umgebung immer noch Kerntrümmermaterial sichtbar ist. Dann folgt meist eine schmale, noch erhalten gebliebene Epitheloidzellzone und peripherisch eine mehr oder weniger breite Bindegewebskapsel, in der sich bisweilen noch Lympho-cyteninfiltrate vorfinden.

Das vorwiegend exsudative Rotzknötchen ist zentral durch eine miliare, zellige Pneumonie dargestellt, die nur wenige Alveolen umfassen kann. Diese sind vornehmlich mit polymorphkernigen Leukocyten, Monocyten und Histio-cyten ausgefüllt, die unter Einbeziehung der Alveolarsepten nekrotisch zugrunde gehen. Nach außen schließt sich an diesen zentralen Kern eine Zone an, in der die Alveolen hauptsächlich serös-fibrinöses Exsudat enthalten. Die peri-pherische Abgrenzung wird durch eine hyperämische und alveolär stark leuko-cytär infiltrierte Zone gebildet. Die staubförmige Karyorhexis ist auch hier das Charakteristische des Prozesses.

g) Wurmknötchen in den Pferdelungen

kommen häufig entweder einzeln oder in dichter, miliarer Aussaat vor. Ihre Entstehung ist auf die hämatogene Invasion der Larven von Sclerostomum bidendatum und Parascaris equorum zurückzuführen, deren Entwicklungsgang über die Blutbahn und so über Leber und Lungen führt. In diesen Organen erfolgt Abkapselung und allmähliches Absterben der Larven.

Ihrer **anatomischen Beschaffenheit** nach werden drei verschiedene Knötchenarten unterschieden: 1. die grau durchscheinenden, 2. die fibrösen und 3. die verkalkten Knötchen.

Histologisch handelt es sich bei den *grau durchscheinenden Knötchen* um miliare, durch frische Einwanderung der Wurmlarven bedingte, unspezifische Entzündungsherde, an deren Aufbau exsudative und produktive Vorgänge

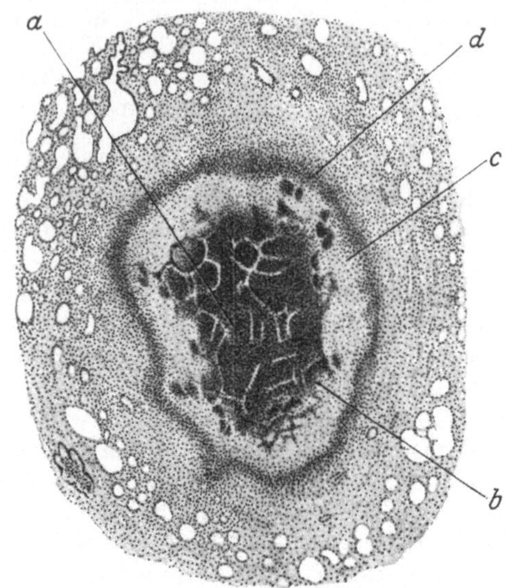

Abb. 75. Älteres Rotzknötchen (Pferdelunge). 25 ×.
Hämatoxylin-Eosin.
a zentrale Pneumonie mit ausgesprochener Karyorhexis der die Alveolen anfüllenden Zellelemente. Alveolarsepten noch angedeutet. b schmale Zone seröser Exsudation, c schmale Epitheloidzellzone, d peripherischer Lymphocytenwall, allmählich in das normale Lungengewebe übergehend.

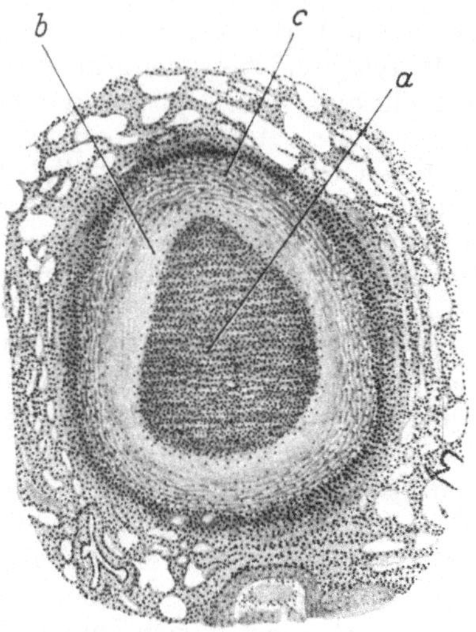

Abb. 76. Älteres Wurmknötchen (Pferdelunge). 25 ×. Hämatoxylin-Eosin.
a zentraler, verkalkter Kern, b Rest ſunverkalkten, hyalin-nekrotischen Gewebes, c zellig-fibrilläre Kapsel mit starker lokaler Eosinophilie am äußeren Rande.

gleichzeitig beteiligt sind. Im Zentrum läßt sich meist die Larve deutlich nachweisen, umgeben von Entzündungszellen verschiedenster Art, unter denen die eosinophilen Leukocyten den Hauptanteil darstellen. Bindegewebsproliferation mit dem Ziel der Abkapselung dieser Entzündungsherde tritt besonders an der Peripherie hervor. Auch zwischen den Fibroblasten finden sich reichlich polymorphkernige Leukocyten.

In den *fibrösen Knötchen* sind in der Regel nur noch Reste der abgestorbenen Larven sichtbar. Im Aufbau tritt schärfere Differenzierung der einzelnen Zellelemente in der Art hervor, daß die Hauptmasse der Knötchen aus jungem Bindegewebe mit reichlich hyaliner Grundsubstanz und zahlreichen dazwischen eingelagerten eosinophilen Leukocyten und vereinzelten Lymphocyten besteht, während an der Peripherie bereits eine deutliche, ebenfalls mit eosinophilen Leukocyten durchsetzte Bindegewebskapsel sich gebildet hat. Mit zunehmendem Alter der Knötchen kommt es vom Zentrum ausgehend und peripheriewärts sich ausbreitend zur Homogenisierung und Hyalinisierung des Inhalts mit Verlust der Zellkerne und zur schärferen Differenzierung der peripherischen Bindegewebskapsel, die auch jetzt noch eosinophile Leukocyten in mehr oder weniger großer Zahl enthält. Hyalin-nekrotische Knötchenmasse und Kapsel heben sich scharf voneinander ab (s. Abb. 76). Vielfach erfolgt Loslösung des Inhalts von der Kapsel.

Zwischen diesen Stadien und den *verkalkten Knötchen* gibt es fließende Übergänge. In den älteren Knötchen (s. Abb. 76) schreitet die Rückbildung fort: in der homogenisierten, nekrobiotischen, mehr und mehr mit Eosin sich färbenden Masse kommt es zentral oder an mehreren Stellen gleichzeitig (multizentrisch) zur Ausfällung von Kalksalzen (dystrophische Verkalkung). Durch Ausdehnung oder Konfluenz der aus krümeligen, stark dunkel sich färbenden Kalkmassen, kann der ganze Kern verkalken; vielfach bleiben aber noch Reste unverkalkten, hyalin-nekrotischen Gewebes übrig (b). Durch Schrumpfung löst sich dieses glatt von der jetzt ausdifferenzierten, mehr oder weniger breiten Bindegewebskapsel (c), in der oder in deren Nachbarschaft eosinophile Leukocyten und Lymphocyten lange sichtbar sind. Da das verkalkte Knötchen lediglich ein unspezifischer Fremdkörper ist, so nimmt es nicht wunder, wenn am inneren Kapselrande vielfach Fremdkörperriesenzellen gefunden werden (s. S. 10). Das übrige Lungengewebe zeigt, abgesehen von geringgradiger perifokaler Pneumonie und Kompressionsatelektase in der unmittelbaren Umgebung keine wesentlichen Veränderungen.

Gemeinsame und trennende histologische Kennmale in älteren tuberkulösen, rotzigen und parasitären Lungenknötchen.

Knötchenabschnitt	Tuberkel	Rotzknötchen	Parasitäre Knötchen
Mitte	Zentral beginnende, peripherisch sich ausdehnende Nekrose mit Neigung zur Chromatolysis; eventuell dystrophische Verkalkung	Vom Zentrum peripheriewärts sich ausbreitende Nekrose mit bestehenbleibender Karyopyknose und grob- oder feinkörniger Karyorhexis. Unter Umständen zentral beginnende dystrophische Verkalkung	Fibröser oder hyalin-nekrotischer Kern. Keine Karyorhexis, sondern Karyolysis. Eventuell mit uni- oder multizentrischer, dystrophischer Verkalkung. Eventuell Reste der abgestorbenen Wurmlarven in dieser Zone
Zwischenzone	Intermediäre Granulationszellzone aus Epitheloid- und Riesenzellen, oder vorwiegend Epitheloidzelltuberkel	Intermediäre Granulationszellzone aus Epitheloidzellen; selten und nur spärlich Riesenzellen	Bei zentraler Verkalkung Rest des hyalin-nekrotischen Gewebes
Randzone	Peripherische, lymphocytäre, exsudative Zone; eventuell mit Neigung zur fibrösen Abkapselung	Peripherische, zellig-fibrilläre bzw. bindegewebige Abgrenzungszone mit Lymphocyteninfiltraten. Selten eosinophile Leukocyten	Peripherische, stark mit eosinophilen Leukocyten durchsetzte Fibroblasten- bzw. Bindegewebskapsel. In ihr bisweilen Riesenzellen
Gesamtknötchen	Feste Zusammenhänge zwischen den drei Gewebszonen	Feste Zusammenhänge zwischen den drei Gewebszonen	Fibröser, hyalin-nekrotischer oder verkalkter Kern löst sich in toto von der Kapsel

h) Lungenwurmseuche (Lungenstrongylose)

gehört zu den wirtschaftlich wichtigsten Invasionskrankheiten unserer Haustiere. Entwicklungskreis dieser Parasiten und ihre Schadwirkung, die Besonderheiten nicht aufweist, s. folgende Tabelle:

Entwicklungskreis und Schadwirkung der Lungenwürmer.

Schaf	Dictyocaulus filaria	Feldhase .	Protostrongylus commutatus
Schaf	Müllerius capillaris	Schwein . .	Metastrongylus elongatus
Schaf	Protostrongylus commutatus	Silberfuchs	Crenosoma vulpis
Rind und Reh	Dictyocaulus viviparus	Silberfuchs	Eucoleus aërophilus
Ziege	Müllerius capillaris		

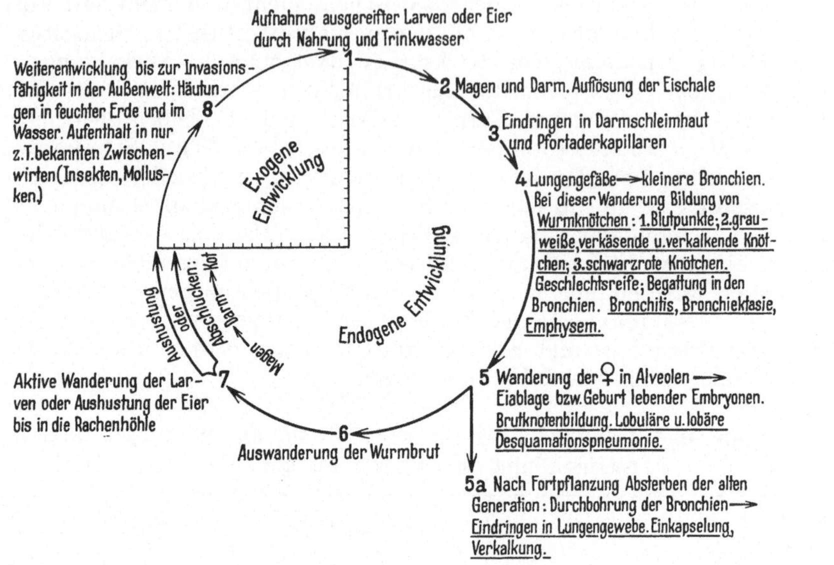

D. Verdauungsorgane.

1. Mund- und Rachenhöhle, Speiseröhre.

a) A-Avitaminose der oberen Verdauungswege.

Die Veränderungen beziehen sich auf die Drüsen der Mundhöhle, der Zunge, der Speiseröhre und des Kropfes. Sie treten in Form von gelben, stecknadelkopfgroßen, pustelartigen Erhebungen, kleinen Schleimhautulcerationen und membranartigen Belägen in den genannten Teilen in Erscheinung. Ihre makroskopische Abtrennung von der Virusdiphtherie bereitet zuweilen Schwierigkeiten oder ist unmöglich.

Histologisch handelt es sich um denselben Vorgang, den wir bereits bei der A-Avitaminose der oberen Atmungswege (S. 67) kennen gelernt haben. Die Abb. 77 und 78 zeigen in anschaulicher Weise die allmähliche Entwicklung des typischen Verhornungsprozesses bis zu dem Endstadium, wie es vor allem in den Zungendrüsen und den Drüsen des Schlundes beobachtet wird (s. Abb. 78). In dem Maße, als die oberflächlichen Zellen des neugebildeten Epithels innerhalb der Drüsensammelräume und Drüsenlichtungen verhornen und abgestoßen werden, schieben sich neue Zellen von der Basis her nach, so daß zum Schlusse (Abb. 78) eine hochgradige Ausdehnung und Ausglättung der gefalteten Drüsensäcke durch Ausfüllung mit verhornendem Zellmaterial und mit Sekretionsprodukten zustande kommt (Abb. 78).

Auch hier sind durch Zerstörung der lokalen Schutzvorrichtungen dieser Schleimhäute Sekundärinfektionen häufig. Sie greifen an der Oberfläche der Mund-, Zungen- und Schlundschleimhaut und in den Drüsenausführungsgängen an und führen zu umschriebenen Nekrosen und membranösen, aus Entzündungsprodukten bestehenden Belägen verschiedenen Umfangs, deren histologische Unterscheidung von der Virusdiphtherie ohne weiteres möglich ist.

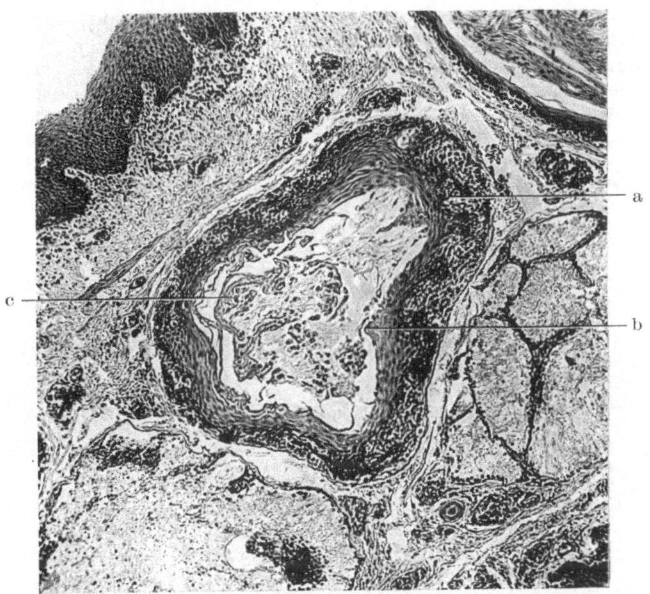

Abb. 77. Verhornung der Zungendrüse des Huhnes bei A-Avitaminose. 80 ×. Hämatoxylin-Eosin. Drüsenraum bei fortgeschrittener Erkrankung. a nach Degeneration und Abstoßung des Original-epithels gebildete, syncytiale Zellage, unmittelbar dem umgebenden Bindegewebe anliegend, b beginnende Verhornung der oberflächlichen Zellagen, c Desquamation der oberflächlichen Zellen.

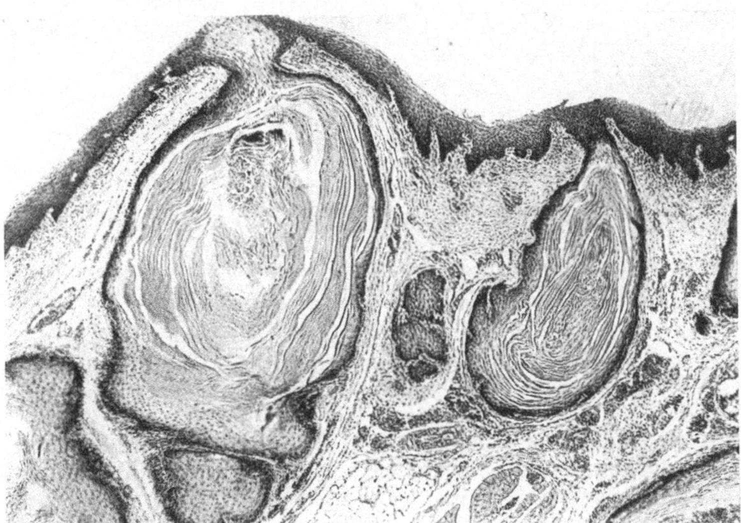

Abb. 78. Verhornung der Zungendrüse des Huhnes bei A-Avitaminose. 50 ×. Hämatoxylin-Eosin. Endstadium des Prozesses. Die Drüsenräume sind vollkommen mit lamellenartig geschichteten, verhornten Plattenepithellagen angefüllt und dadurch stark dilatiert (makroskopisch pustelartiges Aussehen).

b) Mundhöhlenentzündung (Stomatitis)

der verschiedenen Mundhöhlenabschnitte sowie Pharyngitis sind bei den Haustieren häufige Vorkommnisse. **Entstehung:** traumatisch, thermisch, chemisch (Verätzung mit scharfen Arzneimitteln) oder auf infektiöser und urämischer Grundlage, so z. B. bei Staupe, Stutt-garter Hundeseuche, Pocken, Aphthenseuche und im Verlaufe chronischer Nephritis. Einteilung in primäre (selbständige) und in sekundäre, oberflächliche und tiefgehende,

katarrhalische, erosive, ulceröse, pseudomembranöse, diphtheroide, nekrotisierende und
vesiculäre Stomatitiden und Pharyngitiden.

Beispiele. Stomatitis erosiva und ulcerosa (Coryza contagiosa, Huhn). Erfahrungsgemäß
tritt im Zusammenhange mit Coryza contagiosa, A-Avitaminose und infektiöser Laryngotracheitis eine gutartige, erosive oder ulceröse Stomatitis auf, die in Form strichförmiger,
gelblichweißer Beläge oder tiefgreifender Erosionen in verschiedenen Teilen der Mundschleimhaut sich zeigt, und mit beginnenden Stadien von Virusdiphtherie verwechselt
werden kann. **Ursächlich** kommen die verschiedensten Bakterien in Betracht, die durch

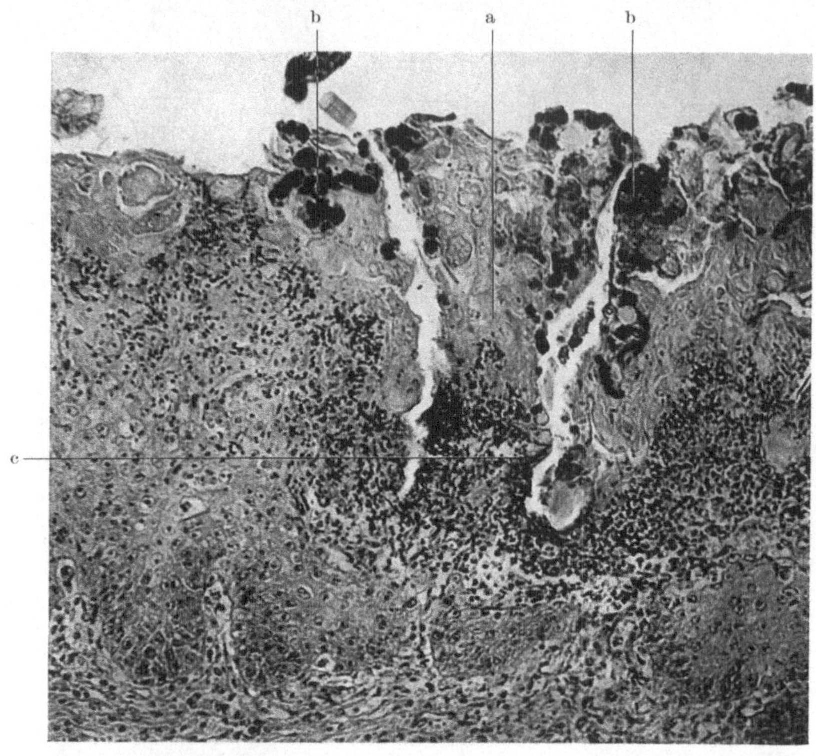

Abb. 79. Stomatitis bei Coryza contagiosa (Huhn). 210 ×. Hämatoxylin-Eosin.
a schüsselförmiger, bis zum Stratum germinativum reichender Nekroseherd, b Bakterienhaufen,
c aus Kerntrümmern bestehender Grenzwall.

Herabsetzung der allgemeinen Widerstandskraft oder durch Verlust der lokalen Schutzeinrichtungen Eingang in die Mundschleimhaut finden und dort ihr Zerstörungswerk
beginnen.

Histologisch handelt es sich (Abb. 79) um oberflächliche oder tiefgreifende
Nekrosen der Epidermis. In unserem Falle liegt ein umschriebener, schüssel-
förmig bis zum Stratum germinativum reichender, völlig nekrotischer Herd
vor. Das nekrotische Gewebe ist homogen, strukturlos (a), besitzt wie alles
nekrotische Gewebe starke Affinität zu sauren Farbstoffen und ist besonders
an der Oberfläche, aber auch in den tieferen Schichten, mit tief dunkel sich
färbenden Bakterienhaufen besetzt (b). Es ragt infolge seiner Quellung, aber
auch durch Ansammlung von Entzündungsprodukten (Fibrin) etwas über die
umgebende Schleimhaut hervor, was dem makroskopischen Befunde entspricht.
Vom normalen Epidermisgewebe ist der nekrotische Herd durch einen Wall
von mehr oder weniger dicht liegenden Kerntrümmern (Pyknose und Karyorhexis) abgesetzt, die stark basophil sind (c). In der Folgezeit kommt es nach
Abstoßung des nekrotischen Materials zur Entstehung einer Erosion. In vielen

Fällen greift aber der Prozeß tief in die Submucosa hinein (Geschwür), wo er durch eine demarkierende Entzündung abgegrenzt wird. Die (stark stinkenden) nekrotischen Gewebsmassen werden abgestoßen und das Geschwür heilt unter Umständen unter Narbenbildung ab. In unserem Falle ist die Submucosa ohne Veränderungen.

Stomatitis pseudomembranacea (Geflügeldiphtherie). Diese durch ein ultravisibles, filtrierbares, dermotropes Virus hervorgerufene, wichtigste Geflügelkrankheit ist **anatomisch** nicht nur durch ein Exanthem der äußeren Haut (Pocken, s. S. 159) gekennzeichnet, sondern häufig gleichzeitig oder für sich allein durch knopf- und plattenförmige, trockenkäsige, gelblichweiße Beläge verschiedenen Umfangs und verschiedener Ausdehnung in der Mund- und Rachenhöhle (Diphtherie). Die Membranen verschließen vielfach die Larynxspalte und die Trachea (Erstickung), verbreiten widerlich süßen Geruch und hinterlassen nach Wegnahme blutige Geschwüre.

Durch die **histologische Untersuchung** eines solchen diphtherischen, plattenförmigen Belages am Munddach eines Huhnes (Abb. 80) läßt sich leicht nachweisen, daß die Veränderungen nach Entstehung und Aufbau dieselben sind, wie bei den Pocken (s. S. 159). Aus dieser Tatsache kann auf die ursächliche Gleichheit zwischen Pocken und Diphtherie geschlossen werden. Auch hier steht im Beginn des Prozesses eine Vergrößerung und Vermehrung der Zellen des Stratum spinosum im Vordergrunde, wobei BOLLINGERsche Körperchen in den gewucherten Epithelien enthalten sind (Abb. 80), welch letztere frühzeitig der ballonierenden und retikulierenden Degeneration anheimfallen und durch Zusammenfließen unter Umständen mikroskopisch kleine Epithelblasen bilden. Der weitere Vorgang und vor allem die Bildung der Pseudomembranen wird durch die Ansiedelung

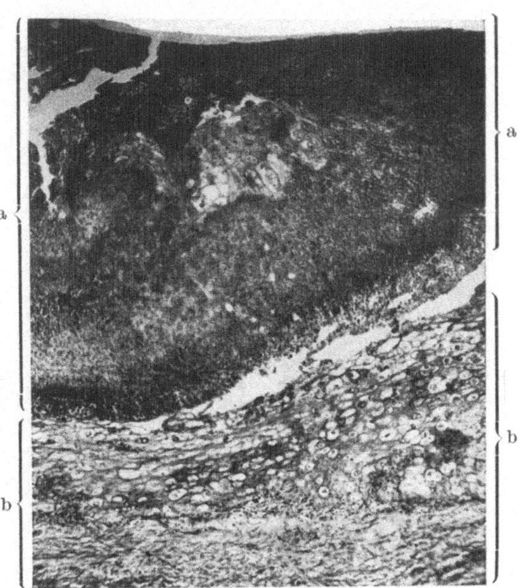

Abb. 80. Pocken und Diphtherie (Rachendach, Huhn). 80 ×. Hämatoxylin-Eosin. a aus Zelltrümmern und Epithelinseln bestehende Pseudomembran in Ablösung, b gewucherte und vergrößerte Epithelzellen der Mundschleimhaut mit BOLLINGERschen Körperchen. [Aus Diss. E. FRÖHLICH, Arch. Tierheilk. 67, 322 (1934).]

von Mundhöhlenbakterien und durch das Auftreten entzündlicher Prozesse in Mucosa und Submucosa bestimmt. Es kommt zur Hyperämie in Propria und Submucosa, zur Auswanderung von Leukocyten, besonders der pseudoeosinophilen und zu deren Ansammlung zwischen den degenerierenden Epithelzellen. Diese fallen im oberen Teil der Mucosa mitsamt den zelligen und flüssigen Entzündungsprodukten der Gerinnungsnekrose anheim, auf welche Weise die diphtherische Pseudomembran gebildet wird (Abb. 80a). In ihr sind bisweilen noch Epithelinseln mit BOLLINGERschen Körperchen sichtbar. Die Nekrose reicht vielfach bis zur Propria, wo ihrer weiteren Ausdehnung durch eine demarkierende Entzündung (Ansammlung von pseudoeosinophilen Leukocyten) Einhalt geboten wird. Wenn nicht Nekrosebakterien einen tiefergehenden Zerstörungsprozeß (eventuell mit Hinterlassung von Narben) hervorrufen, so erfolgt glatte Abheilung nach Abstoßung der Membranen durch Überhäutung von den erhalten gebliebenen tieferen Epithelschichten her.

Stomatitis vesiculosa (Aphthenseuche, Rind). Durch das ultravisible, filtrierbare Virus der Aphthenseuche hervorgerufene Bildung von Primär- oder Sekundärblasen und Erosionen in der Mundhöhle. Lieblingssitze: Spitze und Seitenränder der Zunge, Zungenrücken, Zahnfleisch, Zahnplatte, Lippen- und Backeninnenflächen, Flotzmaul, Naseneingang, beim Schwein auch Rüsselscheibe.

Makroskopische Beschaffenheit der Blasen, s. S. 159.

Histologie. Art und Ablauf der histopathologischen Vorgänge werden durch Veränderungen degenerativer und exsudativer Natur bestimmt. Beide gehen nebeneinander her. Einzelheiten, s. frische Blase an der Zunge vom Rind (Abb. 81). Unter Einwirkung des im Stratum spinosum anwesenden

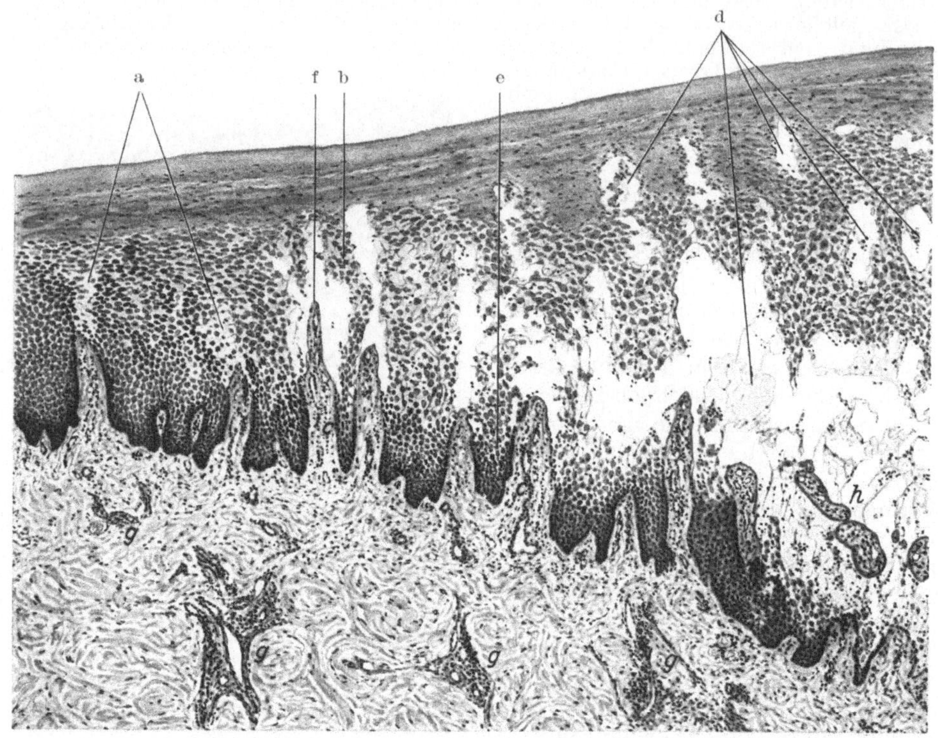

Abb. 81. Frische Zungenblase (Aphthenseuche, Rind). 60 ×. Hämatoxylin-Eosin.
a Auflockerung des Zellverbandes, Lückenbildung, b ballonierende Degeneration der aus dem Verbande gelösten Epithelien, c perivasculäre Infiltrate im Papillarkörper, d Bläschen und Blasenbildung mit Gerinnungsmassen, e mit Stratum cylindricum bedeckter Blasengrund, f septenförmig in den Blasenraum hineinragende, epithelentblößte Papillen, g perivasculäre Infiltrate in der Submucosa.

Virus kommt es zunächst multizentrisch zu einer mehr oder weniger ausgesprochenen Auflockerung des Zellverbandes, so daß Lücken zwischen den Zellen entstehen und die Intercellularbrücken deutlich hervortreten (a). Je mehr durch Ansammlung eines flüssigen Exsudats die Zellen aus ihrem Verbande gelöst werden, desto mehr runden sie sich unter Verlust der Intercellularbrücken ab, quellen auf, zeigen pyknotischen und später chromatolytischen, blasigen Kern und vermehrte Eosinophilie des Protoplasmas (b). Der ganze Prozeß entspricht der ballonierenden Degeneration, wie er von Unna beschrieben wurde. Unter fortschreitender Quellung werden diese Zellen durch Kolliquationsnekrose vollkommen verflüssigt. Die oberen Zellschichten des Stratum spinosum lassen zahlreiche Vakuolen in ihrem Protoplasma, Degeneration der Kerne erkennen, so daß ein feinmaschiges Netz entsteht (retikulierende Degeneration). Bereits zu Beginn des Prozesses finden sich auch entzündliche Veränderungen im Papillarkörper in Form von perivasculären Infiltraten (c) und zwischen den Stachelzellen eingewanderten Leukocyten, die mittels ihrer lytischen Fermente zur Verflüssigung der Zellen beitragen. Durch Verstopfung der Lymphgefäße kommt es zu Lymphstauungen und auf diese Weise zur weiteren Auseinanderdrängung der in Degeneration befindlichen Zellen. So entstehen mikroskopische Bläschen und durch deren Zusammenfließen größere Blasen (s. Abb. 81 d), deren Decke aus dem Stratum corneum, lucidum, granulosum und der oberflächlichen Stachelzellenschicht besteht, deren Grund aber meistens noch vom Stratum cylindricum bedeckt ist (e). Die Enden der größeren Papillen sind bisweilen vom Epithel entblößt, fallen ebenfalls der Kolliquation anheim oder ragen septenförmig in die Blasen hinein (f). Mit Zunahme der Blasenflüssigkeit und dadurch des intravesiculären Druckes hebt sich die Blasendecke mehr und mehr ab, wird papierdünn, so daß Bakterien von außen eindringen können. Außer diesen finden sich in der Blasenflüssigkeit Leukocyten, degenerierende Epithelien und vereinzelte Blutkörperchen. Nach Platzen der Blase entleert sich ihr Inhalt nach außen, der Grund reinigt sich und es erfolgt rasch und vollständig Erneuerung des Epithels von der Basalzellenschicht her ohne Narbenbildung. Auch im Bereiche des mukösen Gewebes können entzündliche Infiltrationen und Wucherungen adventitieller Elemente noch längere Zeit zugegen sein (g). Die im Bereiche der Blasen in den Epithelzellen gefundenen einschlußkörperchenähnlichen Gebilde sind wahrscheinlich unspezifische Degenerationsprodukte.

2. Magen- und Darmkanal.

a) Chronischer Magenkatarrh (Gastritis catarrhalis chronica hypertrophicans).

Chronische Magenentzündungen entstehen durch längere Einwirkung infektiös-toxischer, parasitärer, thermischer, chemischer und traumatischer Schädlichkeiten, im Verlaufe von chronischen Stauungszuständen oder im Anschlusse an die Ausscheidung toxisch wirkender Produkte durch die Magenschleimhaut (z. B. Harnstoff bei chronischer Nephritis). — In vielen Fällen gehen die akuten Magenentzündungen allmählich in die chronischen über.

Makroskopisch ist die Gastritis catarrhalis chronica durch eine mehr oder weniger stark ausgeprägte Schleimhautverdickung gekennzeichnet, die besonders die Pylorusgegend oder den Magen im ganzen betrifft. Die meist mit zähem, glasigem Schleim bedeckte Schleimhaut ist von grauer Farbe oder schieferig gefleckt und zeigt deutliche Felderung oder unregelmäßige, warzige, polypöse Wucherungen (Schleimhautpolypen, Gastritis polyposa). Durch Verschluß von Drüsenmündungen entstehende Retentionscysten sowie Hyperplasien der Lymphfollikel in der Magenwand können mit den beschriebenen Veränderungen einhergehen.

Histologie. Unser Präparat (Abb. 82) zeigt einen Schnitt durch die Magenwand eines Schweines bei chronischer Gastritis. Sie ist ein Schulbeispiel für chronische Schleimhautentzündungen überhaupt. Schon bei schw. V. kann festgestellt werden, daß die Schleimhautverdickung zurückzuführen ist: 1. auf die Wucherung des interstitiellen Bindegewebes, 2. auf die Ansammlung entzündlicher Zellinfiltrate in diesem und zwischen den Drüsenschläuchen, 3. durch Hypertrophie der Drüsenschläuche und der Muskelfasern im interstitiellen Bindegewebe und in der Muscularis mucosae. Bei a tritt die Wucherung des interstitiellen Gewebes am deutlichsten hervor. Bei Anwendung der VAN GIESONschen Färbung sind die reifen Bindegewebszellen und -fibrillen deutlich zu erkennen. Bei b ist die Verbreiterung des interstitiellen Gewebes, in breiter Basis von der Submucosa ausgehend, zu einem wesentlichen Teile durch die zelligen Ansammlungen verursacht, die in der Hauptsache aus Lymphocyten und Polyblasten bestehen. Dieselben Veränderungen finden sich im Zwischendrüsengewebe, allerdings weniger stark ausgeprägt (c). In allen diesen Teilen ist die Hypertrophie der Muskelfasern deutlich sichtbar (VAN GIESON-Färbung!). Zum Teil durch Druck des gewucherten interstitiellen Bindegewebes und durch die Hypertrophie der

Muskulatur, zum Teil durch die entzündlichen Zellansammlungen ist die Atrophie und Degeneration der gewucherten Drüsenschläuche bedingt, deren Epithelbelag (d) im Vergleiche zu den normalen Drüsen bei e kaum mehr zu erkennen

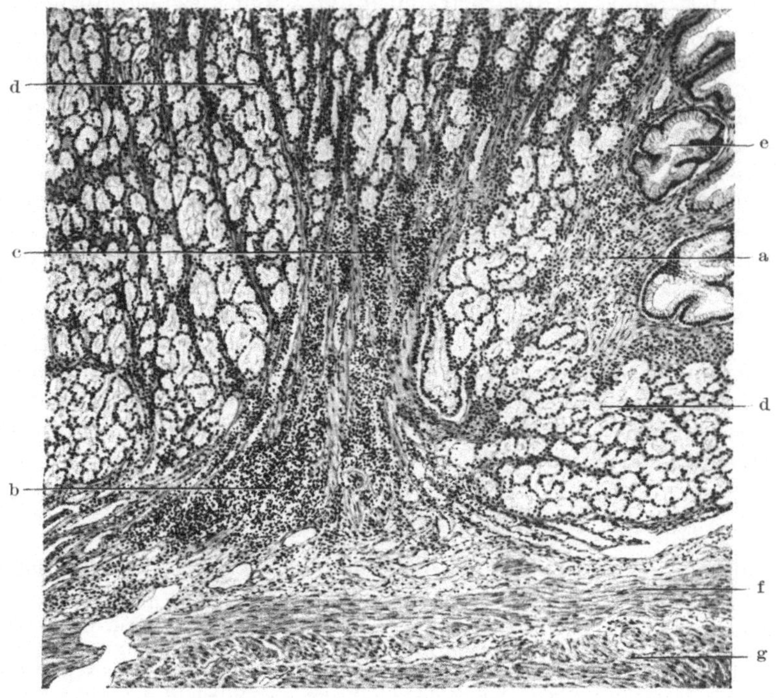

Abb. 82. Gastritis catarrhalis chronica (Schwein). 60 ×. VAN GIESON.
a Wucherung des interstitiellen Gewebes, b Lymphocyteninfiltrate in der Submucosa, c im Zwischengewebe, d deutliche Atrophie der Drüsenschläuche, e normale Drüsenhohlräume, f, g längs- und quergetroffene Muskulatur.

ist. Die entzündlichen Veränderungen dehnen sich bis in die Submucosa aus, während die Muscularis völlig normales Aussehen besitzt.

b) Akuter Darmkatarrh (Enteritis catarrhalis acuta).

Die Darmentzündungen werden in zwei Gruppen eingeteilt: 1. in die selbständigen, primären Entzündungen. **Ursachen:** verdorbenes Futter, chemisch-ätzende und toxische Stoffe, Bakterien, Bakterientoxine, Virusarten, Parasiten, Fremdkörper, Zersetzungsprodukte (z. B. bei Darmverschluß). 2. in die sekundären, im Verlaufe zahlreicher Infektionskrankheiten auftretenden Enteritiden (so z. B. bei Staupe, Schweinepest, Rinderpest, Schweinerotlauf).

Chronische Darmentzündungen entwickeln sich vielfach aus den akuten oder treten bei chronischen Infektionskrankheiten (Paratuberkulose des Rindes) und bei chronischen Kreislaufstörungen (Stauungskatarrhe) auf.

Makroskopische Kennmale des Darmkatarrhs sind streifige, fleckförmige oder diffuse Rötung (Hyperämie), sowie Schwellung bzw. Durchfeuchtung und Auflockerung der Darmwand infolge Ödems. Beide Veränderungen können sich agonal zurückbilden und fast ganz in den Hintergrund treten. Die Solitärfollikel und PEYERschen Platten sind oft knötchen- oder beetartig vergrößert (Enteritis follicularis simplex). Häufig kommt es an der Schleimhautoberfläche zu Epitheldesquamation, Erosionen und Geschwürsbildungen. Je nach Beschaffenheit des Darminhalts wird von serösem, schleimigem, desquamativem oder eitrigem Katarrh gesprochen. Die Untersuchung des Exsudats bzw. Darminhalts muß zur Beurteilung des Charakters der Enteritis herangezogen werden.

Histologie. Unser Präparat (Abb. 83) stellt einen Schnitt durch die Darmschleimhaut eines mit desquamativer Enteritis behafteten Hundes dar. Bei schw. V. können die einzelnen Darmwandschichten unterschieden werden. Die gesamte Propria mucosae erscheint verdickt, wohl in der Hauptsache durch die Schwellung der Darmzotten (a), die an ihren Enden kolbig verdickt erscheinen, und durch die Hyperplasie der Drüsen (b). Als auffallendster Befund kann das Fehlen des Zottenepithels gelten: es ist lagenweise abgestoßen und liegt zwischen den Zottenquerschnitten (c) = Desquamativkatarrh. Es zeigt, ebenso wie das Kryptenepithel, nekrotische Veränderungen. In der Tiefe der Krypten ist es dagegen überall gut erhalten. Bei st. V. findet man — als Ausdruck eines entzündlichen Vorganges — eine geringgradige Infiltration der tieferen Teile der Schleimhaut mit Wanderzellen (in der Hauptsache Lymphocyten). Die Blutgefäße sind wenig verändert. Hyperämie fehlt oder tritt in den Hintergrund. Muscularis mucosae, Submucosa und innere und äußere Muskelschicht sind frei von Veränderungen. Im Darmlumen befindet sich dünnflüssiger Schleim, der durch desquamierte Zottenepithelien und vereinzelte Entzündungszellen trübes Aussehen besitzt.

Als weiteres Beispiel einer katarrhalisch-hämorrhagischen Enteritis soll die durch Coccidien hervorgerufene Darmentzündung besprochen werden.

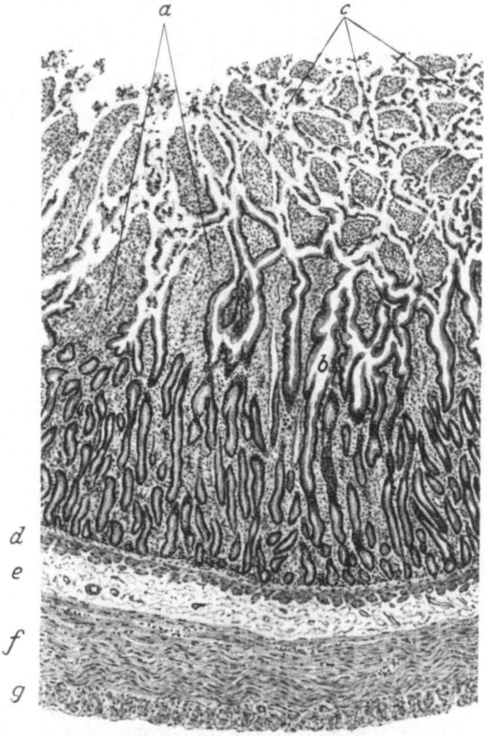

c) Darmcoccidiose.

Darmcoccidiose spielt bei den verschiedenen Haustieren, insbesondere bei Jungrindern und Vögeln eine Rolle. Folgende **Coccidienarten** kommen in Betracht: beim Rind: Eimeria bovis (rote Ruhr), beim Schaf: Eimeria Faurii, bei der Ziege: Eimeria Arloingi, beim Schwein: Eimeria jalina, beim Kaninchen: Eimeria Stiedae

Abb. 83. Enteritis acuta catarrhalis (Staupe, Hund). 35 ×. Hämatoxylin-Eosin.
a Schwellung epithelloser Darmzotten, b Hyperplasie des Epithels, c desquamierte, degenerierende Zottenepithelien, d Muscularis mucosae, e Submucosa, f innere, g äußere Muskelschicht.

(Eimeria oviforme), bei Fleischfressern: Diplospora bigemina sowie Isosporaarten, bei der Gans: Eimeria truncata, beim Huhn: vornehmlich Eimeria tenella, außerdem Eimeria mitis n. sp., Eimeria averculina n. sp. und Eimeria maxima n. sp. Bei Singvögeln parasitieren hauptsächlich Isosporaarten.

Alle diese Coccidienarten sind ausgesprochene Zellschmarotzer. Ihre krankmachende Wirkung wird aus dem **Entwicklungsgang** verständlich:

Die mit der Nahrung und dem Trinkwasser aufgenommenen Oocysten verlieren im Darm des befallenen Wirtstieres ihre Schale infolge Auflösung durch den Pankreassaft. Dadurch werden die in ihnen enthaltenen Sporozoiten frei und dringen kraft ihrer aktiven Bewegungsfähigkeit in die Epithelzellen der Darmzotten ein, um dort eine Umwandlung in etwas größere Gebilde, die sog. Schizonten durchzumachen. Diese bringen auf dem Wege der ungeschlechtlichen Vermehrung (Schizogonie, Agamogonie) viele spindelförmige, ebenfalls aktiv bewegliche sog. Merozoiten hervor, die durch Zugrundegehen der von ihnen befallenen Epithelien frei werden und sich in neuen, bisher freien Epithelzellen ansiedeln, wo sie ebenfalls wieder zu Schizonten heranwachsen. Dieser Vorgang wiederholt sich oftmals in rascher Folge, so daß in kürzester Zeit sämtliche Drüsenepithelien im Bereiche der betroffenen Darmabschnitte befallen werden. Nach und nach erschöpft sich aber die Schizogonie und aus den in die Epithelzellen eingedrungenen Merozoiten entwickeln sich nicht mehr neue Schizonten, sondern zwei voneinander verschiedene Geschlechtsformen der Parasiten, die sog. Makro- und Mikrogameten. Diese schwärmen in das Darmlumen aus und befruchten sich dort (Abb. 84).

Durch diese Art der Vermehrung, der sog. Sporogonie oder Gamogonie entstehen wiederum Oocysten, die sich meist in großer Menge in den Drüsenlichtungen, im Darminhalte als ovoide oder rundliche Gebilde mit doppelt konturierter Schale und ziemlich stark lichtbrechendem, kugelig zusammengezogenem, granuliertem, kernhaltigem Protoplasma vorfinden. Nach Ablauf dieser endogenen Entwicklung gelangen die Oocysten mit dem Kot des Wirtstieres ins Freie, wo unter günstigen Bedingungen (Wärme, Feuchtigkeit, Licht und Sauerstoff) innerhalb der Oocysten die Bildung von Sporoblasten, Sporocysten und Sporozoiten vor sich geht. Mit dieser exogenen Entwicklung, die meist nur wenige Tage in Anspruch nimmt, findet der Kreislauf der Gesamtentwicklung seinen Abschluß.

Bei manchen Tierarten können Coccidien im Darm anwesend sein, ohne pathogene Wirkung auszuüben. In der Regel bedingen sie jedoch schwere, enzootisch auftretende, seuchenhafte Durchfälle, vielfach hämorrhagischer Natur (rote Ruhr, blutige Typhlitis), die mit Anämie, Abmagerung und Kachexie einhergehen und häufig tödlichen Ausgang nehmen.

Bei den verschiedenen Tierarten besitzen die Coccidien Lieblingssitze im Darmkanal, wo sie bald zu herdförmigen, bald zu mehr diffusen Veränderungen Veranlassung geben.

Beispiel. Rote Ruhr des Rindes. Die Veränderungen betreffen vorwiegend den Dickdarm, in dem sich dünnflüssige, schmutzig-rötliche, bisweilen mit Blutgerinnseln untermischte Inhaltsmassen befinden, die Coccidienoocysten reichlich enthalten. Die Darmschleimhaut ist geschwollen, in Falten gelegt und diffus gerötet oder mit punktförmigen, fleckigen und flächenhaften Blutungen versehen. Unter Umständen können auch pseudomembranöse und nekrotische Enteritiden zugegen sein.

Der **histologische Befund** bei der Coccidienenteritis erklärt die starke Schleimhautverdickung (Abb. 85). Auch hier sind die verdickten Zotten ihres Oberflächenepithels beraubt (Desquamation). Besonders auffallend ist aber bei dieser Enteritis die dichte Infiltration des interglandulären Gewebes (a), zum Teil auch der Submucosa mit Entzündungszellen (b), die bei Betrachtung mit

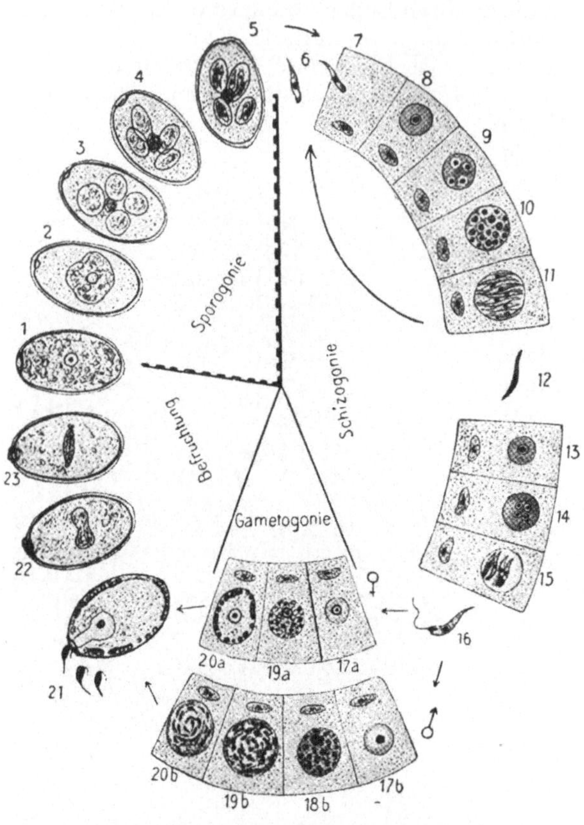

Abb. 84. Entwicklungskreis der Coccidien.
1 Unreife Oocyste; 2, 3, 4 Entstehung von 4 Sporoblasten nebst Restkörpern in der Oocyste; 5 Entstehung von 2 Sporozoiten in jedem Sporoblasten; 6 Sporozoit auf dem Wege zur Darmschleimhautzelle; 7 Darmschleimhautzelle mit Zellkern, in die ein Sporozoit im Begriffe ist einzudringen; 8—11 Heranwachsen des eingedrungenen Sporozoiten zum Schizonten und Bildung von Merozoiten; 12 freigewordener Merozoit; 13—15 letztes Schizontenstadium, aus welchem je 4 Merozoiten sich entwickeln, die nach Eindringen in neue Zellen entweder zu weiblichen oder zu männlichen Formen heranwachsen; 16 freigewordener Merozoit; 17a, 19a, 20a Entwicklung der Makrogameten; 17b, 18b, 19b, 20b Entwicklung der Mikrogameten; 21 Befruchtung eines Makrogameten durch Mikrogameten; 22, 23 Entwicklung des befruchteten Makrogameten zur Oocyste. (Nach REICH: Arch. Protistenkde 28, verkleinert.)

stärkeren Systemen in der Hauptsache als Lymphocyten und Makrophagen erkannt werden. Dazwischen finden sich vereinzelte eosinophile Leukocyten. Die zwischen den Infiltratzellen liegenden Bindegewebs- und Muskelzellen des interstitiellen Bindegewebes (c) können deutlich von jenen unterschieden werden. Diese Zellinfiltration ist stellenweise so dicht, daß die Darmdrüsen komprimiert werden und druckatrophisch zugrunde gehen (verwaschene Färbung des Protoplasmas und der Zellkerne, Karyopyknosis, Karyorhexis, Karyolysis). An anderen Stellen fallen die Epithelien schon bei schwacher Vergrößerung dadurch

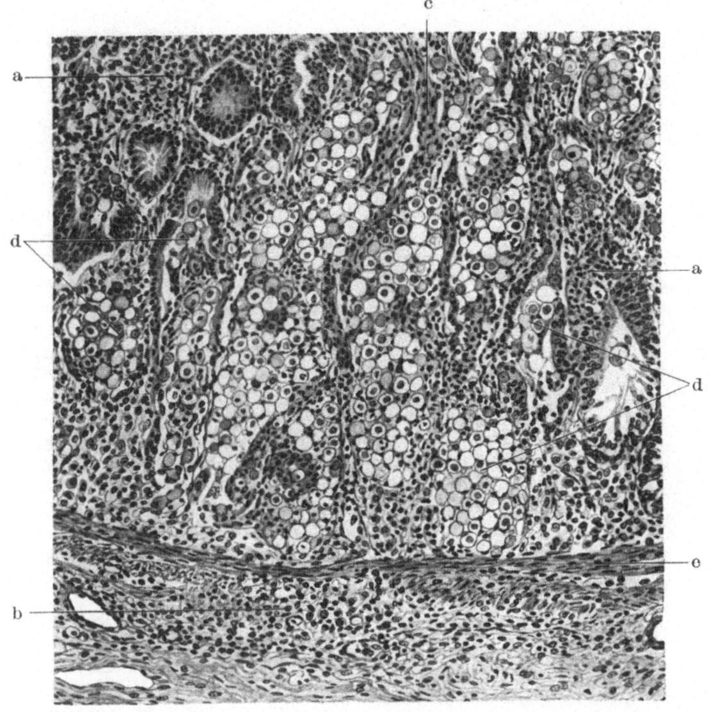

Abb. 85. Dickdarmcoccidiose (rote Ruhr, Rind). 140 ×. Hämatoxylin-Eosin.
a Infiltration des interglandulären Gewebes, b der Submucosa mit Lymphocyten und Makrophagen, c Zellen des interstitiellen Bindegewebes, d zahlreiche Coccidienentwicklungsstadien (Schizonten) in Drüsenepithelien und Drüsenhohlräumen. In den meisten Hohlräumen sind die Epithelien zerstört und nicht mehr sichtbar, e Muscularis mucosae.

auf, daß sie (in manchen Drüsengruppen fast jede Zelle) Coccidien oder deren Entwicklungsformen enthalten, die sich bei stärkerer Vergrößerung als runde, blasige, granulierte, oft mit zentralen oder randständigen basophilen Innenkörpern und mit Membran versehene Gebilde erweisen (d). Ihre Größe bedingt zunächst eine seitliche oder basalständige Verlagerung des Kernes der damit besiedelten Epithelien, später Degeneration der Zellkerne und der Zellen, deren Desquamation mit teilweisem Freiwerden der Parasiten. Daher finden sich in den Lichtungen vieler Drüsenschläuche desquamierte, in Degeneration befindliche Epithelien und Coccidien. Die Blutgefäße im interstitiellen Gewebe und in der Submucosa sind erweitert, mit roten Blutkörperchen prall gefüllt (Hyperämie); ihre Endothelien lassen Schwellung erkennen. Die Bestandteile und Bindegewebsfasern der Submucosa sind durch Ansammlung von seröser Flüssigkeit und von Entzündungszellen auseinandergedrängt (entzündliches Ödem). Die pralle Füllung der Blutgefäße, die perivasculäre Ansammlung von

Entzündungszellen und die Fibroblastenwucherung zwischen äußerer und innerer Muskelschicht sind deutliche Zeichen, daß auch die äußeren Wandschichten von dem entzündlichen Prozeß in Mitleidenschaft gezogen werden können. Sobald der Prozeß hämorrhagischen Charakter angenommen hat, finden sich überall aus den Gefäßen ausgetretene rote Blutkörperchen, die die Darmwand neben den Entzündungszellen infiltrieren und sich dem Darminhalt beimischen. Dieser enthält außerdem desquamierte Epithelien und zahlreiche Coccidien, welch letztere mit dem Kot in die Außenwelt gelangen und zu neuen Infektionen Veranlassung geben.

d) Darmveränderungen bei chronischer Schweinepest.

(Beispiel einer diphtheroiden, nekrotisierenden Enteritis.)

Während bei der akuten Form der Schweinepest die den hämorrhagischen Septicämien eigentümlichen **pathologisch-anatomischen Veränderungen** (Blutungen in den verschiedenen Organen) neben katarrhalischen, hämorrhagischen und croupösen Darmentzündungen im Vordergrunde des anatomischen Bildes stehen, beschränkt sich die pathogene Wirkung des Erregers bei subakutem und chronischem Verlaufe der Krankheit auf die Lungen oder auf den Darmkanal. In letzterem, besonders im Colon, im Blinddarm und im Bereiche der Ileocöcalklappe, treten — durch sekundär eindringende Nekrosebacillen und Paratyphazeen kompliziert — nekrotische Prozesse, tiefgreifende diphtheroide Veränderungen auf, die entweder als knopfförmige, leicht erhabene, konzentrisch geschichtete Nekroseherde (boutons), als mehr oder weniger tiefgreifende, unregelmäßig begrenzte, häufig narbig ausheilende Geschwüre, seltener als bandförmige oder diffuse diphtheroide Herde in Erscheinung treten. Diese Prozesse nehmen ihren Ausgang zum Teil von den PEYERschen- und den Solitärfollikeln, zum Teil von der Schleimhaut selbst. Im ersteren Falle ist im Beginn eine knötchenförmige Schwellung der Follikel sichtbar, in deren Zentrum ein miliarer Nekroseherd erscheint, der entweder von einer größeren Follikelblutung ausgeht oder mit nekrotischen Follikelarterien im Zusammenhange steht. Die Entstehung der außerhalb der Lymphfollikel und PEYERschen Platten ausgehenden, nekrotisch-diphtheroiden Prozesse ist ebenfalls auf Gefäßveränderungen zurückzuführen, wie sie auf S. 57 beschrieben sind. Von diesen Anfangsherden aus breitet sich die Nekrose auf die benachbarte Schleimhaut aus und führt unter der Einwirkung von Nekrosebacillen und Paratyphazeen zur Entstehung der obengenannten, reliefartig über die Oberfläche hervorragenden Schorfe.

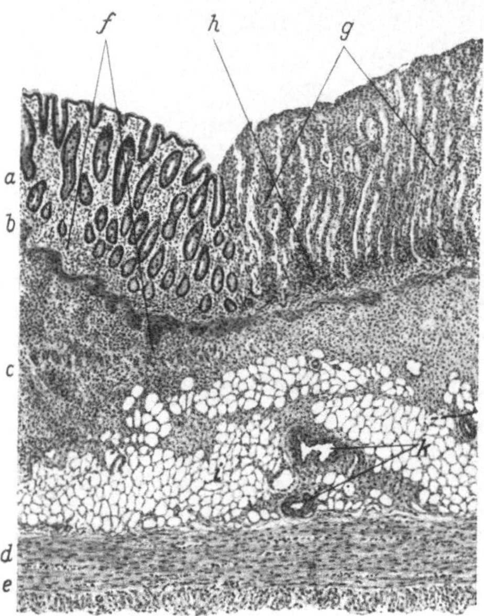

Abb. 86. Diphtheroide Colitis bei Schweinepest. 35 ×. Hämatoxylin-Eosin.
a Schleimhaut, b Muscularis mucosae, c Submucosa, d innere, e äußere Muskelschicht, f Rundzelleninfiltrate zwischen den Drüsenepithelien weit in die Submucosa sich ausdehnend, g Koagulationsnekrose der Schleimhaut mit Demarkationswall bei h i Fettgewebe, k Blutgefäße in der Submucosa.

Histologie. Unser Präparat (Abb. 86) zeigt eine derartige diphtheroide Colitis im beginnenden Stadium. Das eingehende Studium dieser Veränderungen ist geeignet, auch das Verständnis für die Entstehung der daraus sich entwickelnden Geschwürsbildungen zu eröffnen. Schon bei schwacher Vergrößerung fällt die Verdickung der Schleimhaut, insbesondere der Submucosa (c), sowie die verschiedene Färbbarkeit der Propria mucosa auf. Im linken Teil der Abb. 86 f erkennen wir verhältnismäßig gut erhaltene Drüsenschläuche, zwischen denen in dichter Lagerung Zellansammlungen sich befinden, die sich über die Muscularis mucosae hinaus in die Submucosa hinein ausdehnen. Selbst in der äußeren und inneren Muskellage sind noch vereinzelte zellige Infiltrate sichtbar. Bei g zeigt das Gewebe der Propria mucosae eine auffallende Affinität zum Eosin, verwaschene Färbbarkeit sämtlicher Kern- und Zellelemente, so daß die Drüsenzellen bei schw. V. kaum zu erkennen sind. Unmittelbar über der Propria mucosae (h) ist eine dunkelgefärbte, wall- oder bandartige Zone sichtbar, durch die der eosinophil sich färbende Propriateil gegenüber den unteren, normal sich färbenden Wandbestandteilen scharf abgegrenzt wird. — Bei Betrachtung mit st. V. kann festgestellt werden, daß die bei f im interglandulären Gewebe liegenden Zelleninfiltrate in der Hauptsache aus Lymphocyten, Makrophagen und vereinzelten eosinophilen Leukocyten zusammengesetzt sind, und daß die Epithelien der Drüsenschläuche wesentliche Veränderungen nicht aufweisen. Auch der Propriaabschnitt bei g läßt strukturelle Einzelheiten noch erkennen, aber alle Gewebsteile, einschließlich der Zellkerne und der auch hier vorhandenen Infiltratzellen, besonders in den oberen Schleimhautschichten, haben einen ausgesprochen roten, verwaschenen Farbton angenommen. In den oberflächlichen Schleimhautteilen sind die einzelnen Zellen gequollen, verwaschen gefärbt und vielfach besät mit kleinen Partikeln zerfallender Kerne (h) = Karyorhexis. Wir erkennen so das typische Bild der Nekrose in verschiedengradigen Zustandsbildern. In den tieferen Schleimhautschichten sind die Zellkerne deutlicher, zum größten Teile sogar basophil, man sieht die Drüsenepithelien, stellenweise auch hier im Zerfall begriffen und in den Drüsenlumina fädigen Schleim, bei Anwendung der Fibrinfärbung auch feinfädiges Fibrin. Der bandartige Wall oberhalb der Muscularis mucosae (h) löst sich bei st. V. in eine Demarkationszone auf, die im unteren, der Muscularis mucosae zugewendeten Teil aus dicht liegenden Lymphocyten, Plasmazellen, Leukocyten und Histiocyten besteht, während der Übergang zur nekrotischen Propria mucosae durch einen wohl aus diesen Zellen stammenden Kerntrümmerwall dargestellt ist. Hier zeigt sich der Versuch, das nekrotische Gewebe abzugrenzen und seinem weiteren Vordringen eine Grenze zu setzen.

Damit wird die Geschwürsbildung (s. später) eingeleitet. In der Submucosa ist zu versuchen, mit st. V. die verschiedenen Arten der Infiltratzellen auseinander zu halten, besonders an den Stellen weniger dichter Lagerung: Lymphocyten, Plasmazellen, Polyblasten, polymorphkernige und eosinophile Leukocyten, Fibroplasten, Kerntrümmer von verschiedenartigstem Aussehen und perivasculäre Blutungen. Letztere stehen regelmäßig im Zusammenhange mit prall gefüllten kleineren Blutgefäßen, deren Wand die auf S. 57 beschriebenen degenerativen Veränderungen erkennen lassen. Geringgradiges Ödem der Submucosa.

Während die primären Veränderungen der beschriebenen Art in der Hauptsache der Wirkung des Schweinepestvirus zuzuschreiben sind, erfolgt ihre Vergrößerung mit konzentrischer Ringbildung unter der Einwirkung sekundärer, eingedrungener Nekrosebazillen. Mit einsetzender Demarkation werden die nekrotischen Teile mehr und mehr über die Schleimhaut emporgehoben, worauf die Knopf(bouton)bildung zurückzuführen ist.

Der weitere Ablauf des Prozesses gestaltet sich so, daß der nekrotische Schleimhautteil bei g vollkommen abgegrenzt, entlang dem Kerntrümmerwall vom gesunden, unterliegenden Gewebe losgelöst und allmählich abgestoßen wird. Auf diese Weise entsteht ein Geschwür, dessen Schleimhautränder steil zum Grunde abfallen, der neben Resten von nekrotischem Gewebe aus Ansammlungen von Entzündungszellen und jungem Granulationsgewebe besteht. Es folgt die Reinigung des Geschwürsgrundes, das Granulationsgewebe wuchert und wird von beiden Seiten her von dem sich regenerierenden Darmepithel überdeckt, so daß glatte Ausheilung erfolgt. In manchen Fällen schreitet der diphtheroid-nekrotische Prozeß in die tieferen Teile der Submucosa, ja sogar in die Muskelschichten hinein fort, so daß tiefgehende, leicht perforierende Geschwüre entstehen, deren Ausheilung zur Entstehung von ausgesprochenen Narben auf der Schleimhaut führt.

3. Leber.

a) Stauungsleber (Stauungshyperämie, passive, venöse Hyperämie).

Entstehung. Behinderung des Blutabflusses aus den Lebervenen. Allgemeine Leberstauungen sind in der Regel die Folge von Herzfehlern, Erkrankungen des Herzmuskels

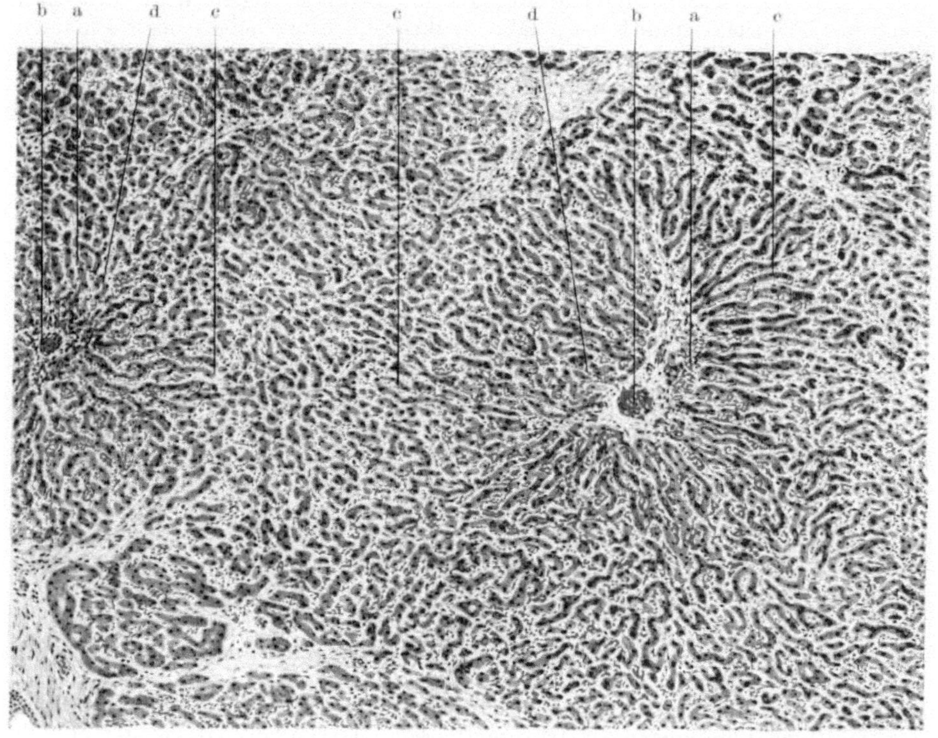

Abb. 87. Akute Leberstauung (Herzinsuffizienz, Hund). 75 ×. Hämatoxylin-Eosin.
a Ausweitung und pralle Füllung der Pfortadercapillaren und b der Zentralvenen, c geringe Stauung in den Randgebieten der Läppchen, d geringgradige Druckatrophie der Leberzellen in der Läppchenmitte.

und des Herzbeutels, von Störungen im Lungenkreislauf mit Insuffizienz des rechten Herzens, von Kompression des Endabschnittes der hinteren Hohlvene durch Geschwülste, vergrößerte Lymphknoten, Gasblähung oder Futterüberfüllung der Vormägen, Verstopfung der Vena cava oder der Leberveneneinmündung durch Thromben. Partielle Leberstauung kommt zustande, wenn der Abfluß des Venenblutes innerhalb der Leber, z. B durch Tumoren, infektiöse Granulome, Echinokokken u. a. behindert ist.

Der **makroskopische Leberbefund** wechselt je nach Grad und Dauer der Stauung. Im akuten Stadium tritt vornehmlich die pralle Füllung und Dilatation der Zentralvene und der umgebenden Pfortadercapillaren hervor, so daß die einzelnen Läppchenzentren durch ihre rote Farbe betont werden. Die Leber ist dabei vergrößert, ihre Kapsel prall gespannt, die Schnittfläche dunkel, mit deutlicher Läppchenzeichnung und großem Blutreichtum. Mit Zunahme der Stauung kommt es zum Einsinken der Läppchenmitte und auf diese Weise zur Verkleinerung des ganzen Organs (Stauungsatrophie). Durch die im weiteren Verlaufe nach der Peripherie der Läppchen zu sich ausdehnende Stauung werden die

komprimierten, verfetteten Randpartien aneinandergrenzender Läppchen zu gelblichen
Inseln zusammengedrängt, zwischen denen die roten Stauungsbezirke liegen (Muskatnußzeichnung der Schnittfläche). Bei längerer Dauer kommt es zur Leberverhärtung (Stauungsinduration oder zur Stauungscirrhose).

Histologie. Abb. 87 zeigt einen Schnitt durch die Leber eines Hundes
bei akuter Stauung (infolge Herzinsuffizienz). Schon bei schw. V. ist festzustellen, daß die Hauptveränderungen in diesem Stadium in der Läppchenmitte,
d. h. im Gebiete der Zentralvene sich abspielen. Sie bestehen in Dilatation und
praller Füllung der Pfortadercapillaren (a) und meistens auch der Zentralvenen (b)
mit roten Blutkörperchen. Nach den Randpartien der Läppchen zu (c) klingt die
Stauung merklich ab. Die starke Capillarfüllung in der Läppchenmitte führt
zur Druckatrophie (braune Atrophie) der Leberzellen (d). Mit zunehmender
Stauung stellt sich nicht nur ein umfangreicher Zerfall (Atrophie) der Läppchenmitte ein, sondern auch starke Verfettung der in den peripherischen Läppchenabschnitten noch erhalten gebliebenen Leberzellen. Diese bilden zusammen
mit den Randpartien benachbarter Läppchen und den zwischen ihnen eingeschlossenen GLISSONschen Dreiecken umschriebene Parenchyminseln, die sich
makroskopisch durch ihre gelbe Farbe von den roten Stauungsgebieten deutlich
abheben. Auf diese Weise ist die Entstehung der Muskatnußzeichnung der
Leber zu erklären. Bei chronischem Verlaufe stellen sich Wucherungen des
Bindegewebes im Bereiche der Zentralvenen, der Lebervenen, des intra- und interlobulären Bindegewebes sowie der Gitterfasern ein, so daß das Bild der Stauungsinduration (Stauungsverhärtung) zustande kommt. Bisweilen machen sich, von
erhalten gebliebenen Läppchenpartien ausgehend, regenerative Vorgänge in
Form kompensatorisch-hypertrophischer Leberzellbezirke geltend.

b) Toxische Leberdystrophie (früher enzootische Ferkelhepatitis).

Beispiel eines toxischen Zerfalles der Leber, der auch als akute, gelbe oder rote oder
genuine Leberatrophie bekannt ist. Vorkommen: bei fast allen Haustieren; am häufigsten
und vielfach endemisch bei Ferkeln und Läufern. **Ursachen:** ungeklärt; mit großer Wahrscheinlichkeit pflanzliche Gifte, wie Lupinen, Wicken, Pilze u. a. sowie enterogene Intoxikationen durch verdorbene Nahrungsmittel (Lebertran, Fischmehl u. a.). Akuter und
subakuter Verlauf mit vielfach tödlichem Ausgang.

Makroskopisch ist im akuten Stadium weniger die Atrophie, als vielmehr die hellgelbe
bis ockergelbe Farbe des Organs an der Oberfläche und auf dem Schnitt auffallend. Im
weiteren Verlaufe treten meistens in der Läppchenmitte Hyperämie und fleckförmige
Blutungen verschiedenen Umfanges auf und bedingen das charakteristische, buntscheckige
Aussehen im subakuten Stadium. Neben normalen, braunroten Leberläppchen finden sich
unregelmäßige, meist scharf begrenzte, trübe bis hellgelbe, graurote und schwarzrote Herde,
letztere besonders unter der Leberkapsel in bunter Mischung, so daß von bunter Marmorierung oder mosaikartigem Aussehen gesprochen wird.

Histologisch beginnt der Zerfall mit degenerativen Veränderungen des Leberparenchyms, häufig in Form trüber Schwellung und degenerativer Verfettung.
Auch herdförmiger Ikterus kann frühzeitig hervortreten. Im Anschluß daran
entwickelt sich eine regelrechte Nekrose, die in der Regel in der Mitte der Leberläppchen, also um die Zentralvene herum, beginnt, peripheriewärts sich ausdehnt und nicht selten ganze Läppchen in Mitleidenschaft zieht. Abb. 88
zeigt das histologische Bild einer Leberdystrophie vom Ferkel im subakuten
Stadium. In dem mittleren Leberläppchen fallen schon bei schw. V. hellere,
fast ungefärbte Herde (a) auf, die aus gequollenen, geronnenen Leberzellen
mit unsichtbaren Kernen bestehen. Es handelt sich hier um eine Nekrose,
bei der das Bild der Chromatolysis und Plasmolysis im Vordergrund steht.
In anderen Fällen tritt die Nekrose mehr unter dem Bilde der Karyorhexis
hervor. Die Leberzellen, besonders in der Peripherie des Läppchens lassen,
abgesehen von geringer Verfettung, Veränderungen nicht erkennen. In dem

danebenliegenden Leberläppchen (b) ist der degenerative Prozeß wesentlich weiter fortgeschritten. Die Leberstruktur ist überhaupt nicht mehr erkennbar. Die Leberzellen sind aus ihrem Verbande gelöst und in Degeneration begriffen.

Zwischen den vielfach ballonartig aufgetriebenen und sich auflösenden Leberzellen (c) und dem zum Teil noch erhaltenen Gitterfasernetz (d) befinden sich zahlreiche Vakuolen (wohl durch die Auflösung von Zellen entstanden), vereinzelte rote Blutkörperchen sowie Lymphocyten und polymorphkernige Leukocyten (e), welch letztere am Läppchenrande und im interlobulären

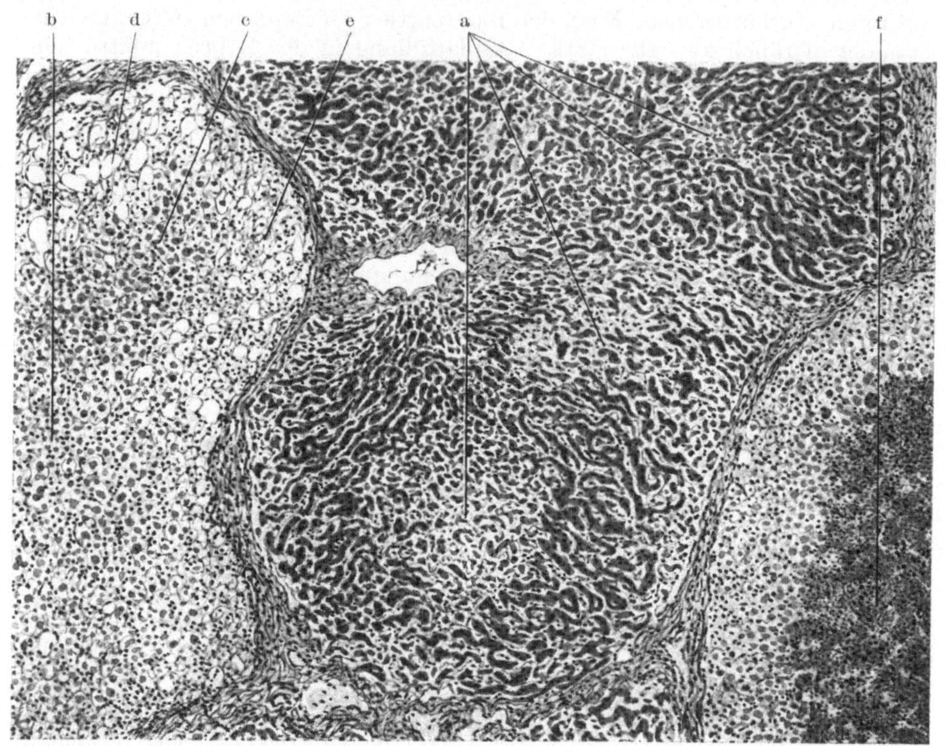

Abb. 88. Toxische Leberdystrophie (Ferkel). 75 ×. Hämatoxylin-Eosin.
a Nekroseherde im Leberläppchen, b Leberläppchen in vollkommener Degeneration, c ballonierende Epithelien, d Gitterfasernetz mit Vakuolen, e Rundzellenansammlungen, f umfangreiche Blutung in der Mitte eines degenerierten Leberläppchens.

Bindegewebe dichtere Ansammlungen bilden. Das Leberläppchen bei f zeigt dieselben Veränderungen, mit dem Unterschied, daß die Läppchenmitte von einer umfangreichen Ansammlung roter Blutkörperchen eingenommen wird. In dem Maße nämlich, als das Leberparenchym nekrotisch zugrunde geht, kommt es zur Erweiterung der Capillaren, zur Blutstauung in diesen und zu perivasculären Blutungen, die zunächst nur kleinen Umfang besitzen, später aber große Läppchenteile, unter Umständen ganze Läppchen betreffen können. Auf diese Weise entsteht die Buntheit des geschilderten anatomischen Bildes. Diese wird noch erhöht durch die Verfettung in den Randteilen der noch erhaltenen Leberläppchen, sowie durch das Auftreten von Galle- und Blutpigment (vielfach in Reticuloendothelien phagocytiert). Im weiteren Verlaufe kommt es durch die Tätigkeit der aus den interlobulären Bindegewebssepten ausgewanderten polymorphkernigen Leukocyten zur Resorption der Zerfallsmassen, soferne noch genügend ungeschädigte Lymphgefäße vorhanden sind.

Reparative Vorgänge, die ebenfalls mit Leukocytenemigration beginnen, zu reaktiven Bindegewebs-, Gallengangs- und Gitterfaserwucherungen und auf diese Weise zur Cirrhose führen, bilden das Endstadium des Prozesses. Schließlich wird bisweilen, meist von den peripherischen Läppchenabschnitten ausgehend, eine knötchenförmige Regeneration von Lebergewebe beobachtet.

c) Leberverhärtung (Lebercirrhose).

Die heutige Auffassung über das Wesen der Lebercirrhose geht dahin, daß sog. enterogene Gifte, die mit dem Pfortaderblut in die Leber gelangen, primären Parenchymzerfall

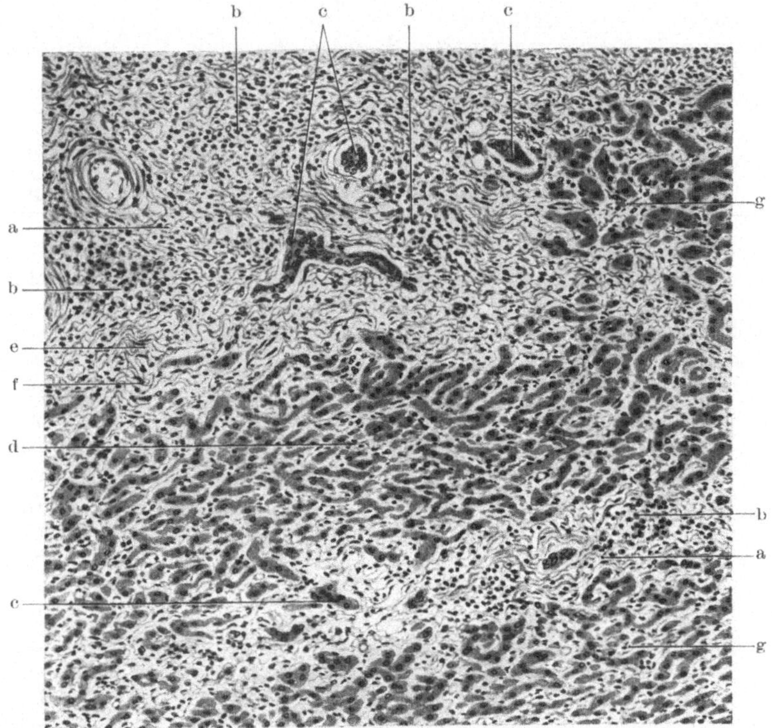

Abb. 89. Echte hypertrophische Cirrhose (Rind). 140 ×. VAN GIESON.
a neugebildetes, gefäßreiches Bindegewebe mit b Rundzelleninfiltraten und c Gallengangswucherungen, d Leberzellinseln, e faserreiches, neugebildetes Bindegewebe, f Fibroblastenkerne, g intraacinöse Bindegewebswucherung.

bedingen, während die Bindegewebswucherung und die regenerativen Vorgänge sekundärer Natur sind und den Charakter von Ausheilungs- und Wiederherstellungsvorgängen besitzen. Für die Entstehung der Cirrhose soll die Beteiligung der Capillaren und Gitterfasern an der Schädigung ausschlaggebend sein (RÖSSLE). Daß die Bindegewebswucherungen aber auch entzündlicher Natur sein können, ist aus dem Charakter der meisten parasitären Cirrhosen ersichtlich (Coccidiose, Distomatose u. a.).

Ursachen: mannigfaltig. Dem Alkohol, der beim Menschen hauptsächlich in Betracht kommt, ist bei den Tieren geringe Bedeutung beizumessen, wenn auch beim Rinde nach Verfütterung alkoholhaltiger Schlempe und beim Schwein nach Verabreichung gärfähiger oder gärender Futterstoffe bisweilen Lebercirrhose vorkommt. Wichtiger sind Pflanzengifte, wie sie z. B. bei der in den Vereinigten Staaten von Amerika auftretenden Walking-Disease der Pferde einwandfrei nachgewiesen wurden, die wahrscheinlich mit der Schweinsberger Krankheit in Deutschland identisch ist. Außerdem sind Nahrungsmittelgifte, enterogene Selbstvergiftung und bei vielen Haustieren vor allem Parasiten in Betracht zu ziehen.

Anatomisch werden zwei Formen der Cirrhose unterschieden: 1. *die atrophische Lebercirrhose* (LAËNNECsche Cirrhose), und 2. *die seltenere hypertrophische* (HANOTsche) *Cirrhose*.

Bei der ersteren stehen, durch massenhaften Parenchymzerfall und Bindegewebs-
schrumpfung bedingt, Verkleinerung des Organs, fein- oder grobkörnige, granulierte
Beschaffenheit der Oberfläche, ikterische Verfärbung und Verfettung, Verhärtung des
ganzen Organs und auffallende Bindegewebsvermehrung auf der Schnittfläche im Vordergrund. Bei der echten hypertrophischen Form dagegen ist die Leber vergrößert, Oberfläche glatt oder leicht granuliert, Konsistenz derb, unter Umständen bretthart. Vergrößerung und Verhärtung ist auf die mächtige inter- und intralobuläre sowie pericapilläre Bindegewebszunahme bei geringer Parenchymschädigung zurückzuführen. Die
Läppchenstruktur ist verdeckt, die Schnittfläche graubraun oder graurötlich, bisweilen
deutliche Muskatnußzeichnung aufweisend. Daneben gibt es noch einen regenerativen
Typus der atrophischen Cirrhose, die ebenfalls durch Vergrößerung und grobknotige
Beschaffenheit des Organs ausgezeichnet ist, in diesem Falle aber auf einer übermäßigen
Ersatzwucherung des Leberparenchyms beruht.

Abb. 89 zeigt **das histologische Bild** einer echten, hypertrophischen
Cirrhose vom Rind bei VAN GIESON-Färbung. Bei schw. V. fallen die leuchtend
rot gefärbten, breiten, gefäßreichen Bindegewebsmassen (a) besonders ins Auge.
In ihnen finden sich zahlreiche Rundzelleninfiltrate (b) und neugebildete, vielfach geschlängelt verlaufende Gallengänge (c), besonders am Rande des erhaltenen
Lebergewebes. Das letztere liegt in Form unregelmäßig gestalteter Inseln (d)
zwischen den Bindegewebsmassen, wobei der Läppchenaufbau nur noch undeut-
lich zu erkennen ist. Bei Betrachtung mit st. V. tritt der faserige Charakter
des neugebildeten Bindegewebes deutlich hervor (e). An vielen Stellen sind sogar
breite, kollagene Fasern gebildet. Neben den spindeligen Fibroblastenkernen (f)
stehen die zahlreichen, meist perivasculären, aus Lymphocyten, Polyblasten
und einzelnen Leukocyten zusammengesetzten Zellinfiltrate (b) im Vordergrund
(Ausdruck einer entzündlichen Reizung!). Außerdem ist das neugebildete Gewebe
reich an Capillarsprossen und jungen Endothelröhren. Es gehört zur Eigentümlichkeit dieser Cirrhoseform, daß die Bindegewebswucherung nicht nur vom
interlobulären Bindegewebe ihren Ausgang nimmt, sondern auch im intralobulären Platz greift. Die letztere tritt bei g deutlich hervor und zwar in der
Art, daß einzelne Leberzellen und kleine Verbände von solchen von Faserzügen
umrahmt und abgesondert werden. Im neugebildeten Bindegewebe, besonders
am Rande der Leberzellinseln, finden sich in unserem Präparat — wie bei fast
allen Cirrhoseformen — mehr oder weniger zahlreiche, wahrscheinlich regenerativ
gebildete Gallengangssprossen, die mit Leberzellinseln verwechselt werden
können. Sie stellen auf Quer- und Längsschnitten rundliche, ovale, oder längliche, oft wurmartig geschlängelte, solide Zellstränge oder mit niedrigem, flach-
gedrücktem Epithel ausgekleidete Röhren dar (c). — Die zwischen den Bindegewebsmassen eingeschlossenen Leberepithelinseln sind verhältnismäßig gut
erhalten. Nur an wenigen Stellen zeigt sich umschriebener nekrobiotischer
Kern- und Zellzerfall als Ausdruck der toxischen Zellschädigung. Im übrigen
scheinen die Leberzellbalken vergrößert, teilweise mit vergrößerten und doppelten
Zellkernen ausgestattet und unregelmäßige Verbandbildung aufweisend (beginnende Regeneration!). Die in den Leberzellinseln eingeschlossenen Binde-
gewebsteile der GLISSONschen Dreiecke sind ebenfalls stark zellig infiltriert und
enthalten gewucherte Gallengänge. Besonders die Wucherung des intraacinösen
Bindegewebes gibt eine Erklärung für das Zustandekommen der mit der Lebercirrhose so häufig vergesellschafteten Galle- und Blutstauung (Ikterus, Stauungen
im Pfortadergebiet, Ascites, Stauungskatarrhe des Magens und Darmes).

d) Leber bei Leukämie.

Bei den Leukämien des Menschen und der Haustiere sind an der Blutzellenbildung nicht
nur die postfetalen Blutbildungsstätten wie Lymphknoten, Milz, lymphatische Gewebe der
Schleimhäute = Produzenten der lymphatischen Blutzellenreihe (Lymphoblasten, Lymphocyten, Plasmazellen) und Knochenmark = Produzent der myeloischen Zellen (Erythro-
blasten, Erythrocyten, Myeloplasten, Myelocyten, polymorphkernige Leukocyten, Mega-

karyocyten), sondern auch solche Organe beteiligt, die diese Fähigkeit sonst nur im fetalen Leben besitzen. Besonders der Leber ist unter solchen Verhältnissen diese Fähigkeit zu eigen. In ihr treten bei allen Leukämieformen umfangreiche, herdförmige und diffuse Zellansammlungen auf, die nicht etwa aus den Bildungsstätten eingeschwemmt, sondern an Ort und Stelle aus Gefäßendothelien, Adventitialzellen und KUPFFERschen Sternzellen (reticuloendotheliales System) gebildet werden. So entstehen in diesem Organ entweder diffuse, mehr oder weniger umfangreiche Anschwellungen oder umschriebene knötchen- und knotenförmige Bildungen von geschwulstartigem Aussehen, wie sie bei dieser Krankheit auch in anderen Organen vorkommen.

Ursache: unbekannt, mit Ausnahme der Weißblütigkeit der Hühner, bei der ein ultravisibles, filtrierbares Virus, also eine Infektionskrankheit vorliegt.

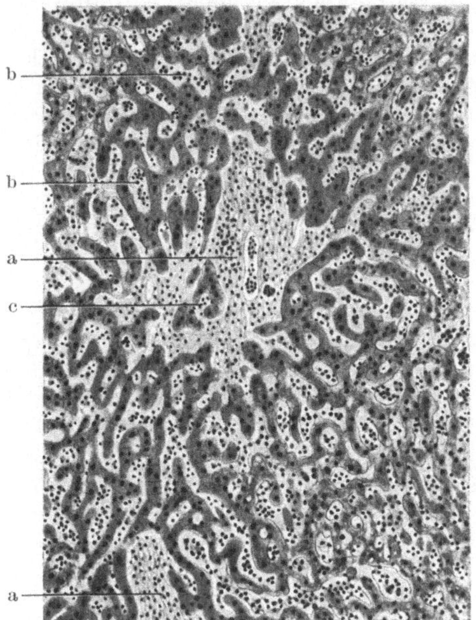

Abb. 90. Lymphatische Leukämie (Leber, Rind). 90 ×. Hämatoxylin-Eosin.
a Lymphocyteninfiltrate im verbreiterten periportalen Bindegewebe, b dieselben Zellen in den intralobulären Blutcapillaren, c geringgradige Druckatrophie der Leberzellen.

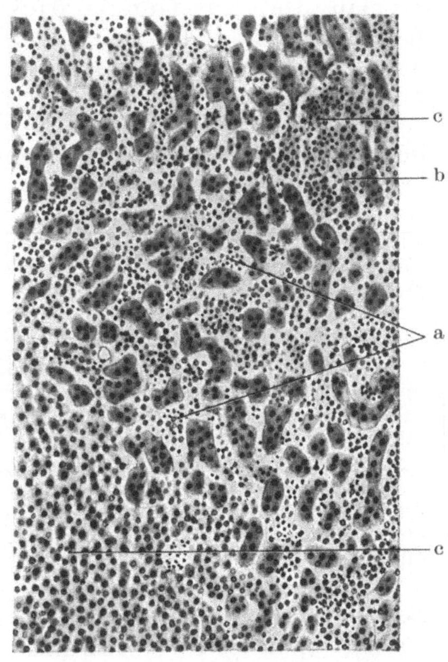

Abb. 91. Myeloische Leukämie (Leber, Hund). 150 ×. Hämatoxylin-Eosin.
a massenhafte Ansammlung von polymorphkernigen Leukocyten und Vorstadien in den intralobulären Capillaren, b Druckatrophie, c Verdrängung von Leberzellen durch die neugebildeten Zellelemente.

Das histologische Bild der Leber bei den Leukämien wechselt nach Lokalisation und Art der Zellansammlungen, je nachdem es sich um eine lymphatische oder myeloische Leukämie handelt. Im ersteren Falle finden sich (s. Abb. 90) ausgesprochene Zellinfiltrate, besonders im periportalen Bindegewebe (a), wodurch dieses eine zum Teil wesentliche Verbreiterung erleidet. Dieselben Infiltratzellen sind aber auch intralobulär in den Blutcapillaren des Leberparenchyms vorhanden (b). Mit st. V. läßt sich feststellen, daß diese Zellansammlungen in der Hauptsache aus kleinen, rundlichen, mit chromatinreichem Kern versehenen Zellen vom Aussehen der Blutlymphocyten zusammengesetzt sind. Dazwischen kommen vereinzelt größere Zellen mit größerem Kern und deutlich sichtbarem Zelleib = Lymphoblasten vor. Die Zellen im Interstitium entstammen wohl dem dort vorkommenden lymphatischen Gewebe, während diejenigen in den interacinösen Capillaren dem leukämischen Zustand des Blutes entsprechen. Sowohl durch die damit verbundene Verbreiterung des Interstitiums, als auch durch die intralobulären Zellansammlungen können an den Leberzellen durch Druck schwere degenerative Veränderungen zustande kommen, die aber bei der lymphatischen Leukämie weniger ausgeprägt sind, wie bei der myeloischen.

Bei dieser ist die Ansammlung von Zellen im intralobulären Raum bzw. in den intralobulären Capillaren weit massenhafter (Abb. 91a). Sie bestehen hier teils aus typischen, polymorphkernigen Leukocyten, teils aus größeren, mononukleären Zellen mit großen, rundlichen, zartgranulierten Kernen = Myeloplasten und Myelocyten. Daneben finden sich spärlich eosinophile Leuko- und Myelocyten und seltener Knochenmarksriesenzellen (Megakaryocyten). Typische Lymphocyten und kernhaltige rote Blutkörperchen (Erythroplasten) kommen ebenfalls vor. Die Genese dieser Zellen ist histologisch nicht einwandfrei festzustellen. Es wird angenommen, daß die Reticuloendothelien hauptsächlich an ihrer Bildung beteiligt sind. Durch den von diesen Zellen ausgeübten Druck und durch Ernährungsstörungen des Organs überhaupt entstehen an den Leberzellbalken schwere degenerative Veränderungen, die alle Stadien zwischen degenerativer Verfettung und Zellkernzerfall mit Pyknose und Karyorhexis erkennen lassen.

Bei der ELLERMANNschen Hühnerleukose kommen beide Leukämieformen häufig miteinander vergesellschaftet vor. Es lassen sich dabei histologisch inter- und extravasculäre Formen unterscheiden, die sich mit der diffusen Vergrößerung und knotigen Beschaffenheit des Organs decken.

e) Leber bei infektiöser Anämie (Pferd).

Die Bedingungen, die in verschiedenen Organen zur Ablagerung von Blutfarbstoff und seinen Komponenten (Hämosiderin, Hämatoidin) führen, sind im allgemeinen Teil (S. 19) auseinandergesetzt. Da die Hämosiderosis der Leber im Zusammenhange mit der infektiösen Anämie des Pferdes als Hilfsmittel zur histologischen Feststellung angesehen wird, findet sie im folgenden nähere Besprechung.

Makroskopisch ist die Leber entweder unverändert oder vergrößert und zeigt auf der Schnittfläche deutliche Läppchenzeichnung (Muskatnußleber), wobei die zentralen, eingesunkenen Läppchenabschnitte infolge Hämosiderinanhäufung durch rostbraunen Farbton auffallen.

Histologisch sind Veränderungen in der Leber stets zugegen, wenn das betreffende Tier in einem Fieberanfall verendete, oder wenn dem Tode ein solcher unmittelbar vorausging. Im Anfangsstadium ist Aktivierung und Schwellung der Endothelien und KUPFFERschen Sternzellen zu beobachten, die mit geringen Mengen von Hämosiderin beladen sind (a). In den Capillaren finden sich gleichzeitig vereinzelte hämosiderinführende Makrophagen (b)[1]. Die eisenführenden Zellen werden auch als siderofere Zellen oder Siderocyten bezeichnet. Diese Veränderungen treten um so ausgeprägter auf, je mehr Fieberanfälle dem Tode des Tieres vorangegangen waren (Abb. 92). Um die Zentralvenen herum kommt es dann zu besonders massenhafter Ansammlung von Siderocyten (a), die manchmal traubenförmig mit Hämosiderin so dicht besetzt sind, daß weder Kern noch Protoplasma mehr sichtbar sind. Bisweilen nehmen sie ganze rote Blutkörperchen in sich auf und bauen deren Hämoglobin zu Hämosiderin ab (Erythrophagen). Auch außerhalb von Zellen gelegenes Hämosiderin wird stellenweise beobachtet (c). In derselben Zone macht sich gleichzeitig eine herdförmige Ansammlung von lymphocytenähnlichen Zellen (Lymphoidzellen) (d) und Fibroblasten bemerkbar. Weiterhin fällt in der Umgebung der Zentralvene häufig Ödem und ausgesprochene Nekrose des Lebergewebes auf, die auf die toxische Einwirkung des filtrierbaren Virus der infektiösen Anämie zurückzuführen sind (e). In den mittleren und peripherischen Teilen der Leberläppchen finden sich Makrophagen mit oder ohne Hämosiderin, sowie

---

[1] Zweckmäßige Darstellung des Eisenpigments mit der Berlinerblau- oder Turnbullblaureaktion und Carmingegenfärbung, s. O. SEIFRIED u. E. HEIDEGGER: Pathologische Mikroskopie. Stuttgart: Ferdinand Enke 1933.

Lymphoidzellen in kleinerer oder größerer Zahl, hauptsächlich in den Capillaren zwischen den Leberzellbalken, welch letztere dadurch Druckatrophie und Verfettung erleiden und bei älteren Tieren außerdem fast regelmäßig braunes Abnutzungspigment (Lipofuscin, S. 3) in größeren Mengen enthalten (f). Auch in der Umgebung der Läppchen, im GLISSONschen Gewebe finden sich umfangreiche Lymphoidzellansammlungen und bisweilen auch Fibroblastenwucherungen. Die Zahl der Lymphoidzellen in allen Teilen der Leberläppchen nimmt mit der Krankheitsdauer zu. In späteren Stadien können sich cirrhotische Veränderungen entwickeln.

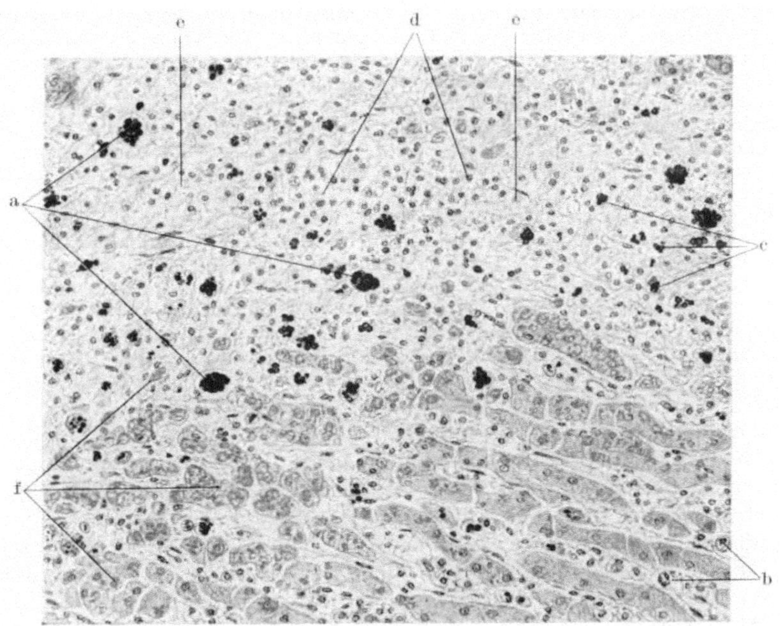

Abb. 92. Leber bei infektiöser Anämie (Pferd). 220 ×. Berlinerblau-Reaktion-Carmin. Gebiet in unmittelbarer Nachbarschaft einer Zentralvene. a Siderocyten, b hämosiderinführende Makrophagen in Capillaren, c außerhalb von Zellen gelegenes Hämosiderin, d Lymphoidzellansammlungen, e Ödem und Nekrose des Lebergewebes in der Nachbarschaft der Zentralvene, f Lipofuscin in und außerhalb von Leberzellen.

Während die Abstammung der Siderocyten und Makrophagen von Capillarendothelien und KUPFFERschen Sternzellen erwiesen ist, ist diejenige der Lymphoidzellen umstritten. Sie werden zum Teil als undifferenzierte Jugendstadien von Lymphocyten betrachtet und aus Knochenmark und Blut hergeleitet, zum Teil als besonders differenzierte, vom Reticuloendothel abstammende Zellen angesehen, denen die Speicherfähigkeit fehlt, aber eine besondere Rolle im Abwehrkampf zugewiesen ist. Da in chronischen Fällen von infektiöser Anämie die Milz auffallend wenig Hämosiderin, aber zahlreiche Lymphoidzellen in der roten Pulpa enthält, handelt es sich in ihr möglicherweise um eine solche einseitige Differenzierung der Reticuloendothelien, während der Blutabbau unbewältigt bleibt und so das Eintreten anderer Organe für diesen Zweck notwendig wird.

Die Leberhämosiderose kann für die **histologische Feststellung** der infektiösen Anämie nur mit Einschränkung verwertet werden. Einerseits kommt sie in gleicher Weise bei Beschälseuche, chronischer Piroplasmose, bei Serumpferden (nach parenteraler Einverleibung von Eiweiß) vor, und andererseits wird sie bei solchen Tieren mit infektiöser Anämie vermißt, die im Intervall (also zwischen zwei Fieberstadien) verendeten oder getötet wurden. Neben den klinischen Erscheinungen müssen in Zweifelsfällen auch die Veränderungen in anderen Organen, wie septische Blutungen, Parenchymdegenerationen,

Lymphoidzellansammlungen und Siderose in den Nieren, Lungen, Lymphknoten und im Knochenmark, sowie das Verhalten der Milz (s. oben) entsprechend gewertet werden.

f) Gallengangscoccidiose.

Neben der Erkrankung des Darmes spielt bei der Kaninchencoccidiose diejenige der Gallengänge infolge ihres ausgesprochen chronischen und vielfach tödlichen Verlaufes eine große Rolle. **Erreger:** Coccidium oviforme (Eimeria Stiedae), dessen längsovale, doppelt konturierte Oocysten etwa 10—40 μ lang und 15—25 μ breit sind.

Pathogenese: Die Infektion der Gallenwege kommt dadurch zustande, daß die Dauerformen der Coccidien (Oocysten) mit der Nahrung oder dem Trinkwasser aufgenommen werden und in den Dünndarm gelangen. Dort werden durch Auflösung der Oocystenschale die in ihr enthaltenen Sporozoiten frei und gelangen mit großer Wahrscheinlichkeit auf dem Wege des Ductus choledochus in das Gallengangssystem der Leber. In den Gallengängen besiedeln und zerstören sie die Epithelien.

Die in die Epithelien der Gallengänge eingedrungenen Coccidien vermehren sich zunächst durch Schizogonie, später auch durch Sporogonie. Die letztere Entwicklungsform wird hauptsächlich in den makroskopisch sichtbaren, herdförmigen Veränderungen der Gallengänge beobachtet. Die neben der Sporogonie meist noch längere Zeit sich fortsetzende Schizogonie führt immer wieder zur Infektion der an die Stelle von zugrunde gegangenen Epithelien tretenden neugebildeten Epithelien, sowie der neugebildeten Gallengangsepithelien. Diesem doppelten Vermehrungsgange ist es zuzuschreiben, daß die Gallengangscoccidiose in der Regel durch solch schwere chronische Veränderungen ausgezeichnet ist.

Die Leber der mit Gallengangscoccidiose behafteten Kaninchen läßt **makroskopisch** zahlreiche grauweiße bis gelbliche, hirsekorn- bis haselnußgroße Herde erkennen, die oft zusammenfließen und gangartige, unmittelbar unter der Leberkapsel liegende Stränge bilden. Schnitte durch das Organ zeigen, daß diese Herde, die das ganze Leberparenchym durchsetzen, mit einer weißen, gelblichen, dickrahmigen, eiterähnlichen oder käseartigen Masse angefüllt und mit einer Bindegewebskapsel umgeben sind.

Histologische Schnitte durch derartige Herde lassen erkennen, daß es sich um örtlich erweiterte Gallengänge handelt, deren Wand durch eine eigenartige Wucherung sowohl des Epithels als auch der bindegewebigen Teile mehr oder weniger stark verdickt ist. Die epithelialen Wucherungen führen zur Entstehung von papillären Vorsprüngen, die in zum Teil weitverzweigten Verästelungen in das Lumen der Gallengänge von allen Seiten hineinragen oder dieses in Form von Scheidewänden durchziehen, so daß mehrkammerige Räume entstehen (Abb. 93a).

Das Bindegewebe der Gallengangswand, aus dem der Grundstock der papillären Vorsprünge gebildet wird, läßt einen ziemlich dichten, fibrillären Bau und in der Regel eine bald mehr, bald weniger starke Infiltration mit mononukleären Zellen (b) erkennen. In der Wand und ihrer Umgebung können sogar Riesenzellen vorkommen. Dagegen ist das Vorhandensein von eosinophilen Zellen eine Seltenheit. In sämtlichen Epithelzellen der Coccidienknoten, im besonderen derjenigen, die die papillären Wucherungen bekleiden, lassen sich mit großer Regelmäßigkeit Coccidien nachweisen und zwar entweder in Gestalt von Schizonten, von Makro- oder Mikrogametocyten, den Vorstufen der Makro- und Mikrogameten (c), und von Oocysten (d). In jüngeren Knoten sind die Schizonten, in älteren die Gametocyten in der Überzahl. Sie treten innerhalb der Zellen gewöhnlich in der Einzahl, seltener in der Mehrzahl auf, in Form von verhältnismäßig großen, kugeligen und ovoiden, fein oder grob granulierten, mit undeutlichem, bläschenförmigem Kern ausgestatteten, membranlosen Gebilden (c). Sie liegen im vergrößerten Zelleib über dem Kern, der basalwärts verdrängt ist (Abb. 93e, f). Entwicklungsformen, s. S. 100.

An den Kernen der befallenen Epithelzellen machen sich im Laufe der Zeit entweder durch Druck der immer größer werdenden Parasiten oder durch deren Stoffwechselprodukte Zerfallserscheinungen bemerkbar [Pyknose (f) und Karyorhexis]. Auch das Cytoplasma und die Zellmembran verfallen dem Untergang. Es kommt auch vor, daß die befallenen Epithelzellen abgestoßen werden und dann zerfallen. Daneben wird stellenweise auch eine Nekrose der Epithelien beobachtet.

Die auf diese Weise frei gewordenen Gametocyten wandeln sich nun nach stattgefundener Befruchtung in Sporonten und Oocysten um, die das Lumen der Gallengänge in Massen ausfüllen (g). Sie bilden neben Schizonten, freien Gametocyten und zerfallenden Epithelien den Hauptanteil des käsigen oder eiterähnlichen Inhalts der Coccidienknoten. Im Verhältnis zu den Oocysten

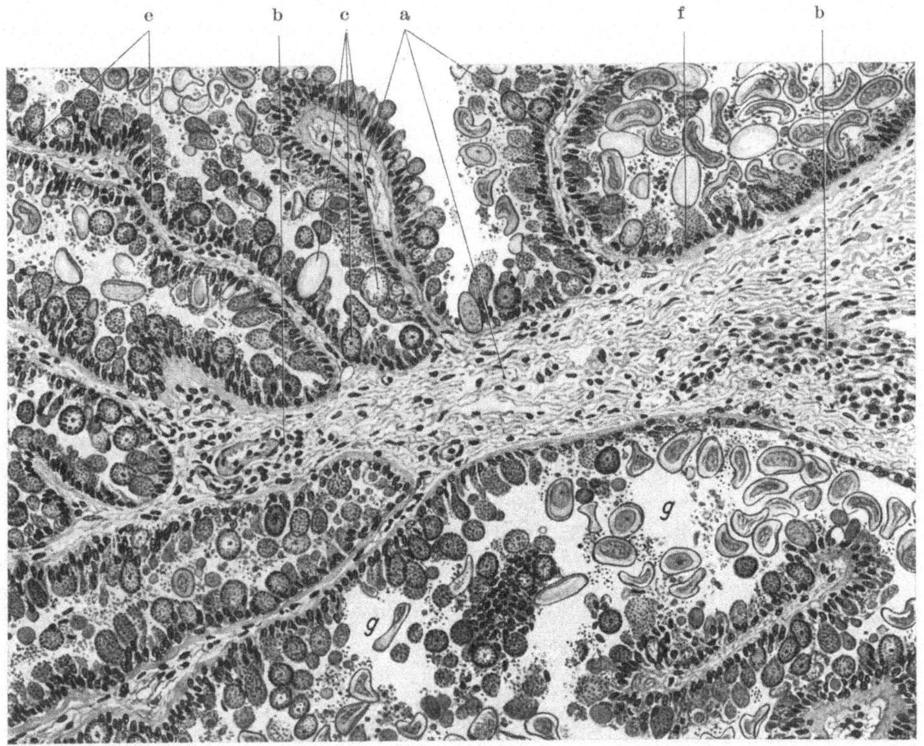

Abb. 93. Papilläre Gallengangswucherung bei Coccidiose (Kaninchen). 240 ×. Hämatoxylin-Eosin. a epitheltragende, von der Gallengangswand ausgehende Bindegewebspapillen, b fibrillärer Bau und perivasculäre (entzündliche) Zellinfiltrate der papillären Vorsprünge, c Coccidienentwicklungsstadien in den die Bindegewebspapillen bekleidenden Epithelzellen, bei e und f deren Kerne basalwärts verdrängend und zur Entartung (Pyknosis) bringend, g freigewordene Coccidienentwicklungsstadien, hauptsächlich Oocysten im Lumen des Gallengangs.

werden die Mikrogameten, Sporozoiten und Merozoiten sehr viel spärlicher angetroffen. Eiterzellen kommen im Inhalt der Coccidienknoten nicht vor.

Die infolge der Parasiteninvasion abgestoßenen und zugrunde gehenden Epithelien der Gallengangswände werden in der Regel rasch wieder durch neugebildete ersetzt. Diese Epithelerneuerung geht besonders in jüngeren Coccidienknoten über das gewöhnliche Maß weit hinaus, so daß stellenweise kugelförmige Epithelhyperplasien entstehen. In älteren Knoten dagegen ist dies nicht der Fall, so daß das Epithel in großem Umfange geschädigt wird. Die in den jüngeren Knoten neugebildeten Epithelien werden innerhalb kurzer Zeit ebenfalls wieder von Coccidien befallen.

Von den Gallengängen aus gelangen die Oocysten durch den Ductus choledochus in den Darm und von diesem mit dem Kot ins Freie, wo sie wieder zur Infektion gesunder Tiere Veranlassung geben können.

Nach diesen Befunden handelt es sich bei der Gallengangscoccidiose um eine in der Regel chronische Cholangitis mit Dilatation
der betroffenen Abschnitte und charakteristischen Wucherungs-
vorgängen an der erkrankten Gallengangswand. Wenn die Erkrankung
einen chronischen Verlauf nimmt, wird sekundär auch das Leberparenchym
in Mitleidenschaft gezogen in der Art, daß die Bindegewebsneubildung im Bereiche der chronisch-entzündeten Gallengangswände auch auf das benachbarte
Interstitium übergreift. Auf diese Weise entsteht eine oft erhebliche Vermehrung
des interlobulären und periportalen Bindegewebes (chronische interstitielle
Hepatitis).

Obwohl es dabei zur Ausbildung einer echten Cirrhose nicht kommt, so wird doch in
dem neugebildeten interlobulären Bindegewebe eine Neubildung von Gallenkanälchen
beobachtet, die mit hohem Zylinderepithel ausgestattet sind und das Aussehen von Drüsen-
querschnitten besitzen. Auch die Epithelien dieser neugebildeten Gallengänge werden von
Parasiten befallen und erleiden dieselben Veränderungen wie die oben beschriebenen. Mit
der Dilatation der betroffenen Gallengänge und der Bindegewebsneubildung in deren Wand
und im interlobulären Gewebe geht eine Druckatrophie des benachbarten Leberparenchyms
Hand in Hand.

Mit dem Aufhören der Schizogonie kann es in seltenen Fällen zu einer Rückbildung der Coccidienknoten und zu einer Heilung der Krankheit kommen.
Nach dem Verschwinden der hüllenlosen Parasiten enthält der die Knoten
ausfüllende Detritus nur noch beschalte und degenerierte Parasitenformen.
Während der Gallengangsinhalt sich mehr und mehr eindickt und unter Umständen sogar verkalkt, wandelt sich ihre Wand in ein dickschwieliges Narbengewebe um, das mehr oder weniger breite Züge auch zwischen die benachbarten
Läppchen hineinsendet. Zum Schluß enthalten so veränderte Knoten überhaupt
keine Parasiten mehr. Ein solcher Heilungsvorgang kann auch durch eine
Nekrose des Epithels und des angrenzenden Bindegewebes der Gallengangswand angebahnt werden. In diesen Fällen entwickelt sich von den erhaltenen
Wandbestandteilen aus Granulationsgewebe, das nach dem Lumen zu in die
nekrotische Masse vordringt und schließlich eine vollständige Obliteration des
erkrankten Gallengangsabschnittes herbeiführt.

E. Harnorgane.

a) Nierenblutungen bei Schweinepest

sind für die Feststellung dieser Krankheit von Wichtigkeit. Sie heben sich als submiliare,
miliare und stecknadelkopfgroße, seltener als flächenhafte Blutherde auf der Oberfläche
und auf der Schnittfläche, besonders in der Nierenrinde einzeln oder in dichtester Lagerung
von dem meist auffallend blassen Nierenparenchym ab. Auch im Nierenbecken treten
sie neben größeren Blutungsherden auf.

Histologisch handelt es sich um perivasculäre Blutungen, deren Entstehung
auf dieselben Gefäßveränderungen zurückzuführen ist, wie sie auf S. 57 beschrieben sind. Die Blutansammlungen finden sich vornehmlich im Bereiche
der Glomerulusschlingen und im interstitiellen Gewebe der Nierenrinde (Abb. 94).
Daneben werden — allerdings unregelmäßig — herdförmige und diffuse perivasculäre Rundzelleninfiltrate, geringgradiges Ödem des interstiellen Gewebes
und Nekroseherde angetroffen, die ebenfalls von nekrotischen Capillaren und
kleineren Blutgefäßen ihren Ausgang nehmen und größeren Umfang erreichen
können. Rückläufige Veränderungen der Tubulusepithelien müssen als Ergebnis
der vereinten Wirkung des Virus und mechanischer, durch Druck von Erythrocyten und Rundzellenansammlungen bedingter Faktoren angesehen werden.
Nicht selten finden sich mikroskopische Blutungen in Fällen, in denen makroskopische Veränderungen in den Nieren fehlen.

b) Niereninfarkt.

Wichtigste Kreislaufstörung dieses Organs. Entstehung durch Verstopfung eines Astes der Nierenarterie durch einen blanden (nichtinfizierten) Embolus. Umfang und Gestalt der Infarkte entsprechen dem Versorgungsgebiete der verschlossenen Gefäße: bei Verstopfung der Vasa arcuata = unregelmäßig gestaltete, größere, auch die Marksubstanz betreffende Infarkte; bei Verschluß der Vasa interlobularia = keilförmige Infarcierungen der Nierenrinde. Die Spitze des Keils entspricht der Verstopfungsstelle und ist dem Nierenhilus zugekehrt, während die Grundfläche des Keils der Nierenrinde zugewendet ist. Frische Infarkte sehen rötlich aus (kollaterale Blutzufuhr) = *rote Infarkte;* ältere besitzen zentral weißliche oder trüb-gelbliche Farbe (Anämie und Nekrose) = *anämische Infarkte* und einen peripherischen, hämorrhagischen Hof mit scharfer Abgrenzung gegenüber dem Nachbargewebe; alte Infarkte nehmen das Aussehen von Narben an mit Einziehung der Nierenoberfläche (Resorption und Organisation des nekrotischen Gewebes) = *Infarktnarben,*

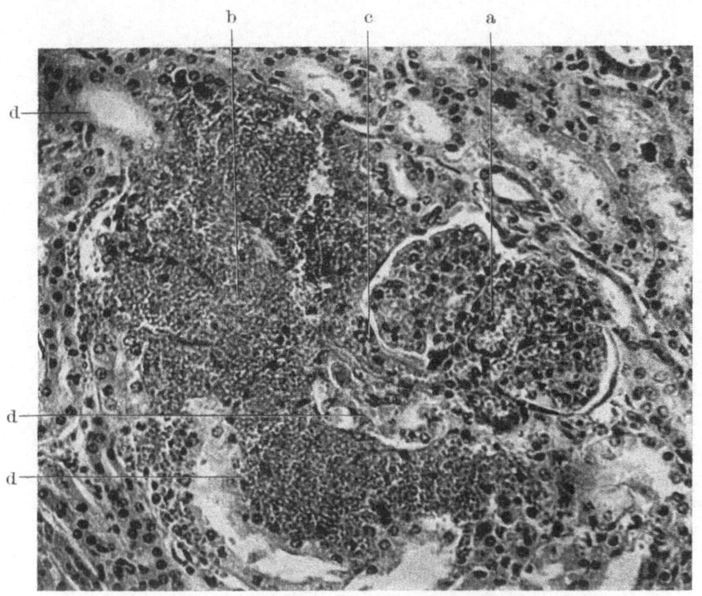

Abb. 94. Glomeruläre und periglomeruläre Blutung bei akuter Schweinepest. 320 ×.
Hämatoxylin-Eosin.
a Blutung mit pyknotischen Kernen im Glomerulus, b umfangreiche periglomeruläre Blutung c Kerntrümmer, wahrscheinlich von den Endothelien des zuführenden Gefäßes stammend, d Degeneration der benachbarten Kanälchenepithelien.

oder wenn zahlreich = *embolische Narbenniere.* Häufigstes Vorkommen: beim Schwein im Anschluß an Rotlaufendocarditis; beim Rind im Anschluß an Uterusvenenthrombose nach Geburten und ulceröser, thrombotischer Endocarditis (Streptokokken, pyogene Infektionen; beim Hunde im Anschluß an bakterielle bzw. urämische Endokarditis).

Histologisch handelt es sich bei so entstandenen Infarkten um anämische Nekrosen, deren Wesen durch das Studium des Präparates (Abb. 95, Infarkt beim Schwein) erschlossen wird. Keilform deutlich sichtbar: Grundfläche bei a, Spitze bei h. Auffallend ist die mangelnde Kernfärbung des Infarktgewebes, obwohl die einzelnen Strukturelemente (Glomeruli d, Harnkanälchen e und Blutgefäße f) noch deutlich hervortreten. Sie zeigen aber ein verwaschenes, homogenes Aussehen mit ausgesprochener Eosinophilie. Kerne sind mit Ausnahme weniger Harnkanälchen (k) weder im Bereiche des funktionstragenden Parenchyms, noch des Gefäßbindegewebes nachweisbar. Die Lichtungen der Kanälchen sind mit geronnenen Eiweißmassen angefüllt, dazwischen liegen noch teilweise färbbare Kerntrümmer, die zum Teil den Kernen der Epithelien und Bindegewebszellen, zum Teil wohl solchen eingewanderter polymorphkerniger Leukocyten

entstammen. Mittels Fettfärbungen lassen sich überall feinkörnige, fettige
Zerfallsmassen nachweisen. Die Veränderungen entsprechen dem Bilde der
Gerinnungsnekrose (Koagulationsnekrose) mit Chromatolyse, Karyolyse, geringgradiger Karyorhexis und Hypereosinophilie der betreffenden Zell- und Gewebsteile. Bei st. V. treten diese Veränderungen, besonders auch die Leukocyten-
ansammlungen am Rande des Infarktgewebes noch deutlicher hervor.

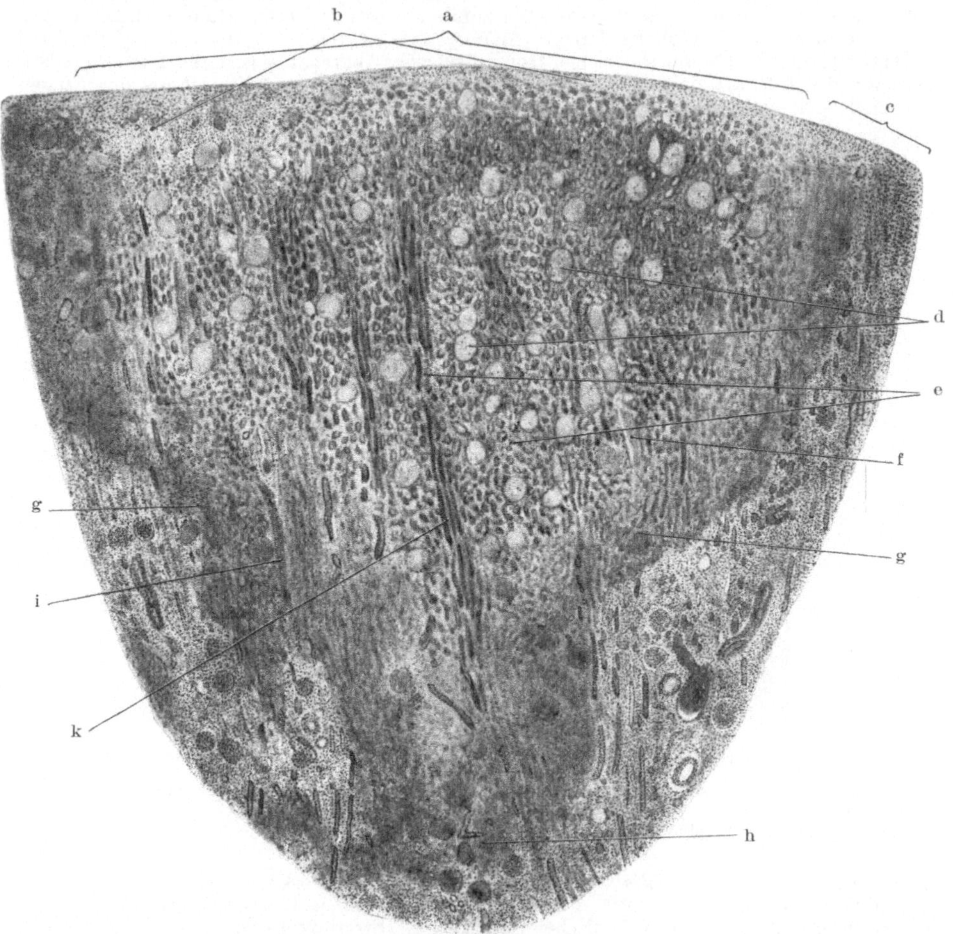

Abb. 95. Embolischer, blander Niereninfarkt (Schweinerotlauf). 15 ×. Hämatoxylin-Eosin.
Keilförmig gestaltete, anämische Nekrose des Nierengewebes. a Basis, b erhaltene Randzone,
c angrenzendes, gesundes Nierengewebe, d nekrotische Glomeruli, e nekrotische Harnkanälchen,
f Gefäß in der nekrotischen Zone, g und i hyperämisch-hämorrhagische Randzone, h Spitze des Keils,
k erhalten gebliebene Kerne der Harnkanälchen.

Betrachten wir den Infarktherd an der Grenze gegen das gesunde Gewebe
hin, so fällt auf, daß vor allem in Nähe der Nierenkapsel die Gewebsteile
besser erhalten sind, was aus der guten Färbbarkeit der Zellkerne geschlossen
werden kann (b). Die bessere Blutversorgung von den Gefäßen der Nierenkapsel her ist dafür verantwortlich zu machen. Im Bereiche der Seitenflächen
des Keiles treten überaus starke Füllung der Blutgefäße (i) und umfangreiche
Blutungen in das Zwischengewebe und in die Kanälchen hinein, die sog.
hyperämisch-hämorrhagische Randzone (g) hervor, die ihrerseits zu einer Druck-

atrophie und Nekrose des Gewebes führt. Erst am äußeren Rande dieser
Zone ist wieder normale Färbbarkeit des Nierengewebes festzustellen.   .

Wenn derartige Infarkte längere Zeit bestehen, so kommt es in der Regel
zur Resorption des nekrotischen Gewebes (Anwesenheit von Leukocyten mit
proteolytischer Wirkung ihrer Fermente) und zu dessen Organisation durch
Granulations- bzw. Bindegewebe. Das letztere wächst zum Teil in das Infarkt-
gewebe ein, zum Teil entsteht es multizentrisch von erhalten gebliebenen Capillaren im Infarktherd ausgehend und nach allen Richtungen hin sich ausbreitend

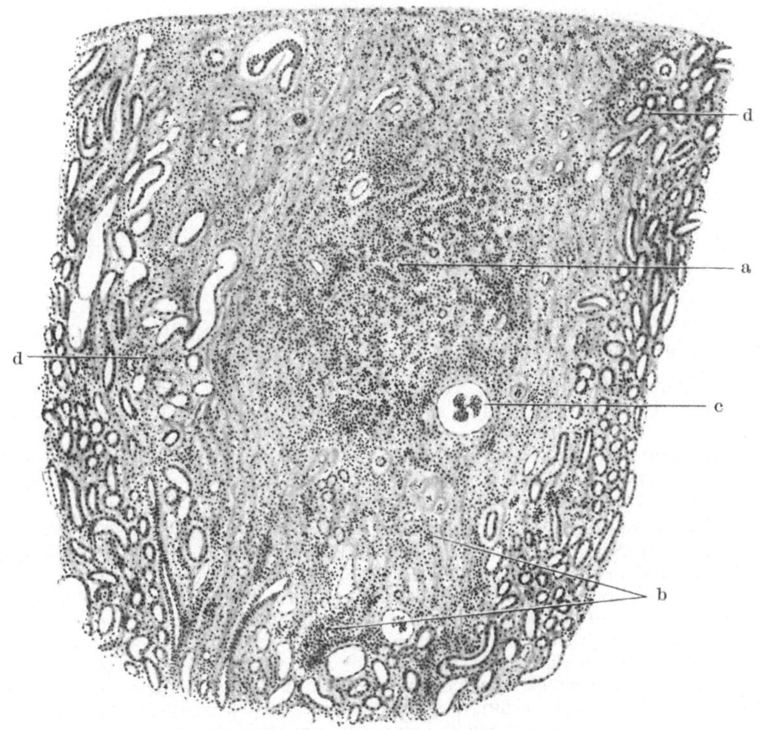

Abb. 96. Infarkt in Organisation (Hund). 50 ×. Hämatoxylin.
a in der Mitte des die Keilform noch deutlich zeigenden Infarkts: zellreiches Granulationsgewebe,
b am Rande entzündliche Zellinfiltrate, c geschrumpfter Glomerulus, d normales Nierengewebe.

(Abb. 96). Die Glomeruli und Harnkanälchen entarten hyalin. Regenerations-
vorgänge am Parenchym werden nicht beobachtet. Den Abschluß findet der
Organisationsprozeß durch Ausbildung eines zellarmen, faserreichen, zum Teil
hyalinen Bindegewebes, das weniger Raum beansprucht als der frühere Keil
und infolgedessen zu narbigen Einziehungen an der Oberfläche führen muß.
Beginn dieses Vorganges siehe Abb. 96.

c) Nierenentzündungen (Nephritiden)

sind bei den Haustieren häufig. Sie entstehen durch Zufuhr von Entzündungsnoxen auf dem
Blutwege (hämatogen, descendierend), von den unteren Harnwegen (urogen, ascendierend),
oder durch Fortleitung aus der Nachbarschaft. Im ersteren Falle beginnt die Entzündung
in den Glomeruli oder im interstitiellen Gewebe, im letzteren schreitet sie vom Nierenbecken
aus auf die Nierenpapillen und das übrige Nierenparenchym fort. Daß die im Gefäßbindegewebe ablaufenden Entzündungsvorgänge später auch die zugehörigen Nephrone
(also das eigentliche Parenchym) in Form degenerativer Vorgänge (Atrophie, Verfettung,

albuminöse Trübung, Desquamation) in Mitleidenschaft ziehen, ist begreiflich. Diese Vorgänge gehören aber nicht zum eigentlichen Begriff der Entzündung. Die folgende Einteilung der Nierenentzündungen trägt der Entstehung, dem Charakter, der Lokalisation und Ausbreitung sowie dem Verlaufe der Entzündung Rechnung. Die primär degenerativen Nierenveränderungen werden unter dem Begriff der Nephrosen zusammengefaßt.

A. Hämatogene Nephritis.

I. Nichteitrige Nephritis.

a)

$\left.\begin{array}{c}\text{akute}\\\text{chronische}\end{array}\right\rangle$ Glomerulonephritis $\left\langle\begin{array}{l}\text{herdförmige}\\\text{diffuse}\end{array}\right.$

b)

$\left.\begin{array}{c}\text{akute}\\\text{chronische}\end{array}\right\rangle$ Interstitielle Nephritis $\left\langle\begin{array}{l}\text{herdförmige}\\\text{diffuse}\end{array}\right.$

II. Eitrige Nephritis.

Embolisch-eitrige, metastatische Herdnephritis
(sog. Ausscheidungsnephritis).

B. Urinogene Nephritis.

Pyelonephritis.

Die Glomerulonephritis ist bei den Haustieren im Vergleiche zur interstitiellen Nephritis, zur embolisch-eitrigen Nephritis und Pyelonephritis selten.

Beispiele. Interstitielle Nephritis. Häufigstes Vorkommen beim Hund (fast regelmäßig bei älteren Hunden), beim Rind als Herdnephritis, beim Kalb als sog. weiße Fleckniere, beim Schwein teils herdförmig, teils diffus, seltener beim Pferd und beim Huhn. **Ursachen:** wahrscheinlich infektiös-toxischer Art. Zufuhr auf dem Blutwege, Angriffspunkt am Gefäßbindegewebe. Charakter der Entzündung teils exsudativ, teils produktiv. Sekundäre degenerative Parenchymveränderungen.

Makroskopisch wechselt der Befund je nach Heftigkeit und Alter des entzündlichen Prozesses. Im akuten Stadium ist die Niere geschwollen, die Kapsel leicht abziehbar, die Oberfläche fleckig und mit miliaren und stecknadelkopfgroßen, runden oder vielgestaltigen, grauen und graugelblichen Knötchen durchsetzt. Auf der Schnittfläche finden sich in den tieferen Rindenpartien, seltener im Mark, streifige, graugelbe bis lehmfarbene, trübe Flecken und unscharfe Abgrenzung zwischen Rinden- und Marksubstanz. Im subakuten Stadium treten diese Veränderungen deutlicher hervor; vor allem ist die Kapsel schwer abziehbar, an der Innenfläche von trüber Beschaffenheit. Im chronischen Stadium sind die Nieren meist verkleinert, ihre Kapsel ist nur unter Substanzverlust abziehbar, die Oberfläche mit Narben versehen, hellgrau oder grauweiß, feingranuliert (Schrumpfniere). Auf der Schnittfläche zeigen sich wesentliche Verschmälerung und grauweiße Verfärbung der Rinden- und teilweise auch der Marksubstanz und in beiden häufig kleine und größere, mit klarer Flüssigkeit gefüllte Cystchen.

Histologisch bestehen die graugelben Herdchen und Streifen in den tieferen Rindenpartien und bisweilen auch im Mark im akuten Stadium aus herdförmigen oder diffusen Zellansammlungen zwischen den Harnkanälchen, um die Gefäße und um die Glomeruli herum. In der Hauptsache handelt es sich dabei um Lymphocyten, Histiocyten mit großem, chromatinreichem Kern und großem Protoplasmaleib, sowie vereinzelten polymorphkernigen Leukocyten. Abszeßähnliche Bildungen sind selten. Bei massenhafter Gegenwart und umfangreicher Ausbreitung solcher Zellansammlungen kommt es zur Druckatrophie der Glomeruli und der Epithelien der Harnknälchen, die der fettigen und albuminösen Entartung und der Nekrose anheimfallen. In der Nachbarschaft der Zellherde werden kollaterale Hyperämie und Ödem angetroffen. Aus diesem akuten Stadium entwickelt sich das subakute und chronische Stadium der interstitiellen Nephritis, wie sie in Abb. 97 im Schnitt bei VAN GIESON-Färbung dargestellt ist. An Stelle der Lymphocyten- und Histiocyteninfiltrate des akuten Stadiums tritt — wie wir dies bei zahlreichen anderen Prozessen kennengelernt haben — zellreiches Granulationsgewebe, an dessen Zusammensetzung die Fibroblasten vorwiegenden Anteil nehmen. Aus diesem entwickelt sich bei Fortdauer des Entzündungszustandes ein zellarmes, faserreiches Bindegewebe (a) (bei VAN GIESON-Färbung leuchtend rot), das weniger Raum beansprucht und zur narbigen Einziehung der Nierenoberfläche führt (s. oben). In ihm finden sich entweder als Überbleibsel des akuten Stadiums oder als Ausdruck weiterer akuter Nachschübe, kleinere oder größere Lymphocyteninfiltrate (b). Im Bereiche des neugebildeten Bindegewebes, das umfangreiche Teile des Interstitiums einnimmt, sind die Harnkanälchen druckatrophisch zugrunde gegangen oder durch das Bindegewebe ersetzt (c). Die noch erhaltenen Harnkanälchen sind zusammengedrängt, ihre Epithelien zeigen Lückenbildung, Verfettung und Zerfall (d). Die zwischen dem neugebildeten Bindegewebe liegenden Glomeruli sind ebenfalls druckatrophisch (e) und es tritt Homogenisierung und Hyalinisierung ihres Inhaltes und der BowMANschen Kapsel ein. Durch Druck und Abschnürung von Harnkanälchen eintretende Harnstauung führt zur Cystenbildung mit zunehmenderDruckabflachungder auskleidenden Epithelien.

Folgen. Oft wenig hervortretend,da noch funktionsfähiges Parenchym vorhanden ist. Sonst Urämie, Hydropsie, inkompensierte Herzhypertrophie mit Folgeerscheinungen, Endokarditis.

Embolisch-eitrige Nephritis. Häufigstes Vorkommen bei Pferd und Rind. **Ursachen:** Verschleppung von Eitererregern in die Nieren auf dem Blutwege von irgendwelchen primären

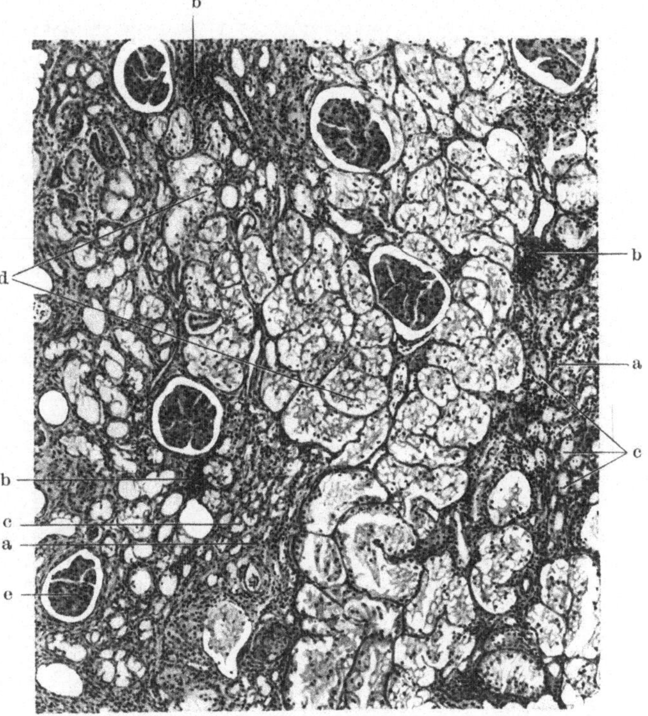

Abb. 97. Chronische interstitielle Nephritis (Hund). 80 ×. VAN GIESON. a gewuchertes, interstitielles Bindegewebe, b Lymphocyteninfiltrate, c druckatrophische Harnkanälchen, d Lückenbildung, Verfettung und Zerfall von Harnkanälchen, e atrophischer Glomerulus.

Eiterherden aus. Solche Primärherde sind z. B. Nabelinfektionen, Eiterungen im Nasen-Rachenraum (Druse), eitrige Gebärmutter- und Herzklappenentzündungen, infizierte Blutpfröpfe. In Betracht kommende pyogene Bakterien: beim Pferd Bact. viscosum equi (Fohlenlähme), Drusestreptokokken, Diplokokken, seltener Bact. coli; beim Rind Bact. pyogenes, Streptokokken, Bact. coli. Die Einschleppung dieser Erreger in die Nieren geschieht durch Einwucherung von Bakterien in die Lymph- und Blutgefäße, oder durch Loslösung infizierten, thrombotischen Materials (Endokarditis, Thrombus), also metastatisch oder embolisch. In der Regel bleiben die Bakterien und kleinen infizierten Thrombusteilchen in den feinen Glomerulusschingen oder in den interlobulären Capillaren stecken, wo sie sich vermehren und zur Entstehung kleiner Eiterherde führen. Von da aus gelangen sie in den Kapselraum, in die Kanälchen, in deren verschiedenen Abschnitten sie sich festsetzen (Ausscheidungsnephritis). Gelangen größere Emboli in die Nieren, so entstehen keilförmige, infizierte Infarkte (S. 115), die bald eitriger Einschmelzung anheimfallen.

Die makroskopischen Veränderungen in den Nieren bei der durch das Bact. vicsosum equi verursachten Fohlenlähme, die als Schulbeispiel einer embolisch-metastatischen, in diesem Falle vom Nabel ausgehenden, eitrigen Nephritis Besprechung findet, bestehen im

Auftreten einzelner oder zahlreicher, oft sehr dicht liegender, rundlicher oder ovaler, stecknadelkopfgroßer, mit rotem Hof umgebener Absceßchen, die nach Abziehen der Nierenkapsel
hervortreten, unter Umständen dadurch eröffnet werden und gelben, rahmigen Eiter an die
Oberfläche entleeren. Auf der Schnittfläche finden sich diese Eiterherdchen in der Rinde,
vielfach wegen ihrer dichten Lagerung zusammenfließend, weniger zahlreich und in mehr
länglicher Form auch im Nierenmark (Ausscheidungsnephritis).

Die histologische Untersuchung (Abb. 98) zeigt zunächst verschiedene Bakterienembolien in den Capillarschlingen der Glomeruli. Es handelt sich dabei
oft geradezu um wurstförmige Ausgüsse der Capillarschlingen (a), die starke
Basophilie besitzen, bei schw. V. leicht granuliert aussehen und bei Betrachtung

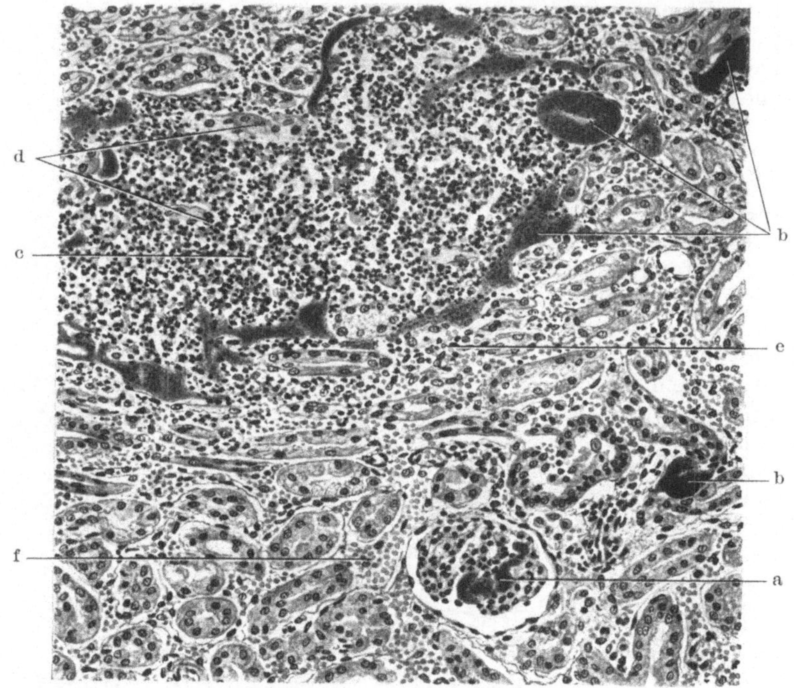

Abb. 98. Embolisch-eitrige Nephritis (Pyosepticämie, Fohlen). 200 ×. GIEMSA-Färbung.
a Bakterienembolus in einer Glomerulusschlinge, b Bakterienrasen in den intertubulären Capillaren,
c Ansammlung polymorphkerniger Leukocyten, d Reste zugrundegehender Harnkanälchen,
e Fibroblasten, f Capillarfüllung (rote Blutkörperchen).

mit Ölimmersion sich in reine Bakterienkolonien auflösen. Dieselben Bakterienrasen finden sich in den intertubulären Capillaren (b), zunächst ohne irgendeine
Reaktion in ihrer Umgebung. Im weiteren Verlaufe kommt es aber zur Aus-
und Zuwanderung polymorphkerniger Leukocyten, so daß in einem Falle Glomerulusabscesse, von denen Glomeruli und BOWMANsche Kapsel eingenommen
werden können, im anderen Falle im intertubulären Gewebe sich ausbreitende
Absceßchen entstehen. Wie zahlreich an umschriebener Stelle der Nieren die
Bakterienembolien in den intertubulären Capillaren sein können, zeigt Abb. 98.
In ihrer Nachbarschaft ist es zu massenhafter Ansammlung von polymorphkernigen Leukocyten (c) und zu weitgehender Einschmelzung des Nierengewebes
gekommen. In dem so entstandenen, größeren Absceß sind noch Reste zugrundegehender Harnkanälchen sichtbar (d). Durch die so geschaffene Einbruchsmöglichkeit der Eitererreger in die Tubuli, in die sie auch von den Glomeruli
und der BOWMANschen Kapsel aus verschleppt werden, sind die Bedingungen

für die Entstehung der Ausscheidungsnephritis gegeben. Am Rande der Eiterherdchen wird in späteren Stadien des Prozesses Fibroblastenwucherung (e)
und Bindegewebskapselbildung beoachtet. An den Epithelien der benachbarten
Tubuli spielen sich rückläufige Veränderungen ab (Druckatrophie, fettige
Degeneration, trübe Schwellung, Nekrobiose), wie auch pralle Füllung der intertubulären Capillaren (f) = entzündliche Hyperämie deutlich hervortritt.

F. Geschlechtsorgane.

1. Männliche Geschlechtsorgane.

a) Prostatahypertrophie.

Häufiger Befund bei alten Hunden, seltener bei anderen Tieren. **Ursache:** nicht einwandfrei geklärt. Wahrscheinlich handelt es sich um eine Altersatrophie der Prostata mit

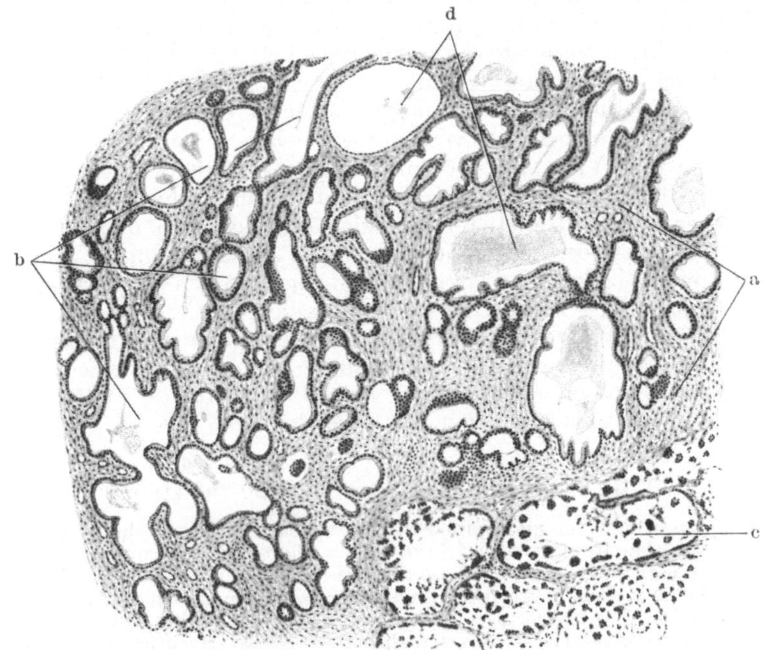

Abb. 99. Prostatahypertrophie (Hund). 40 ×. Hämatoxylin-Eosin.
a interstitielles Gewebe mit glatter Muskulatur, b gewucherte paraurethrale Drüsen in verschiedenen
Erweiterungsstadien, c Atrophie und Desquamation der Epithelien in angrenzenden Drüsenteilen,
d Sekret.

kompensatorischer Hypertrophie der paraprostatischen Drüsen und des Bindegewebes.
Entzündliche Grundlage ist in manchen Fällen wahrscheinlich.

Makroskopisch liegt beträchtliche, vielfach totale, knotenförmige Vergrößerung des
ganzen Organs, mit glatter oder höckeriger Oberfläche, derber Konsistenz und deutlich
läppchen-, knötchen- und cystenartiger (erweiterte, mit milchartigem Sekret gefüllte Drüsenräume) Beschaffenheit der Schnittfläche vor. Die Vergrößerung zieht je nach Art und Sitz
der knollenförmigen Neubildungen häufig schwerwiegende Folgen nach sich: Verengerungen,
Kompressionen und Stenosen der Harnröhre, Behinderung des Harnabflusses, Blasendila-
tation, kompensatorische Blasenhypertrophie (Balkenblase), Dilatation des Harnleiters und
Nierenbeckens, Cystitis, Pyelitis und Pyelonephritis.

Die **Histologie** der hypertrophischen Prostata ist bis zu einem gewissen Grade
mit derjenigen der Struma vergleichbar (S. 126). Indessen ist das histologische
Bild wenig einheitlich (Abb. 99). Regelmäßig lassen sich aber die beiden Gewebs-

bestandteile der „hypertrophischen Prostata“ voneinander unterscheiden: der bindegewebige (a) und muskulöse Anteil und die epithelialen Elemente (b). Die letzteren treten als vielgestaltige, vielverzweigte, mit kubischem bis niedrigzylindrischem Epithel ausgekleidete Hohlräume in Erscheinung, die alle Stadien der Erweiterung erkennen lassen. Die regellose Anordnung der drüsigen Teile fällt ganz besonders auf. An manchen Stellen herrschen sie der Menge nach vor, liegen eng beisammen, sind zum Teil erweitert und in cystöse Hohlräume umgewandelt. An anderen Stellen sind die Drüsenläppchen eher atrophisch, mit niedrigem, protoplasmaarmem Epithel ausgekleidet, wohingegen das Stützgerüst an diesen Stellen besonders stark entwickelt hervortritt. Es besteht aus fibrillärem Bindegewebe, zahlreichen Gefäßen und glatten Muskelfasern.

Neue, im hiesigen Institut ausgeführte Untersuchungen berechtigen zu der Annahme, daß es sich im wesentlichen um eine Wucherung der paraurethralen Drüsen im Anschluß an Atrophie des muskulösen Anteils der Harnröhre bzw. der Prostata selbst vorliegt. Die Rolle, die entzündlichen Vorgängen für die Entwicklung des Prozesses zukommt — in fast allen Fällen finden sich herdförmige, entzündliche Infiltrate (Lymphocyten, Leukocyten, Histiocyten) in den Drüsenlichtungen und im Interstitium — ist bis jetzt noch unklar. Bei st. V. werden in den Drüsenlichtungen abgestoßene (desquamierte), abgerundete Epithelzellen oder ganze Lagen von solchen neben vereinzelten Entzündungszellen ermittelt (c). Viele der Drüsenlichtungen enthalten außerdem schollige oder homogene kolloide Massen (d) = Sekret der Drüse. Nur selten werden beim Hunde und den übrigen Haustieren die beim Menschen so häufigen, oft konzentrisch geschichteten Prostatakonkretionen (sog. Corpora amylacea) vorgefunden, deren Entstehung aus kolloiden Sekretmassen angenommen wird (Eiweißmassen). Mit zunehmendem Alter können sie sogar verkalken. Vielleicht spielen für deren Entstehung auch Quellungen und Anhäufungen desquamierter Drüsenepithelien eine Rolle. Der Gesamtprozeß der Prostatahypertrophie ist als eine funktionelle, einfache Hypertrophie oder Hyperplasie aufzufassen, auf deren Boden wie bei Struma echte Geschwulstbildungen entstehen können.

b) Hodennekrose (bei Abortus-Bang-Infektion)

wird nicht selten beim Rind und beim Schwein beobachtet. Entstehung wahrscheinlich hämatogen (s. placentare Abortusinfektion). Im akuten Stadium zeigen die Hoden **pathologisch-anatomisch** ein- oder doppelseitige Schwellung und serofibrinöse Entzündungsprodukte im Cavum vaginale. Auch die Tunica vaginalis communis und die Propria sind mit dickem Fibrinbelag versehen. Das Hodengewebe selbst enthält zunächst umschriebene, trübe, graugelbe, trocken-käsige Herde von Haselnuß- oder Taubeneigröße, die mit Bindegewebskapsel versehen sind oder durch Zusammenfließen größere Herde bilden und sogar den ganzen Hoden einnehmen können. Dies ist bei chronischem Verlaufe regelmäßig der Fall. Dabei liegt der völlig nekrotische Hoden in einer dicken, von den verwachsenen und schwielig verdickten Hodenhäuten gebildeten Bindegewebskapsel. Auch im nekrotischen Gewebe selbst sind Bindegewebszüge sichtbar. Der Nebenhoden bleibt meist frei von Veränderungen.

Beim **histologischen Studium** einer solchen Hodennekrose (Abb. 100) fallen exsudativ-zellige, nekrotische und produktive Veränderungen auf, deren zeitliche Entstehung schwer aus den einzelnen Zustandsbildern abzulesen ist. In beginnenden Stadien befinden sich die Scheidenhäute im Zustande einer schweren, sero-fibrinösen Entzündung, wobei das fibrinöse Exsudat — ganz ähnlich wie bei Pericarditis und Pleuritis — von der Tunica vaginalis propria und communis her organisiert wird. Auf diese Weise entsteht die dicke Bindegewebsschwarte, die später den nekrotischen Hoden umgibt. Im Hodenparenchym selbst sind frühzeitig nekrotische und entzündliche Vorgänge nebeneinander nachweisbar. Die ersteren beziehen sich zunächst auf die Epithelien der Hodenkanälchen

(Abb. 100), deren Protoplasma ungewöhnlich blasig gequollen, mit sauren Farben stark färbbar (Hypereosinophilie) und deren Kerne die Erscheinungen der Chromatolysis, Karyopyknosis oder Karyorhexis erkennen lassen (Abb. 100). In der Regel sind die so veränderten Zellen aus ihrem Verbande gelöst und in das Lumen der Kanälchen abgestoßen (a). Im Zelleib vieler solcher Epithelien sind bei gewöhnlichen Färbungen feine basophile Granula sichtbar, die sich bei geeigneten Färbungen (Giemsafärbung, Methylenblau-Eosin) und bei Anwendung der Ölimmersion als Abortus - Bang - Bakterien darstellen (Analogie mit Chorionepithelien). Manche Zellen sind so dicht mit Bakterien beladen, daß Kern und Protoplasma verdeckt und sog. Bakterienkugeln gebildet werden. In der Folge kommt es zu einer mehr oder weniger vollkommenen Plasmo- und Chromatolysis, so daß die Kanälchen eine homogene, acidophile Masse enthalten, in der noch Andeutungen der früheren Zellgrenzen, Kernschatten, Kerntrümmer und Bakterienhaufen sichtbar sind. In unmittelbarer Umgebung vieler solche Veränderungen darbietender Hodenkanälchen wird gleichzeitig ein verschieden breiter Kranz von Entzündungszellen beobachtet, die zunächst nur bis an die Basalmembran heranreichen (c) und bei st. V. aus Histiocyten, Plasmazellen und Leukocyten bestehen. Diese entzündlichen Zellelemente wandern frühzeitig auch in die Lichtung der Hodenkanälchen ein und fallen ebenfalls der Nekrobiose

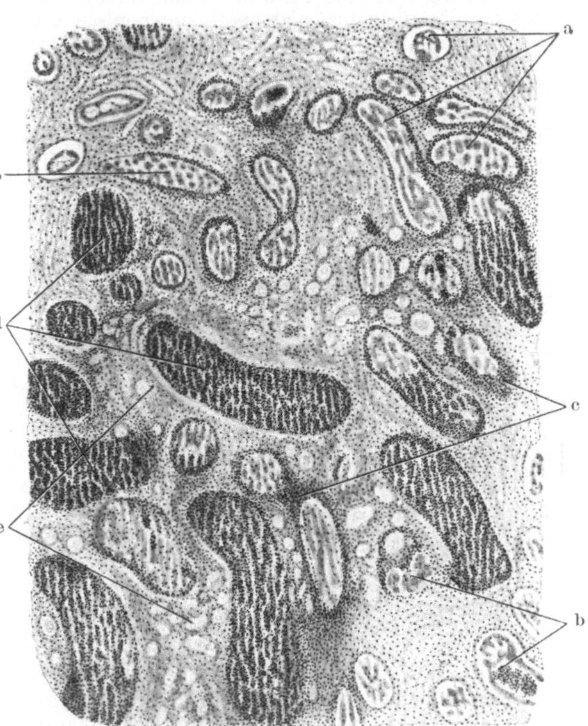

Abb. 100. Durch Abortusbakterien verursachte Hodennekrose (Rind). 30 ×. Hämatoxylin-Eosin. a in Lysis und Desquamation befindliche Hodenepithelien, b fast vollkommene Plasmolysis mit Kerntrümmern in den Hodenkanälchen, c peritubulärer Entzündungshof, d nekrotische Hodenkanälchen dicht mit Kerntrümmermaterial angefüllt, e Nekrose des intertubulären Gewebes.

anheim. Auf diese Weise entstehen Bilder, wie sie bei d sichtbar sind: die Lichtungen der Hodenkanälchen enthalten Reste des gequollenen Zellprotoplasmas und sind im übrigen mit nekrotischen, dicht gelagerten Kerntrümmern angefüllt. Dieser intralobuläre, entzündliche und degenerative Prozeß breitet sich weiter aus und zwar nicht nur auf dem Kanalwege, sondern auch peritubulär, so daß die ganze Kanälchenwand und deren Umgebung der Nekrose anheimfallen. Diese dehnt sich auch auf das intertubuläre Gewebe aus (s. Abb. 100). An anderen Stellen des Interstitiums geht aber der exsudative Charakter der Entzündung allmählich in produktiven, mit mächtigen Granulations- und Bindegewebswucherungen über, die nicht der Nekrose verfallen und in späteren Stadien schwielige Bindegewebsstränge innerhalb des nekrotischen Hodenparenchyms bilden. Sequestration des ganzen Hodens ist häufig.

2. Weibliche Geschlechtsorgane.

a) Allantois-Chorionveränderungen bei infektiösem Abortus (Rind).

Der infektiöse Abortus des Rindes ist eine der wirtschaftlich wichtigsten Infektionskrankheiten unserer Haustiere.

Ursache: in erster Linie Bact. abortus Bang, Vibriofetus, Trichomonaden; von geringerer Bedeutung: Streptokokken, Paratyphazeen, Pyogenesbakterien. **Makroskopisch** ist bei der in der Hauptsache hämatogenen, vom Darm aus erfolgenden Infektion der trächtigen Gebärmutter häufig ausgesprochene Verdickung und gelb-sulziges Ödem des Allanto-Chorions festzustellen. Das Ödem ist nicht pathognomonisch und außerdem nicht in allen Fällen nachweisbar. Das Chorion, besonders in der Umgebung der Zotten, ist mit einem gelbbraunen, nekrotischen, schleimig-schmierigen Belag und häufig fibrinös-eitrigen Flocken belegt. Die Kotyledonen zeigen teilweise normales Aussehen, vielfach aber sind sie hyperämisch und weisen verdickte Zotten auf, welch letztere herdförmig oder auf die ganzen Kotyledonen ausgedehnt in trübgelbe, trockene und käsig-nekrotische Massen umgewandelt sind. Zwischen den Zotten finden sich vielfach Fibrin und Eiterflocken.

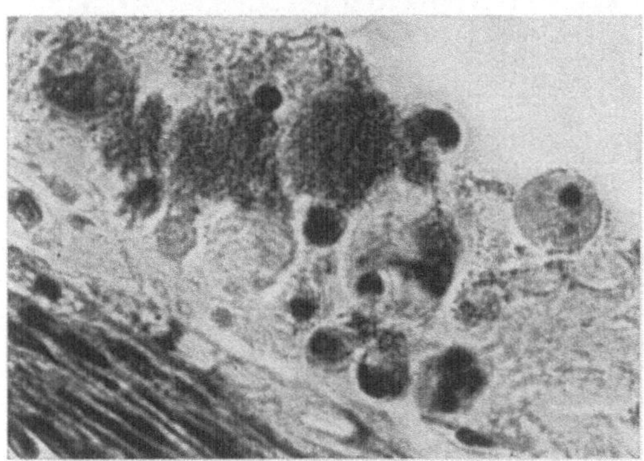

Abb. 101. Degenerierende Chorionepithelien (Rind) mit Abortus BANG-Bakterien im Protoplasma. 990 ×. GIEMSA-Färbung.

Histologisch liegen grundsätzlich dieselben Veränderungen vor, wie in mit Abortus-Bang-Bakterien infizierten Hoden. Die starke Schwellung des Allanto-Chorions ist auf umfangreiches, entzündliches Ödem mit starker Füllung und Erweiterung der Blutgefäße und massenhafter Ansammlung von Entzündungszellen (Lymphocyten, Histiocyten) zurückzuführen. Die Chorionzotten sind in gleich ausgeprägter Weise verändert. An ihnen gesellt sich dazu noch eine ausgesprochene Nekrose der Chorionepithelien, die unter denselben Erscheinungen zerfallen, wie die Epithelien der Hodenkanälchen (S. 123). Der Zelleib der noch besser erhaltenen Epithelzellen enthält massenhaft Abortus-Bang-Bakterien (Bakterienkugeln, Abb. 101). Diese Nekrose ergreift nicht nur die oberen Zottenteile, sondern schreitet nach der Tiefe zu, selbst auf das Allanto-Chorion fort, wobei zwischen nekrotischem und gesundem Gewebe eine deutliche Demarkationszone ausgebildet wird. In späteren Stadien machen sich auch produktiv-entzündliche Vorgänge, besonders in den Chorionzotten bemerkbar. Art und Ablauf der histologischen Veränderungen erklären nicht nur die Loslösung der Placenta fetalis von der Placenta materna und damit die zwangsläufige Ausstoßung der Frucht, sondern auch die Verwachsungen zwischen Chorionzotten und Carunkelkrypten und damit die in abortusinfizierten Beständen häufig vorkommende Zurückhaltung der Nachgeburt (Retentio placentae).

Der histologische und mikroskopische **Nachweis der Bakterienkugeln** (in Chorionepithelien liegende Abortus-Bang-Bakterien) aus Fruchthüllen, Scheidenausfluß und Labmageninhalt abortierter Feten (abgeschlucktes Material) im Zusammenhange mit dem oben beschriebenen pathologisch-anatomischen Befunde ist ein wertvolles Hilfsmittel für die Feststellung der Krankheit. Da aber auch andere Bakterien in Chorionepithelien gefunden werden und nicht die sichere Möglichkeit besteht, diese von den Bang-Bakterien morphologisch zu trennen, so ist dieses Hilfsmittel in manchen Fällen unzuverlässig und mit Einschränkung zu verwerten.

b) Euterentzündung (Streptokokkenmastitis).

Weit verbreitete, in akuter und chronischer Form auftretende Infektionskrankheit, hauptsächlich des Rindes. In akuten Fällen sind die erkrankten Euter-Viertel vergrößert, in ihrer Konsistenz vermehrt. Zisterne und Milchgänge, deren Schleimhaut leicht gerötet ist und bisweilen feine Unebenheiten aufweist, sind erweitert und mit einem teils rötlich-trüben, eitrigen, teils serös-schleimigen, mit Caseingerinnseln untermischten Sekret angefüllt. Das Eutergewebe ist von graugelber Farbe und verdichtet; auf der Schnittfläche treten die vergrößerten Lobuli beetartig erhaben hervor. Auf seitlichen Druck läßt sich aus ihnen

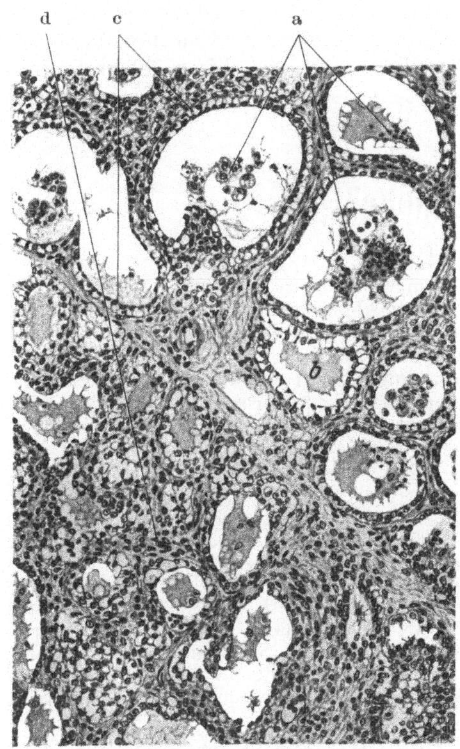

Abb. 102. Akute Streptokokkenmastitis (Rind). 150 ×. Hämatoxylin-Eosin.
a Leukocyten und Makrophagen in den Alveolen, b Milchdrüsensekret. c Fetttropfen in den Alveolarepithelien, d histiocytäre, interalveoläre Wucherung und Atrophie des Drüsenparenchyms.

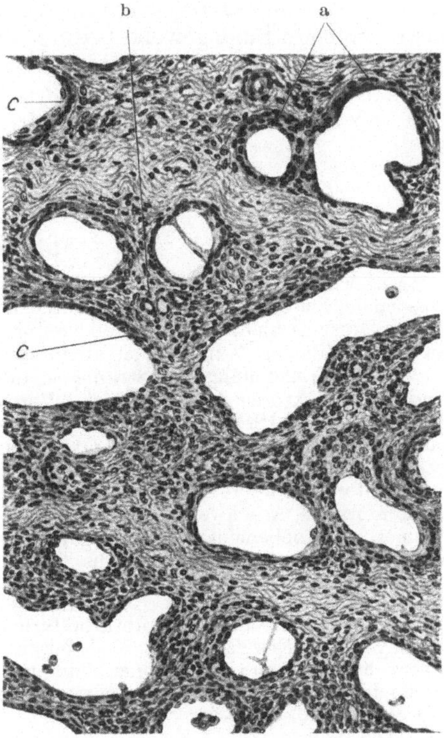

Abb. 103. Chronische Streptokokkenmastitis (Rind). 150 ×. Hämatoxylin-Eosin.
a bindegewebige Wucherung um die Alveolen herum und b im interlobulären Gewebe, c Atrophie des Drüsenepithels.

trübe, eitrige Flüssigkeit in geringen Mengen auspressen. Im Gegensatz dazu stehen bei chronisch verlaufender Infektion Veränderungen der Zisterne und der Milchgänge im Vordergrunde. Ihre Wand ist verdickt und mit poylpösen Wucherungen bedeckt. Von da ausgehend sind in die nächste Nachbarschaft und ins Euterparenchym ausstrahlende Bindegewebszüge sichtbar, die zu einer Verhärtung der betreffenden Teile führen. Lactierende Läppchengruppen sind auch in diesem Krankheitszustande meist noch zugegen.

Histologie. In den Abbildungen 102 und 103 ist die subakute und die chronische Form dieser wichtigen Infektionskrankheit dargestellt. Bei der subakuten Form (Abb. 102) handelt es sich in der Hauptsache um eine exsudative Entzündung der Zisterne, der Milchgänge und der Drüsenalveolen. In diesen findet sich ein serös-zelliges Exsudat, das im wesentlichen aus polymorphkernigen Leukocyten, Makrophagen und vereinzelten Plasmazellen (a) besteht. Der flüssige Inhalt stellt sich als homogene, stark vakuolisierte oder fädige Masse dar (b) (Kunstprodukt). Das Alveolarepithel ist fast überall gut erhalten. Der Zelleib der einzelnen Epithelien enthält große Fetttropfen, die das Protoplasma zum größten Teil verdrängen, so daß die Zellen bei der Hämatoxylin-Eosinfärbung vakuolisiert aussehen (c). Bereits dieses Stadium läßt eine starke Wucherung histiocytärer Zellen im interalveolären Gewebe erkennen. Im unteren Teil des Gesichtsfeldes ist die histiocytäre Wucherung so dicht, daß das Drüsenparenchym komprimiert wird und der Atrophie und Sklerose anheimfällt (d). Dies tritt bei der chronischen Form besonders deutlich in Erscheinung (Abb. 103). Dabei kommt es zu einer hochgradigen bindegewebigen Wucherung um die Milchgänge und Alveolen herum (a), sowie im interlobulären Gewebe (b). Das schrumpfende Bindegewebe bedingt Einziehungen und damit Erweiterungen der Milchgänge und Alveolen, deren Epithel vollkommen atrophisch (c) und funktionslos geworden ist. Der ganze Prozeß führt zur Verhärtung und Verkleinerung der betroffenen Milchdrüsenabschnitte.

G. Innersekretorische Drüsen.

Struma (Kropf).

Unter der Bezeichnung Struma werden geschwulstartige, ein- oder doppelseitige Hyperplasien der Schilddrüse zusammengefaßt. Eine scharfe Abgrenzung von echten Geschwülsten dieser Drüse ist nicht möglich, weil sie für echte Adenome und Adenocarcinome verhältnismäßig häufig den Mutterboden abgibt (Struma maligna).

Für die **Entstehung** der Struma ist das Zusammenwirken verschiedener exogener und endogener Faktoren verantwortlich. Von den ersteren steht heute die Jodmangeltheorie im Vordergrund (Störungen des inneren Chemismus); von den letzteren spielen Trächtigkeit, sexuelle Einflüsse, Erkrankung anderer innersekretorischer Drüsen, Disposition und Vererbung eine Rolle.

Anatomisch kommen die Strumen bei den Haustieren als diffuse oder umschriebene, knotenförmige Anschwellungen vor: Struma diffusa — Struma nodosa. Beide Formen können auch nebeneinander bestehen: Struma diffusa et nodosa. Jede kann für sich auf einer Vermehrung des Parenchyms bei Kolloidarmut = *Struma parenchymatosa* oder auf Steigerung der Kolloidsekretion mit wabiger, cystischer, bereits makroskopisch hervortretender Ausweitung der Kolloidräume = *Struma colloides, Kolloidstruma,* zurückzuführen sein. Diese beiden Hauptkropfformen sind durch sekundäre, degenerative Vorgänge, wie cystische Erweichungen, bindegewebige Wucherungen an Stelle des atrophierenden Parenchyms, Ödem und Gefäßneubildungen, Blutungen, Verkalkungen und Verknöcherungen vielfachen Veränderungen unterworfen (Struma cystica, fibrosa, vasculosa, haemorrhagica, calcaria, petrosa u. a.).

Histologie. Struma parenchymatosa (Abb. 104). Die hyperplastische Natur des Prozesses kommt hier deutlich zum Ausdruck. Es handelt sich um hochgradige Neubildung des Drüsenepithels in Form von dichten Zellhaufen, Zellnestern und verzweigten Zellsträngen, die einem reich vaskularisierten Stroma (b) anliegen und cystöse Hohlräume = Follikel auskleiden. Die Gestalt der Follikellichtungen ist sehr unregelmäßig und erhält durch Knopf-, Finger-, septenförmige und papilläre Epithelvorsprünge in die Drüsenlumina hinein ein verzweigtes, buchtiges Aussehen (a). Vielfach werden die Follikel in mehrere, kleinere und größere, ebenfalls vielgestaltige Hohlräume eingeteilt, die entweder miteinander in Verbindung stehen oder durch Epithelbrücken vollkommen getrennt sind. Ein Teil der Drüsenlumina enthält kein oder nur wenig Kolloid, obwohl viele Epithelzellen im Sekretionsstadium sich befinden. Vereinzelte Drüsenlichtungen enthalten desquamierte Epithelien und sind von gewucherten, soliden Epithelzellhaufen nahezu oder ganz ausgefüllt.

Struma colloides (Abb. 105). Bei Betrachtung mit schw. V. beherrschen zahlreiche, dicht liegende, runde, ovale und vielgestaltige Drüsenräume wechselnden Umfangs bis zu cystischer Beschaffenheit das Gesichtsfeld (a). Diese Follikel sind — wie st. V. zeigt — mit einer einfachen Lage kubischen Epithels ausgekleidet, das oft dünnen Bindegewebssepten anliegt, die ihrerseits ganz schmale Trennungswände zwischen den Follikeln darstellen. Auf diese Weise entstehen Bilder, die an die Struktur der Lunge erinnern. Der Follikelinhalt wird von einer homogenen, mit Eosin rosa, mit VAN GIESON gelb sich färbenden, strukturlosen Masse (Schilddrüsenkolloid) dargestellt (b), in der vielfach runde oder ovale ungefärbte Lücken (Vakuolen) sichtbar sind = Kunstprodukte durch Gerinnungsvorgänge. Manche Drüsenbläschen enthalten auch noch spärliche zellige Elemente: abgestoßene, abgerundete Drüsenepithelien. In den großen, cystenartig erweiterten Drüsenhohlräumen ist wohl durch vermehrten Innendruck eine wesentliche Abflachung der auskleidenden Drüsenepithelien festzustellen.

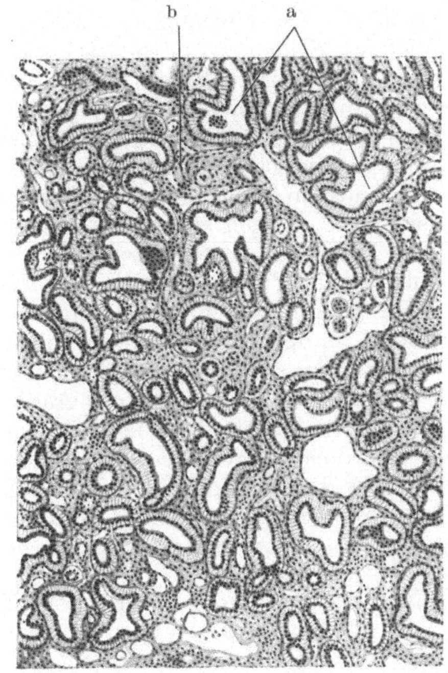

Abb. 104. Struma diffusa parenchymatosa congenita (Zicklein). 60 ×. Hämatoxylin-Eosin.
a papilläre und follikuläre Epithelwucherungen, b gefäßreiches Stroma.

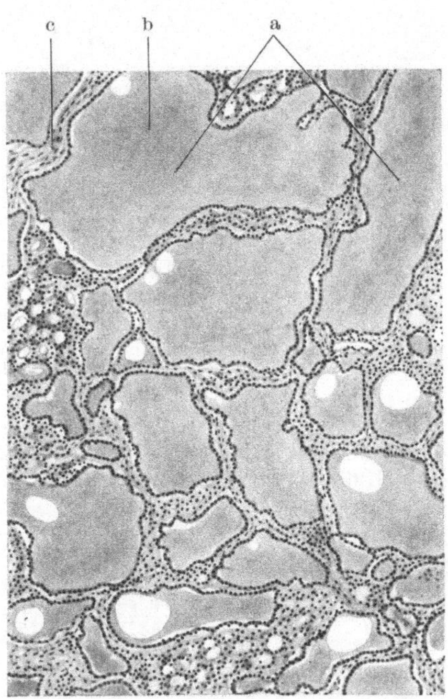

Abb. 105. Struma colloides (Hund). 60 ×. Hämatoxylin-Eosin.
a cystisch erweiterte Drüsenräume, b Schilddrüsenkolloid, c spärliches Stroma.

An mehreren Stellen des Schnittes liegen die Drüsenzellen scheinbar ungeregelt und in Haufen zusammen, die aber bei Verwendung st. V. ebenfalls Anordnung zu kleineren Drüsenbläschen erkennen lassen. Sowohl an dem überall zwischen den Follikeln ausgebreiteten Bindegewebe (c), als auch an darin verlaufenden Blut- und Lymphgefäßen sind Veränderungen nicht wahrzunehmen.

H. Nervensystem.

Gehirn, Rückenmark, peripherische und viscerale Nerven.

a) Veränderungen bei Vitamin-A-Mangel.

Mangel an Vitamin A im Futter von Kühen, Schweinen, Küken, Hühnern und Ratten führt in einem hohen Prozentsatz der Fälle zu Bewußtseinsstörungen, Erblindungen, Inkoordinationserscheinungen, Ataxien, Beinschwächen, Krämpfen und Konvulsionen. Bei Kühen und Schweinen scheinen die Veränderungen des Z.N.Ss., bei Ratten diejenigen der Augen im Vordergrunde zu stehen; das Huhn nimmt bezüglich der Veränderungen eine Zwischenstellung ein.

Makroskopisch sichtbare Veränderungen in Gehirn und Rückenmark sind in der Regel nicht vorhanden. Lediglich in einzelnen Fällen zeigt der Nervus opticus und ischiadicus leichte Verdickungen.

Histologie. Im *Gehirn* werden bei Anwendung der NISSL-Färbung ausgeprägte Veränderungen an den Ganglienzellen der motorischen Rinde, der motorischen Zentralregion, an den Zellen des Nucleus dentatus, der Medulla oblongata, seltener an den Purkinjezellen des Kleinhirns und den Vorderhornzellen des Rückenmarks angetroffen. Im allgemeinen sind die tieferen Schichten stärker erkrankt als die oberflächlichen. Abb. 106 zeigt eine Gruppe von Nervenzellen aus dem Nucleus dentatus. Außer einigen leidlich gut erhaltenen Zellen im unteren Teile der Abbildung, sind alle übrigen schwer verändert. Die Zellen im ganzen erscheinen gebläht. Ihr Protoplasma besteht aus einer staubförmigen oder homogenen Masse, in der das Tigroid in wenigen Schollen an den Rand gedrängt oder

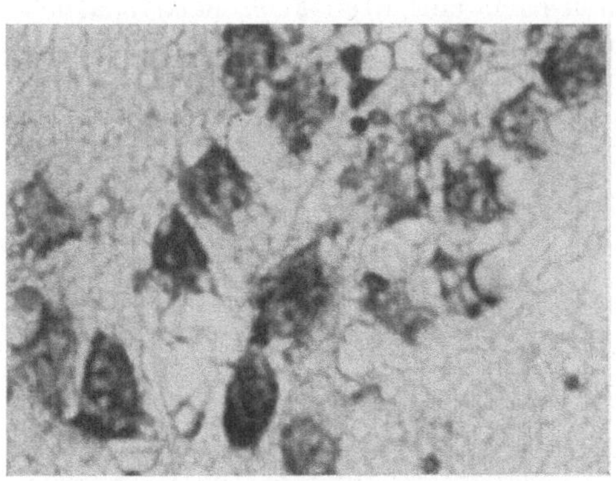

Abb. 106. Veränderungen des Nervensystems bei A-Avitaminose (Huhn). 685 ×. NISSL-Färbung. Degeneration von Ganglienzellen (Nucl. dent.). [Nach O. SEIFRIED: Arch. Tierheilk. 65, 150 (1932).]

überhaupt nicht mehr sichtbar ist. Der Zerfall ist häufig so hochgradig, daß vom Zelleib oder von den ganzen Zellen nur noch Schatten sichtbar sind (Abb. 106). Andere Zellen enthalten in ihrem Protoplasma größere oder kleinere Vakuolen, die oft so dicht nebeneinander liegen, daß dieses ein wabiges Aussehen erhält und der Zellrand wie gezackt erscheint. Entsprechend diesen Veränderungen am Zellleib der Nervenzellen begegnet man auch solchen an ihren Kernen. Dieser ist oft exzentrisch gelagert, blaß und gebläht, so daß die Grenze zwischen Kern und Zelleib unscharf oder gar unkenntlich wird. In anderen Fällen ist der Kern von kleinen, aber deutlich sichtbaren Chromatinkörnchen übersät. Die Kernkörperchen sind entweder ebenfalls gebläht, blaß gefärbt oder staubförmig zerfallen. Häufig fällt der

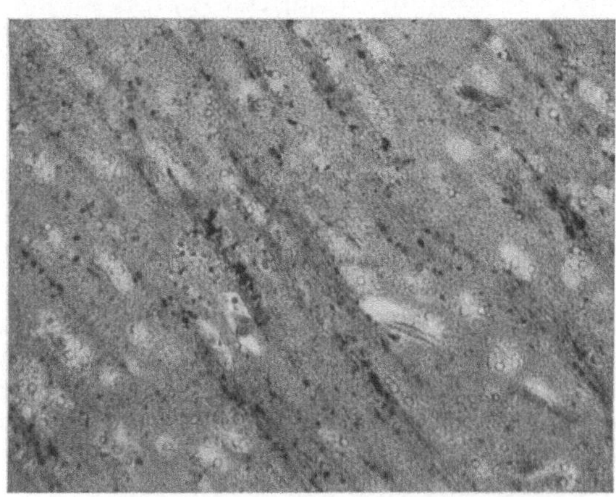

Abb. 107. Frische Degeneration zentraler Nervenfasern bei A-Avitaminose (Huhn). 200 ×. Chromosmium-M. [Nach O. SEIFRIED: Arch. Tierheilk. 65, 150 (1932).]

ganze Kern einschließlich der Kernkörperchen der völligen Auflösung anheim, so daß die ganze Zelle nur noch schattenförmig in die Erscheinung tritt (Abb. 106). An manchen Stellen des Gehirns gewinnt man den Eindruck, als ob es zum Ausfall von Nervenzellen gekommen wäre.

Dieser Zellerkrankung (die am meisten Ähnlichkeit mit der „retrograden" und „schweren Zellerkrankung" NISSLs besitzt) entsprechen auch Veränderungen im Fibrillengebilde. Die intracellulären Fibrillen sind verdickt und zum großen

Teil an den Rand gedrängt. Auch die extracellulären Fibrillen im Bereiche der Leitungsbahnen erscheinen aufgetrieben und weisen vielfach ausgeprägten Zerfall der Markscheiden auf, was bei Anwendung der MARCHI-Färbung besonders schön zur Darstellung kommt. Abb. 107 zeigt eine frische Degeneration von zentralen Nervenfasern im MARCHI-Präparat. Die Fasern sind längs getroffen und erscheinen als kettenförmig angeordnete schwarze Kugeln und Schollen. Gliareaktionen sind selbst in Bezirken ausgeprägter Degeneration geringgradig. Nur in einzelnen Fällen werden diffuse Gliawucherungen beobachtet (HORTEGAsche Methode, NISSL-Färbung). Die daran beteiligten Zellen sind zum Teil geschwollen und mit Fett beladen. Fettkörnchenzellen sind nicht vorhanden.

Rückenmark. Die großen motorischen Ganglienzellen des Rückenmarks zeigen in vielen Fällen genau dieselben Veränderungen wie im Gehirn. Häufig stehen aber hier schwere Veränderungen der Nervenfasern und langen Bahnen in Form von Markscheidendegeneration im Vordergrunde (Abb. 108), während in anderen faßbare Veränderungen in diesen Teilen vermißt werden. In der Regel handelt es sich nicht um Degeneration von bündelweise zusammenliegenden Fasern, sondern mehr um einen diffusen Prozeß, von dem einzelne Fibrillen bald da, bald dort ergriffen werden. Randdegenerationen und Degenerationen der Hinterstränge sind häufig. Gliareaktionen spielen auch im Rückenmark eine untergeordnete Rolle.

Peripherische Nerven. Dieselben Faserveränderungen finden sich in peripherischen und visceralen Nerven, so besonders im Nervus ischiadicus, brachialis und opticus. Meistens sind nur vereinzelte Fasern von dem degenerativen Prozeß befallen, wie in Abb. 108 u. 109; in anderen Fällen kann der Prozeß ziemlich ausgedehnt sein. Man findet dann das Markrohr in zahlreiche kleinere und größere Schollen (MARCHI-Schollen) zerfallen, deren kettenförmige Anordnung den ursprünglichen Verlauf der Fasern noch erkennen läßt. Die Vermehrung der SCHWANNschen Zellen und des endoneuralen Bindegewebes ist sehr gering. Zur Ausbildung von sog. „Kernstrangfasern" ist es nirgends gekommen.

Entzündliche Veränderungen im Gehirn, Rückenmark oder peripherischen Nerven fehlen regelmäßig.

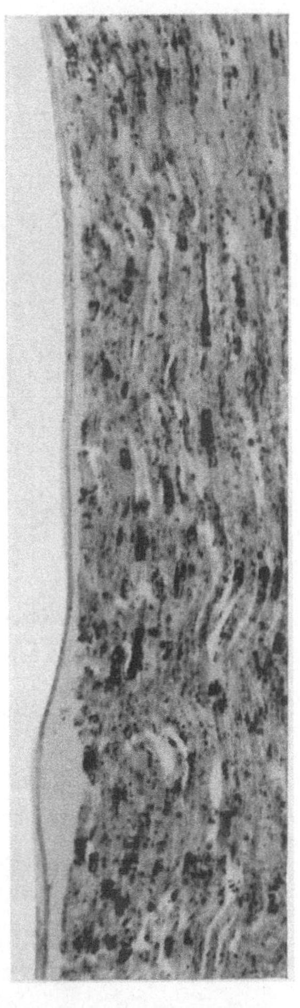

Abb. 108. Faserdegeneration (Nerv. ischiad.) bei A-Avitaminose (Huhn). Längsschnitt. 120 ×. Chromosmium-M. [Nach O. SEIFRIED: Arch. Tierheilk. 65, 150 (1932).]

Die hier beschriebenen Veränderungen im zentralen und peripherischen Nervensystem sind in der Mehrzahl der Fälle in verschiedenem Grade und in verschiedener Ausdehnung nachweisbar und bieten eine ausreichende anatomische Grundlage für die beschriebenen nervösen Symptome. Es muß indessen betont werden, daß in einzelnen Fällen, trotz während des Lebens vorhandenen Lähmungserscheinungen, Veränderungen an den entsprechenden Nerven fehlen und solche ausschließlich an den großen motorischen Elementen des Zentralorgans zugegen sind. Solche Befunde besitzen eine gewisse Ähnlichkeit mit jenen bei Pellagra.

b) Nervendegeneration auf der Grundlage von Nährschäden.

Die auf dieser Grundlage entstehenden Lähmungen sind früher als „Polyneuritis gallinarum, Reisneuritis oder Nährschädenneuritis" bezeichnet worden. Da diesen Erscheinungen

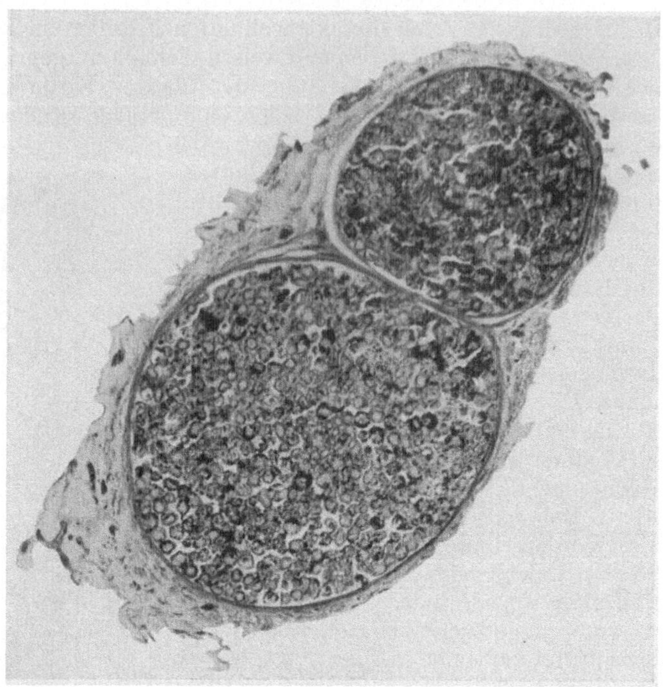

Abb. 109. Nervendegeneration bei A-Avitaminose (Huhn). 245 ×. Chromosmium-M.
Schwere Faserdegeneration in Nerven des Augapfels im MARCHI-Stadium. Querschnitt.
[Nach O. SEIFRIED: Arch. Tierheilk. 65, 154 (1932).]

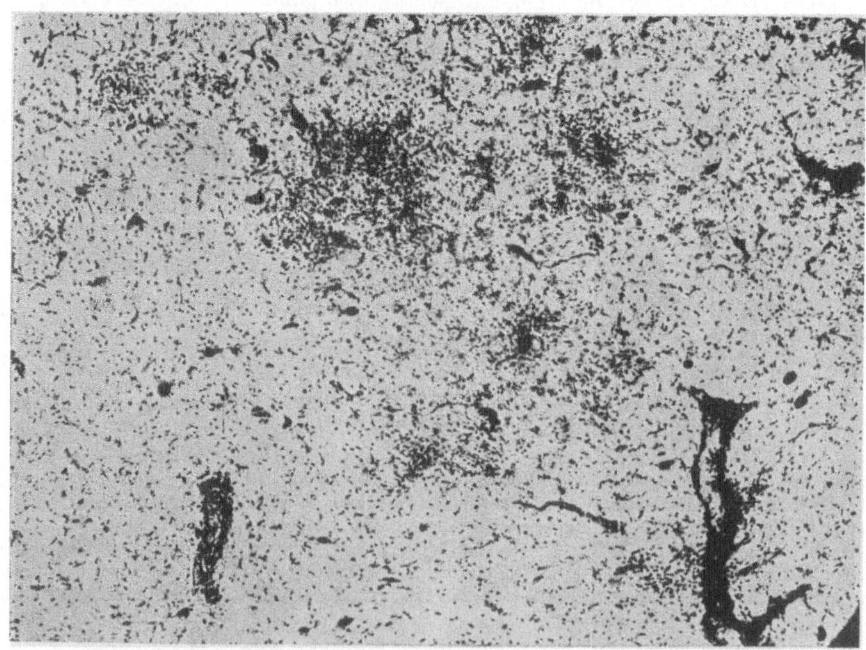

Abb. 110. Entzündliche Veränderungen in der Substantia nigra (BORNAsche Krankheit, Pferd).
80 ×. NISSL-Färbung.
Gefäßinfiltrate und herdförmige Gliawucherungen.
[Nach O. SEIFRIED u. H. SPATZ: Z. Neur. 124, 329 (1930).]

aber keine entzündlichen Veränderungen im Bereiche der Nerven zugrunde liegen, sollten diese Bezeichnungen fallen gelassen werden. Im Anschluß an Vitamin-B-Mangel infolge Störung des Kohlehydratstoffwechsels [Verfütterung von poliertem Reis (Hühnerberiberi) und anderen Körnerfrüchten], sowie bei Störungen des Eiweißstoffwechsels (Kreuzrhee

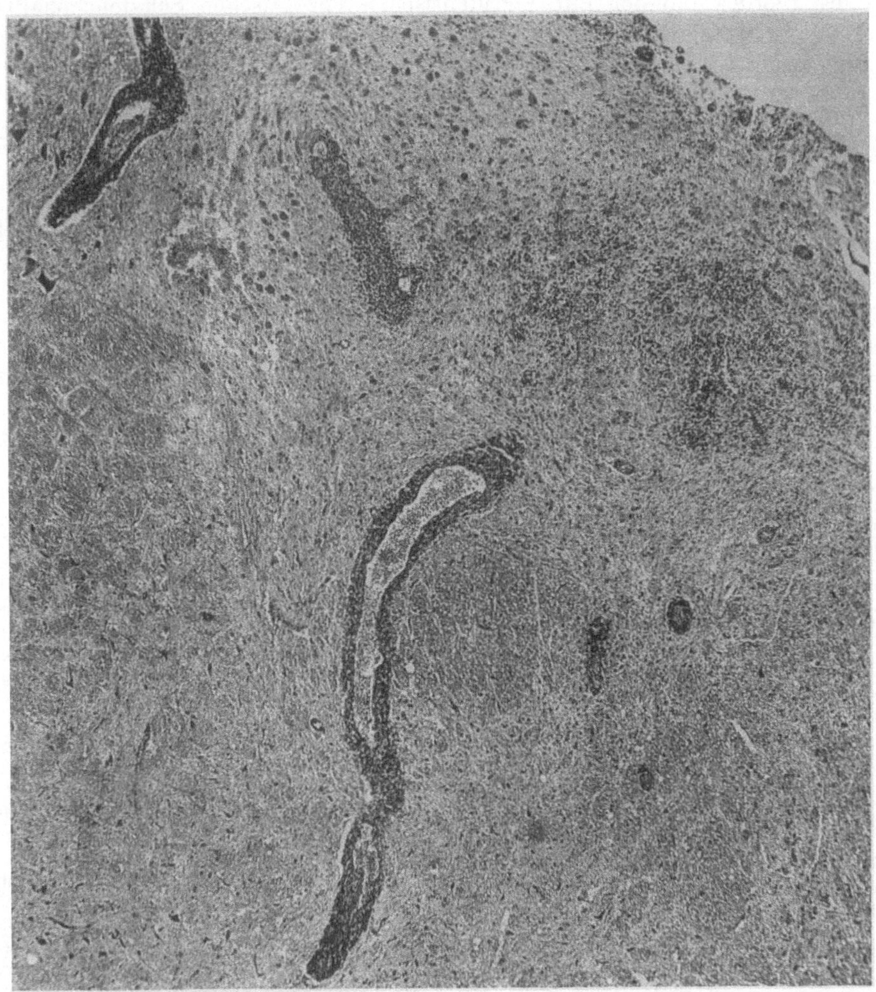

Abb. 111. Schweinepestencephalitis. 50 ×. NISSL-Färbung.
Vasculäre und Gewebsinfiltrate, Blutung (Pons). [Nach O. SEIFRIED: J. of exper. Med. 53, 277 (1931).]

der Hühner) entwickeln sich an den Nervenfasern rein degenerative Veränderungen ähnlicher Art, wie bei der A-Avitaminose. Makroskopisch treten an den betreffenden Nerven Veränderungen nicht hervor.

c) Gehirn- und Rückenmarksentzündung. Encephalitis und Myelitis.

Die Gehirnentzündungen infektiöser Natur spielen bei den Haustieren eine große Rolle. In neuerer Zeit ist ihre Kenntnis wesentlich erweitert und vertieft worden. Ihrem Wesen nach werden zwei Gruppen unterschieden: 1. Encephalitis und Myelitis acuta non purulenta (lymphocytaria). 2. Encephalitis und Myelitis purulenta.

α) *Encephalitis und Myelitis acuta non purulenta.*

Sie ist bei den Haustieren die wichtigste Form der Entzündung der nervösen Zentralorgane und bildet die anatomische Grundlage für eine Reihe von wirtschaftlich wichtigen Tierseuchen, so der Tollwut, der BORNAschen Krankheit des Pferdes und der mit ihr identischen enzootischen Schafencephalitis, des bösartigen Katarrhalfiebers des Rindes, weiterhin der enzootischen Encephalitis des Rindes, der Meerschweinchenlähme, der Rinderpest, der nervösen Form der Hundestaupe, der Schweinepest, der Geflügelpest, der Kaninchenencephalitis, der infektiösen Hühnerparalyse, sowie verschiedener Gehirnentzündungen des Pferdes mit noch unbekannter Ursache. Auch die Encephalitis epidemica des Menschen und die spinale Kinderlähmung (HEINE-MEDINsche Krankheit) gehören hierher.

Ursache: In der Hauptsache liegen dieser Gruppe von Gehirnentzündungen ultravisible, filtrierbare Virusarten zugrunde und zwar solche mit spezifischer Affinität zur nervösen Substanz (spezifisch neurotrope Virusarten), mit Generalisation im Zentralnervensystem = Septineuritis und solche mit ausgesprochen organotropen Eigenschaften (organotrope Virusarten).

Makroskopisch sind bei dieser Form der Gehirnentzündung besondere Veränderungen nicht festzustellen, abgesehen von mehr oder weniger ausgeprägter venöser Stauung der Blutgefäße der Pia, des Gehirns und Rückenmarks. In manchen Fällen von Schweinepestencephalitis, Geflügelpestencephalitis u. a. finden sich Blutungen in der Dura und Pia mater des Gehirns und Rückenmarks, sowie mehr oder weniger ausgeprägte Ödeme dieser Häute mit Ansammlung gallertartiger, sulziger Massen in ihnen. Auch stecknadelkopfgroße Blutungen in der Gehirn-

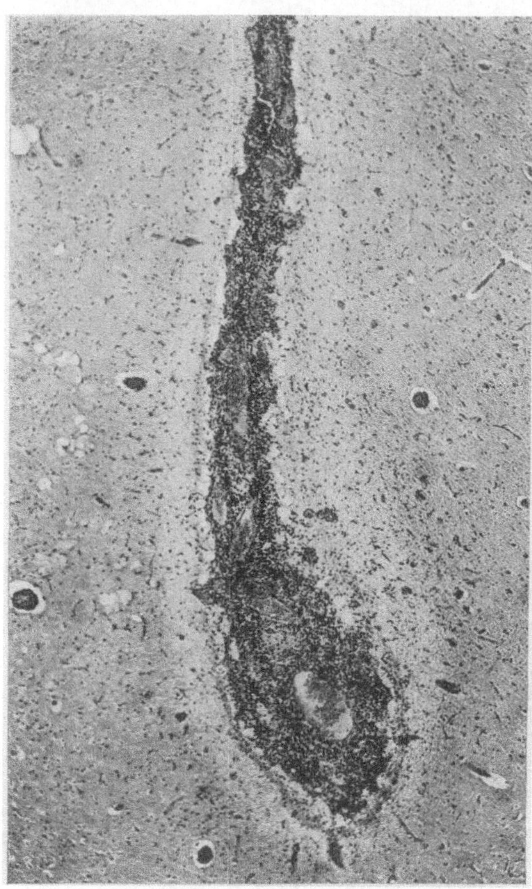

Abb 112. Meningitis bei Schweinepest. 55 ×.
GIEMSA-Färbung.
Sulcus, Hirnrinde. Gefäßfüllung und perivasculäre Zellinfiltrate.
[Nach O. SEIFRIED: Erg. Path. 24, 655 (1931).]

substanz kommen vor. Die Ventrikelflüssigkeit ist bisweilen vermehrt und beim Vorliegen von Blutungen leicht rötlich verfärbt.

Die histologischen Veränderungen sind bei den verschiedenen Gehirnentzündungen dieser Gruppe mehr oder weniger ausgeprägt und ziemlich einheitlich vorhanden. Ihre Eigenart liegt in einer besonderen Reaktion des Gefäßstützgewebsapparates, die „encephalitische Reaktion" genannt wird. Die dabei sich abspielenden aktiven Vorgänge bestehen in einer Kombination von nebeneinander einhergehenden Gewebsreaktionsformen im Gehirn, nämlich 1. den vasculären und perivasculären Zellinfiltraten und 2. einer Wucherung bestimmter gliöser Elemente, die zum Stützgerüst des nervösen

Zentralorgans und nicht zum Parenchym zu rechnen sind (Abb. 110). Außer dem „entzündlichen Reaktionskomplex" finden sich bei fast allen oben genannten Gehirnentzündungen auch noch 3. alterative (degenerative) Veränderungen an den Nervenzellen als den funktionstragenden Elementen, während 4. sog. „Einschlußkörperchen" in den Ganglienzellen nur bei einem Teil dieser Gehirnentzündungen vorkommen.

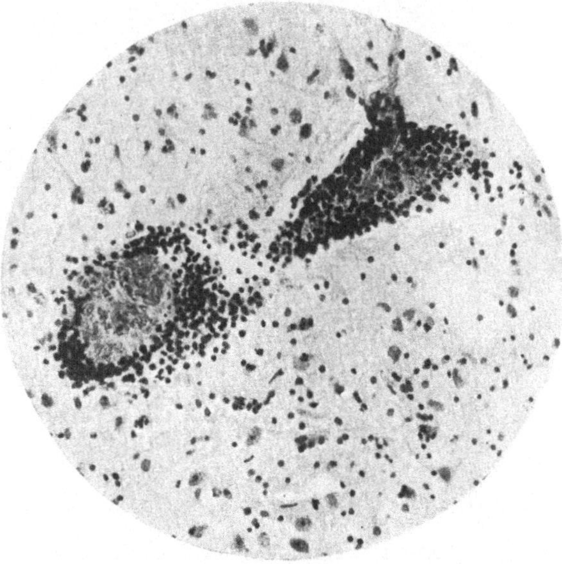

Zu 1. Bei den *zelligen Infiltraten* handelt es sich um Ansammlungen von mononukleären Zellen in den vasculären und perivasculären Lymphräumen, im Nervengewebe und in den Hirnhäuten (Abb. 111 und 112). Die meningitischen Veränderungen sind in der Regel wenig ausgeprägt oder fehlen vollkommen: es handelt sich somit um eigentliche Encephalitiden mit sekundärem Ergriffensein der Hirnhäute und nicht um Meningoencephalitiden.

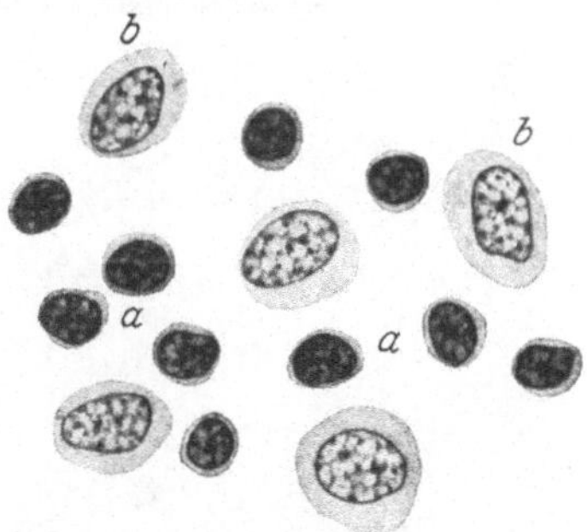

Abb. 113. Perivasculäre Zellinfiltrate (experimentelle BORNAsche Krankheit, Ratte). Hämatoxylin-Eosin. [Nach W. ZWICK, O. SEIFRIED u J. WITTE: Arch. Tierheilk. 59, 511 (1929).]

Der Grad der Infiltration, von der besonders die Präcapillaren, aber auch Venen und Arterien kleinerer und mittlerer Lichtung betroffen sind, schwankt bei den einzelnen Gehirnentzündungen je nach Alter und Heftigkeit des Prozesses in weiten Grenzen. Oft finden sich nur vereinzelte, oft aber so zahlreiche Zellen in den perivasculären Lymphräumen, daß geschlossene „Zellmäntel" um die Gefäße und deren Zweige entstehen (Abb. 111). Solange die Zellansammlungen auf den Raum innerhalb der gliösen Grenzscheide beschränkt bleiben, wird von *„vasculären Infiltraten"* gesprochen (Abb. 111). Bei massenhaftem Auftreten überschreiten die Infiltratzellen aber häufig diese „biologische Grenzmembran" und strahlen da und dort in das umgebende gliöse Gewebe hinein, um sich darin allmählich zu verlieren = *persivasculäre Zellinfiltrate* (Abb. 113). Auf diese Weise entstehen auch die sog. *„Gewebsinfiltrate"*, die selten aus größeren Anhäufungen bestehen,

Abb. 114. Zellen aus einem vasculären Infiltrat im Nucl. caud. (BORNAsche Krankheit, Pferd). a Lymphocyten, b Polyblasten.

sondern in kleinen Häufchen und Gruppen von Zellen beieinander liegen (Abb. 111). Ihr Zusammenhang mit vasculären Herden ist in Serienschnitten in der Regel nachweisbar.

Diese intraadventitiellen und perivasculären Infiltratzellen sind in der Hauptsache aus typischen *Lymphocyten* zusammengesetzt. Daneben sind weit weniger zahlreich die sog. Polyblasten (etwas größere mononukleäre Zellen mit weniger chromatinreichem Kern), Übergänge zwischen diesen und den typischen Lmyphocyten (Abb. 114), sowie vereinzelte Fettkörnchenzellen vertreten.

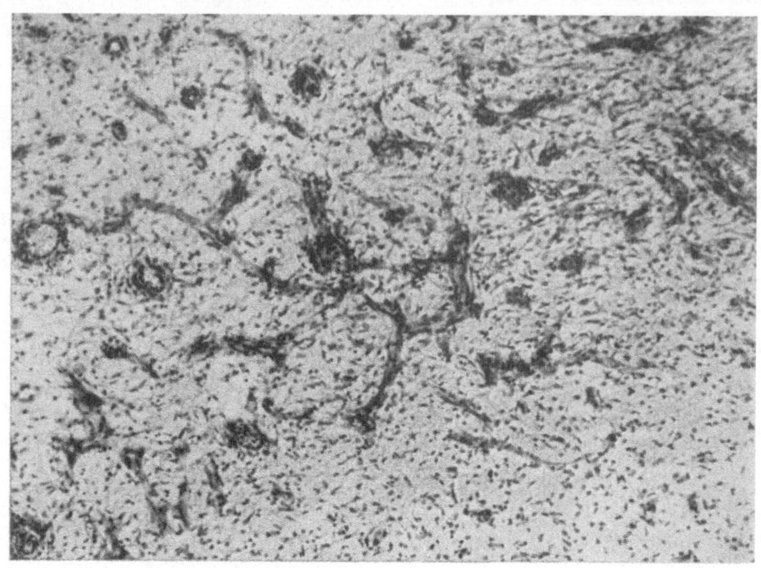

Abb. 115. Hundestaupeencephalitis (Spätfall). 100×. Nissl-Färbung.
Umfangreiche Endothelzell- und Adventitialzellwucherung. Gliawucherung.

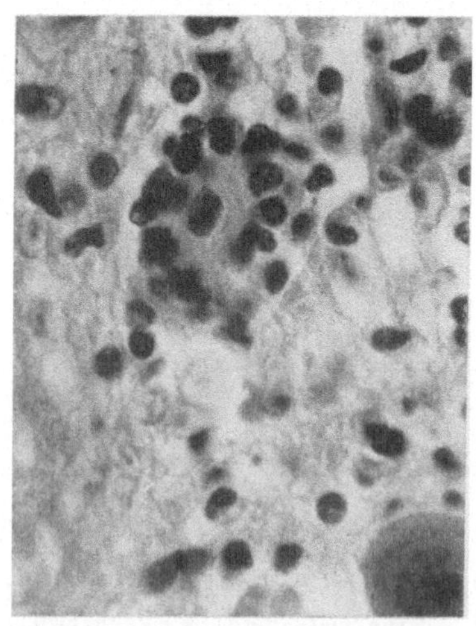

Abb. 116. Pseudoneuronophagie
(Bornasche Krankheit, Pferd). 800×.
Nissl-Färbung.
Ganglienzelle umgeben von gliösen
Trabantzellen.

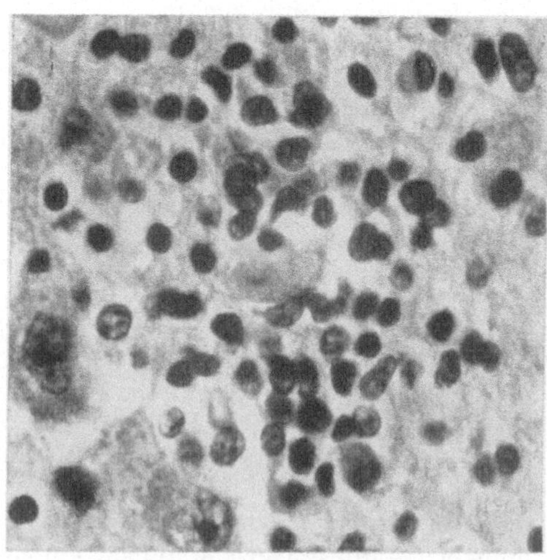

Abb.117. Neuronophagie(Schweinepestencephalitis).
800×. Nissl-Färbung.
In der Mitte der Gliazellansammlung ist der Rest
einer zugrunde gehenden Ganglienzelle sichtbar.
[Nach O. Seifried: J. of exper. Med. 53, 277 (1931).]

Plasmazellen und eosinophile Leukocyten kommen selten, polymorphkernige Leukocyten fast nie vor.

Die letzteren werden in akuten Fällen von Tollwut (und spinaler Kinderlähmung), oft in großer Zahl beobachtet, um später den mononukleären Elementen Platz zu machen.

Über die *Abstammung der Infiltratzellen* bestehen geteilte Ansichten. Die hauptsächlich vertretene gegenwärtige Auffassung geht dahin, daß es sich bei der Mehrzahl dieser Zellen nicht um aus den Gefäßen ausgewanderte Lymphoidzellen und deren Entwicklungsformen handelt, sondern um ganz bestimmte, aus dem Gewebsverband losgelöste Elemente mesodermaler Abkunft (histiogene Wanderzellen, Histiocyten, Makrophagen). Für diese Auffassung sprechen auch die unter den Infiltratzellen häufig nachweisbaren Kernteilungsfiguren.

Sonstige Veränderungen der Gefäße sind: Hyperämie, Schwellung, Proliferation und Zerfall der Endothelzellen, Nekrose und Hyalinisierung der Gefäßwände (Schweinepest, S. 57), perivasculäres Ödem, Erweiterung der submarginalen Gliaräume. Daneben finden sich bei einigen der durch organotrope Virusarten verursachten Entzündungen (Schweinepest-, Silberfuchsencephalitis u.a.) kleinere oder größere perivasculäre Blutungen in der Gehirnsubstanz und in den Meningen (Encephalitis lymphocytaria haemorrhagica). Im Adergeflecht können dieselben Infiltrate und in der Cerebrospinalflüssigkeit eine Zunahme von mononukleären Zellen sowie die Anwesenheit von roten Blutkörperchen ermittelt werden. Bisweilen kommen regressive Veränderungen an den Infiltratzellen in Form von Pyknosis und Karyorhexis vor. Außerdem treten bei Spätfällen von Hundestaupeencephalitis auch noch sog. „produktiv-vasculäre

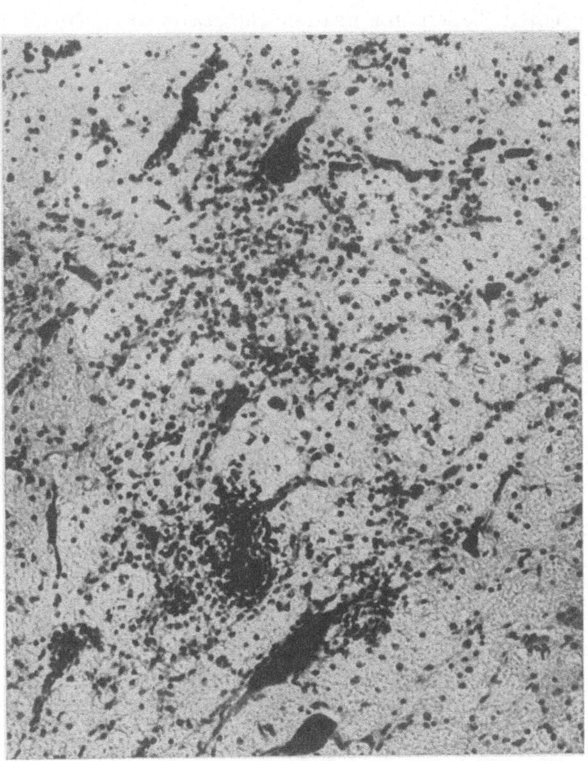

Abb. 118. Schweinepestencephalitis (Substantia nigra). 150 ×. NISSL-Färbung. Diffuse Gliazellwucherungen in der Umgebung von Ganglienzellen. [Nach O. SEIFRIED: J. of exper. Med. 53, 277 (1933).]

Herde" auf, die eine „Endangitis productiva" darstellen, wie sie im Anschluß an Alkohol- und Bleivergiftung sowie bei der Drehkrankheit der Schafe auftritt. Sie entsteht (Abb. 115) durch Wucherung, Hyperplasie und Hypertrophie von Endothel- und Adventitialzellen.

Zu 2. Die *gliösen Gewebsreaktionen* äußern sich histologisch bei allen Gehirnentzündungen dieser Gruppe in gleicher Form, lediglich unter Aufweisung gradweiser Unterschiede. Sie stellen, da sie wohl auf eine direkte Einwirkung der Erreger zurückzuführen sind, einen wesentlichen Faktor im entzündlichen Reaktionskomplex dieser Krankheiten dar und müssen in vielen Fällen mit den zelligen Infiltraten als gleichwertig angesehen werden (Abb. 110). In der Regel sind sie in Form einer Mobilisation der sog. Satelliten an der Peripherie von Ganglienzellen (Satellitismus, Pseudoneuronophagie) (Abb. 116), in Form sog. echter Neuronophagie (Abb. 117), an Stelle von zugrunde gegangenen Nervenzellen in Form von Gliarosetten oder Gliasternen vorhanden, und am häufigsten

begegnet man ihnen an anderen Stellen des ektodermalen Gewebes in Form
von herdförmigen, scharf abgegrenzten, nicht mit Gefäßen oder Nervenzellen
im Zusammenhange stehenden Ansammlungen, die als „Gliaknötchen" bezeichnet
werden (Abb. 119). Derartige Gliaknötchen sind zuerst von BABES bei Tollwut beschrieben (BABESsche Knötchen) und als spezifisch für diese Krankheit
gehalten worden. Endlich treten noch diffuse Gliawucherungen (Abb. 118) in
der Umgebung von infiltrierten Blutgefäßen, unter dem Ventrikelependym, in
der Molekularzone des Kleinhirns (SPIELMEYERs Gliastrauchwerk) und in zahlreichen Teilen der grauen Substanz auf. Im Bereiche dieser Zellwucherungen

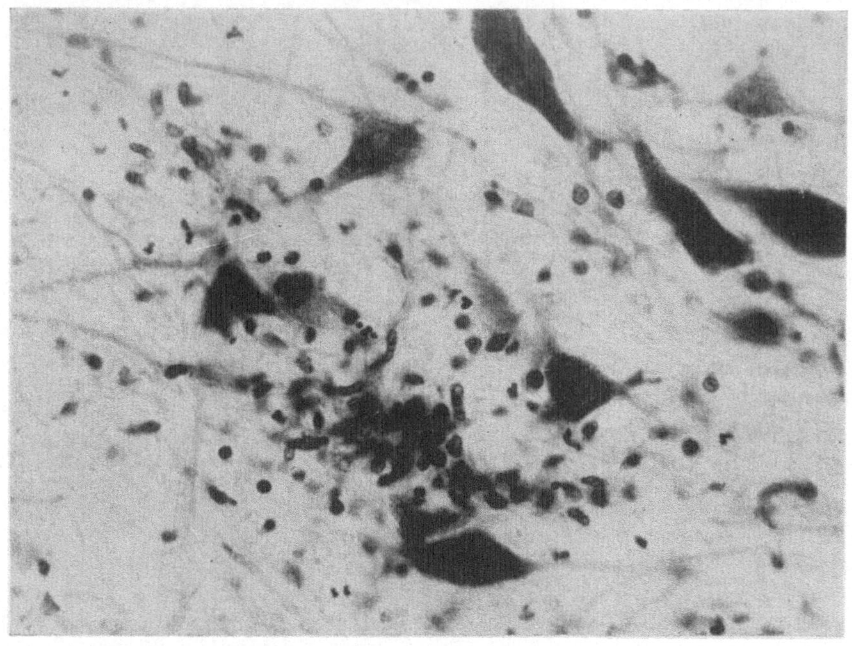

Abb. 119. Gliaknötchen mit typischen Stäbchenzellen am Rande. (Tollwut, Substantia nigra,
NISSL-Färbung). [Aus O. SEIFRIED (nach SCHÜKRI und SPATZ): Erg. Path. 24, 599 (1931).]

finden sich zahlreiche Kernteilungsfiguren. Die Unterscheidung dieser umschriebenen und diffusen Gliaherde von Rundzelleninfiltrationen stößt in mit
gewöhnlichen Färbemethoden behandelten Präparaten auf Schwierigkeiten, um
so mehr, als sie neben dichter Lagerung mit Zellen mesodermalen Ursprungs
(Lymphocyten, Plasmazellen, Histiocyten) durchsetzt, sehr leicht progressiven
und regressiven Veränderungen unterworfen sind und dann mannigfache Abweichungen von der Norm aufweisen. Spezialfärbungen zeigen, daß neben der
Makroglia (mehr rundkernige Gliazellformen) hauptsächlich die Mikroglia am
Aufbau dieser Gliaherde beteiligt ist. Es handelt sich dabei um kleinste Zellen,
die bei den gewöhnlichen Färbungen in Stäbchenform erscheinen (Stäbchenzellen, Abb. 119). Ihre Struktur und feine Verästelung kann mit dem HORTEGA-
schen Silberimprägnationsverfahren nach Bromformolfixierung elektiv dargestellt werden (Abb. 120). Diesen Zellen kommt die besondere Eigenschaft zu,
sich unter Verlust ihrer Verästelung und ihrer Fortsätze in Gitterzellen, d. h.
Abräumzellen umzuwandeln, die zur Wegschaffung von Abbauprodukten
bestimmt sind (Abb. 121 u. 122).

Über die Abstammung dieser Zellen besteht noch keine volle Klarheit; es wird angenommen, daß sie sowohl dem ektodermalen als auch dem mesodermalen Gewebe (Gefäßbindegewebe) entstammen können.

Zu 3.   An den *Ganglienzellen* verschiedener Gebiete des Z.N.Ss., der Ausbreitung nach in gewisser Abhängigkeit von dem entzündlichen Reaktionskomplex, treten schwere degenerative Veränderungen hervor, die sich bei Anwendung der NISSL- bzw. GIEMSA-Färbung verfolgen lassen.   Am häufigsten finden sich Bilder, die in der Neurohistologie als Verflüssigungsprozesse (schwere Zellveränderung NISSLs), akute Schwellung (NISSLs akute Zellerkrankung) und einfache Schrumpfung (NISSLs chronische Zellerkrankung) bekannt sind[1].   Die

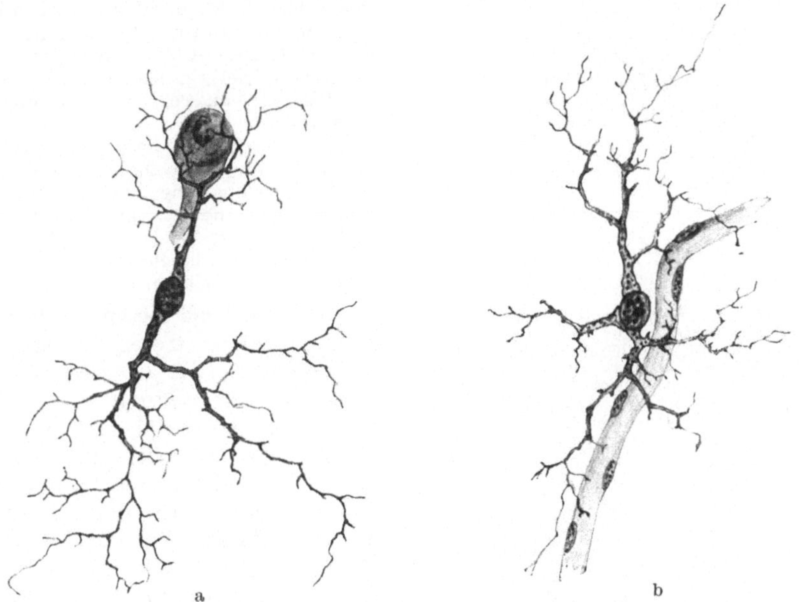

a   b

Abb. 120. Normale HORTEGA-Zellen.   HORTEGAsche Methode.

a bipolarer Typus einer HORTEGA-Zelle in Verbindung mit einer Nervenzelle, b multipolarer Typus einer HORTEGA-Zelle in Begleitung eines Gefäßes. [Nach O. SEIFRIED: Arch. Tierheilk. **63**, 294 (1931).]

sehr wechselvollen Veränderungen können nicht ohne weiteres auf einen Nenner gebracht werden.   Sie sind in der Mehrzahl der Fälle folgendermaßen gekennzeichnet:

Neben zum Teil gut erhaltenen Zellen kommen häufig solche vor, die die charakteristische Anordnung der NISSLschen Granula vermissen lassen. Das Protoplasma besteht in solchen Fällen aus einer leicht granulierten, staubförmigen oder ziemlich homogen aussehenden Masse, in der Tigroid nicht mehr nachweisbar ist und basophile Bestandteile völlig geschwunden sind. Der Zerfall kann so hochgradig sein, daß vom Zelleib der Ganglienzellen nur noch Schatten sichtbar sind. In vereinzelten Zellen können außerdem größere oder kleinere, helle, runde, ungefärbte Lücken oder Flecke von cysten- oder vakuolenähnlichem Aussehen auftreten, die bisweilen so dicht liegen, daß das Protoplasma eine wabige oder schaumige Stuktur erhält (Abb. 106). Daneben werden auch Zellen angetroffen, deren Rand nicht mehr scharf begrenzt ist, sondern wie gezackt oder angenagt aussieht. Das ist aber verhältnismäßig selten und wird am ehesten noch an Zellen beobachtet, die bereits von Gliazellen umklammert sind.

Auch am Kern der Ganglienzellen begegnet man ausgesprochenen Veränderungen, die weniger durch Änderung seiner Lage, als durch Abweichungen seiner Struktur gekennzeichnet sind. Vielfach ist die Grenze zwischen Zelleib und Kern unscharf, so daß fließende Übergänge von einem zum anderen zu bestehen scheinen. In anderen Fällen ist

---

[1] Siehe W. SPIELMEYER: Histopathologie des Nervensystems, Bd. I. Berlin: Julius Springer 1922.

der Kern von kleinen, aber deutlich sichtbaren Chromatinkörnchen übersät. Nicht selten liegt auch eine abnorme Blaßheit des Kernes vor; bisweilen ist er fast ungefärbt und nahezu unsichtbar. Auch die Nukleolen können eine solch abnorme, blasse Farbe besitzen. Man sieht dann in ihnen mehrere runde, intensiv gefärbte Körperchen, die nicht selten der Peripherie des Kerns angelagert sind (Anlagerungskörper) und ihm ein maulbeerförmiges Aussehen verleihen.

Auch vakuolenartige Gebilde im Kernkörperchen werden angetroffen. Derartig veränderte Ganglienzellen und zum Teil auch noch gut erhaltene sind häufig umgeben bzw. völlig umklammert von gliösen und mononukleären Elementen, die in dichtem Kranze die Zellen belagern (Pseudoneuronophagie), in sie eindringen und so zu Bildern von echter „Neuronophagie" überleiten.

Die Beurteilung der degenerativen Veränderungen an den Ganglienzellen erfordert große Zurückhaltung, da nachgewiesenermaßen auch andere Erkrankungen zu Veränderungen der Nervenzellen führen, die vielfach von den beschriebenen nicht unterschieden werden können.

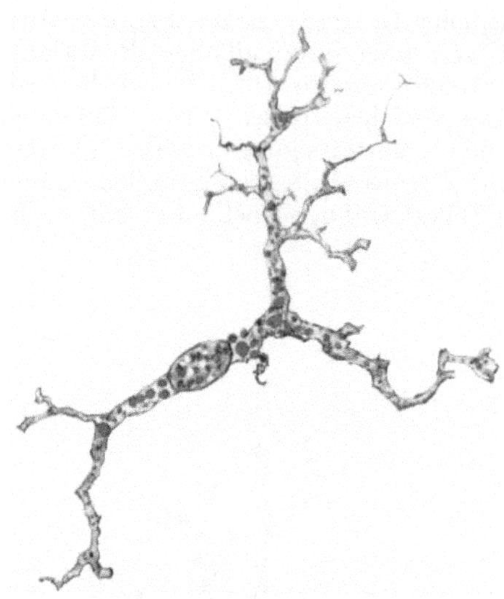

Abb. 121. Hypertrophische, mit Fetttröpfchen beladene HORTEGA-Zelle aus der Hirnrinde bei BORNAscher Krankheit. Kombination der HORTEGAschen Methode mit HERXHEIMERs Scharlachrotfärbung.
[Nach O. SEIFRIED: Arch. Tierheilk. 63, 294 [1931].)

Entsprechend diesen Nervenzellendegenerationen treten *sekundäre Degenerationen* (WALLER*sche Degeneration*) *der Nervenfasern* des Rückenmarks und der peripherischen Nerven, z. B. bei Schweinepest, Tollwut und Hundestaupe auf. In der Regel zerfallen Achsenzylinder und Markscheiden gleichzeitig. Es kommt auch vor, daß die Achsenzylinder erhalten bleiben und nur die Markscheiden zugrunde gehen (Demyelinisation, Entmarkung). Dabei entstehen ähnliche Veränderungen wie bei der A-Avitaminose (S. 127).

Die durch spezifisch neurotrope Virusarten hervorgerufenen Gehirnentzündungen, so vor allem die Tollwut, BORNAsche Krankheit u. a. sind im peripherischen und visceralen Nervensystem mit schweren *Neuritiden* vergesellschaftet („Septineuritis"), deren histologische Merkmale auf S. 146 behandelt sind.

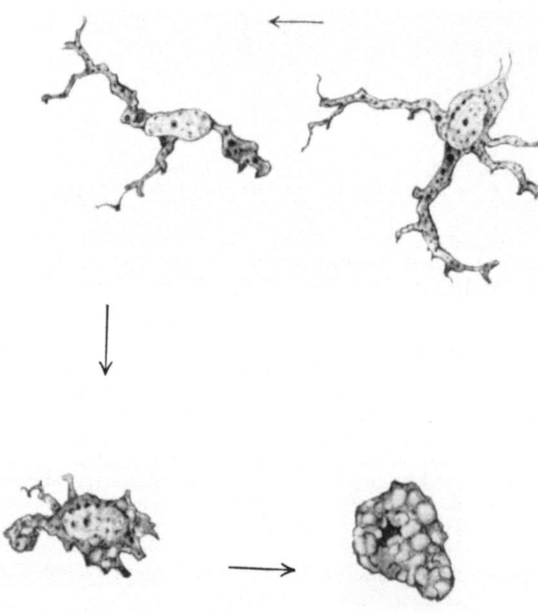

Abb. 122. HORTEGAsche Zellen in verschiedenen Stadien der Umwandlung zur Gitterzelle aus dem Mittehirn bei BORNAscher Krankheit. HORTEGAsche Methode.

Ausgang der Gehirnentzündungen. In der Regel führen die beschriebenen Veränderungen akut oder subakut zum Tode (Tollwut, BORNAsche Krankheit). In seltenen

Fällen kommen Ausheilungen nach Rückbildung, Resorption und Reparation schwach entzündlicher Prozesse vor. Häufig bleiben aber infolge gliöser Narben und Ganglienzellausfällen dauernde Schäden zurück, die sich in Dummkoller, Paresen, Paralysen im Bereiche des Angesichts und der Extremitäten sowie in anderen Ausfallserscheinungen zu erkennen geben.

Die Ausbreitung der „encephalitischen Reaktion" und ihre Bedeutung für die histologische Klassifikation der Encephalitis lymphocytaria non purulenta.

Wenn nach den bisherigen Ausführungen die Art der histologischen Veränderungen bei den verschiedenen, in dieser Gruppe zusammengefaßten Gehirnentzündungen grundsätzlich dieselbe ist, so liegen hinsichtlich der Ausbreitung des entzündlichen Prozesses im Z.N.S. andere Verhältnisse vor. Nach dem derzeitigen Stande unserer Kenntnisse können vorläufig innerhalb der Gruppe der Encephalitis und Myelitis lymphocytaria non purulenta zwei Verwandtschaftsgruppen aufgestellt werden, nämlich:

1. Encephalomyelitiden mit vorwiegendem Betroffensein der grauen Substanz (Polyoencephalomyelitiden).

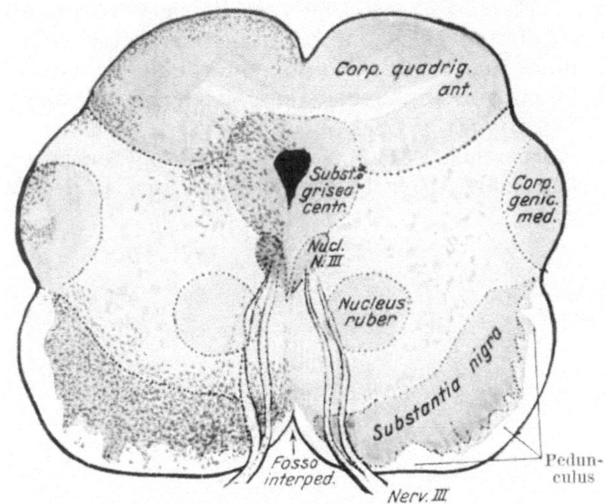

Abb. 123. Mittelhirnquerschnitt vom Pferd. Schematisch. Rot = entzündliche Reaktion bei BORNAscher Krankheit. [Nach O. SEIFRIED u. H. SPATZ: Z. Neur. 124, 317 (1930).]

2. Encephalomyelitiden mit ziemlich gleichmäßigem Betroffensein der grauen und weißen Substanz.

Zur ersten Verwandtschaftsgruppe gehören: die BORNAsche Krankheit des Pferdes und Schafes, wahrscheinlich die enzootische Rinderencephalitis, die Tollwut, die Meerschweinchenlähme, die Encephalitis epidemica und cerebrale Formen der HEINE-MEDINschen Krankheit (Kinderlähmung).

Der zweiten Verwandtschaftsgruppe werden eingereiht: die enzootische Encephalomyelitis des Pferdes (MOUSSU-MARCHAND, FRÖHNER-DOBBERSTEIN), die Hundestaupe-, Schweinepest- und Geflügelpestencephalitis.

Das gemeinsame Prinzip des Ausbreitungsmodus der Krankheiten der ersten Verwandtschaftsgruppe besteht darin, daß vornehmlich die graue Substanz, vor allem in Zonen entlang der inneren Gehirnoberfläche (Ventrikelräume) und in Zonen entlang der äußeren Oberfläche (basale

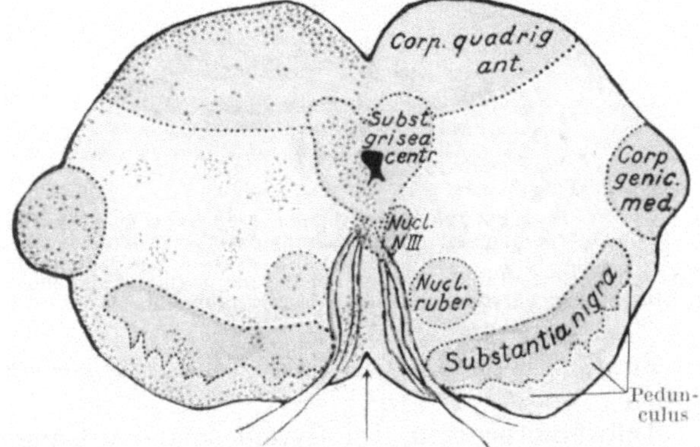

Abb. 124. Mittelhirnquerschnitt vom Schwein. Schematisch. Rot = Ausbreitung des entzündlichen Prozesses bei Schweinepestencephalitis. [Nach O. SEIFRIED: Arch. Tierheilk. 64, 432 (1932).]

Abschnitte) bevorzugt werden, während zentral gelegene Gebiete von dem entzündlichen Prozeß in der Regel verschont bleiben. Die besondere Auswahl gewisser Zentren, so des Höhlengraues, der Substantia nigra und der Riechrinde ist als typisch für diese Gruppe anzusehen (Abb. 123).

Der Ausbreitungsmodus der zweiten Verwandtschaftsgruppe besitzt im Betroffensein von Zonen im Bereiche der inneren und äußeren Oberflächen eine gewisse Übereinstimmung mit demjenigen der ersten Verwandtschaftsgruppe. Abweichend von diesem befällt aber der Prozeß hier graue und weiße Substanz etwa in gleicher Stärke. Hier findet eine Auswahl bestimmter Zentren nicht statt. Außerdem bestehen wesentliche Verschiedenheiten im Bereiche der Großhirnhemisphären (Abb. 124). Diese auf histologischer Grundlage beruhende Gruppeneinteilung, die nicht nur klassifikatorischen, sondern auch praktischen, differential-diagnostischen Wert besitzt, wird durch Übereinstimmungen in ätiologisch-biologischer und pathogenetischer Hinsicht unterstrichen (S. 132 und 143).

Es muß indessen hervorgehoben werden, daß trotz dieser Gruppenverwandt-schaft die einzelnen Krankheiten weitgehende Selbständigkeit bewahren, was unter anderem auch in der morphologischen Verschiedenheit der bei vielen von ihnen vorkommenden Ganglienzelleinschlußkörperchen zum Ausdruck kommt. Diese Verschiedenheit ist — was auch immer die Natur und Bedeutung der Körperchen sei — nicht anders zu erklären, als durch verschiedene und besondere Eigenschaften der sie auslösenden Virusarten.

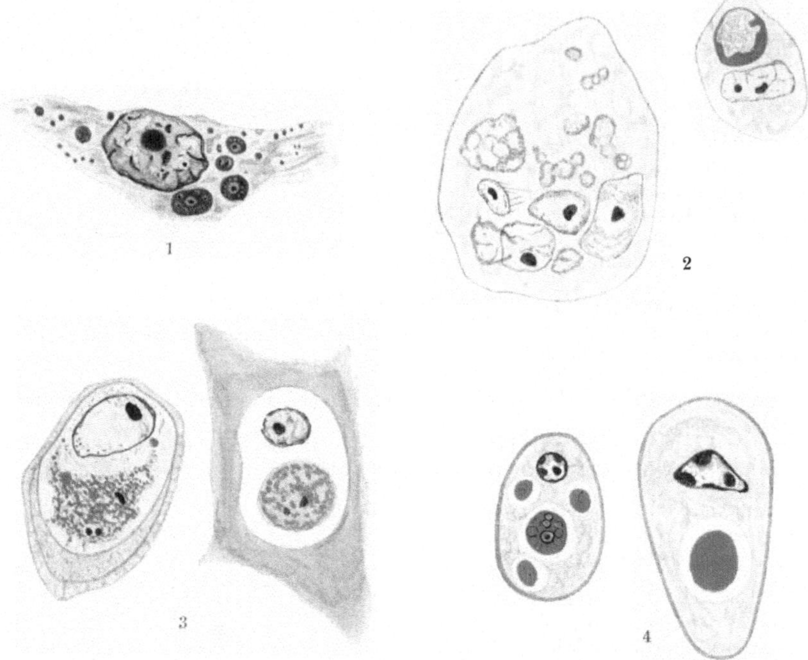

Abb. 125. Verschiedene Arten von Einschlußkörperchen im Zelleib.
1 NEGRI-Körperchen in einer Ganglienzelle bei Tollwut. Methylenblau-Fuchsin. (Nach PAUL u. SCHWEINBURG.) 2 BOLLINGER-Körperchen bei Geflügelpocken. Methylenblau-Eosin. (Nach RIVERS.) 3 Einschlußkörperchen bei Myxomatosis (Kaninchen). Eosin-Methylenblau. (Nach RIVERS.) 4 Einschlußkörperchen bei infektiöser Ektromelie (Maus). Eosin-Methylenblau. (Nach MARSHAL.)

Zu 4. Einige der wichtigsten *Einschlußkörperchen* wollen wir hier kennen lernen.

Tollwutkörperchen. Im Cytoplasma der Ganglienzellen, seltener außerhalb von Neuronen, finden sich bei Hunden in 95%, bei Katzen und anderen Tieren in etwa 75% die sog. Tollwut- oder NEGRIschen Körperchen (NEGRI 1903). Sie stellen rundliche, ovale, birnförmige oder vielgestaltige, abgerundete Gebilde dar, deren Größe zwischen 1—27 μ schwankt (Abb. 125, 1). Auch die Zahl der in einer Zelle vorkommenden Körperchen ist sehr verschieden. Während häufig eine Zelle nur ein Körperchen beherbergt, finden sich in anderen oft bis zu 10 verschiedener Größe vor, wobei dem Sitze nach die Fortsätze der Nervenzellen bevorzugt werden. Die Grundsubstanz der Körperchen ist acidophil. Mit zahl-reichen Färbungen[1] lassen sich in ihrem Inneren hellere und basophile Innen-

[1] Siehe O. SEIFRIED u. E. HEIDEGGER: Pathologische Mikroskopie. Stuttgart: Ferdinand Enke 1933.

strukturen von verschiedenartigem Aussehen erkennen, durch die eine Unterscheidung z. B. von Staupe- oder BORNA-Körperchen ermöglicht wird.

Die kleinsten NEGRIschen Körperchen besitzen ein zentrales, basophiles Innenkörperchen, das von einer lichtbrechenden, helleren und einer dunkel gefärbten Außenzone umgeben ist. Bei den größeren NEGRIschen Körperchen werden folgende Typen unterschieden:

1. **Rosettenform.** Um ein zentrales, stark lichtbrechendes Innengebilde sind zahlreiche kleinere, runde Körperchen angelagert, die ihrerseits wieder basophile Punktierung oder Körnelung aufweisen.

2. **Maulbeerform.** Das ganze NEGRI-Körperchen ist mit großen, lichtbrechenden Gebilden angefüllt, die ihrerseits Innenkörperchen beherbergen.

3. Zwischen größeren, exzentrisch gelegenen Innengebilden befinden sich Strukturen wie unter 2. angegeben.

4. Kleine acidophile und basophile Granula erfüllen in dichter Lagerung das NEGRI-Körperchen. Sogar bei Tollwutfällen, bei denen diese vermißt werden, sind neuerdings intra- und extracellulär liegende, kleine, kokkenförmige oder ovale, an der Grenze der Sichtbarkeit stehende, strukturlose, acidophile Gebilde (sog. staubförmige Granulationen) nachgewiesen worden. Sie sollen für Tollwut pathognomonisch sein und die Erreger darstellen (s. S. 167).

Bei der Passagewut der Kaninchen (Virus fixe) sind die sog. Passagewutkörperchen zugegen, die eine gewisse Ähnlichkeit mit den NEGRI-Körperchen besitzen, aber stets außerhalb von Zellen gelegen sind. Ihre Beziehungen zu den NEGRI-Körperchen sind noch ungeklärt.

Die **spezifische Bedeutung** der NEGRI-Körperchen kann durch jahrzehntelange, praktische Erfahrungen vieler Wutuntersuchungsinstitute der ganzen Welt als feststehend gelten. Es hat sich weiterhin erwiesen, daß sie außerhalb des Ammonshorns nicht in nennenswerter Zahl gefunden werden. Wenn sie wohl auch in PURKINJE-Zellen des Kleinhirns, in der Großhirnrinde (Pyramidenzellen), in den Ganglienzellen der Brückenkerne und im verlängerten Mark, in den Speicheldrüsen, Nebennieren vorkommen, so bleibt für die praktische Auffindung das Ammonshorn der Ort der Wahl. Bei Schwierigkeiten in der Erkennung und Auffindung der Körperchen im Ammonshorn infolge Fäulnis wird die Untersuchung der Cerebrospinalganglien (Ganglion nodosum vagi oder Ganglion supremum sympathici) empfohlen, die der Fäulnis länger widerstehen sollen.

Der Nachweis encephalitischer Veränderungen allein gibt keine Anhaltspunkte für das Vorliegen der Tollwut, während die Auffindung der NEGRI-Körperchen sie zu sichern vermag. Ihr Fehlen schließt aber Tollwut nicht aus. In diesem Falle muß der Tierversuch die Entscheidung bringen.

BORNA (JOEST-DEGENsche)-Körperchen. In einem hohen Prozentsatz der Fälle von BORNAscher Krankheit werden in den großen polymorphen Ganglienzellen verschiedener Hirngebiete mit Hilfe der LENTZschen und MANNschen Färbung (s. auch Nachweis der NEGRIschen Körperchen) eigenartige **Kerneinschlüsse** festgestellt, die sich durch ihre leuchtend rote Farbe von dem hellen Untergrund des chromatinarmen Kerns und der violetten Farbe des Nucleolus deutlich abheben (Abb. 126).

Auch mit zahlreichen anderen Färbungen, so besonders mit der Methylenblau-Phloxin- oder der HEIDENHAINschen Eisenalaun-Hämatoxylinfärbung, mit der GIEMSA-Methode, mit GOODPASTURES Methylenblau-Fuchsinfärbung (auch für Tollwut verwendet), weiterhin mit den von KROGH und von STUTZER angegebenen Färbungen lassen sich die Kerneinschlüsse zur Darstellung bringen. Abklatschpräparate liefern weniger gute Ergebnisse [1].

---

[1] Einzelheiten s. O. SEIFRIED u. E. HEIDEGGER: Pathologische Mikroskopie. Stuttgart: Ferdinand Enke 1933.

Innerhalb einer Zelle finden sich einzelne oder mehrere Einschlußkörperchen. Ihre Lage im Kern und zum Kernkörperchen ist verschieden und einer besonderen Regel nicht unterworfen. Im Gegensatz zu den Tollwutkörperchen werden die BORNA-Körperchen fast ausschließlich im Kern der Ganglienzellen, sehr selten in ihrem Protoplasma, niemals extracellulär angetroffen.

Was die Größe der Körperchen anbetrifft, so finden sich alle Übergänge zwischen solchen, die an der Grenze der Sichtbarkeit stehen und solchen, die die Größe des Nucleolus übertreffen. Sie bestehen aus einer homogenen, plastinartigen, der Nucleolarsubstanz nahestehenden, mikrochemisch noch unbekannten Masse, mit stark acidophilen Eigenschaften. Innenstrukturen in Form von

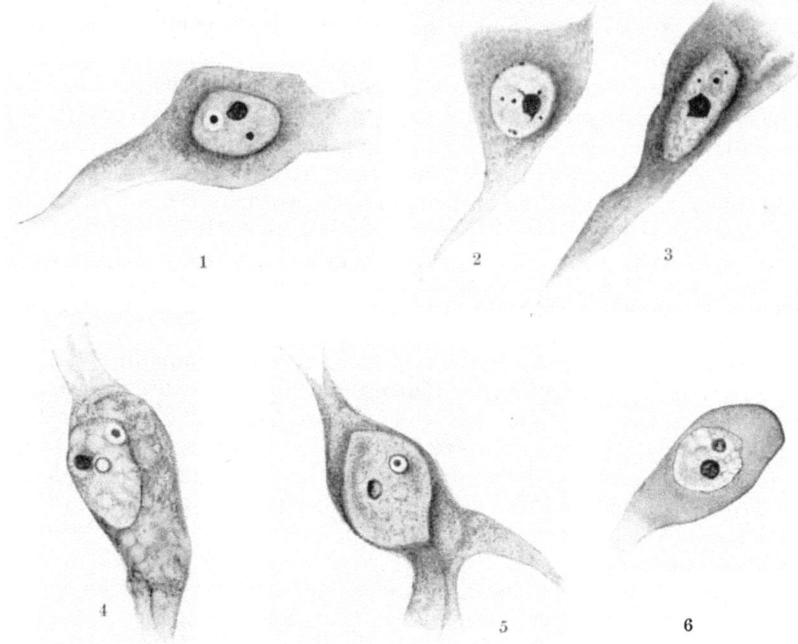

Abb. 126. Kerneinschlußkörperchen bei BORNAscher Krankheit (Pferd). MANNsche Färbung. 1—3 Ganglienzellen aus dem Ammonshorn mit verschiedenartigen Einschlüssen; 4—6 dasselbe. Ringbildungen und Innenkörperchen (seltene Formen).

basophiler Punktierung sind nur ausnahmsweise sichtbar. Die Gebilde zeigen stets scharfe Umrisse und eine in sich geschlossene Form. Von den umgebenden Kernsubstanzen sind sie häufig durch einen hellen, meist farblosen, verschieden breiten Hof getrennt, der bisweilen nach dem Karyoplasma zu von einer schwer darzustellenden dunklen Linie bzw. Membran (Hülle?) abgeschlossen wird. Die Einschlußkörperchen sind kugelrund, ovoid, diplokokkenförmig, selten von unregelmäßiger Begrenzung. Sie zerfallen in faulem Material sehr rasch und büßen ihre Färbbarkeit mehr oder weniger ein. Ihre Natur ist noch ungeklärt (S. 166).

Was die Verbreitung der Kerneinschlüsse über die verschiedenen Abschnitte des Zentralnervensystems betrifft, so beherbergen Ammonshorn, Riechwindung und Substantia nigra die zahlreichsten Einschlüsse. Im Stirn-, Schläfen- und Hinterhauptslappen, im Rückenmark und in den Spinalganglien sind sie spärlicher. Weder ihre Verbreitung noch ihre Zahl und Größe stehen in Beziehung zur Stärke und zur Lokalisation des entzündlichen Reaktionskomplexes.

Wenn die Körperchen im Einzelfalle auch in wechselnder Zahl auftreten, so stellen sie doch bei der spontanen und experimentell erzeugten Krankheit einen regelmäßigen und charakteristischen Befund mit diagnostischer Bedeutung dar. Ihr Nachweis in Gemeinschaft mit dem entzündlichen Reaktionskomplex sichert die Diagnose der Krankheit.

Dieselben Einschlußkörperchen werden bei der BORNAschen Krankheit des Schafes, sowie beim bösartigen Katarrhalfieber des Rindes angetroffen.

Hundestaupekörperchen. Bei der nervösen Form der Hundestaupe kommen in den Ganglienzellen mehr oder weniger zahlreiche sog. „Staupekörperchen" vor. Sie stellen verschieden große, runde, ovale, homogen und acidophil sich

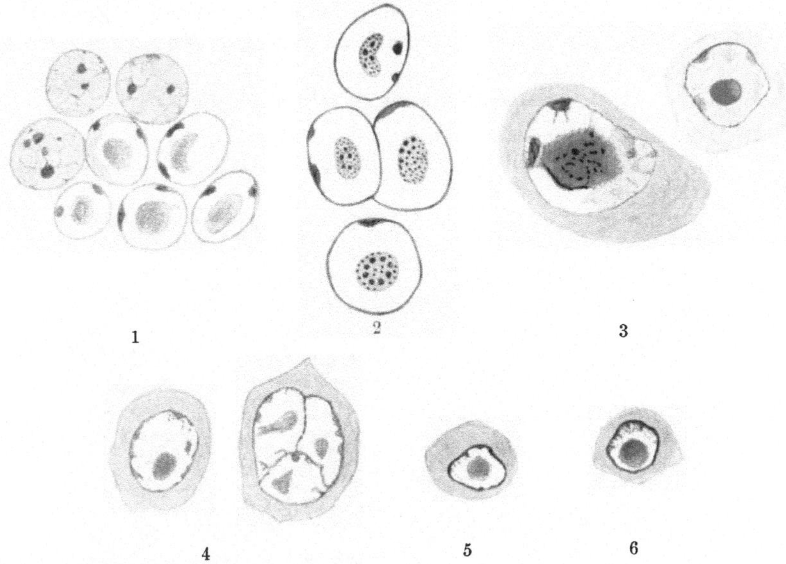

Abb. 127. Kerneinschlußkörperchen bei verschiedenen Krankheiten.
1 Intranukleäre Einschlüsse in Trachealepithelien bei infektiöser Laryngotracheitis (Huhn). GIEMSA-Färbung. 2 Dasselbe mit zahlreichen Innenkörperchen. KLARFELDS Tannin-Silbermethode. 3 Intranukleäre Epithelzelleinschlüsse bei der Speicheldrüsenkrankheit (Meerschweinchen). Methylenblau-Eosin. (Nach COLE und KUTTNER.) 4 Intranukleäre Epithelzelleinschlüsse bei Varicelleninfektion (Mensch). Methylenblau-Eosin. (Nach RIVERS.) 5 Intranukleäre Epithelzelleinschlüsse bei Virus III-Infektion (Kaninchen). Methylenblau-Eosin. (Nach RIVERS.) 6 Intranukleäre Epithelzellein-schlüsse in der Cornea bei Herpesinfektion (Kaninchen). Hämalaun-Eosin. (Nach LIPSCHÜTZ.)

färbende, strukturlose Gebilde im Protoplasma degenerierender Ganglienzellen dar. Andere besitzen in ihrem Innern eine Anzahl kleiner Vakuolen und kleine nach ROMANOWSKY färbbare Körperchen. Außer diesen beiden Formen sind auch noch andere beschrieben worden. Die geringe Einheitlichkeit der Morphologie dieser sog. Staupekörperchen läßt Zweifel an ihrer Bedeutung und Spezifität aufkommen. Trotzdem können sie differentialdiagnostisch unter Umständen Schwierigkeiten gegenüber den Tollwutkörperchen bereiten. Im Gegensatz zu den NEGRI-Körperchen besitzen sie keinen Lieblingssitz im Ammonshorn; sie kommen im Z.N.S. überall und außerdem auch in anderen Organzellen (z. B. in der Lunge) vor, sind kleiner als die NEGRI-Körperchen, homogen, ohne Innenstruktur, vacuolär oder endlich mit gewisser Innenstruktur anderer Anordnung als bei den NEGRI-Körperchen versehen.

Pathogenese der Encephalitis non purulenta. Die Art der Ausbreitung der entzünd-lichen Reaktion im Z.N.S., die große Ähnlichkeit mit derjenigen von unmittelbar in den Liquor cerebrospinalis verbrachten Farbstoffen besitzt, sowie die Ergebnisse neuer experi-menteller Untersuchungen machen es wahrscheinlich, daß die Ausbreitung der Schädlichkeit bei der ersten Verwandtschaftsgruppe vom Liquor cerebrospinalis aus und die Infektion auf dem Wege der Saftbahnen von Nerven (neurolymphogen) zustande kommt, die mit subarachnoidalen Räumen in Verbindung stehen (erste 4 Hirnnerven; hauptsächlich Nervus olfactorius). Auch eine intestinale Ansteckungsmöglichkeit, vielleicht auf dem Nervenwege, muß in Betracht gezogen werden.

Die Tollwut wird ausschließlich durch den Biß kranker Tiere, d. h. durch Einimpfung des Virus in die peripherischen Nerven, also neurogen, übertragen.

Bei der zweiten Verwandtschaftsgruppe dagegen erfolgt die Infektion des Zentralnervensystems in der Hauptsache auf dem Blutwege (hämatogen), wahrscheinlich unter Mitwirkung des Liquor cerebrospinalis.

Aus Vorstehendem geht hervor, daß für die **Diagnostik der einzelnen Gehirnentzündungen** aus der Gruppe der Encephalitis und Myelitis lymphocytaria non purulenta weniger die Art der entzündlichen Reaktion, als vielmehr deren Lokalisation, sowie bei manchen der Nachweis der entsprechenden Zell- oder Kerneinschlußkörperchen als ausschlaggebend zu bewerten ist.

β) *Encephalitis und Myelitis purulenta*

spielt als selbständige Krankheit eine untergeordnete Rolle. In den letzten Jahren ist aber bei Schafen in Amerika und Australien eine offenbar selbständige Encephalitis eitriger Natur

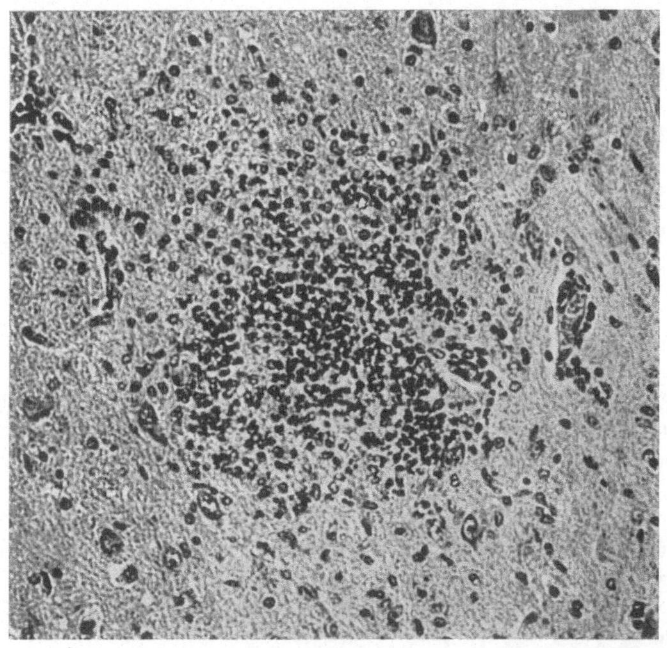

Abb. 128. Encephalitis purulenta (Schaf). 250 ×. Methylenblau-Phloxin.
Perivasculäre Leukocyteninfiltrate und in der Mitte Leukocytenherd (Absceß).

mit noch unbekannter Ursache beschrieben worden. Im übrigen werden die Gehirn- und Rückenmarksabscesse, wie sie auf metastatischem Wege (Pyämie) durch von anderen Stellen fortgeleitete Prozesse (Nasen-, Stirnhöhlen-, Mittelohrentzündungen, Nabelentzündungen) sowie durch Traumen zustande kommen, zu dieser Gruppe gerechnet. Entsprechend dieser Entstehungsweise kommen als **Erreger** die verschiedensten Eiterbakterien in Betracht, so vor allem Drusestreptokokken bei Pferden, Bacterium pyocyaneus beim Schwein, bipolare Bakterien beim Kaninchen, verschiedene durch Parasiten (Oncosphären von Taenien, Oestruslarven) verschleppte Eitererreger.

Die Art der **histologischen Veränderungen** ist von dem jeweiligen Erreger abhängig. Bisweilen stehen die Zeichen einer Encephalitis, d. h. vasculäre und perivasculäre, in der Hauptsache aus polymorphkernigen Leukocyten bestehende Infiltrate im Vordergrunde, während in anderen kleine Absceßchen mehr hervortreten und die Gefäßinfiltrate nur in ihrer unmittelbaren Umgebung ausgeprägt sind. Die Abb. 128 stellt eine Encephalitis purulenta des Schafes dar. Wir erkennen längs- und quergetroffene, mit Zellmänteln versehene Gefäße, die bei schw. V. an diejenigen bei der nichteitrigen Encephalitis erinnern. In der Tat treffen für sie alle auf S. 132 aufgeführten Einzelheiten zu, mit der Ausnahme, daß die Infiltratzellen bei Betrachtung mit st. V. in der Hauptsache sich als polymorphkernige Leukocyten darstellen. Lymphocyten sind spärlich. Dazwischen werden große, runde Zellen mit stark vacuolärem Protoplasma, sog. Fettkörnchenzellen (Phagocyten meso- oder ektodermaler Abstammung) angetroffen, die zum Abtransport zugrunde gegangener Nervensubstanz bestimmt sind. Die Mobilisation der Glia im Bereiche der encephalitischen Herde tritt in der Regel weniger hervor. Zum Bilde der Encephalitis purulenta gehören kleine Absceßchen, d. h. miliare oder größere, einzeln oder in der Mehrzahl auftretende Ansammlungen von polymorphkernigen Leukocyten im Hirngewebe (Eiterkörperchen), die degenerative Veränderungen (Pyknosis, Karyorhexis) erkennen lassen (Abb. 128). Auch inmitten dieser Herde finden sich Fettkörnchenzellen. Bei längerer Dauer des Prozesses werden derartige Absceßchen, wie in anderen Organen, durch ein zellreiches Granulationsgewebe, an dessen Rand gewucherte Gliazellen beteiligt sind, abgekapselt. Vielfach sieht man in der Kapsel bereits auch vereinzelte Bindegewebsfibrillen, ja sogar reichliches, fibrilläres Bindegewebe mit länglichen Fibroblastenkernen entwickelt.

d) Eitrige Hirnhautentzündung (Leptomeningitis purulenta).

Die eitrige Hirnhautentzündung tritt teils als primäre, teils als fortgeleitete, teils als metastatische Infektion auf. Bei der primären Infektion spielen Traumen häufig eine Rolle, während bei den beiden anderen Formen hauptsächlich infektiöse Ursachen in Betracht kommen. Aus der Umgebung fortgeleitete Infektionen der Meningen gehen vielfach von eitrigen Nasen- und Mittelohrentzündungen aus (z. B. Rhinitis contagiosa, Ohrräude, Otitis media beim Kaninchen). Die metastatischen, lymphogenen und hämatogenen Infektionen der Hirnhäute werden im Verlaufe verschiedener Infektionskrankheiten beobachtet (Druse, Schweineinfluenza u. a.).

Makroskopisch ist die Pia mater in leichten Fällen und zu Beginn des Prozesses weniger durchsichtig als normal, während sie später stark getrübt ist und graugelbliche Farbe aufweist. Im Bereiche der Konvexität und besonders im Bereiche der Hirnfurchen ist die Trübung am deutlichsten ausgeprägt, weil dort das Exsudat in den subarachnoidalen Räumen sich reichlicher ansammelt. Der Prozeß kann sich auf das Rückenmark fortsetzen. Die Piagefäße sind stark gefüllt.

Die **histologischen Merkmale** einer eitrigen Leptomeningitis wollen wir am Beispiel einer fortgeleiteten Drusemeningitis näher betrachten. Schon bei schw. V. ist die auffallende Verdickung der Pia durch ein zelliges Exsudat besonders im Bereiche des Sulcus leicht zu erkennen. Auffallend ist auch die starke Erweiterung und Füllung der Piagefäße, besonders der Venen mit roten Blutkörperchen (entzündliche Hyperämie). An manchen Stellen setzt sich das zellige Exsudat auf die Gefäßscheiden der Cortexvenen fort (beginnende Encephalitis). Bei st. V. läßt sich feststellen, daß das zellige Exsudat in der Hauptsache aus polymorphkernigen Leukocyten besteht, die sich auch innerhalb der Gefäße vorfinden und wahrscheinlich aus diesen ausgewandert sind. Die Infiltration ist in der Regel so dicht, daß die bindegewebigen Anteile der Pia bzw. Arachnoidea zwischen den Zellmassen kaum oder gar nicht zu erkennen sind. Dagegen tritt zwischen den zelligen Elementen fibrinöses Exsudat in Form von netzigen, mehr oder weniger umfangreichen Fasermassen deutlich hervor (vgl. mit dieser Beschreibung die Meningitis lymphocytaria, S. 132 und die Abb. 112).

e) MAREKsche Geflügellähme.

Subakut oder chronisch, meist seuchenhaft verlaufende, mit Lähmungen der Extremitäten und Veränderungen der Augen einhergehende Krankheit.

Ursache der Krankheit noch ungeklärt; neuere Untersuchungen deuten auf das Vorliegen eines filtrierbaren Virus hin.

Anatomisch scheint sie in zwei verschiedenen Formen aufzutreten, nämlich: ohne makroskopisch sichtbare Veränderungen im Bereiche der Nerven und sonstiger Organe oder mit Verdickung, Graufärbung und selbst tumorförmigen Anschwellungen hauptsächlich der Nerven des Plexus lumbosacralis und brachialis. Derartige lymphomatöse Tumoren werden

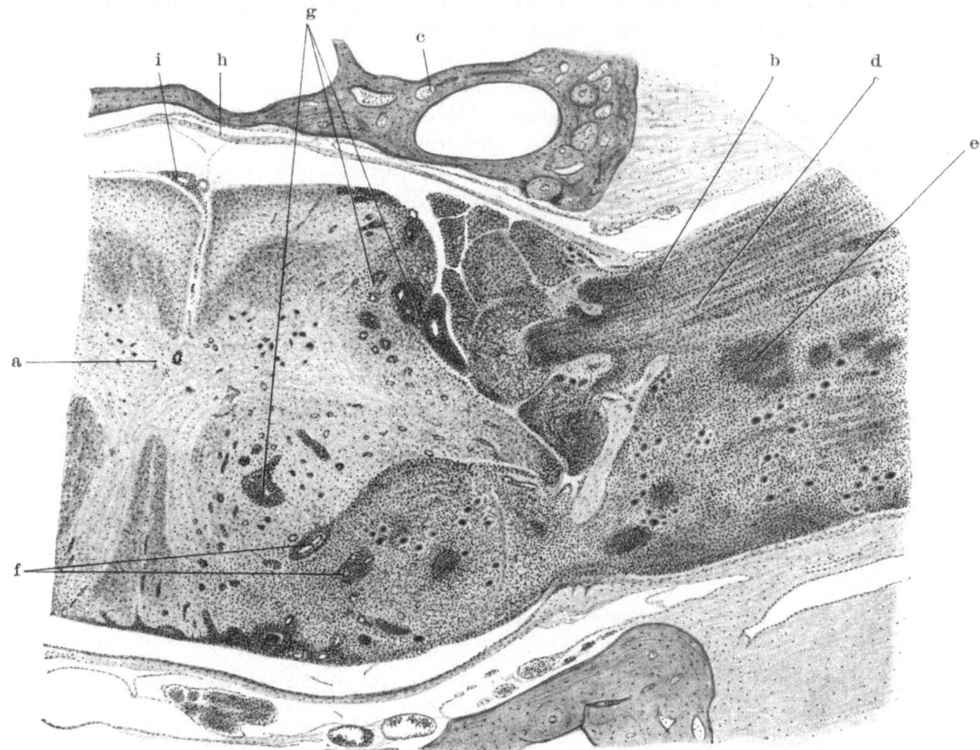

Abb. 129. MAREKsche Geflügellähme (Huhn). 25 ×. Hämatoxylin-Eosin.
a Sacralmark mit b anschließender Nervenwurzel und c Teilen des Wirbelkanals, d diffuse, e herdförmige, f perivasculäre Lymphoidzellinfiltrate mit Verdrängung der Nervenfasern, g perivasculäre und diffuse Infiltrate in den Randpartien des Rückenmarks, h Dura spinalis, i perivasculäres Infiltrat in der Pia spinalis.

bisweilen auch im Rückenmark und in anderen Organen beobachtet („Neurolymphomatosis gallinarum").

Histologisch handelt es sich im wesentlichen um eine chronische, interstitielle, auf die Nervenwurzeln sich beschränkende Neuritis. Bei geringgradiger Ausbreitung des Prozesses finden sich in den peripherischen Nerven (Nervus ischiadicus, Plexus brachialis, Intercostalnerven), besonders im Bereiche der Nervenwurzeln herdförmige, in der Hauptsache aus Lymphocyten, Makrophagen und kolloidalen Plasmazellen zusammengesetzte, vielfach mit kleinen Gefäßen im Zusammenhange stehende Infiltrate. Auch gewucherte SCHWANNsche Scheidenzellen sind am Rande solcher Herde beteiligt. An denjenigen Stellen, an denen Infiltrate nicht sichtbar sind, fällt eine zum Teil erhebliche, mehr diffuse Wucherung der SCHWANNschen Scheidenzellen auf (Kernteilungsfiguren!). Dies trifft vor allem bei chronischem Verlaufe der Krankheit zu. Auffallend ist die Anordnung dieser gewucherten Zellen in Reihen, die als „Kernstrangfasern“ oder „Strangfasern“ bezeichnet werden und deren Auftreten besonders im Zusammenhange mit dem Ausfalle von Markscheiden beobachtet wird. Auch die noch vorhandenen Markscheiden zeigen bereits auffallende degenerative Veränderungen in Form von scholligem Zerfall. In derartigen Bezirken läßt sich bei Anwendung der Scharlachrotfärbung Fett nachweisen. Entsprechend diesen Befunden sind nicht nur Ausfälle an Achsenzylindern, sondern auch ausgeprägte Veränderungen an noch vorhandenen festzustellen. Sie bestehen in Schwellungen mit oft bandartigen, knotigen und spiraligen Formen. Während eine Zunahme des endoneuralen Bindegewebes nicht oder nur in chronischen Fällen feststellbar ist, finden sich im perineuralen Gewebe bisweilen umfangreiche Rundzelleninfiltrate in perivasculärer oder mehr diffuser Anordnung.

An makroskopisch bereits verdickten Nerven treten die beschriebenen Veränderungen in besonders ausgeprägtem Maße hervor, und zwar ist der entzündliche Prozeß im Bereiche der Nervenwurzeln am stärksten entwickelt. Abb. 129 stellt einen derartigen Fall dar. Wir haben das Sacralmark (a) mit anschließender Nervenwurzel (b) und Teile des Wirbelkanals (c) vor uns und sehen eine solch hochgradige, diffuse (d) und herdförmige (e), an manchen Stellen perivasculäre (f) entzündliche Zellinfiltration in der zugehörigen Nervenwurzel, daß die Nervenfasern und Ganglien fast vollkommen verdrängt sind. Bei den infiltrierenden Zellen handelt es sich um Lymphoidzellen. Peripheriewärts klingt der Prozeß stark ab und auch in das Rückenmark entsendet er nur kurze Ausläufer. Dort sind nur am Rande perivasculäre und diffuse Infiltrationen (g) sichtbar, während die graue Substanz fast frei von Veränderungen ist. Obwohl die entzündlichen Infiltrate im Rückenmark, selten auch im Gehirn einen beträchtlichen Umfang erreichen können, so bleiben sie doch in der Regel auf umschriebene Gebiete beschränkt und fehlen häufig ganz. Meningitische Veränderungen, Gliaproliferationen und Degenerationen von Ganglienzellen in Rückenmark und Gehirn sind verhältnismäßig selten. Entzündliche Prozesse werden nicht nur im Z.N.S., sondern auch in anderen Organen angetroffen (Augen).

I. Bewegungsorgane.

1. Knochen.

a) Osteodystrophia fibrosa (früher Ostitis fibrosa).

Die Osteodystrophia fibrosa ist die bei den Haustieren am häufigsten auftretende Systemerkrankung des wachsenden und ausgewachsenen Knochens. Ihrem Wesen nach ist sie durch einen überstürzten Um- und Abbau des Knochens (Knochenschwund), durch gleichzeitig einhergehende Neubildung von Knochengewebe und durch Umwandlung des Knochenmarks in Fasermark gekennzeichnet. Da demnach ein entzündlicher Vorgang nicht vorliegt, ist die frühere Bezeichnung „Ostitis fibrosa“ fallen zu lassen.

Außer beim Schaf und bei der Katze kommt die Osteodystrophia fibrosa bei allen Haustieren vor. Die beim Pferde unter verschiedenen Bezeichnungen beschriebenen Veränderungen und Auftreibungen der Angesichtsknochen und der Ohrmuschelschalen gehören zu diesem Krankheitsbilde. Wenn auch das Vorkommen echter Osteomalacie beim Rinde festzustehen scheint, so darf als erwiesen gelten, daß manche Fälle dieser Krankheit bei näherer histologischer Betrachtung der Osteodystrophia fibrosa zuzuzählen wären. Auch die mit mächtigen Kieferauftreibungen bei Ziegen und Schweinen (Schnüffelkrankheit) einhergehenden Erkrankungen sind als Osteodystrophia fibrosa erkannt worden. Sie kommt auch bei Hunden, Affen und beim Menschen vor.

Ursache: bis jetzt nicht bekannt. Neuere Untersuchungen deuten auf allgemeine oder lokale Stoffwechselstörungen, vielleicht im Sinne einer Avitaminose hin. Daneben lenken

Hypo- bzw. Hyperfunktion und Sklerose der Epithelkörperchen und des Thymus die Aufmerksamkeit auf Störungen der inneren Sekretion hin.

Entsprechend dem andauernden Ab- und Anbau von Knochensubstanz und dem
Überwiegen bald des einen, bald des anderen dieser Prozesse, sind die **anatomischen
Bilder** sehr vielgestaltig. Im allgemeinen werden die Knochen biegsam, weich und leicht
schneidbar. Verbiegungen und Verkrümmungen, wohl durch Belastung und veränderte
Zug- und Druckverhältnisse sind die zwangsläufigen Folgen. Daneben werden umfangreiche
Auftreibungen von knotiger, tumorartiger Beschaffenheit beobachtet, in denen Blutungen,
Pigmentierungen und Erweichungsherde (Cysten) vorkommen. Besonders häufig sind die
Angesichtsknochen verändert (Pferd, Ziege, Schwein, Hund) und zwar in Form einseitiger
oder doppelseitiger, symmetrischer Auftreibung der Ober- und Unterkiefer in solcher Stärke
und Ausdehnung, daß Retention der Zähne, abnorme Zahnstellungen, Kompression und
Stenose der Nasengänge (Atmungsstörungen = Schnüffelkrankheit) sich einstellen. Die

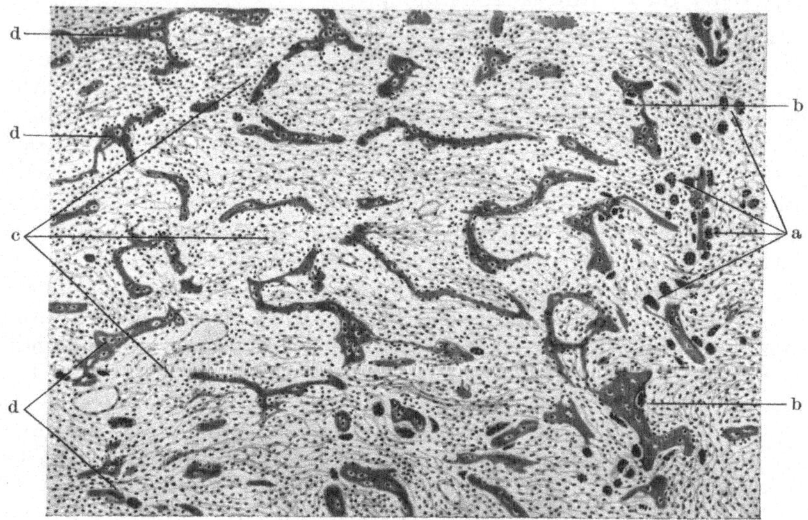

Abb. 130. Osteodystrophia fibrosa (hyperostotisch-porotische Form). (Oberkiefer, Ziege.) 70 ×.
VAN GIESON.
a vielkernige Osteoclasten, Spongiosabälkchen angelagert, b Bildung HOWSHIPscher Lacunen, c durch
Fasermark ersetztes Knochenmark, d durch Tätigkeit von Osteoblasten gebildete Osteoidbälkchen
(kalkloses Knochengewebe).

Schädelknochen können weich und dünn mit osteophytärer Auflage versehen oder ganz unverändert sein. Wenn am übrigen Skelet Veränderungen überhaupt hervortreten, so besitzen
sie eine gewisse Ähnlichkeit mit denjenigen bei der Rachitis [Kyphose und Lordose der Wirbelsäule, rachitischer Rosenkranz, Verkrümmungen der Rippen (Hühnerbrust) und Extremitätenknochen, sowie tumorförmige Auftreibung der letzteren im Bereiche der Epiphysen].

Histologisch werden folgende Formen unterschieden:

1. Die hypostotisch-porotische Form (Abbau stärker als Anbau).

2. Die hyperostotisch-porotische Form (Anbau übertrifft Abbau).

3. Die hyperostotisch-sklerotische Form (Ausheilungsform).

Das Wesen des Prozesses läßt sich am besten bei der hyperostotisch-
porotischen Form verfolgen, bei der zwei entgegengesetzte Prozesse im Vordergrunde stehen, nämlich der Abbau von Knochensubstanz auf der einen und
die Neubildung von Knochengewebe auf der anderen Seite. Die Knochen-
zerstörung geschieht hier, wie unter physiologischen Bedingungen, unter dem
Bilde der lacunären Resorption durch die Tätigkeit der Osteoclasten (Osteoclasie),
womit der ganze Prozeß wahrscheinlich beginnt. In verschiedenen Blickfeldern
sieht man den Spongiosabälkchen zahlreiche, protoplasmareiche, mit vielen
Kernen ausgestattete, längliche und vielgestaltige Riesenzellen (Osteoclasten)
angelagert (Abb. 130a). Ihre Tätigkeit führt zur Resorption von Knochen-

gewebe unter Bildung von HOWSHIPschen Lacunen (b), kanalartigen Gängen, so daß die Spongiosabälkchen, da Apposition nicht erfolgt, immer dünner und schließlich glatt resorbiert werden. Durch solch umfangreiche Resorption kommt es zum Schwund der Spongiosa und zu mächtiger Wucherung des Fasermarks, daß schließlich die Markräume durch Fibroblasten und Bindegewebszellen vollkommen ausgefüllt werden (Abb. 130c). Derselbe Prozeß spielt sich in HAVERSschen Kanälen der Substantia compacta ab, wodurch diese mehr oder weniger porös wird. Neben diesem zerstörenden Prozeß geht gleichzeitig die Bildung von Knochen- bzw. Osteoidgewebe einher, wahrscheinlich mit dem Zwecke, die veränderten statischen Verhältnisse auszugleichen. Diese Anbildung von osteoidem Gewebe überwiegt in unserem Präparat den Abbauprozeß. Ein großer Teil unseres Präparates (Abb. 130) wird von geflechtartig sich verbindenden, unregelmäßig angeordneten Osteoidbälkchen eingenommen (d), an deren Rand eine Lage von reihenförmig angeordneten Osteoblasten sichtbar ist. Diese Osteoidbälkchen, die ein Fasermark wie oben einschließen, verkalken in der Folgezeit, ein Vorgang, der in unserem Präparat allerdings nur angedeutet ist. Auch eine periostale Neubildung von Knochengewebe wird beobachtet. Das neugebildete Osteoid- bzw. Knochengewebe kann durch Osteoclastentätigkeit wieder resorbiert und erneut durch osteoblastische Apposition ersetzt werden, so daß ein dauernder Wechsel zwischen Ab- und Anbau, mit Ersatz des ursprünglichen Marks durch Fasermark eintritt.

b) Rachitis.

Wichtige Skeleterkrankung der Wachstumsperiode. Ihr Wesen besteht in dem Unvermögen des neugebildeten Knochens, Kalksalze aufzunehmen und zu binden. Dadurch entsteht kalkarmes bzw. kalkloses Knochengewebe = Osteoid, das weich und biegsam ist und deshalb Belastungsveränderungen (Zug und Druck) ausgesetzt ist: Auftreibung der Angesichtsknochen, der Rippen an der Knorpel-Knochengrenze, rachitischer Rosenkranz, Hühnerbrust, Verkrümmungen und Verkürzungen der Extremitäten, Infrakturen und Brüche der Diaphysen, Verbiegungen der Wirbelsäule in Form der Lordose, Skoliose und Kyphose, Verdickungen der Epiphysen, Verbreiterung bzw. Offenbleiben der Schädelnähte. Wenn auch die **Ursache** der Rachitis noch nicht restlos geklärt ist, so steht doch fest, daß als ausschlaggebender Faktor der Mangel an Vitamin D zu betrachten ist, dem die Erhaltung der Gleichgewichtslage des Mineralstoffwechsels zufällt. Ob es sich um eine direkte Einwirkung auf den Knochen oder um eine solche auf dem Umwege über das innersekretorische System (Epithelkörperchen, Thymus) handelt, ist nicht bekannt.

Histologie. Schon bei Betrachtung der Knorpelknochengrenze eines rachitischen Knochens oder einer Rippe fällt die zackige Beschaffenheit der Verknöcherungslinie und eine wesentliche Zunahme der Knorpelmassen (Verbreiterung der Wucherungszone) auf. Diese makroskopisch sichtbaren Veränderungen sind zum größten Teil der Ausdruck einer primären Störung der enchondralen Verknöcherung. Durch mangelhafte oder fehlende Ausbildung der Verkalkungszone im wuchernden Knorpel entsteht ein ungeordneter Knorpelabbau unter abnorm reichlicher Gefäßbildung vom Knochenmark und Perichondrium her. So kommt es zur Ausbildung kalklosen Knochens, d. h. von Osteoidgewebe, zwischen dem Inseln unabgebauten Knorpels bestehen bleiben. Auf diese Vorgänge sind die Verdickungen an der Knorpel-Knochengrenze (Bildung der spongioiden Schicht zwischen Knorpel und Knochen) neben den durch Ausgleich der veränderten statischen Verhältnisse bewirkten Knorpelwucherungen und -verschiebungen im wesentlichen zurückzuführen. Daß außerdem — allerdings in geringem Umfange — auch Störungen der periostalen Ossifikation bei der Rachitis vorkommen, muß schon auf Grund der makroskopisch feststellbaren Auflagerungen und Verdickungen der Knochenrinde geschlossen werden (Periostitis rachitica). Damit sind bisweilen endostale Neubildungen und die Bildung von Fasermark in den Markräumen der Spongiosa und der Markhöhle der Röhrenknochen sowie das Auftreten reichlichen Osteoids verbunden. Neben diesen Prozessen kommen auch noch durch Osteoclasten bewerkstelligte Abbauvorgänge vor. Die Rachitis kann mit Ausbildung einer regulären enchondralen Ossifikation und regulären Verkalkungszonen sowie unter Umbau der Osteoid- und Knorpelwucherungen vollkommen ausheilen.

Die hier geschilderten Verhältnisse lassen sich im einzelnen an einem Schnitt durch die Knorpel-Knochengrenze einer entkalkten und mit Hämatoxylin-Eosin gefärbten Rippe besonders deutlich verfolgen (Abb. 131). Bei Betrachtung mit schw. V. läßt sich bereits feststellen, daß nicht nur die Zonen des ruhenden

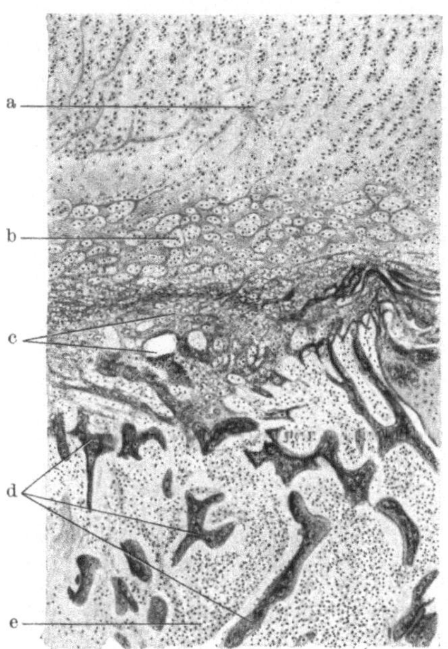

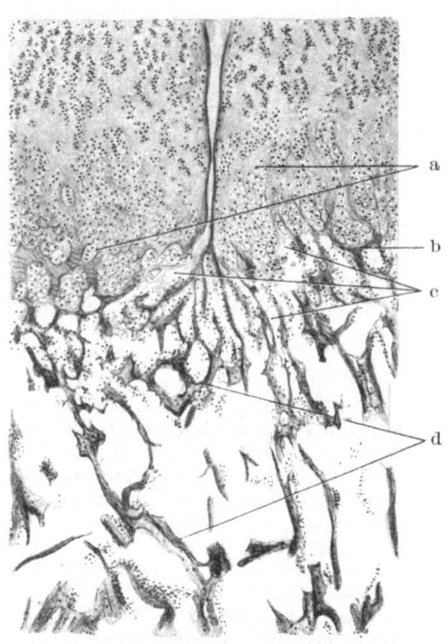

Abb. 131. Rachitis (Knorpelknochengrenze, Rippe, Silberfuchs). 40 ×. Hämatoxylin-Eosin. a ungeordnete Wucherung des Säulenknorpels, b blasige Beschaffenheit der Knorpelzellen, d gefäßreiche Osteoidzone mit Knorpelzellen, d zentral verkalkte Knochenbälkchen, mit verbreiterten osteoiden Säumen, e Markgewebe.

Abb. 132. Chondrodystrophia fetalis (Rippe, Kalb). 40 ×. Hämatoxylin-Eosin. a ungeordnete Wucherung des Säulenknorpels mit fast fehlender Säulenbildung, b primäre Verkalkungen, c ungleichmäßige und spärliche Markraumbildung, d verkalkte Knochenbälkchen.

und wuchernden Knorpels abnorm verbreitert sind, sondern daß auch die Knorpel-Knochengrenze auffallend unregelmäßig und zackig ist. Im wuchernden Knorpel sind die Zellen teils diffus vermehrt, teils zu unregelmäßigen Gruppen und Reihen angeordnet (a). An der Grenze zwischen Knorpel und Knochen zeigen die einzelnen Knorpelzellen die typische blasige Umwandlung (b). Auffallend ist weiterhin im Bereiche der Knorpel-Knochengrenze der große Reichtum an ziemlich weiten Gefäßen (c), die zum Teil aus dem Knochenmark, zum Teil aus dem Perichondrium stammen. Eine provisorische Verkalkungszone ist an manchen Stellen nur angedeutet, sonst aber überhaupt nicht vorhanden. Zwischen dem Säulenknorpel (c) befindet sich vielmehr Knorpelgewebe (blau) und osteoide Substanz (rosa). Zwischen dem gewucherten Säulenknorpel und der Spongiosa sind blaßrosa gefärbte, zell- und gefäßreiche Massen eingelagert, die bei Betrachtung mit st. V. ein vielgestaltiges Bild darbieten. Während ein Teil dieser Massen aus hyalinem Knorpel besteht, handelt es sich bei einem anderen um hyaline, rosarot gefärbte Grundsubstanz mit eingelagerten zackigen Knochenkörperchen, welche kalklosen Knochen = osteoides Gewebe darstellt. In anderen Gebieten der spongioiden Substanz beherrschen zahlreiche Gefäßbildungen, umfangreiche Blutungen, Wucherungen des Fasermarks, längliche Zellen und Keimzellen osteogenen Gewebes das Bild. An verschiedenen Stellen ist es oft in der Nachbarschaft von Gefäßen zur Bildung von Osteoclastenriesenzellen gekommen, ein Zeichen, daß auch Abbauvorgänge Platz greifen. Der knöcherne Anteil der Rippe läßt eine nahezu normale Spongiosa mit zentraler Verknöcherung und verbreiterten osteoiden Säumen erkennen (d), denen vereinzelte Osteoclasten angelagert sind. Das Mark (e) besteht zum größten Teil aus zellarmem Fasermark. Auch im Bereiche des Perichondriums und Periosts ist großer Zellreichtum sowie die Bildung von Knorpel, Osteoid und osteogener Substanz zu beobachten.

Die **Osteomalacie** ist der Rachitis wesensgleich, nur spielt sie sich nicht am wachsenden, sondern am ausgewachsenen Skelet ab. Die Störungen der enchondralen Ossifikation fehlen deshalb, während das Auftreten osteoiden Gewebes (osteomalacische Säume an den Spongiosabälkchen) und Atrophie der Knochensubstanz im Vordergrunde stehen.

c) Chondrodystrophia fetalis.

Die früher als „fetale Rachitis" und „Kretinismus" bezeichnete intrauterine Störung der enchondralen Ossifikation wird heute mit dem Namen „Chondrodystrophia fetalis" belegt. Häufigstes Vorkommen bei Kälbern (Zwerg-, Mops- oder Otterkälber), seltener bei Schweinen, Hunden und den übrigen Haustieren. **Ursache:** ungeklärt. Ihre Auffassung als Hemmungsmißbildung ist nicht in allen Teilen befriedigend. Neuere Untersuchungen deuten auf eine Störung der inneren Sekretion (Hypofunktion der Thymusdrüse) hin.

Makroskopisch sind bei dieser Krankheit alle Extremitätenknochen zu kurz geblieben (stummelförmige Extremitäten), wobei die Verkürzung der einzelnen Extremitätenteile eine gewisse Gesetzmäßigkeit erkennen läßt. An den Extremitäten kann der Prozeß mit Hypophalangie als Folge einer Reduktion von Ossifikationszentren, an der Wirbelsäule mit Skoliose und Stenose des Spinalkanals verbunden sein. Nach dem anatomischen Charakter der Krankheit wird eine hypoplastische, hyperplastische und malacische Form unterschieden. Am Schädel gilt als besonders charakteristisch die tiefe Einziehung und Einknickung der Nasenwurzel und die Verkürzung der Nasenoberkieferteile, ferner die Prognathie und Aufbiegung des Unterkiefers, die dem Schädel bulldoggenähnliches Aussehen verleihen. Bisweilen finden sich prämature Synostosen der Fugen an der Schädelbasis.

Bei der **histologischen Betrachtung** der Knorpel-Knochengrenze einer Rippe (Abb. 132) fällt vor allem die spindelige Form der Knorpelzellen auf, die in einer hyalinen, faserarmen Grundsubstanz eingebettet liegen. Auffallend ist ferner der starke Reichtum an zum Teil ziemlich großen Gefäßen. In der Zone des wuchernden Knorpels, die im ganzen wesentlich verschmälert ist, liegen die Knorpelzellen dicht gedrängt und regellos durcheinander. Säulenbildung fehlt fast vollkommen (a). Erst kurz vor der Linie der vordringenden Markräume werden die Knorpelzellen größer und gequollener und beginnt eine gewisse Richtungszone, ohne daß jedoch Säulenanordnung zustande kommt. Die primäre Verkalkung tritt unvermindert ein (b) und auch die Ossifikationslinie verläuft nicht auffallend unregelmäßig. Entsprechend der mangelhaften Proliferation und Unfähigkeit des Knorpels, sich in langen Säulen anzuordnen, ist auch die Einschmelzung und Markraumbildung ungleichmäßig und spärlich (c). Es bilden sich kleine, zusammengedrängte Markräume und primäre Knochenbälkchen (d), die dicker und plumper sind als normal, mehr in die Breite als in die Länge orientiert sind und vielfach knorpelige, unverkalkte Zelleinschlüsse enthalten. Die periostale Ossifikation ist im allgemeinen erhalten.

Hier liegt demnach ein Prozeß vor, der nichts mit der echten Rachitis gemeinsam hat. Auch die Osteogenesis imperfecta, deren Vorkommen bei Tieren nicht einwandfrei feststeht, ist histologisch verschieden, weil bei ihr die periostale Ossifikation gestört ist, während die enchondrale in normaler Weise abläuft.

2. Muskeln.

a) Hyalin-schollige Muskeldegeneration.

Vorkommen bei zahlreichen Infektions- und Intoxikationskrankheiten in verschiedenen Muskelgruppen in makroskopisch und histologisch sehr verschiedenartigen Bildern, die im einzelnen vom Verlaufe der Krankheiten, von der Virulenz bzw. Toxizität des betreffenden Infektionserregers, sowie von der Abwehrkraft des Körpers abhängen. Hauptbeispiele: Myoglobinurie, Lumbago, schwarze Harnwinde, Morbus maculosis und Muskelrheumatismus des Pferdes, Aphthenseuche, Kalbefieber, Rauschbrand und malignes Ödem des Rindes. Vorkommen auch bei sonst ganz gesunden Kälbern, Jungrindern, Schafen und Schweinen, bei denen dieser Prozeß zufällig bei der Schlachtung als sog. „weißes Fleisch"

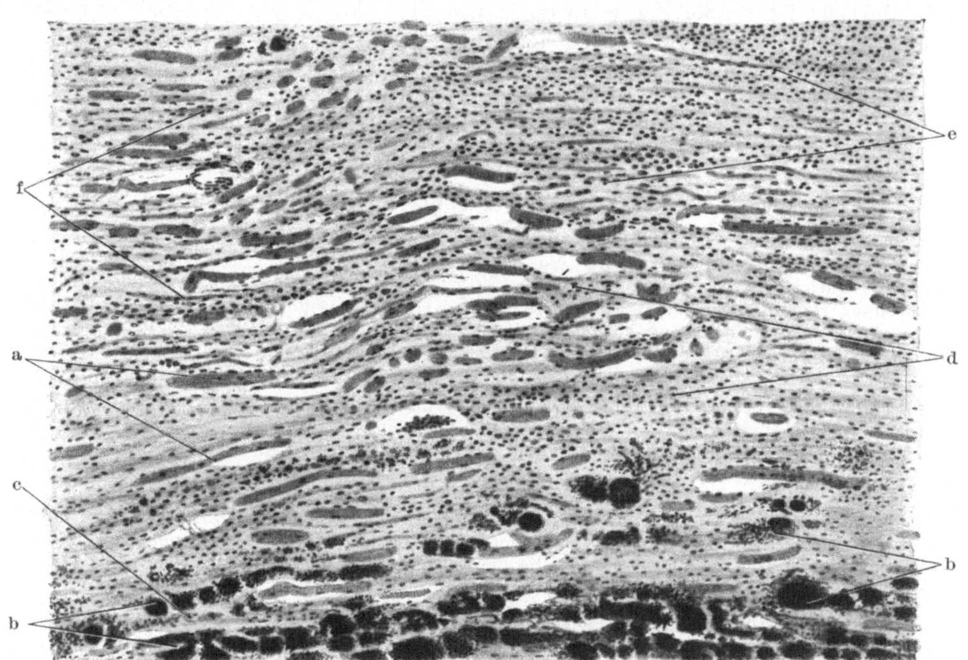

Abb. 133. Hyalin-schollige Muskeldegeneration (weißes Fleisch, Kalb). 100 ×. Hämatoxylin-Eosin.
a Quellung auseinandergedrängter, hyaliner Muskelfasern. Querstreifung teilweise noch erkennbar.
b scholliger Muskelfaserzerfall, c Myolyse, d gewuchertes Fibroblastengewebe, e fast vollkommener
Ersatz des Muskelgewebes durch Bindegewebe, f Muskelzellbänder.

ermittelt wird. Ähnliche Veränderungen treten ferner bei Sepsis, Tetanus, Verbrennungen und Erfrierungen auf. **Makroskopisch** weisen die betreffenden Muskelteile eine blasse, weißgelbliche, hühner- oder fischfleischähnliche Farbe auf und sehen wachsartig und wie gekocht aus. Diese Veränderungen treten entweder streifenförmig an umschriebenen Stellen auf oder dehnen sich auf ganze Muskelgruppen aus. Bei chronischem Verlaufe kommt es bisweilen zur Ausbildung bereits makroskopisch sichtbarer Narben, so z. B. bei der Aphthenseuche des Rindes.

Ursächlich kommen die Infektionserreger der oben genannten Krankheiten und ihre Toxine sowie Gifte durch Bildung von Eiweißabbauprodukten in Betracht. Die Ursache des „weißen Fleisches" ist noch ungeklärt. Sie ist jedenfalls nicht einheitlicher Natur und wahrscheinlich auf infektiös-toxische oder traumatische Schädigungen beim Transport (ähnlich wie bei der Verschüttungsnekrose des Menschen während des Krieges) zurückzuführen.

Beispiel. Histologie des sog. „weißen Fleisches". Zunächst läßt sich bei st. V. eine auffallende Quellung und Verdickung der Muskelfasern feststellen (a), die zahlreiche Unterbrechungen in ihrem Verlaufe aufweisen (Fragmentation) und ihrer Querstreifung mit ganz wenigen Ausnahmen verlustig gegangen sind

(Abb. 133). Die Bruchstücke der Fasern zeigen oft sehr bizarre Formen. Vor allem zeichnen sie sich durch ihre völlige Strukturlosigkeit und ihre auffallende Hypereosinophilie aus (a). Es handelt sich hier um eine hyaline Degeneration der contractilen Substanz von der Art einer Koagulationsnekrose. Neben der Hyalinisierung tritt auch ein ausgesprochen scholliger Zerfall der Muskelfasern hervor; sie sind mehr oder weniger dicht mit feinsten, dunkel sich färbenden Körnchen angefüllt, die zum Teil Eiweißgranula, zum Teil wohl Kernzerfallsprodukte darstellen (b). An solchen Stellen kommt es oft zu vollkommener Auflösung der Fasern (Myolyse) (c). In diesem Bezirk findet sich häufig ein fettiger Detritus, bisweilen sogar Abscheidung von Kalksalzen.

Dieser degenerative Prozeß ist begleitet oder gefolgt von reaktiv-entzündlichen Vorgängen im interstitiellen Gewebe. In unserem Präparat treten umfangreiche, oft reihen- oder bandförmig verlaufende Zellwucherungen zwischen den zerfallenden und allmählich resorbierten Muskelfasern hervor (d). Bei den Zellen handelt es sich um Adventitialzellen, Fibroblasten, Myoblasten und vereinzelte Lympho- und Leukocyten. An manchen Stellen sind die zerfallenden Muskelfasern vollkommen durch dieses Granulationsgewebe ersetzt (d). Auch Ansätze zur Regeneration von Muskelfasern sind an mehreren Stellen in Form von sog. Muskelzellbändern deutlich erkennbar (f).

Pathogenese. Was die Art und den Gang der Entstehung anbetrifft, so liegt primär mit großer Wahrscheinlichkeit ein degenerativer Prozeß vor, während die entzündlich-reaktiven Vorgänge als sekundär zu betrachten sind (Vakatwucherung). Es ist nicht sicher erwiesen, ob die Toxine unmittelbar auf die Muskelfasern oder auf dem Umwege über die Vasomotoren einwirken.

b) Sarcosporidiose.

Sarcosporidien sind ausgesprochene Schmarotzer der quergestreiften Skelet-, Zungen-, Speiseröhren- und Herzmuskelfasern.

Praktisch wichtig sind: 1. Sarcocystis Miescheriana (MIESCHERsche Schläuche): $^1/_2$ bis 4 mm dick, in der Skeletmuskulatur bei Pferd, Rind, Schaf, Ziege, Schwein. 2. Sarcocystis tenella: hanfkorn- bis erbsengroß, in der Speiseröhre des Schafes.

Pathogenese und Biologie des Parasiten unbekannt.

Sarcocystis tenella **makroskopisch** gut sichtbar. Sarcocystis Miescheriana entzieht sich bei frischer Invasion der Beobachtung mit bloßem Auge. Bisweilen in der Faserrichtung als feine Stippchen eben noch erkennbar, treten sie nach Absterben und Verkalkung deutlicher hervor und verleihen der Muskulatur durch ihr zahlreiches Auftreten häufig weißpunktiertes Aussehen (Chalicosis).

Zupf- und Quetschpräparat. Runde oder längliche, geschlängelte, schlauchartige Gebilde von glänzender, etwas lichtbrechender Hülle umgeben, mit sichelförmigen, dichtliegenden Keimen (Sporozoiten) angefüllt. Durch Zerdrücken des in den Muskelfasern eingeschlossenen Parasiten werden die Sichelkörper frei; Untersuchung im ungefärbten Deckglaspräparat oder im gefärbten Ausstrich (Methylenblau). Im gefärbten **Schnittpräparat** (Abb. 134 und 135) sind Einzelheiten des Parasiten deutlicher erkennbar. Es läßt sich ein äußerer, von der Muskelfaser gebildeter und ein innerer hyaliner Kapselteil unterscheiden (Abb. 134a), welch letzterer den Parasitenkörper mit den zahlreichen Sichelkeimen in Form von Septen durchzieht und in zahlreiche Kammern (st. V.) einteilt. Histologische Veränderungen der Muskelfasern fehlen bei frischer Invasion, abgesehen von spindelförmigen Auftreibungen, gelegentlichen Zellwucherungen im Perimysium und Anhäufung von eosinophilen Leukocyten. Mit dem Absterben der Parasiten werden aber Giftstoffe frei (Sarcocystin, Sarcosporidin), die zur Degeneration der Muskelfasern und der Sarcosporidien und zur Entstehung einer reaktiven Entzündung im Perimysium führen (Abb. 134b u. 135a, b). An den absterbenden Parasiten, an denen sich bald Einzelheiten nicht mehr unterscheiden lassen, beginnt vom Rande her Kalkablagerung,

die später auf den ganzen Parasitenkörper sich ausdehnt (Abb. 134 b u. 135 b).
Die Muskelfasern fallen dem Untergang anheim und es erfolgt Abkapselung
durch reaktive Entzündung (Abb. 134 u. 135 b). Ansammlung von Makrophagen,

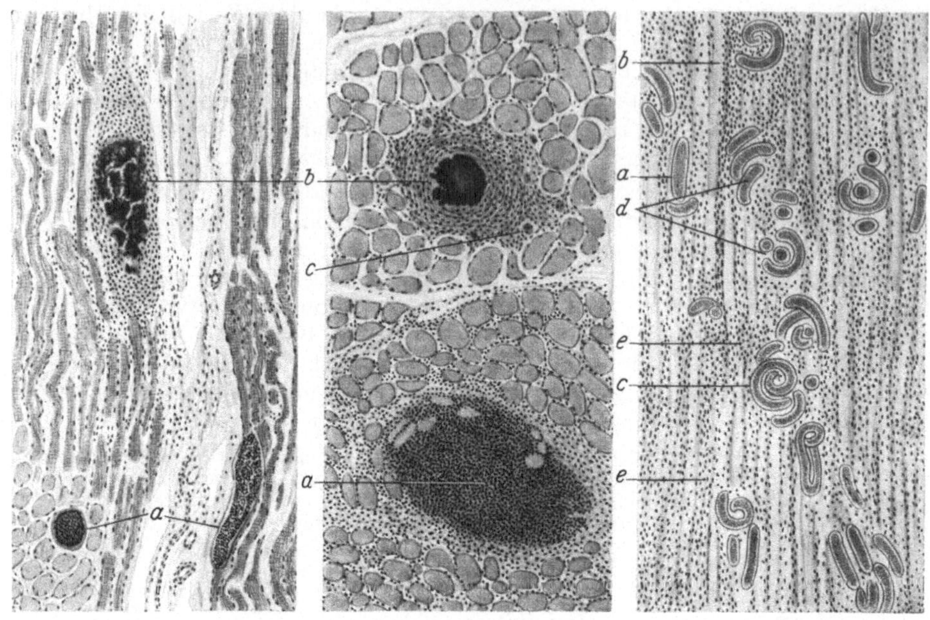

Abb. 134.　　　　　　　　　Abb. 135.　　　　　　　　　Abb. 136.

Abb. 134. Sarcosporidiose (Schwein). 50 ×. Hämatoxylin-Eosin (Muskelfasern längs und quer).
a quer- und längsgetroffener Parasitenkörper mit Hüllen und Sichelkeimen, b verkalkter und mit
Fibroblastenkapsel umgebener Parasit.

Abb. 135. Alte Sarcosporidiose (Schwein). 60 ×. Hämatoxylin-Eosin (Muskelfasern quer).
a körniger Zerfall des Parasiten und der umgebenden Muskelfasern, am Rande reaktiver Entzündungsherd. b verkalkter Sarcosporidienherd mit dicker Bindegewebskapsel, c Fremdkörperriesenzellen.

Abb. 136. Muskeltrichinellen. Frische Invasion (Ratte). 80 ×. Hämatoxylin-Eosin.
a Auftreibung der Sarkolemmschläuche, b Zerstörung der contractilen Substanz, c Aufrollung des
Parasiten, d Schräg- und Querschnitte durch den Wurmkörper, e Kernwucherung im Perimysium.

Fibroblastengewebe und Lymphocyten, eosinophilen Leukocyten, Fremdkörperriesenzellen (Abb. 135 c), die weite Gebiete in Mitleidenschaft ziehen kann
(Myositis eosinophilica, S. 154).

Folgen. Funktionsstörungen der betreffenden Muskulatur, Herz- und Atmungsstörungen
(Zwerchfell), Herztod.

c) Myositis eosinophilica.

Beim Rind und Schwein kommen bisweilen Entzündungen vereinzelter Muskeln oder
Muskelgruppen vor. Sie zeigen neben erhaltenen Muskelbündeln eine diffuse oder herdförmige, grauweiße, leicht grünlich schillernde Farbe. **Ursächlich** bestehen enge Zusammenhänge mit der Sarcosporidiose, wenn auch oft keine oder nur vereinzelte Parasiten nachzuweisen sind. Es können aber auch andere, bisher unbekannte Erreger in Frage kommen.

Histologie. Schon bei schw. V. läßt sich eine erhebliche Auseinanderdrängung
und Entartung der Muskelfasern durch massenhafte Ansammlung von zelligen
Elementen erkennen. Bei st. V. (Abb. 137) ist festzustellen, daß die infiltrierenden Zellen zum größten Teil aus typischen eosinophilen Leukocyten
bestehen (a), die stellenweise in die Muskelfasern eindringen, sie zerstören und
allmählich ersetzen (b, c).

Im Gegensatz zu den körnchenfreien Lymphocyten und Leukocyten (Agranulocyten)
zeichnen sich die eosinophilen Leukocyten durch den Gehalt von eosinophilen Körnchen

(Granula) in ihrem Protoplasma aus (Granulocyten). Die Größe der eosinophilen Zellen wird beim Pferd mit 9,5, beim Meerschweinchen mit 11,8—12,1 μ, im Durchschnitt mit etwa 12 μ angegeben. Der Kern ist im allgemeinen polymorph. Die Größe und Gestalt der Granula schwankt. Sie beträgt beim Pferd 1—1,5 μ, sphärisch oder oval, seitlich abgeflacht; diejenigen beim Rind und Schaf sind wenig kleiner und rund; beim Schwein rund, elliptisch oder stäbchenförmig. Auch die Zahl der Granula ist bei den einzelnen Tierarten großen Schwankungen unterworfen. Was die Häufigkeit des Vorkommens anbetrifft, so finden sich — ohne Rücksicht auf die Tierart — auf 100 Leukocyten 10—90 neutrophile (7—9 μ), 2—5 eosinophile (12 μ) und 0,1—0,5 basophile Zellen (8—10 μ).

Auch die von den Eosinophilen verschonten Muskelfasern zeigen schwerste degenerative Veränderungen und fallen unter Verlust der Querstreifung der Auflösung anheim. Hypereosinophilie, ungleichmäßige Färbung, Verlust der

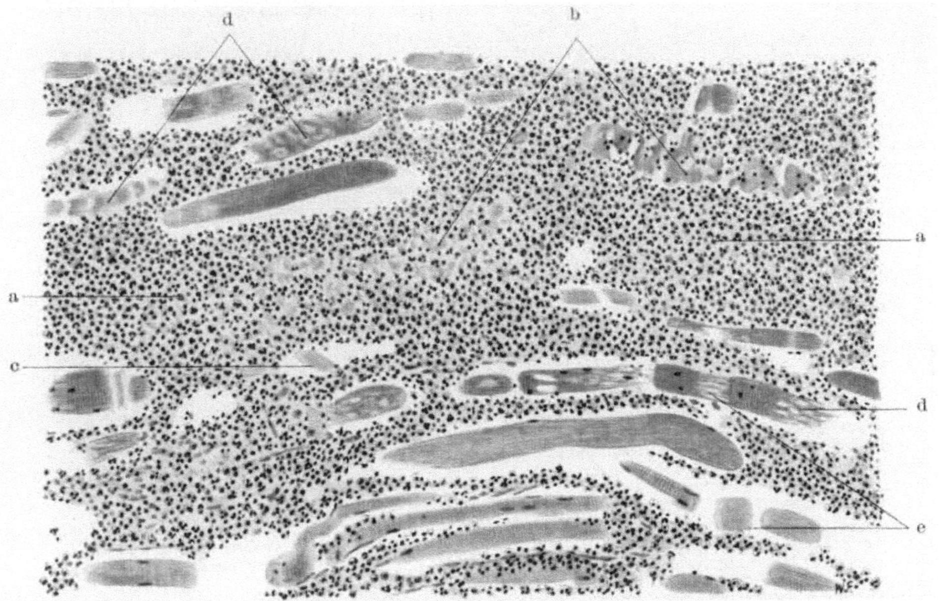

Abb. 137. Myositis eosinophilica (Rind). 140 ×. Hämatoxylin-Eosin.
a Anhäufung eosinophiler Leukocyten zwischen den Muskelfasern, b, c hyaline Reste zugrunde gegangener Muskelfasern, d ungleichmäßige Färbung, Verlust der Querstreifung, e Zusammenhangstrennungen von Muskelfasern.

Querstreifung (d), Zusammenhangstrennungen (e) der Fasern sind unverkennbare Zeichen dieses Untergangs, der sowohl durch die Parasitentoxine als auch druckatrophisch verursacht ist. An anderen Stellen sind die Muskelfasern noch gut erhalten. In älteren Stadien wird der druckatrophische Untergang von Fasern noch durch Ausbildung eines vom Perimysium entspringenden fibrillären Bindegewebes vermehrt. Dieser kann in solchem Umfange auftreten, daß die betreffende Muskulatur schon makroskopisch grauweiß verfärbt erscheint oder schwieliges Aussehen besitzt (chronische Myositis eosinophilica).

Dieser Befund ist deshalb von Interesse, weil der Zusammenhang mit Sarcosporidiose nachgewiesen werden konnte und weil er ein Schulbeispiel für das mit Parasiteninvasion im allgemeinen verbundene, oft massenhafte Auftreten von Eosinophilen darstellt. Die Grünfärbung des Fleisches hängt vielfach mit dem massenhaften Auftreten von Eosinophilen zusammen.

d) Trichinellose.

Die Trichinella spiralis lebt als geschlechtsreifes Individuum im Dünndarm (Duodenum, Jejunum) verschiedener Haustiere (Darmtrichinelle), als Jugendform dagegen in der quergestreiften Skeletmuskulatur (Muskeltrichinelle). Darmtrichinelle: haarförmiges, weißes

Würmchen, mit bloßem Auge nicht sichtbar. ♂ 1,5 mm lang, 0,04 mm dick; ♀ 3—4 mm lang, 0,06 mm dick. Muskeltrichinelle: ähnlich, aufgerollt und eingekapselt. Empfängliche Wirtstiere, Pathogenese, Krankheitsbild beim Menschen und Lieblingssitze in der Muskulatur, siehe schematische Darstellung.

Entwicklungsgang der Trichinellen bei Tier und Mensch.

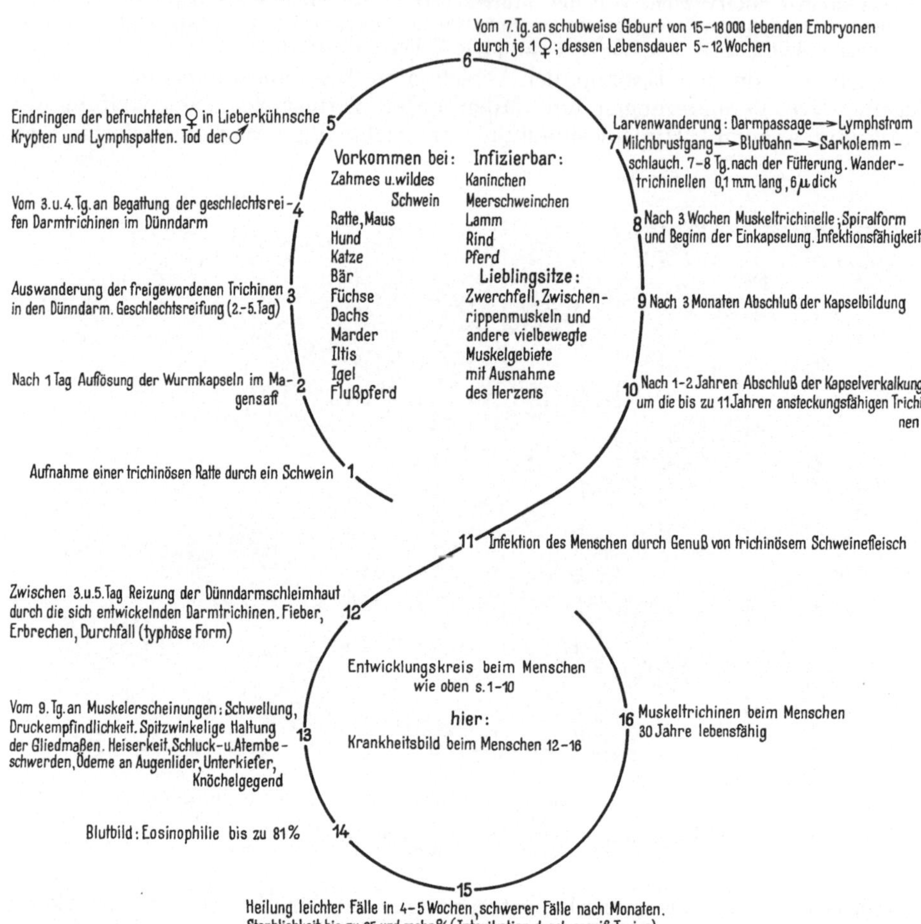

Makroskopisch sichtbare Veränderungen in der Muskulatur treten erst nach eingetretener Verkalkung auf und zwar in Form feinster, länglicher, weißer Stippchen, die eine gewisse Ähnlichkeit mit verkalkten Sarcosporidien besitzen.

Histologische Veränderungen entstehen, sobald die Jung- oder Wandertrichinellen die Capillaren verlassen und in die Sarkolemmschläuche eindringen. Diese werden spindelförmig aufgetrieben, die contractile Substanz wird homogen und zerfällt körnig oder schollig (Einwirkung eines von den Trichinellen abgeschiedenen Fermentes). Fast gleichzeitig entsteht eine örtliche Entzündung (Ödem, Wucherung von Sarkolemmkernen, Bildung von Granulationsgewebe und Zuwanderung von oft zahlreichen eosinophilen Leukocyten), durch die der Parasit abgekapselt wird. Im Verlaufe des zweiten Monats nach der Invasion erfolgt vollkommene Abkapselung und zwar einerseits durch eine vom Sarkolemm oder vom Parasiten selbst gebildete, homogene Kapsel und andererseits durch eine vom Perimysium internum auf entzündlicher Grundlage entstandene, fibröse, im peripheren Teil capillarreiche Hülle. Die interstitielle Entzündung klingt in diesem Stadium wesentlich oder ganz ab. Während der Bildung der citronenförmigen Kapsel, die nach etwa 3 Monaten ihren Abschluß erreicht, schreitet die Entwicklung der Parasiten fort; man findet sie in der Ein- oder Mehrzahl neben einem aus Muskelsubstanz und Kernen bestehenden Detritus in ihr eingeschlossen. An den Kapselpolen finden sich Capillaren und häufig — auch nach Abschluß der Kapselbildung — Anhäufungen von mononukleären Zellen, vielleicht als Ausdruck einer dauernden Reizung durch Umsatzstoffe des Parasiten. Von diesen Stellen aus beginnend, lagern sich nach $^1/_2$—$^3/_4$ Jahren fortschreitend Kalksalze in der Kapsel ab, so daß die eingeschlossenen Parasiten erst nach deren Auflösung mittels Salz- bzw. Essigsäure wieder sichtbar werden. Die Verkalkung kann jedoch auch längere Zeit ausbleiben. Die so encystierten Parasiten können jahrelang invasionstüchtig bleiben; bisweilen sterben sie ab und zerfallen zu einem körnigen, unspezifischen Detritus. Frischuntersuchung im Zupfpräparat unter Glycerin: Parasit und Kapselverkalkung deutlich erkennbar, letztere besonders an den Polen. Bei vollkommen verkalkter Kapsel Sichtbarmachung des Parasiten durch Auflösung mittels Säuren. Schnittpräparat, siehe Abb. 136. Frisches Invasionsstadium: Spindelförmige Auftreibung der Sarkolemmschläuche (a), Homogenisierung und Zerstörung der contractilen Substanz (b), Verlust der Affinität zu Eosin (Bläulichfärbung), Aufrollung der Parasiten (c), Kernwucherung im umgebenden Perimysium (e). Fehlende Kapselbildung. Quellung der übrigen Muskelfasern, Myofragmentatio (Artefakt).

K. Haut.

a) Eitrige Entzündung des Unterhautzellgewebes (Phlegmone).

Phlegmone ist eine durch eitererregende Bakterien (Streptokokken, Staphylokokken u. a.) hervorgerufene, in der Regel von Wunden ausgehende, selten metastatisch entstehende, diffuse, eitrige Entzündung des Unterhautzellgewebes, die mit Abszeßbildung einhergeht. Umfangreiche Phlegmonen, wie sie besonders bei Pferden und Hunden vorkommen, führen durch Sepsis und Selbstvergiftung zum Tode.

Makroskopisch schwellen die befallenen Hautstellen mehr oder weniger stark an und gewinnen eine feste, teigige Beschaffenheit (Ödem). An haarlosen Stellen treten auch diffuse oder streifenförmige Rötungen und strangartige Verdickungen hervor (Lymphgefäße). Im weiteren Verlaufe kommt es in der lockeren Subcutis zur Bildung von Abscessen, die flächenhaft werden und entweder nach außen, in Form von Fistelgängen die Haut durchbrechen oder nach der Tiefe zu sich ausdehnen. Gleichzeitig entstehen ausgesprochene Nekrosen des subcutanen Gewebes, der Muskelfascien, unter Umständen auch der über den phlegmonös infiltrierten Stellen liegenden Hautteile, so daß letztere oft zundrige Beschaffenheit annehmen. Durch Hinzutreten von Fäulnisbakterien und Gasbildnern entstehen die gangränösen Phlegmonen und Gasphlegmonen. (Bei den durch den Rauschbrandbacillus und den Bacillus des malignen Ödems bedingten Entzündungen des Unterhautzellgewebes handelt es sich weniger um eitrige Phlegmonen, als vielmehr um hämorrhagisch-seröse Exsudation mit umfangreicher Nekrose der angrenzenden Gewebsteile.)

Bei der eitrigen Phlegmone sind die regionären Lymphknoten fast regelmäßig vergrößert und mit Eiterherden besetzt.

Histologie. Abb. 138 stellt eine eitrige Phlegmone des subcutanen Gewebes bei einem Pferde dar. Bei schw. V. sieht man die im Unterhautfettgewebe (a) verlaufenden Bindegewebssepten durch Ödem und zellige Infiltration verbreitert. Die herdförmigen Zellansammlungen um Gefäße herum sind deutlich erkennbar (d). Diese Entzündung hat im vorliegenden Falle auf die tieferen Schichten des Unterhautzellgewebes und die angrenzenden Muskelfascien übergegriffen, wo sich die hauptsächlichsten Veränderungen vorfinden. Infolge des starken Ödems, weniger durch Ansammlung von Entzündungszellen, sind die hyalin entartenden, aufgetriebenen Muskelfasern auseinander gedrängt.

Dieselbe Gewebsauflockerung ist auch in den darunter gelegenen Teilen nachweisbar (b). Hier sind die Blutgefäße erweitert, mit roten Blutkörperchen angefüllt (Blutfülle) und zum größten Teil mit Entzündungszellen kranzförmig umgeben (d). Auch die Lymphgefäße sind dilatiert und enthalten Eiterzellen. Gefäßthrombosen sind häufig (e). Unter der Einwirkung von Bakterientoxinen und infolge von Ernährungsstörungen durch verstopfte Blutgefäße ist es in den

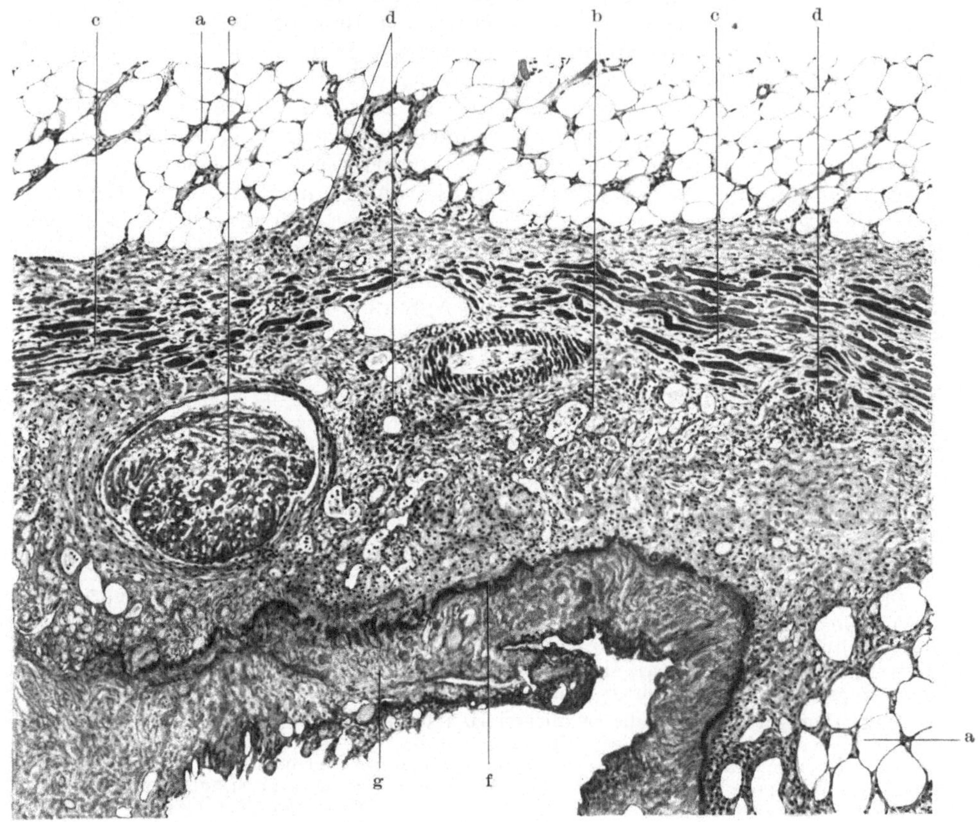

Abb. 138. Subcutane Phlegmone (Pferd). 55×. Hämatoxylin-Eosin.
a subcutanes Fettgewebe, b Hyperämie, Ödem und entzündliche Zellinfiltration des subcutanen Bindegewebes, c durch das Ödem auseinandergedrängte, degenerierte Muskelfasern, d perivasculäre Leukocyteninfiltrate, e Gefäßthrombus, f Kerntrümmerwall, g nekrotisches Gewebe in den tiefen Schichten der Unterhaut.

tiefen Schichten der Unterhaut zu umfangreicher Gerinnungsnekrose gekommen (g), die von den darüberliegenden ödematösen und entzündeten Gewebsteilen durch einen Kerntrümmerwall (f) abgegrenzt ist. Bei Anwendung st. V. ist das entzündliche Ödem in der Unterhaut an der Auseinanderdrängung sämtlicher Gewebselemente noch deutlicher zu erkennen. Die infiltrierenden Zellen bestehen in der Hauptsache aus polymorphkernigen Leukocyten, vereinzelten Lymphocyten und wenigen Histiocyten. Der Gefäßthrombus (e) ist aus einer homogenen Masse mit vereinzelten Leukocyten zusammengesetzt; auch die übrigen Gefäße enthalten Leukocyten. Die Adventitialzellen der Gefäße sind geschwollen und zum Teil in Entartung begriffen. Im nekrotischen Gewebe sowie im Kerntrümmerwall können auch bei st. V. Einzelheiten nicht mehr festgestellt werden.

b) Virusdermatosen.

Die filtrierbaren, ultravisiblen Erreger der Maul- und Klauenseuche (Aphthenseuche), der Pocken der verschiedenen Haustiere (einschließlich der Geflügelpocken und Geflügeldiphtherie), der Myxomatosis des Kaninchens u. a. besitzen ausgesprochen dermotrope Eigenschaften. Da gewebliche Wirkung und Ablauf des histopathologischen Prozesses durchaus einheitlich sind, empfiehlt sich ihre Zusammenfassung unter dem Begriff der Virusdermatosen.

Beispiele. Aphthenseuche (Maul- und Klauenseuche). Von dem meist unbekannten Primärherd aus kommt es zur Ansiedelung des Virus an bestimmten, besonders dafür disponierten Stellen der äußeren Haut und bestimmter Schleimhäute. Rind: Flotzmaul, Kronenrand, Klauenspalte, Euter. Schwein: Kronenrand der Haupt- und Afterklauen, Klauenballen, Ballengrube, Ballenspalt, Haut der Unterfüße, Rüsselscheibe.

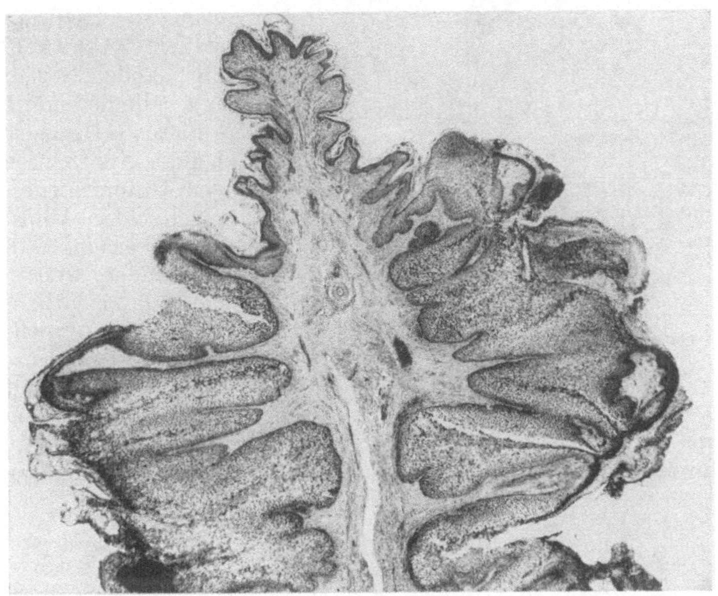

Abb. 139. Geflügelpocken am Kamm (Huhn). 13 ×. Hämatoxylin-Sudan III.
Hyperplasie und Hyperkeratosis der Epidermis. Oben normaler Kammrest.
[Aus Diss. E. FRÖHLICH: Arch. Tierheilk. 67, 322 (1934).]

Makroskopisch. Vesiculäre Hautentzündung. Zunächst umschriebene Rötung und Schwellung, anschließend Bläschen- und Blasenbildung. Blaseninhalt: klar, wäßrig, später getrübt, besonders wenn die Blasendecke papierdünn geworden ist und sekundäre Infektionserreger eindringen können. Nach Platzen der Blasendecke entstehen geschwürige, mit rotem Grund versehene Gewebsverluste (Erosionen). Abheilung ohne Narbenbildung innerhalb von etwa 8 Tagen.

Histologie, siehe Stomatitis vesiculosa, S. 95.

Geflügelpocken. Im **makroskopischen** Aussehen sind die Geflügelpocken von den Pocken der Säugetire verschieden. Am Kamm, an den Kehllappen und an den unbefiederten Teilen des Kopfes finden sich charakteristische, linsen- bis erbsengroße, bisweilen noch größere Knötchen bzw. Papeln, die nur ausnahmsweise in ein regelrechtes Pustelstadium übergehen. Dagegen wird an der Oberfläche dieser Veränderungen ein seröses, klebriges Exsudat angetroffen, das eintrocknet und die betreffenden Teile mit Borken und Krusten bedeckt.

Histologisch besteht zunächst eine starke herdförmige Epidermiswucherung (Abb. 139), die zapfenförmig in das Corium hineinragt. Diese Hyperplasie ist mit einer geringgradigen Hyperkeratosis vergesellschaftet. Die gewucherten Epithelzellen sind vergrößert und enthalten fast ausnahmslos bereits in frühen

Stadien des Prozesses große, beinahe den ganzen Zelleib ausfüllende, sudanophile Einschlußkörperchen, die sog. BOLLINGERschen Körperchen (Abb. 141).

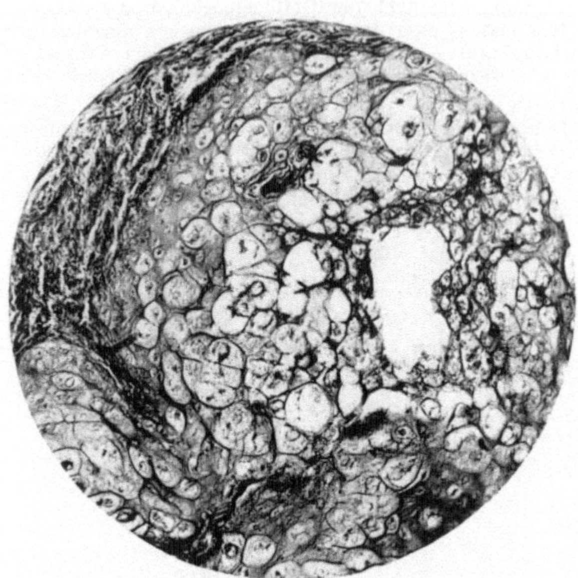

Abb. 140. Geflügelpocken am Kamm (Huhn). 145 ×.
Hämatoxylin-Eosin.
Ballonierende Degeneration von Epidermiszellen und Bläschenbildung. [Aus Diss. E. FRÖHLICH: Arch.Tierheilk.67, 322 (1934).]

Einzelheiten über deren Natur und Bedeutung siehe S. 167. In der Folge quellen vereinzelte Zellen inmitten der verdickten Epidermis beträchtlich auf, wobei ihr Endoplasma vakuolisiert wird, und nach Auflösung der Kerne und Einschlußkörperchen eigenartige intracelluläre Hohlräume entstehen (Abb. 140). Auch hier handelt es sich um eine Art ballonierende bzw. retikulierende Degeneration, wie bei der Aphthenseuche, mit dem Unterschiede, daß eine regelrechte Ablösung der degenerierten Zellen nicht stattfindet, weil die Vogelhaut eine eigentliche Stachelzellenschicht nicht besitzt und die Exsudation zwischen den Zellen zunächst ausbleibt. Das Ektoplasma der degenerierten Zellen erhält sich in Form feiner Scheidewände (Abb. 140), die vielfach einreißen, so daß 2—3—4—5 benachbarte Zellhohlräume zusammen

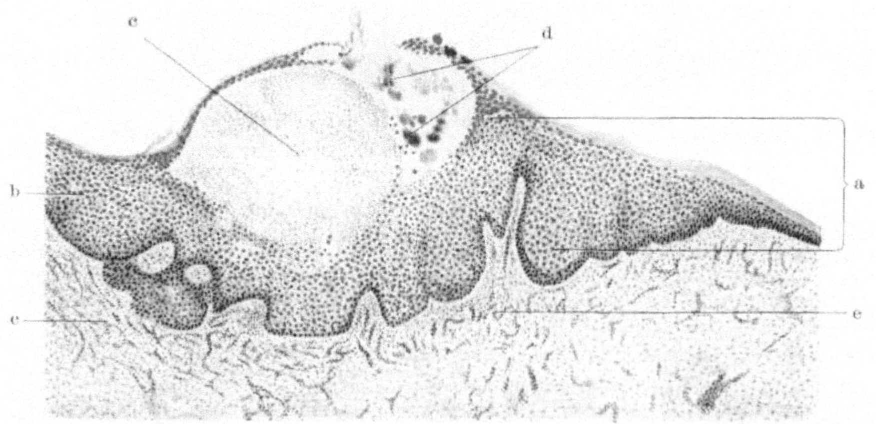

Abb. 141. Geflügelpocken am Kamm (Huhn). 40 ×. Hämatoxylin-Sudan III.
a Hyperplasie der Epidermis, b mit Sudan III gefärbte BOLLINGER-Körperchen, c oberflächliche, mit lympheähnlicher Flüssigkeit, feinkrümeligen Massen und Bakterienhaufen (d) gefüllte, geplatzte Blase, e proliferative Veränderungen an Gefäßen des Papillarkörpers und des Coriums.

fließen und so mikroskopisch kleine Bläschen und unter Umständen auch größere, gekammerte Blasen entstehen. Wenn solche nahe der Oberfläche liegen, kommt es, weil sie später mit einer serösen, lympheartigen Flüssigkeit gefüllt sind, zum Platzen (Abb. 141c) und zur Besiedlung des Blaseninhaltes mit Bakterienkolonien (Abb. 141d). Es finden sich darin außerdem feinkrümlige Massen, Reste von degenerierenden Zellen, selten Entzündungszellen.

In den Anfangsstadien stehen Proliferations- und Degenerationserscheinungen im Vordergrund; später gesellen sich schwere entzündliche Veränderungen im Papillarkörper und im Corium hinzu. Infiltration mit Lymphocyten, pseudoeosinophilen Leukocyten und histiocytären Zellen, besonders im Bereiche der Gefäße (Abb. 141e). So kommt ein reaktiv-demarkierender Zellwall zustande, der zur Abstoßung der darüber liegenden Gewebsmassen und zur narbigen Ausheilung führt. Genau dieselben Epithelveränderungen sind auch in der cutanen Schleimhaut nachweisbar, was als Beweis für die Identität der Geflügelpocken und der Geflügeldiphtherie angesehen wird (S. 95).

c) Aktinomykose.

Abgestimmte, chronische, hartnäckige Eiterungsprozesse verursachende Infektionskrankheit.

Vorkommen. Am häufigsten beim Rind, seltener beim Schwein und beim Pferd.

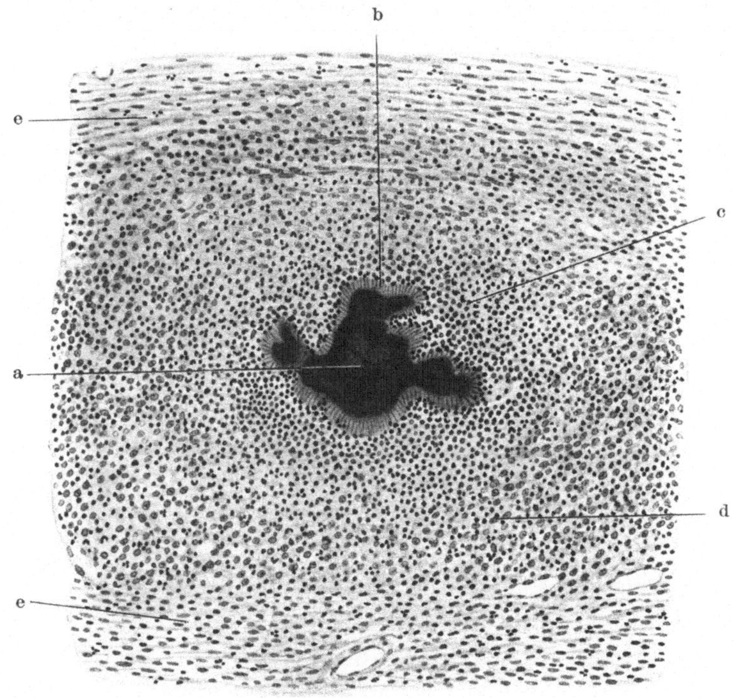

Abb. 142. Aktinomykose (Gesäuge, Schwein). 150 ×. Hämatoxylin-Eosin.
a Pilzdruse mit Mycel (letzteres dunkel ohne sichtbare Pilzfäden), b peripherischer Strahlenkranz der Druse, c Ansammlung polymorphkerniger Leukocyten in der Umgebung der Pilzdruse, d Granulationsgewebe, e Bindegewebe.

Ursache. Bei Knochenaktinomykose fast ausschließlich Streptothrix Israeli; bei Aktinomykose der Weichteile Aktinobacillus Lignieresii Brumpt; bei Gesäugeaktinomykose (Schwein) in vielen Fällen Bacterium pyogenes.

Anatomische Erscheinungsformen. Knötchen mit eitrigem Inhalt, Erosionen, fungöse und polypöse Wucherungen, Abscesse, Fistelgänge, produktive Entzündungsvorgänge (z. B. aktinomykotische Holzzunge). Der Eiter aus Knötchen, Abscessen und Fistelgängen enthält miliare schwefelgelbe Klümpchen (Drusen), die mikroskopisch ein Mycel und am Rande einen strahligen Bau erkennen lassen.

Lieblingssitze. Knochen (Kiefer); Weichteile (Zunge, Mund- und Rachenhöhle, Lymphknoten, Gesäuge). Infektion vielfach im Anschluß an Verletzungen.

Histologische Wirkung des Pilzes. 1. Eiterbildung, 2. Gewebswucherung. Unser Präparat läßt schon bei schw. V. zahlreiche kleine Knötchen erkennen, deren Mitte jeweils eine Pilzdruse einnimmt. Bei Betrachtung eines solchen Knötchens mit st. V. (Abb. 142) sind die einzelnen Mycelfäden nicht zu erkennen, dagegen zeigt sich am Rande der Drusen (a) deutlich eine strahlig gegliederte Zone aus keulenförmigen, eosinophilen, lichtbrechenden Gebilden (b). Junge und regressiv veränderte Drusen lassen unter Umständen den Strahlenkranz vermissen. Die Drusen selbst sind von zahlreichen, polymorphkernigen Leukocyten umgeben (c), die stark zum Zerfall neigen (Zeichen des Kernzerfalls). Um diese Einschmelzungszone herum findet sich ein lockeres, zellreiches Granulationsgewebe (d), in weiterer Entfernung davon, das Knötchen nach außen abgrenzend, ein zellarmes, aber desto faserreicheres Bindegewebe (e), das von Lymphocyten und Plasmazellen durchsetzt ist. Bei der sog. aktinomykotischen Holzzunge steht letzteres im Vordergrund, während die Pilzdrusen weitgehend in Rückbildung begriffen sind, ja sogar fehlen können. Eiterung oder Proliferation bedingen je nach Vorwiegen das verschiedene anatomische Bild der aktinomykotischen Veränderungen.

III. Vergleichende Histopathologie (gemeinsame Kennmale) der wichtigsten ursächlich zusammengehörigen Krankheitsgruppen.

A. Viruskrankheiten.

Während der vergangenen 10 Jahre ist die Zahl der durch filtrierbare Virusarten hervor gerufenen Infektionskrankheiten beträchtlich angewachsen. Diese zahlenmäßige Zunahme ist nicht so sehr auf das Auftreten ganz neuer, bisher unbekannter Krankheiten, als vielmehr auf die Tatsache zurückzuführen, daß viele Krankheiten bisher bakterieller oder unbekannter Natur durch neuere Forschungen als Viruskrankheiten erkannt wurden. Gegenwärtig sind bei unseren Haustieren mehr als 40 und beim Menschen mehr als 20 Viruskrankheiten bekannt. Unter ihnen befinden sich einige der verheerendsten und wichtigsten, so z. B. die Tollwut, die Maul- und Klauenseuche, die Schweinepest, die infektiöse Anämie der Pferde, die Geflügelpest, die infektiöse Laryngotracheitis der Hühner, beim Menschen die Kinderlähmung, die epidemische Encephalitis, das Gelbfieber, der infektiöse Schnupfen u. v. a. Über das ursächliche Agens dieser Krankheiten ist lediglich bekannt, daß es die gewöhnlichen, bakteriendichten Filter passiert und unsichtbar ist. Der am besten zum Ziele führende Weg, die Gegenwart solcher Infektionserreger zu ermitteln, ist das Studium der durch sie in ihren Wirtstieren verursachten Gewebsveränderungen.

Histologische Veränderungen. Bei der vergleichenden Betrachtung der Histopathologie der Viruskrankheiten [1] erhebt sich vor allem die Frage, ob sie zu charakteristischen oder gar spezifischen Zell- und Gewebsveränderungen führen. Um darüber Aufschluß zu erhalten, sollen zunächst die durch filtrierbare neurotrope Virusarten hervorgerufenen *Gehirnentzündungen*, wie sie bei der BORNAschen Krankheit, der Tollwut und der akuten Poliomyelitis (Kinderlähmung) vorliegen, in ihren histopathologischen Einzelheiten betrachtet werden. Bei allen stehen entzündliche Prozesse im Zentralnervensystem im Vordergrund. Das charakteristische Bild des Entzündungsprozesses im Gehirn besteht in abgestimmten Vorgängen im Blutgefäß-Bindegewebsapparat, die als „encephalitische Reaktion" bezeichnet werden. Diese ist aus zwei verschiedenartigen Gewebsreaktionen zusammengesetzt:

1. Den sog. zelligen Infiltraten, d. h. den vasculären oder perivasculären Anhäufungen von gewissen beweglichen Zellen mesodermaler Herkunft, Lymphocyten, Plasmazellen und großen mononukleären Zellen.

2. Einer Wucherung von Gliazellen, in der Hauptsache von Mikroglia- oder HORTEGAschen Zellen, die zur Entstehung von Pseudoneuronophagie, echter Neuronophagie führen sowie kleine Gliaknötchen und diffuse Gliaherde bilden.

Diese Art der encephalitischen Reaktion liegt allen durch filtrierbare Virusarten hervorgerufenen Krankheiten des Z.N.Ss. zugrunde, wobei allerdings die Zusammensetzung der Zellinfiltrate und der Grad der Gliazellwucherung entsprechend der Stärke des Entzündungsprozesses und der Länge der Krankheit starken Schwankungen unterworfen ist.

Es fragt sich nun, ob diese encephalitische Reaktion die Antwort auf die primäre Einwirkung des Virus darstellt, oder ob sie lediglich sekundärer Natur ist. In dieser Richtung sind zwischen den verschiedenen Krankheiten grundsätzliche Unterschiede gegeben. Es hängt jeweils vom Infektions- und Ausbreitungsweg des Virus ab, welches Gewebe im Z.N.S. zuerst in Mitleidenschaft

---

[1] SEIFRIED, O.: Pathologie neurotroper Viruskrankheiten. Erg. Path. **24**, 653 (1931).

gezogen wird. Bei der Tollwut z. B., die in der Regel durch den Biß kranker
Tiere übertragen wird, wandert das Virus von der Eintrittsstelle auf dem Nervenwege (Achsenzylinder, perineurale Lymphscheiden) in zentraler Richtung zu
den Ganglienzellen der zugehörigen Nervenwurzeln, wo die ersten Veränderungen
entstehen. Die Nervenzellen können vollkommen der Nekrose anheimfallen,
ohne daß entzündliche Veränderungen gleichzeitig zugegen sind.

Auch bei der Kinderlähmung liegen mit Bezug auf die Wanderung des Virus ähnliche
Verhältnisse vor. Die primäre Entartung der Ganglienzellen im Bereiche der Hinterhörner
ist keineswegs von der meist gleichzeitig vorhandenen interstitiellen Entzündung abhängig.

Anders ist die Entstehungsfolge der Veränderungen bei der BORNAschen
Krankheit, bei der wahrscheinlich eine nasale Infektion auf dem Wege der
Lymphscheiden des Nervus olfactorius und eine primäre Infektion der Cerebrospinalflüssigkeit vorliegt. Von dieser aus tritt das Virus in die Gehirnsubstanz
sowohl von der äußeren als auch von der inneren Oberfläche des Zentralorgans
ein, um dort primär Entzündung und Gliaproliferation zu verursachen, während
die degenerativen Veränderungen der Nervenzellen sekundärer Natur zu sein
scheinen.

Aus den angeführten Beispielen geht hervor, daß bei den verschiedenen
Encephalitisformen Entzündung einschließlich Proliferation der Glia und
Degeneration von Ganglienzellen eine Hauptrolle spielen. Bei einigen Krankheiten
stellen degenerative Prozesse die primären Veränderungen dar und entzündliche
die sekundären, während bei anderen das umgekehrte Verhältnis zutrifft. Häufig
tritt die Gesamtheit der Veränderungen gleichzeitig in Erscheinung, so daß es
schwierig oder unmöglich ist, zu entscheiden, welche Veränderungen als primär
und welche als sekundär zu betrachten sind.

Bei den *dermatotropen Viruskrankheiten* (Virusdermatosen), hauptsächlich bei
den mit Blasenbildung in der Haut einhergehenden, stehen degenerative und
proliferative Veränderungen im Vordergrund. Dies zeigt sich deutlich in der
Eigenart der Gewebsveränderungen bei Aphthenseuche (Degeneration), Geflügelpocken (Proliferation = Hyperplasie des Epithels, Degeneration), infektiöser Myxomatosis (Proliferation) u. a. (S. 159). Die entzündlichen Veränderungen, die bei dieser Krankheitsgruppe ebenfalls vorhanden sind, schließen
sich erst an die degenerativen an.

Ähnliche Verhältnisse liegen bei *Viruskrankheiten* vor, *die in der Hauptsache
die Schleimhäute betreffen.* Als Beispiel soll hier die infektiöse Laryngotracheitis der Hühner angeführt werden (s. S. 69). Wie bei vielen anderen
Virusarten ist auch hier das histologische Bild durch Ödem, zellige Infiltration
und regressive Veränderungen in der Schleimhaut der oberen Atmungswege
gekennzeichnet. Die Krankheit verläuft so schnell, daß es schwierig ist, Sitz
und Artung der primären Veränderungen genau festzustellen und ihrer Entwicklung sowie der Reihenfolge ihres Auftretens zu folgen. Diese Schwierigkeit
wird durch den komplexen Charakter der Schleimhaut der Atmungswege noch
erhöht. In Tierversuchen ist aber einwandfrei ermittelt worden, daß das Virus
primär die Epithelzellen angreift (ballonierende und retikulierende Degeneration
des Oberflächenepithels) und erst später in die Submucosa vordringt und dort
entzündliche Veränderungen verursacht. Letztere Prozesse sind allerdings so
heftig und ausgedehnt, daß sie den hervorstechendsten Befund darstellen.

Aus diesen Beobachtungen kann geschlossen werden, daß die Gewebsveränderungen bei den verschiedenen, die Haut und die Schleimhäute betreffenden Viruskrankheiten in der Regel in folgender Reihenfolge auftreten: 1. Proliferation,
2. Degeneration, 3. Entzündung. In manchen Fällen geschieht die Zerstö-
rund des Epithels so schnell und so vollkommen, daß der Prozeß der Proliferation
verhindert wird.

Ein Beispiel für eine *Viruskrankheit mit ausgesprochen septicämischem Charakter* ist die Schweinepest. Neuere histologische Untersuchungen über diese Krankheit (Röhrer, Seifried u. a.) zeigen deutlich, daß das Schweinepestvirus nach Eintritt in die Blutbahn primäre Veränderungen an den Endothelzellen der Blutgefäße in Form von Nekrose oder von Proliferation (S. 57) hervorruft. Entzündliche Vorgänge kommen erst später hinzu.

Bei der Leukomyelosis der Hühner, der Myxomatosis der Kaninchen und bei den Warzenbildungen infektiöser Natur handelt es sich endlich um das *Vorwiegen proliferativer Prozesse,* die zur Entstehung von Tumoren und tumorähnlichen Bildungen Veranlassung geben.

Die Beispiele zeigen, daß die Gewebsreaktionen bei den verschiedenen Viruskrankheiten ziemlich einheitlicher und gewöhnlicher Art sind.

Besondere Lokalisation der Gewebsveränderungen. Es ist indessen eine Eigentümlichkeit vieler Viruskrankheiten, daß sie einen besonderen Sitz der durch sie verursachten Gewebsveränderungen aufweisen. Manche Virusarten bevorzugen bestimmte Organe, andere sogar bestimmte Zellarten. Variola, Geflügelpocken, Maul- und Klauenseuche, infektiöse Ektromelie gehen beispielsweise mit ausgesprochenen Haut- und Schleimhautveränderungen einher. Die Erreger der Tollwut, der Bornaschen Krankheit, der Kinderlähmung und der epidemischen Encephalitis des Menschen zeigen spezifisch neurotrope Eigenschaften, während diejenigen der Herpesgruppe epitheliotrop und neurotrop zugleich sind. Die besondersartigen Veränderungen der infektiösen Laryngotracheitis beschränken sich gewöhnlich auf die Schleimhäute der Atmungswege, wohingegen das durch ein filtrierbares Virus verursachte Roussche Sarkom der Hühner in der Hauptsache mesodermales Gewebe betrifft. Im Gegensatze zu diesen organspezifischen Virusarten stehen diejenigen mit organotropen Eigenschaften, das sind solche, die eine Vielheit von Geweben und Organen in Mitleidenschaft ziehen und vielfach zur Septicämie führen (z. B. Schweinepest, Hundestaupe, Geflügelpest u. a.).

Die einzige Erklärung, die zur Zeit für dieses eigenartige Verhalten der Virusarten gegeben werden kann, ist die, daß die meisten von ihnen sich weder vermehren, noch krankhafte Veränderungen verursachen können, es sei denn, daß sie in enge Berührung mit ganz bestimmten Zellen gelangen (obligater Zellparasitismus). In dieser Richtung unterscheiden sich die Viruskrankheiten wesentlich von solchen bakterieller Natur.

Es wäre naheliegend, anzunehmen, daß diese Gewebsauswahl von der Eintrittspforte und vom Ausbreitungswege der verschiedenen Virusarten abhängig ist. Dies trifft aber nicht zu. Denn es läßt sich nachweisen, daß gewisse Virusarten selbst nach unmittelbarer Einverleibung in die Blutbahn diejenigen Gewebe und Zellen im Körper befallen, in denen sie die günstigsten Bedingungen für ihre Entwicklung und Vermehrung finden. Solche Verhältnisse liegen besonders ausgesprochen bei den Viruskrankheiten des Z.N.Ss. vor. Bei der akuten Poliomyelitis (Kinderlähmung) z. B. wird dieselbe Ausbreitung des Entzündungsprozesses im Z.N.S. angetroffen, unabhängig davon, ob das Virus in die Nase, in das Gehirn oder in den Nervus ischiadicus (beim Affen) verbracht wurde. In Übereinstimmung mit dieser Gewebsauswahl wird das Virus in der Regel in größter Menge in den Gebieten des Zentralnervensystems angetroffen, in denen die Nervenzelldegenerationen und entzündlichen Veränderungen besonders stark ausgeprägt sind.

Durch vergleichende histologische Studien (Seifried und Spatz) ist festgestellt worden, daß die Bornasche Krankheit des Pferdes, die epidemische Encephalitis und die Tollwut des Menschen mit Bezug auf die Ausbreitung des Entzündungsprozesses im Gehirn weitgehende Ähnlichkeiten aufweisen. Die histologischen Veränderungen werden in der Hauptsache in der grauen Substanz (sog. Polioencephalitis) und außerdem in gewissen grauen

Zentren, so z. B. in der Substantia nigra, im Hypocampus und in der Riechrinde regelmäßig angetroffen. Dieser Ausbreitungsmodus des Entzündungsprozesses unterscheidet sich grundsätzlich von demjenigen bei Hundestaupe-, Schweinepest-, Geflügelpestencephalitis und anderen Encephalitisformen, bei denen graue und weiße Substanz etwa gleichmäßig betroffen sind.

Diese besondere Lokalisation der Gewebsveränderungen bei verschiedenen Encephalitisformen besitzt besondere Bedeutung für eine vorläufige anatomische Einteilung der Viruskrankheiten des Z.N.Ss. (s. S. 139).

Sind die beschriebenen Gewebs- und Zellveränderungen spezifisch für die Wirkung der filtrierbaren Virusarten? Trotz der Tatsache, daß die meisten Virusarten obligate Zellparasiten sind und ihre Vermehrung von der Gegenwart lebender und besonders junger und wachsender Zellen abhängig zu sein scheint, ist die durch sie verursachte Art der Zellproliferation, Zelldegeneration oder Entzündung keineswegs virusspezifisch. Dieselben Veränderungen können auch durch Bakterien, Bakterientoxine, Parasiten, Stoffwechselprodukte und Gifte verursacht werden.

Zell- und Kerneinschlüsse.

Außer den bereits erwähnten Zell- und Gewebsveränderungen sind viele Viruskrankheiten noch durch eigenartige, intracelluläre Bildungen ausgezeichnet, die unter dem Begriff „Einschlußkörperchen" zusammengefaßt werden. Sie kommen bei bakteriellen Krankheiten nicht vor. Sie werden sowohl bei tierischen und menschlichen Viruskrankheiten, als auch bei denjenigen der Insekten und Pflanzen angetroffen. Einigen von ihnen kommt diagnostischer Wert zu, während andere für das experimentelle Studium von Viruskrankheiten von Bedeutung sind. Sie liegen entweder im Protoplasma oder im Kern oder gleichzeitig in beiden. Innerhalb einer Zelle werden sie einzeln oder in großer Zahl angetroffen; ihre Größe schwankt zwischen der Sichtbarkeitsgrenze und der Größe eines Zellkernes.

Auftreten der Einschlüsse in verschiedenen Zellarten.

Das Vorkommen von Einschlußkörperchen bei verschiedenen Viruskrankheiten beschränkt sich auf wenige Zellarten. Die Einschlußkörperchen bei den Pocken der verschiedenen Haustiere und bei der infektiösen Ektromelie der Maus kommen nur in Epithelzellen vor. Die NEGRI-Körperchen bei der Tollwut finden sich in der Hauptsache in Nervenzellen und bisweilen im nervösen Gewebe außerhalb von Zellen. Die Einschlußkörperchen bei der BORNAschen Krankheit werden nur in Nervenzellen angetroffen und diejenigen bei der Speicheldrüsenkrankheit des Meerschweinchens sind in ihrem Vorkommen auf das Speicheldrüsenepithel beschränkt. Auch die bei der infektiösen Laryngotracheitis auftretenden Einschlüsse haben ihren Sitz ausschließlich in den Epithelien der Atmungswege. Bei ganz wenigen Viruskrankheiten, so z. B. bei der infektiösen Myxomatosis des Kaninchens treten Einschlußkörperchen sowohl in Epithel- als auch in Bindegewebszellen auf. Aber weitaus die meisten Einschlußkörperchen werden in Zellen epidermaler Abkunft angetroffen, wofür zur Zeit eine befriedigende Erklärung noch fehlt.

Natur der Einschlußkörperchen. Die Frage nach der Natur der Einschlußkörperchen ist seit langem Gegenstand wissenschaftlicher Meinungsverschiedenheiten. Als sie zum ersten Male bei der Tollwut und bei den Geflügelpocken nachgewiesen wurden, hielt man sie für Protozoen und für die Ursache der beobachteten Gewebsveränderungen.

Mit den ersten Versuchen, diese Virusarten durch feinporige Filter zu filtrieren, mußte jedoch der Gedanke, daß diese Einschlußkörperchen Protozoen seien, fallen gelassen werden, weil solch große Gebilde die feinen Poren von

Filtern unmöglich passieren können. In der Folgezeit wurde von v. PROWAZEK eine zunächst einleuchtende Hypothese über die Natur und die Entwicklung der Virusarten und ihre Beziehungen zu den Einschlußkörperchen aufgestellt. Danach gibt es kleine, extracelluläre Formen von Virusarten, die sog. „Elementarkörperchen", die ungefähr 0,25—1,0 μ im Durchmesser besitzen und gewöhnliche Filter passieren. Nach Besiedelung von Zellen bilden sie die sog. „Initialkörperchen", die sich durch Teilung vermehren und in der Wirtszelle zu einer Parasitenkolonie heranwachsen, die von einem Mantel von Zellmaterial umgeben ist (daher „Chlamydozoen", d. h. Manteltierchen). Die Initialkörperchen sollen nun weiterwachsen und die Hülle sprengen, so daß eine große Zahl der ursprünglichen Elementarkörperchen frei wird, die ihrerseits den Entwicklungskreis von vorne beginnen, indem sie neue Zellen befallen. Im wesentlichen befindet sich diese Theorie in Übereinstimmung mit der von LIPSCHÜTZ aufgestellten Hypothese, nach der als „Strongyloplasmen" Organismen mit genau denselben Eigenschaften bezeichnet werden.

Da diese Hypothesen sich nicht in allen Teilen als zutreffend erwiesen haben (morphologische Verschiedenheit der Einschlußkörperchen, Unmöglichkeit, Elementarkörperchen regelmäßig in infektiösem Blut und in virushaltigen Filtraten nachzuweisen), werden die Einschlußkörperchen neuerdings von zahlreichen Autoren lediglich als gewöhnliche Zelldegenerationsprodukte betrachtet. Trotzdem glauben manche an die Möglichkeit, daß das Virus zwischen den Zellreaktionsprodukten eingeschlossen sein könne.

Diese und viele andere Theorien haben den Nachteil, daß sie nicht allgemeine Gültigkeit besitzen, wenn man die verschiedenen Formen der Einschlußkörperchen näher betrachtet. Die protoplasmatischen Einschlüsse z. B. besitzen größte Spezifität, da es kaum zwei Viruskrankheiten gibt, bei denen durchaus gleichartige, protoplasmatische Einschlüsse vorkommen. Die intranukleären Einschlußkörperchen dagegen, so z. B. diejenigen bei Herpes, Varicellen, Virus III des Kaninchens, bei der Submaxillariskrankheit des Meerschweinchens, der infektiösen Laryngotracheitis der Hühner u. a. gleichen einander so weitgehend, daß ihnen nur ein beschränkter diagnostischer Wert beigemessen werden kann. Sie können höchstens als virusspezifisch, aber nicht als krankheitsspezifisch angesehen werden.

Es erhebt sich nun die Frage: Liegen Beweise für die Richtigkeit einer der beiden oben erwähnten hauptsächlichsten Theorien vor?

Was die *parasitäre Natur der Einschlußkörperchen* anbetrifft, im besonderen der NEGRI-Körperchen bei Tollwut, so ist neuerdings immer wieder die Ansicht vertreten worden, daß sie ein Stadium innerhalb eines parasitären Entwicklungszyklus darstellen. In diesem Falle müßte man sich vorstellen, daß eine fortlaufende Entwicklung von sog. kokkenähnlichen Körperchen, oder ihren unsichtbaren Vorstufen über die kleineren zu den größeren und großen Einschlußkörperchen mit zahlreichen Innenkörperchen gegeben ist. Diese Vorstellung beruht jedoch vollkommen auf der histologisch sichtbaren, inneren Organisation und morphologischen Verschiedenheit der NEGRI-Körperchen oder auf Schwankungen in ihrer Größe und Gestalt und kann deshalb keineswegs als Beweis für ihre parasitäre Natur betrachtet werden.

Amerikanische Autoren (GOODPASTURE und Mitarbeiter) haben neuerdings bedeutsame Untersuchungsergebnisse über die Natur der bei Geflügelpocken vorkommenden Einschlußkörperchen, der sog. „BOLLINGER-Körperchen" veröffentlicht. Sie beschreiben eine sinnreiche Methode der Isolation einzelner Einschlüsse mittels Trypsinverdauung infizierten, epidermalen Gewebes. Dabei konnten sie nachweisen, daß ein einzelnes Einschlußkörperchen, nachdem es mit physiologischer Kochsalzlösung solange gewaschen wurde, bis die Waschflüssigkeit nicht mehr infektiös war, nach cutaner Einverleibung bei Hühnern typische Geflügelpockenveränderungen, einschließlich der charakteristischen Einschlußkörperchen hervorzurufen vermochte. Es gelang weiterhin, BOLLINGER-Körperchen durch Oberflächenspannung des destillierten Wassers, in dem sie aufgeschwemmt waren, zum Platzen zu bringen. Auf diese Weise wurde ermittelt, daß sie durchschnittlich zwischen 6000 und 20000 „BORELL-Körperchen" enthalten, die als Elementarkörperchen bei Geflügelpocken seit langem bekannt sind. Auch die infektiöse Natur dieser BORELL-Körperchen scheint erwiesen zu sein, denn mit dem Inhalt eines einzigen „BOLLINGER-Körperchens" können bis zu 6 Pockenübertragungen bei Hühnern bewerkstelligt werden. Aus diesen Versuchen ist der Schluß gezogen worden, daß die sog. „BORELL-Körperchen" das Virus der Geflügelpocken darstellen.

Ähnliche Untersuchungsergebnisse wurden neuerdings von BEDSON beim Psittacosisvirus und von BARNARD und ELFORD beim Virus der infektiösen Ektromelie gewonnen. In Weiterverfolgung dieser wichtigen Fragestellung konnte LEDINGHAM vor kurzem zeigen, daß Aufschwemmungen von Elementarkörperchen, wie sie bei Vaccine und bei Geflügelpocken (PASCHEN-Körperchen, BORELL-Körperchen) vorkommen, durch Immunseren von Hühnern und Kaninchen agglutiniert werden, während dies bei Verwendung von Normalseren nicht der Fall ist. Dieselbe Eigentümlichkeit weisen die bei Psittacosis auftretenden Elementarkörperchen auf (BEDSON). Diese Tatsache im Zusammenhange mit dem Nachweis der Vermehrung von Elementarkörperchen — PASCHENsche Körperchen — in Gewebskulturen (NAUCK und PASCHEN) bedeuten für die von den amerikanischen Autoren gewonnenen Untersuchungsergebnisse und für die Annahme, daß die Elementarkörperchen das infektiöse Virus selbst darstellen, eine wesentliche Stütze.

Wenn die Einschlußkörperchen lediglich *Zell- oder Kerndegenerationsprodukte* wären, so müßte der Nachweis ihres Aufbaues aus Zell- oder Kernmaterial gelingen. *Was wissen wir nun aber tatsächlich über die Natur und Zusammensetzung der die Einschlußkörperchen bildenden Substanzen?* Was ihre färberischen Eigenschaften betrifft, so färben sich einige mit Eosin und anderen sauren Farbstoffen rot, während andere mit Methylenblau, Toluidinblau und anderen basischen Farben blauen Farbton annehmen. Wenn man bedenkt, daß selbst Kernbestandteile und Kerne unter besonderen Bedingungen acidophil sind, und daß die verschiedenartigsten Stoffe, wie z. B. Schleim, Ceratohyalin, NISSL-Körperchen sich mit basischen Farbstoffen färben, so wird es verständlich, daß derartige Eigenschaften in mikrochemischer Hinsicht Aufschlüsse nicht geben können. Die gewöhnlichen Fixierungsflüssigkeiten zerstören die Einschlußkörperchen nicht, obwohl manche durch ihre Beizwirkung ihre färberischen Eigenschaften verändern. Es ist erwiesen, daß die meisten Einschlußkörperchen nicht aus Kohlehydraten, Neutralfetten oder krystallinischen Substanzen bestehen. Einige widerstehen der auflösenden Wirkung von Salzsäure, Alkohol und Chloroform, andere nicht, so daß auf ihre Eiweißnatur geschlossen werden kann. Nur von den „BOLLINGER-Körperchen" bei Geflügelpocken ist bis jetzt bekannt, daß sie während ihrer Entwicklung fetthaltig werden und auch die Fettreaktionen geben. Neuerdings wurden Einschlüsse bei verschiedenen Viruskrankheiten auf die Gegenwart von Thymonucleinsäuren mit der FEULGENschen Methode [1] untersucht, aber die Ergebnisse sind nicht einheitlich genug, um bindende Schlüsse daraus ziehen zu können. Selbst wenn dieser Nachweis regelmäßig gelänge, so würde damit lediglich festgestellt sein, daß es sich bei den

---

[1] Siehe O. SEIFRIED und E. HEIDEGGER: Pathologische Mikroskopie. Ferdinand Enke, Stuttgart 1933.

Einschlußkörperchen um Kernbestandteile von der Art der Thymonuclein-
säure handelt, aber es bliebe immer noch eine offene Frage, ob diese Stoffe
vom Kern der Wirtszellen herstammen oder einem zellfremden Organismus
angehören.

Die Annahme scheint Berechtigung zu besitzen, daß ein Teil des zur Entstehung
mancher Einschlußkörperchen führende Material schon in der Zelle vor der Einwirkung des Virus vorhanden ist. Aber in dem Maße, als die Einschlüsse sich
vergrößern, ändert sich auch ihre Zusammensetzung, vielleicht weil anders-
artiges Material am Aufbau teilnimmt, das durch die geschädigte Zelltätigkeit
frei wird. Über Zusammenhänge zwischen der Entwicklung der Einschlußkörperchen und der Zellzusammensetzung ist nichts bekannt. Die Mitochondrien
und der GOLGI-Apparat sind bei Anwesenheit von Einschlußkörperchen selten
in Mitleidenschaft gezogen; in den meisten Fällen ist es die Grundsubstanz,
die betroffen ist. Im allgemeinen ist so wenig Sicheres über den Ablauf und
die Zusammensetzung der durch Virusarten verursachten Zellvorgänge bekannt,
daß bis jetzt beweiskräftige Unterlagen für die Annahme einer degenerativen
Natur der Einschlußkörperchen nicht vorliegen.

**Künstliche Erzeugung von Einschlußkörperchen mittels anderer Stoffe als filtrierbarer
Virusarten.** Die Tatsache, daß es bis jetzt niemals gelungen ist, spezifische Einschlußkörperchen künstlich durch andere Einwirkungen als durch filtrierbare Virusarten zu erzeugen,
bedeutete bisher eine Stütze für ihre nichtdegenerative Natur. Ist es überhaupt möglich,
die Entstehung von Einschlußkörperchen durch Stoffe zu erwirken, die nichts mit filtrierbaren Virusarten gemeinsam haben? Um diese Frage beantworten zu können, müssen
einschlußkörperchenähnliche Gebilde mit größter Vorsicht beurteilt werden, weil häufig
nur geringgradige Unterschiede zwischen echten Einschlußkörperchen und unspezifischen,
postmortalen Zellveränderungen gegeben sind. Die intranukleären Einschlüsse bei der BORNA-
schen Krankheit z. B. gleichen denjenigen, die in den Nervenzellen bei Blei-, Morphium-
und Strychninvergiftung (bei Katzen und Hunden) auftreten. Auch die Zellveränderungen,
wie sie durch Einwirkung von Arsen, Tetanustoxin und Diphtherietoxin entstehen, besitzen
große Ähnlichkeit mit den Einschlußkörperchen bei Viruskrankheiten. Neuerdings wurden
von HEINBECKER und O'LEARY sogar Kernveränderungen im Anschluß an die Einwirkung
elektrischer Ströme in Ganglienzellen nachgewiesen, die große Ähnlichkeit mit echten
Einschlußkörperchen aufweisen. Andere experimentelle Beobachtungen legen die Vermutung
nahe, daß die unter pathologischen Bedingungen auftretenden Kerneinschlüsse durch eine
Störung der osmotischen Verhältnisse innerhalb der Zellen entstehen können.
Wenn eine solche künstliche Erzeugung von intranukleären Einschlußkörperchen
bestätigt würde, so könnten sie nicht mehr länger als spezifisch für die Wirkung von filtrierbaren Virusarten angesehen werden.

Trotz der spärlichen Kenntnisse, die über das Wesen und die Natur der Einschlußkörperchen vorliegen, ist es in diesem Zusammenhange von Interesse,
einige auffallende morphologische Veränderungen an ihnen kennen zu lernen,
wie sie bei Viruskrankheiten im Tierversuch erzeugt werden können. Wenn
Virusarten reihenweise auf empfängliche Tiere übertragen oder in Gewebskulturen gezüchtet werden, so führen sie in der Regel stets zur Entstehung
derselben Art von Einschlußkörperchen, unabhängig davon, wieviele Passagen
durchlaufen oder wieviele Tierarten dazu verwendet wurden. Die BORNAsche
Krankheit, deren Virus für eine große Zahl von verschiedenen Tierarten
pathogen ist, ist ein Beispiel für diese Tatsache. Bei der Tollwut dagegen
liegen andere Verhältnisse vor. Wenn Straßenvirus in zahlreichen Reihen
auf Kaninchen übertragen wird, so entsteht das sog. Virus fixe, durch dessen
Einwirkung keine typischen NEGRI-Körperchen mehr zustande kommen, sondern
lediglich die sog. Lyssa- oder Passage-Körperchen. Trotzdem zeigt die durch
das Virus fixe verursachte Krankheit ihren üblichen Charakter und das Virus
bleibt nach wie vor ein Tollwutvirus. Es verdient weiterhin erwähnt zu werden,
daß NEGRIsche Körperchen in solchen Nervenzellen nicht entstehen, die durch
Immunisierung eine gewisse Resistenz erlangt haben.

Die Beziehungen zwischen Variola und Vaccine sind von noch größerem Interesse. Variolavirus wird durch Übertragung auf das Rind in Vaccine umgewandelt und bleibt Vaccinevirus selbst nach Rückübertragung auf den Menschen. Das Vaccinevirus besitzt nicht nur andere pathogene Wirkung, wie das Variolavirus, sondern bedingt auch andere Zellveränderungen: In Zellen, die mit Variolavirus befallen sind, finden sich Einschlußkörperchen sowohl im Kern, als auch im Zelleib, während in Zellen bei Einwirkung der Vaccine Einschlußkörperchen lediglich im Protoplasma auftreten.

Bis jetzt ist nicht bekannt, was diese morphologischen Änderungen bedeuten; aber sie können als Ausdruck der nahen Beziehungen angesehen werden, die allem nach doch zwischen den Virusarten und den durch sie hervorgerufenen Einschlußkörperchen bestehen müssen.

Zwischen Entzündung, Proliferation und Degeneration einerseits und der Bildung und dem Auftreten der Einschlußkörperchen andererseits bestehen keine Zusammenhänge. Es ist auffallend, daß die Entstehung der Einschlußkörperchen in der Regel ohne sichtbare sonstige Veränderungen in ihren Wirtszellen vor sich geht. Auch dies ist eine Tatsache, die sich schwer mit der Annahme der degenerativen Natur der Einschlüsse in Einklang bringen läßt.

B. Bakterielle Krankheiten.

Die verschiedenartige pathogene Wirkung der bakteriellen Krankheitserreger ist zum Teil in ihrem biologischen Verhalten, zum Teil in der Krankheitsbereitschaft und Abwehrkraft des Wirtsorganismus begründet. Dies trifft auch für die Viruskrankheiten zu. Aber bei den bakteriellen Krankheiten sind diese Verhältnisse besser studiert und leichter zu übersehen.

So befähigt beispielsweise die Ausstattung mit Geißeln manche Bakterien zu großer selbständiger Beweglichkeit, die ihr Eindringen in Haut und Schleimhäute, als auch ihre Flächen- und Tiefenausbreitung wesentlich begünstigt. Da es sich bezüglich der Lebens- und Ernährungsweise der Bakterien im wesentlichen um eine Anpassung der Arten an die verschiedenen chemischen Vorbedingungen des ernährenden Wirtsbodens handelt, findet die vielen Kleinlebewesen eigene Auswahl bestimmter Eintrittspforten und Ausbreitungswege sowie ihre Ansiedlung und Entfaltung pathogener Wirkungen in bestimmten Organen und Geweben befriedigende Erklärung. Das verschiedene Sauerstoffbedürfnis der Aërobier, Anaërobier und fakultativen Aërobier kann eben nur an bestimmten Stellen des Wirtskörpers, z. B. auf der Haut und den Schleimhautoberflächen (Eitererreger), im Unterhautzellgewebe und in der Muskulatur (Gasbranderreger), oder im trächtigen Uterus (Abortus-Bang-Bakterien) gedeckt werden. Auch die für die Bakterien notwendigen Nährstoffe (Wasser, gelöste oder lösliche Eiweißarten, Salze und Alkalien) werden in der für sie günstigsten Weise vielfach wiederum nur an bestimmten Stellen des befallenen Körpers dargeboten. Die Hauptfähigkeit der Bakterien, krankhafte Gewebsveränderungen zu erzeugen, beruht auf ihrer Eigenschaft, *Toxine* (hochmolekulare, den Eiweißkörpern nahestehende Gifte) zu bilden und abzuscheiden (Ektotoxine), in ihrem Körper eingeschlossene Binnengifte nach ihrem Zerfall freizugeben oder sonstige Produkte, wie Säuren und gasförmige Stoffe zu liefern. In der Art der Einwirkung auf die Gewebe des Wirtskörpers besteht zwischen den Toxinausscheidern und Nichttoxinausscheidern ein grundsätzlicher Unterschied insoferne als bei den ersteren die bei ihrer Vermehrung in Menge freiwerdenden Toxine selbst die letzte und wesentliche Ursache der örtlichen und allgemeinen (Fernwirkung) Gewebsveränderungen darstellen, (z. B. bei Tetanus), während die Nichttoxinabscheider am Orte des Eindringens, im Kreislaufe oder in Geweben fern von der Eintrittspforte selbst das Körpergewebe angreifen und seine gesundhaften Leistungen abändern (z. B. Eitererreger, Milzbrandbacillen). Freilich besitzen beide Gruppen auch gemeinsame Kennmale, derart, daß bei den Nichttoxinabscheidern nach ihrem Zerfall durch Freiwerden der Binnengifte ebenfalls eine toxische und bei beiden eine mechanische Wirkung durch Verstopfung von capillären Blutgefäßen, Entstehung von Bakterienembolien mit ihren Folgen in Erscheinung tritt. Die als *Virulenz* bezeichnete Gesamtheit der gewebsschädigenden Eigenschaften bakterieller Erreger ist großen Schwankungen unterworfen, je nachdem die Bakterien unter günstigen oder ungünstigen Bedingungen zu leben gezwungen sind und je nach der Art und Wirksamkeit der dem Wirtskörper zur Verfügung stehenden Abwehrkräfte. Der Virulenzgrad eines bestimmten Krankheitserregers ist nicht nur für die örtliche Wirkung einer Infektion oder für deren Ausbreitung auf dem Blut- und Lymphwege, in Kanalsystemen und auf Organoberflächen verantwortlich, sondern auch für die oft weitgehenden Verschiedenheiten in der Artung der histologischen Veränderungen (s. später). Diese können auch durch gleichzeitige Anwesenheit mehrerer Krankheitserreger Abweichungen und Abänderungen erleiden (Mischinfektionen), wobei die histologische Wirkung des einen oder des anderen Erregers im Vordergrunde stehen kann.

Selbst die massenhafte Anwesenheit von hochvirulenten bakteriellen Erregern in oder auf dem Körper empfänglicher Wirtstiere braucht nicht notwendigerweise zu einer Infektion, die sich in histologischen Veränderungen ausprägt, zu führen. Dazu muß vielmehr die Möglichkeit des Eindringens, Haftens und der Vermehrung der Keime in den Geweben gegeben sein. Dies ist der Fall, wenn die **normalen** *Schutzeinrichtungen* der äußeren Haut (verhorntes Plattenepithel) oder der Schleimhäute (Näheres s. S. 178) entweder geschädigt oder zerstört sind, oder wenn die Erreger infolge ihrer hohen Virulenz diese Schranken durchbrechen können. Viele Keime (z. B. Eitererreger) sollen in die unverletzte Haut und die ungeschädigten Schleimhäute eindringen und Gewebsschädigungen verursachen können. In Wirklichkeit liegen aber oberflächliche Epithelabschürfungen oder Gewebsverluste vor, die durch traumatische, chemische, thermische, toxische, parasitäre u. a. Einwirkungen entstanden und nur mikroskopisch sichtbar sind, dennoch aber genügend Angriffspunkte für die Bakterien abgeben. Wie weitgehend Ernährungsstörungen, bzw. Mangel an bestimmten Nährstoffen die normalen Schutzeinrichtungen schädigen können, ist aus dem Beispiel der A-Avitaminose ersichtlich (s. S. 67, 92, 177). Auch durch örtliche Vermehrung von Krankheitserregern, z. B. zwischen den Darmzotten, können Gewebsschädigungen und auf diese Weise Eintrittspforten geschaffen werden. Selbst Virusarten treten als Wegbereiter für bakterielle Infektionserreger auf. Ermüdung, Überanstrengung, Unterernährung u. a. setzen dagegen die allgemeine Widerstandskraft des Organismus herab und begünstigen auf diese Weise die Ansiedlungsmöglichkeit von Keimen.

Die **histologische Wirkung** der so in den Körper gelangten Bakterien wird nun keineswegs durch diese allein bestimmt, sondern nach Art, Charakter und Ausdehnung durch die jeweilige „Reaktionslage" des betreffenden Wirtsorganismus beeinflußt. Darunter wird zunächst die Bereitschaft und Wirksamkeit der sog. *unspezifischen Abwehrvorrichtungen,* wie sie in ihrer Vielseitigkeit und Zweckmäßigkeit bei der Entzündung (s. S. 45) auftreten und dann die sog. *spezifischen Abwehreinrichtungen* verstanden (antibakterielle Immunität), unter denen Bakterizidie des Blutserums, Immunstoffe, die die Bakterien angreifen, Phagocytose bestimmter Zellelemente, reticuloendothelialer

Apparat mit besonders zugewiesenen Schutzaufgaben als wirksame Abwehrkräfte eine Rolle spielen.

Diese wenigen, aber wichtigsten Gesichtspunkte, die über die Wechselbeziehungen zwischen dem biologischen Verhalten der bakteriellen Krankheitserreger und der Reaktion des Wirtsorganismus angeführt werden können, mögen genügen, um das Verständnis für das vielseitig bedingte Zustandekommen, für die Art und Vielgestaltigkeit der bei den Infektionskrankheiten auftretenden histologischen Veränderungen zu eröffnen. Sie lassen sich jedoch — da eben dem tierischen (und menschlichen) Organismus nur eine beschränkte Zahl histologischer Reaktionsformen zu Gebote steht — auf einen verhältnismäßig einfachen Nenner bringen. Mit denjenigen bei den Viruskrankheiten besitzen sie weitgehende Übereinstimmung, denn sie bestehen aus verschiedenen Formen von *Entartung, Entzündung, Nekrose und Gewebswucherung,* wobei diese einzelnen Schäden oder Reaktionsformen entweder allein oder miteinander vergesellschaftet in Erscheinung treten.

Außer der unmittelbar zellzerstörenden Giftwirkung der Bakterien, kommt es zum Zerfall von Zellen auch durch ihre phagocytäre Tätigkeit (z. B. Reticuloendothelien bei Schweinerotlaufinfektion, Leukocyten bei Eiterungen), sowie durch massenhafte Besiedlung von Zellen mit bakteriellen Erregern (z. B. Abortus-Bang-Bakterien in Chorion- oder Hodenepithelien). Während manche Erreger eine beinahe spezifisch-nekrotisierende Wirkung auf die Gewebe ausüben, wie z. B. der Nekrosebacillus und das Bacterium pseudotuberculosis, schädigen andere (Septicämieerreger) die Gefäßwände und geben zu Blutungen Veranlassung. Eine besondere Art degenerativer Wirkung besitzt der Tetanusbacillus insoferne als der Wundinfektionsherd lokal bleibt und nur von den sich vermehrenden Bacillen gebildete Toxine eindringen und auf Nervenzellen und -fasern, sowie auf Blutkörperchen zerstörend wirken. Zahlreiche andere Krankheitserreger rufen hauptsächlich entzündliche Veränderungen verschiedener Art und verschiedenen Grades hervor (Coli- und Paratyphusbakterien, bipolare Bakterien, verschiedene Kokkenarten), wobei exsudative, eitrige, produktive Prozesse und Gewebswucherungen im Vordergrunde stehen (Erreger der Paratuberkulose, der Tuberkulose, des Rotzes). Die durch das Tuberkel- und Rotzbakterium verursachten produktiven Entzündungsprozesse sind „abgestimmt" oder spezifisch (spezifische Entzündung), weil hierbei nicht gewöhnliches Granulationsgewebe, sondern Epitheloidzellgewebe in bestimmter Anordnung gebildet wird. Viele bakterielle Erreger vereinigen schließlich alle diese verschiedenen Wirkungen in sich (Aktinomykose, Abortus-Bang-Bakterien, bipolare und Pullorumbakterien u. v. a.).

Welch weitgehende Verschiedenheiten der histologischen Veränderungen Virulenzschwankungen ein und desselben Erregers bewirken können, zeigen die Erreger der hämorrhagischen Septicämie und die Paratyphazeen, bei denen in bestimmten Organen (Leber) bald rein degenerative (Nekrose), bald rein produktive Herde hervortreten. In welcher Weise die Immunitätslage des Organismus histologische Veränderungen und damit den anatomischen Charakter einer Krankheit zu beeinflussen vermag, geht aus dem hervor, was beim Kapitel Tuberkulose ausgeführt ist (s. S. 82). Die entfernt von den primären Infektionsherden durch lymphogene und hämatogene Verschleppung der Krankheitskeime oder ihrer Toxine verursachten Veränderungen sind grundsätzlich denen der Eintrittsstelle gleichartig.

C. Parasitäre Krankheiten.

1. Protozoen.

Die Gewebswirkung der meisten tierpathogenen Protozoen beruht auf ihrem ausgesprochenen Zellschmarotzertum, ihrer Lebensweise und Entwicklung innerhalb von Zellen und auf ihrer Abscheidung von Hämolysinen und Toxinen.

So führen die in den Blutzellen schmarotzenden Protozoen, z. B. die *Hämosporidien und Piroplasmen*, zu einer Zerstörung der roten Blutkörperchen, zum Freiwerden des Hämoglobins, zur Hämoglobinurie und zur Siderose verschiedener Organe. Andere Blutprotozoen, so die *Trypanosomen* finden sich in der Hauptsache im Blutserum, vermögen aber durch Abscheidung eines hämolytischen Toxins (Blutgiftes) eine Zerstörung der roten Blutkörperchen mit den daraus sich ergebenden, oben erwähnten Veränderungen herbeizuführen.

Zahlreiche andere Protozoen, so die *Leishmanien, Toxoplasmen* und *Hämogregarinen*, siedeln sich in den Zellen des reticuloendothelialen Systems, in Monocyten und verwandten Zellen an, während die *Amöben, Flagellaten, Sporozoen* und *Coccidien* ausgesprochene Epithel- und Muskelzellenschmarotzer sind. Ihre pathogene und histologische Wirkung ist verschiedenartig. Die Entamoeba histolytica beispielsweise führt durch ihre intracelluläre Lebensweise zur Auszehrung von Zellen des Dick- und Mastdarmes, auf diese Weise zur Entstehung von Schleimhautverlusten und Geschwüren, in denen bakterielle Infektionserreger (Eitererreger) sekundär Fuß fassen können. Manche Protozoen bedürfen eines Wegbereiters, um in die Epithelzellen eindringen zu können. Trichomonas meleagridis, der Erreger der in Amerika weitverbreiteten Truthuhnseuche (Typhlo-Hepatitis), vermag pathogene Wirkung im Wirtstier nur dann zu entfalten, wenn Spulwürmer zugegen sind (THEOBALD SMITH). Die durch die Spulwürmer (Heterakis papillosa) geschaffenen Schleimhautverletzungen bilden die Eintrittstelle für die Protozoen, die in den Drüsenepithelien und Drüsenschläuchen der Blinddärme Nekrose der Mucosa verursachen, in der Submucosa sich ausbreiten und umfangreiche Schleimhautgeschwüre mit unterwühlten Rändern zur Entstehung bringen. Die des schützenden Schleimhautepithels beraubten Flächen bieten einen günstigen Angriffspunkt für Bakterien und Krankheitserreger aller Art, deren Wirkung sich in einer fibrinösen bzw. croupösen Typhilitis zu erkennen gibt. Auf dem Blutwege kann es sekundär zur Entstehung umfangreicher Lebernekrosen kommen.

Die Sarcosporidien (s. S. 153) sind obligate Schmarotzer der quergestreiften Muskelfasern. Ihre Gewebswirkung besteht zunächst infolge ihrer Größe in einer spindelförmigen Auftreibung der Muskelfasern. Durch die beim Zerfall der Parasiten frei werdenden Giftstoffe kommt es zur Degeneration von Muskelfasern, zur Entstehung reaktiver Entzündung und zu massenhafter Anlockung (Chemotaxis) von eosinophilen Leukocyten (Myositis eosinophilica, s. S. 154). Im Gegensatze zu den durch die oben genannten Protozoen verursachten, vorwiegend degenerativen und exsudativ-entzündlichen Prozessen stehen hier produktiv-entzündliche Vorgänge und lokale Eosinophilie im Vordergrunde. Besonders die letztere ist eine häufige Teilerscheinung im histologischen Bilde parasitärer Krankheiten.

Ein Beispiel dafür, daß manche Protozoen nur bei massenhafter Invasion Schadwirkung verursachen, sind die Coccidien. Sie sind nicht nur ausgesprochene Parasiten der Darmepithelien; ihre verschiedenen Spielarten besitzen außerdem noch besondere Lieblingsitze in bestimmten Darmabschnitten oder in den Gallengängen. Infolge der Größe ihrer intracellulären Entwicklungsstadien führen sie zum Druckschwund und zur Entartung ihrer Wirtszellen, durch flächenhaftes Fortschreiten zu ausgedehnter Schleimhautzerstörung, zur Geschwürsbildung, zu katarrhalischen, hämorrhagischen, pseudomembranösen, diphtheroiden Darmentzündungen, in der Leber zu chronischer Cholangitis und charakteristischen Wucherungen der Gallengangswände, sowie zur Wucherung des interlobulären, periportalen Bindegewebes (S. 100 und 112).

2. Würmer.

Ihre Größe, Menge, Mannigfaltigkeit des Entwicklungsganges, Ernährungsweise bzw. Ausstattung mit Haft-, Klammer-, Saug- und Freßwerkzeugen, ihre Fähigkeit Giftstoffe bzw. giftige Leibessubstanzen, Sekrete oder Exkrete auszuscheiden, und endlich ihre aktive und passive Ansiedlung in den verschiedenen Organen und Organsystemen bedingen zahlreiche histologische Schadwirkungsmöglichkeiten. Diese sind teils mechanischer oder chemisch-toxischer Art, teils die Folgen von Fremdkörperwirkungen, von weitgehendem Entzug von Körpersäften, der Wirkung von sekundären, bakteriellen oder protozoären Infektionserregern, deren Eindringen durch von den Parasiten geschaffene Haut- und Schleimhautverluste Vorschub geleistet wird. Diese begünstigen gleichzeitig die Resorption von Darmtoxinen. Die Veränderungen sind örtlicher und allgemeiner Natur, histopathologisch verschiedener Art, um so mehr, als die pathogenen Wirkungen in der Regel nicht einzeln, sondern miteinander vergesellschaftet, entweder gleichzeitig oder nacheinander einsetzen.

Die tierpathogenen *Plattwürmer* vereinigen fast alle diese verschiedenen Arten der Einwirkung miteinander. Aus der Gruppe der Saugwürmer besitzt die histologische Wirkung des Leberegels praktisch größtes Interesse. Bereits die Wanderungen der jungen Leberegel, die im Magen oder Dünndarm nach Auflösung der Cystenhülle frei werden, verursachen histologische Veränderungen. Sie bohren sich in kleine Venen der Darmwand ein und gelangen so mit dem Pfortaderblut in die Leber. Schon die Durchbohrung der Darmwand bedingt kleinste Gewebsverluste, die Eintrittspforten für bakterielle Erreger bilden können. Nicht selten gelangen aber Leberegelembryonen zufällig in Lymphgefäße und auf diesem Wege in die mesenterialen Lymphknoten, wo sie zugrunde gehen und hirsekorn- bis erbsengroße, eiterähnliche, trocken-käsige, bisweilen verkalkende Knötchen bilden. Andere durchbohren mitunter die Darmwand und geraten in die Bauchhöhle, so zu einer Peritonitis distomatosa Veranlassung gebend. Die zahlreichen, in die Leber- eingeschwemmten Embryonen bleiben in den Pfortadercapillaren stecken, bohren sich bald aus diesen aus, um ihre Wanderung nach den Gallengängen anzutreten, in denen sie geschlechtsreif werden und ihre hauptsächliche pathogene Wirkung betätigen. Auf dieser Wanderung verursachen sie Bohrgänge, die zunächst aus Blut, zertrümmertem Lebergewebe und aus zahlreichen eosinophilen Granulocyten bestehen. Später sammeln sich am Rande der Bohrgänge Makrophagen und Fremdkörperriesenzellen an, um die Zerfallstrümmer abzuräumen. Danach kommt es zur Ausfüllung des Gewebsausfalles durch Granulationsgewebe, dem Lymphocyten und eosinophile Leukocyten beigemischt sind, und später zur Bindegewebswucherung (Hepatitis distomatosa). Junge Distomen, die die Gallengänge nicht erreichen, werden bindegewebig abgekapselt und bilden Knoten, deren absterbender Inhalt nach Auflösung verkalkt oder durch Bindegewebe ersetzt wird. Manche Embryonen gelangen auf ihrer Wanderung in Zentralvenen, Sublobularvenen und so in die Hohlvene, in die Lungen und eventuell in den großen Kreislauf und in andere Organe, in denen sie ebenfalls absterben und abgekapselt werden. Die in den Gallengängen angesiedelten Embryonen wachsen zu geschlechtsreifen Würmern heran, saugen dort Blut und veranlassen teils durch den mechanischen

Reiz ihrer Saugnäpfe und Cuticularstacheln, teils durch toxische Reize ihrer Stoffwechselprodukte und Drüsenausscheidungen Epitheldegeneration und chronische Entzündung der Gallengangswände (Cholangitis distomatosa), die durch hinzukommende Keime eitrig und jauchig werden kann. Dieser Prozeß ist vielfach mit glandulärer Hyperplasie, Hyalinisation und dystrophischer Verkalkung der Gallengangswände verbunden. Durch Ausbreitung der Bindegewebswucherung von den Gallengängen aus kann es zur Entstehung einer Cirrhose kommen, bei der das gewucherte Bindegewebe eosinophile Leukocyten enthält. Neben diesen örtlichen Veränderungen treten Kachexie und Abmagerung hervor, die durch Resorption von toxischen Stoffwechselprodukten und Leibessubstanzen der Leberegel, durch Resorption von giftigen Gallestoffen und Bakteriengiften und durch Verdauungsstörungen infolge Gallestauung bedingt sind.

Bandwürmer und Bandwurmblasen. Auch die durch Bandwürmer im Darmkanal geschaffenen Veränderungen sind von der Art und Lebensweise der Würmer, sowie von ihrer Ausstattung mit Saugnäpfen und Sauggruben bzw. mit Hakenkränzen abhängig; sie sind ebenfalls teils mechanischer, teils toxischer Natur. Die besondere Art ihrer Anhaftung an die Schleimhaut mittels Saugnäpfen und Haken bedingt ein Hochziehen des Gewebes und eine Druckatrophie der oberflächlichen Epithelien und deren Zerstörung. Da die Würmer die Ansiedlungsstelle wechseln, entstehen auf diese Weise zahlreiche Epithelverluste, die bei längerer Einwirkung tiefer werden und Blutungen, ja sogar Durchbruch im Gefolge haben können (Taenia serrata, Taenia crassicollis). Entzündungszustände durch Hinzutreten bakterieller Erreger, akute und katarrhalische Enteritiden, Bauchfellentzündungen oder sog. Wurmabscesse sind die unmittelbare Folge. Bei massenhafter Anwesenheit von Bandwürmern kommt es bisweilen zu deren Verknäuelung und Verknotung und auf diese Weise zu Obturationsstenosen und Invaginationen des Darmrohres. Die Allgemeinveränderungen kommen durch Resorption toxischer Ausscheidungsstoffe, durch Entzug von Nährmaterial zustande und bestehen in Abmagerung, Anämie, Kachexie, Nervendegenerationen (Lähmungen), Hämolyse, Verminderung der roten und Vermehrung der weißen Blutkörperchen, besonders der eosinophilen.

Die in Zwischenwirten sich entwickelnden *Finnen- oder Blasenstadien der Bandwürmer* besitzen besondere Lieblingsstellen: der Echinococcus und der Cysticercus fasciolaris in der Leber, der Coenurus cerebralis im Gehirn, die Schweinefinne (Cysticercus cellulosae) und die Rinderfinne (Cysticercus inermis) in bestimmten Teilen der Muskulatur, wieder andere im subserösen Gewebe. Histopathologisch ist diesen Finnen gemeinsam: die das Produkt einer reaktiven Entzündung darstellende Wirtskapsel (Finnenbalg), die vom benachbarten Bindegewebe des betreffenden Organs gebildet wird und die einen geschichteten, lamellösen Bau aufweisende Parasitenblase einschließt. Die Wirtskapsel besteht aus mehr oder weniger ausgereiftem Bindegewebe, das zahlreiche Infiltratzellen in Form von Lymphocyten, Histiocyten, Makrophagen, Plasmazellen, Fremdkörperriesenzellen und eosinophilen Leukocyten enthält. Die Zusammensetzung im einzelnen ist großen Schwankungen unterworfen. Fast alle Finnenblasen können sekundär durch Ernährungsstörungen absterben; ihr Inhalt löst sich auf, verkäst, verkalkt oder vereitert unter der Einwirkung von hämatogen eingedrungenen Eitererregern (abseßähnliche Gebilde). In den Zerfallstrümmern finden sich vielfach noch Haken oder Kalkkörperchen der Parasiten. Im übrigen wirken sie als Fremdkörper und verursachen durch ihre Zahl und Größe weitgehenden Schwund (Atrophie) des betreffenden Organs (Leber, Gehirn) oder von Nachbarorganen (z. B. knöchernes Schädeldach und Rückenmark bei Coenurus cerebralis), Kompression von Kanalsystemen

(Gallengänge, Blutgefäße, Ventrikelsystem des Z.N.Ss.) mit entsprechenden Folgeerscheinungen.

Die *Spulwürmer* bedingen im Darmkanal durch mechanische und toxische Einflüsse im wesentlichen dieselben Veränderungen wie die Bandwürmer. Durch ihre gezähnelten Lippen verursachen sie Epithelverluste der Zottenspitzen, Blutungen, kleine Geschwüre, selten Darmwanddurchbohrungen mit Ausnahme von Parascaris equorum. Bei massenhaftem Askaridenbefall entstehen durch toxische Stoffwechselprodukte und Leibessubstanzen Darmentzündungen katarrhalischer, seltener hämorrhagischer oder fibrinöser Natur. Neben rein mechanischen Veränderungen (Darmverschluß, Darmeinschiebung) stehen die toxischen Allgemeinerscheinungen (Anämie, Ödeme, Lebernekrosen) bisweilen im Vordergrund. Wandernde Askaridenlarven bohren sich in Blutgefäße ein, bewirken Blutungen und werden in Lungen und andere Organe verschleppt, wo sie absterben, abgekapselt werden, verkalken und Wurmknötchen hinterlassen, deren histologische Merkmale auf S. 90 beschrieben sind.

Die *Pallisadenwürmer (Strongyloidea)* besitzen in ihrer Wirkungsweise einige Besonderheiten, die zum Teil in ihrer Ernährungsweise, zum Teil in ihrer Entwicklung innerhalb des Wirtstieres begründet sind. Die großen, in den Einhufern schmarotzenden Strongyliden saugen sich mit ihrer becherförmigen Mundkapsel an der Schleimhaut des Caecums und Colons fest. Die dabei in die Mundkapsel eingezogenen Schleimhautteile werden durch mechanische Wirkung des wiederholten Saugens und durch die histolytische Wirkung des Schlunddrüsensaftes zerstört und dienen den Würmen samt der beim Saugen auftretenden Gewebsflüssigkeit als Nahrung (HOEPPLI, WETZEL). Dieselbe Ernährungsweise ist den kleinen, im Dickdarm des Pferdes schmarotzenden Strongyliden eigentümlich (WETZEL). Da diese Parasiten meist in großer Zahl auftreten und häufig ihre Anhaftungsstelle wechseln, so entstehen zwar nur oberflächliche, aber umfangreiche Schleimhautverluste, die dem Eindringen von Darmbakterien Vorschub leisten und die Aufsaugung von Darmgiften begünstigen. Die lokalen entzündlichen Veränderungen im Bereiche der Anhaftungsstellen und vor allem die Ansammlung eosinophiler Leukocyten machen eine von den Parasiten ausgehende toxische Wirkung wahrscheinlich. — Die Larven von Strongyloidea vulgaris besitzen die Eigentümlichkeit, in die Wand der vorderen Gekrösearterie sich einzubohren und auf mechanischem und toxischem Wege Thrombenbildung und reaktiv-entzündliche Vorgänge der Gefäßwand mit Aneurysmenbildung und ihren Folgen zu verursachen (S. 55). Die in den Lungen der Haustiere schmarotzenden Strongyliden (S. 90, 91) führen zur Entstehung von Wurmknötchen und Wurmknoten (lobuläre bronchopneumonische Herde), zu lobären Bronchopneumonien, Bronchitiden, lobulärem Emphysem durch Verlegung der Bronchiallichtung.

Von den *Peitschenwürmern* interessiert die histologische Wirkung der Trichinella spiralis (S. 155).

Die zahlreichen übrigen Darmparasiten, so die *Pfriemenschwänze, Älchen, Filarien, Kratzer* u. a. bewirken durchaus ähnliche örtliche und allgemeine Veränderungen wie die bereits beschriebenen.

3. Gliedertiere (Insekten und Spinnentiere).

Viele der im Haar- und Federkleid und auf der Haut der Haustiere schmarotzenden Gliedertiere *(Fliegen, Flöhe, Läuse, Haarlinge, Federlinge, Milben und Zecken)* sind Blutsauger; sie entziehen Blut vielfach in solcher Menge, daß Abmagerung und schwere, ja sogar tödliche Anämien sich einstellen (z. B. rote Vogelmilbe = Dermanyssus avium). Durch das Saugen entstehen aber auch kleine Hautblutungen und -defekte, die durch Kratzen und sekundär hinzutretende bakterielle Erreger zu umfangreichen Schorfbildungen und örtlichen Entzündungsherden werden. Manche Insektenlarven, so z. B. diejenigen von Gastrophilus equi und Oestrus ovis parasitieren in den Schleimhäuten des Rachens, Magens und der Nasen- und Stirnhöhlen. Die ersteren klammern sich mittels ihrer Chitinhaken an der Schleimhaut fest, bohren sich mit ihrem Vorderende in diese ein und verursachen Schleimhautabschürfungen, Drucknekrosen, kraterförmige Geschwüre und chronisch-entzündliche Vorgänge im benachbarten Propria- und submukösen Gewebe mit häufiger lokaler Eosinophilie, Granulations- und Bindegewebswucherung, Hyperplasie und Hyperkeratose des Epithels. Auch allgemeine Störungen in Form von Blutarmut und Abmagerung infolge Resorption von giftigen Stoffwechselschlacken der Larven können zugegen sein. Ähnliche Veränderungen bedingen die Oestridenlarven in der Nasenhöhle, wobei sich den Gewebsverlusten häufig eitrige Entzündungen zugesellen, die durch Fortleitung auf die Hirnhäute übergreifen können. Hypoderma bovis lebt zu bestimmten Abschnitten ihres Entwicklungsganges in der Submucosa und in der Haut und führt zur Entstehung der Dasselbeulen mit Durchlöcherung und entzündlichen Veränderungen der Haut. — Die durch verschiedene Milbenarten verursachten *Dermatozoonosen* sind je nach der Lebensweise und der Art der Nahrungsaufnahme der Parasiten histopathologisch verschieden charakterisiert. Die Schädigungen sind ebenfalls mechanisch und chemisch-toxisch bedingt oder sie sind die Folge des durch den Juckreiz verursachten, dauernden Kratzens oder sekundärer bakterieller Infektionen. Die Sarcoptesmilben verursachen Grabgänge in der Epidermis mit Hyper- und Parakeratosis und reaktiven Entzündungsvorgängen im Corium. Auch die Saugmilben (Dermatocoptes, Psoroptes) durchbohren die Epidermis bis zum Corium, bedingen hier ebenfalls entzündliche Veränderungen, sowie Hyperkeratose der Epidermis. Die schuppenfressenden Milben (Dermatophagus) verursachen nur leichte, oberflächliche Veränderungen, aus denen durch Kratzen Hautentzündungen entstehen. Die Demodiciden dagegen schmarotzen in den Haarbälgen und Talgdrüsen und führen zu Haarausfall und leukocytären Infiltrationen (Abscessen) im Corium, die zum Teil durch die Parasiten, zum Teil durch sekundäre Staphylokokkeninfektionen entstehen. Außer Hyperkeratose sind die Epithelveränderungen gering. Viele Gliedertiere (Fliegen, Milben, Zecken, Wanzen, Flöhe) erlangen in ihrer Eigenschaft als Krankheitsüberträger besondere pathogene Bedeutung.

D. Mangel-, Nährschaden- und Überschußkrankheiten.

1. Avitaminosen.

Die Verschiedenheit und Eigenart der beim Fehlen von Vitaminen in der Nahrung auftretenden histologischen Veränderungen deuten darauf hin, daß den einzelnen Vitaminen für den geordneten Ablauf der Lebensvorgänge eine ganz bestimmte, umschriebene Rolle zugewiesen ist.

Die hauptsächlichen geweblichen Vorgänge bei der *A-Avitaminose* bestehen in einer Atrophie und Degeneration der Schleimhaut- und Drüsenepithelien der oberen Atmungs- und Verdauungswege, bei manchen Tieren auch derjenigen der Augen und Geschlechtsorgane und im Ersatz dieser Originalepithelien durch ein mehrschichtiges, verhornendes Plattenepithel (S. 67, 92). Der innere Mechanismus dieser eigenartigen Änderung der Gewebsform (S. 29) ist in seinen Einzelheiten nicht bekannt.

Diese histologischen Veränderungen bei der A-Avitaminose besitzen in zwei Richtungen Interesse:

1. Sie sind charakteristisch für diese Krankheit und können als Hilfsmittel zu ihrer Feststellung herangezogen werden (S. 68).

2. Sie geben eine befriedigende Erklärung für die engen Zusammenhänge zwischen A-Avitaminose und den so häufig damit vergesellschafteten Infektionen im Bereiche der oben genannten Schleimhäute. Es kann als gesichert gelten, daß durch Mangel an Vitamin A die Schutzeinrichtungen der Schleimhäute der Atmungs- und Verdauungswege weitgehende Schädigungen erfahren. Als hauptsächliche Faktoren dieser natürlichen Schutzeinrichtungen kommen in Betracht: 1. die Flimmertätigkeit der Schleimhautepithelien, 2. die Sekretion von Schleim mit keimtötenden Eigenschaften (SEIFRIED). Beide Faktoren sind durch die Mangelkrankheit entweder teilweise oder ganz ausgeschaltet. Besonders im ersten Stadium des histologischen Geschehens, also zur Zeit der Degeneration und Abstoßung der Originalepithelien sind günstigste Bedingungen für das Eindringen von Krankheitserregern in diese Schleimhäute gegeben. Gleichzeitig ist auch die Schleimabsonderung vermindert und hört später vollkommen auf, so daß auch dieser Teil des örtlichen Gewebsschutzes mehr oder weniger vollkommen ausfällt. Die Folge sind avirulente und virulente Infektionen. Schon auf Grund einfacher Überlegung ist zu erwarten, daß in späteren Stadien des Prozesses, d. h. nach Ersatz des Originalepithels durch ein verhornendes Plattenepithel, dem Eindringen von Krankheitserregern Schranken entgegengesetzt werden. Diese Vermutung steht auch in Einklang mit der praktischen Erfahrung, nach der in chronischen Fällen von A-Avitaminose Infektionen der Atmungs- und Verdauungsschleimhäute selten sind.

Diese histologischen, für die Infektionsbereitschaft der genannten Schleimhäute verantwortlichen Tatsachen erhalten durch die Änderung der Bakterienflora (vermehrtes Wachstum der Saprophyten, Auftreten von sonst nicht in diesen Schleimhäuten vorkommenden Bakterien) und vor allem durch die Möglichkeit der Beeinflussung und Beseitigung dieser Infektionen durch Verabreichung einer Vitamin A-Quelle experimentelle und praktische Beweiskraft. Durch die Zufuhr des fehlenden Vitamins in frühen und mittleren Krankheitsstadien erfolgt nämlich eine vollkommene Regeneration der betreffenden Schleimhaut- und Drüsenepithelien. In genau derselben Weise, in der bei Mangel an Vitamin A der Ersatz des Originalepithels durch ein verhornendes Plattenepithel vor sich geht, erfolgt bei A-avitaminotischen Tieren nach Verabreichung genügender Mengen von Vitamin A (Heildiät) der umgekehrte Vorgang, d. h. dessen Ersatz durch ein dem früheren Originalepithel entsprechendes Epithel. Mit dieser Regeneration tritt die gestörte Schutzvorrichtung wieder in Gang und wird die örtliche Infektionsbereitschaft wieder in eine entsprechende Resistenz umgewandelt.

Die durch Schädigung bzw. Zerstörung des lokalen Gewebsschutzes bei der A-Avitaminose geschaffene Infektionsbereitschaft ist auch insofern von Interesse, als sie neue Erklärungsmöglichkeiten für das Kommen und Gehen verschiedener Infektionskrankheiten bietet.

Nach den bisher noch spärlich vorliegenden Untersuchungen sind dieselben Faktoren mit großer Wahrscheinlichkeit auch für die im Zusammenhange mit dieser Krankheit vermehrt auftretenden Parasiteninvasionen des Darmkanals verantwortlich. Dabei spielen außerdem Darmatonien und -paralysen eine vielleicht ausschlaggebende Rolle. Das bei den einzelnen Tierarten allerdings wechselvolle Auftreten von degenerativen Veränderungen an Ganglienzellen in verschiedenen Teilen des Z.N.Ss. sowie an Nervenfasern in Gehirn, Rückenmark, peripherischen und visceralen Nerven gehört nämlich mit zum histologischen Bilde der A-Avitaminose (S. 127). Thrombopenie ist ebenfalls vorhanden.

Bei der *B-Avitaminose*, die bei Hühnern als Polyneuritis oder Reisneuritis seit langem bekannt ist und Ähnlichkeit mit der Beriberi des Menschen aufweist, treten ähnliche degenerative Veränderungen des Nervensystems hervor. Die histologische Wirkungsweise des Vitamin B-Mangels bezieht sich aber nicht unmittelbar auf die nervöse Substanz, welche Anschauung früher durch die Bezeichnung „antineuritisches Vitamin" zum Ausdruck gebracht wurde, sondern auf die innersekretorischen Drüsen und durch diese auf den Kohlehydratstoffwechsel. Die Störung des letzteren und die dabei wahrscheinlich gebildeten, giftig wirkenden Stoffe bedingen sekundär die Veränderungen an den Nerven. Diese bestehen in einer nichtentzündlichen, einfachen Degeneration, weshalb die Bezeichnung Polyneuritis unberechtigt ist. Außerdem können Faserdegenerationen auch im Rückenmark und im Gehirn sowie Degenerationen von Ganglienzellen in den Vorder- und Hinterhörnern des Rückenmarks, seltener des Gehirns auftreten. Sekundäre neurotrophische Muskelatrophien schließen sich an.

Bei der als *Skorbut* beim Menschen sowie bei Schweinen und Schafen auftretenden *C-Avitaminose* stehen Schädigungen der Endothelien und Gefäßwände im Vordergrund des histologischen Geschehens. Die Folge ist eine hämorrhagische Diathese in Form von multiplen Blutungen in der Haut, im Zahnfleisch, auf anderen Schleimhäuten, unter dem Periost und im Knochenmark. In der Mundhöhle entwickeln sich aus diesen Blutungen mehr oder weniger umfangreiche und tiefgehende Geschwüre. Bei jugendlichen Individuen treten auch Skeletveränderungen in Form von Schwund der Tela ossea (Porosierung des Knochens) in Erscheinung. Auch Thrombopenie und Herabsetzung der Gerinnungsfähigkeit des Blutes können zugegen sein.

Das *Fehlen des Vitamin D* führt zur Entstehung der wichtigsten Skeleterkrankung der Wachstumsperiode: der Rachitis. Da diesem Vitamin die Erhaltung des Gleichgewichts im Mineralstoffwechsel zufällt, so führt sein Mangel direkt oder auf dem Umwege über die innersekretorischen Drüsen zum Unvermögen des neugebildeten Knochens, Kalksalze aufzunehmen und zu binden. Auf diese Weise entsteht kalkarmes bzw. kalkloses Knochengewebe, sog. Osteoid (S. 149).

2. Nährschaden- und Überschußkrankheiten.

Die sog. *Nährschadenlähmungen*, wie sie insbesondere beim Geflügel durch ungeeignete, einseitige Ernährung, bei genügendem Vorhandensein von Vitaminen, auch bei zu reichhaltiger Eiweißfütterung auftreten, sind Stoffwechselstörungen und besitzen als histologische Grundlage ähnliche degenerative Nervenveränderungen wie die B-Avitaminose.

Über die histologischen Veränderungen bei der als *Gicht* bekannten Eiweißstoffwechselstörung s. S. 17.

Eine zu reichliche Verfütterung oder *Überdosierung des Vitamin D* führt zur Beschleunigung des Kalkstoffwechsels und zur Ablagerung der überschüssigen Kalksalze aus dem Blute in die Gefäßwände und sonstigen Organe (S. 15, 52).

E. Vergiftungen.

Die Wirkung der mineralischen, pflanzlichen und tierischen Gifte beruht darauf, daß die chemischen Substanzen mit den Bestandteilen der Zellen in Verbindung treten. Dadurch werden nicht nur Zellfunktion und Zelleistung beeinflußt, sondern es kommen vielfach auch morphologisch sichtbare Veränderungen zur Entstehung. Art und Umfang der histologischen Gewebsschädigung sind abhängig von Menge und Konzentration, vom Ort und vom Wege des Eindringens der Gifte in den Körper sowie von der Möglichkeit ihrer Resorption, bzw. ihrer

Entgiftung in den verschiedenen Organen. Bei den exogenen Toxikosen gelangen die Gifte von außen her durch die äußere Haut oder durch die Schleimhäute der Verdauungs- uud Atmungsorgane, bei den endogenen Toxikosen (Autointoxikationen) auf dem Lymphwege an die Stätten ihrer Wirkung. Die Gewebsveränderungen können örtlich beschränkt sein oder sich durch Giftresorption auf andere Organe ausdehnen (Fernwirkung). Die histologischen Veränderungen sind bisweilen geringfügig, so z. B. bei manchen Nervengiften; bei anderen (z. B. bei den Caustica) lokal hochgradig, während die resorptiven zurücktreten. Bei anderen Giften wiederum sind die lokalen Veränderungen wenig erheblich, während die resorptive Giftwirkung nach Abgabe der Gifte an die Gewebe im Vordergrunde stehen kann. Bezüglich der allgemeinen Wirkungsweise der Gifte gilt als Regel, daß ihre Absorption vom Zellprotoplasma nicht in allen Organen erfolgt, sondern daß bestimmte Gewebsauswahl zustande kommt. Diese elektive Giftwirkung legt eine histologische Einteilung der Vergiftungen nach den hauptsächlichen Angriffspunkten nahe, wenn die letzteren auch nicht immer einwandfrei bekannt sind, und wenn auch viele lokal wirkende Gifte Resorptivwirkungen erkennen lassen oder durch ihre Ablagerung und Ausscheidung andere Organe (wie z. B. Leber und Nieren) zur Miterkrankung bringen.

1. Exogene Toxikosen.

Die auf der äußeren *Haut* und auf den *Schleimhäuten* örtlich wirkenden Substanzen, z. B. ätzende Säuren, Verbindungen der Alkalien und alkalischen Erden, ätzende Salze der Schwermetalle, Schlangen- und Insektengifte, Cantharidin, Crotonöl, Kampfgase u. a. rufen je nach Menge und Konzentration und je nach Gewebsbeschaffenheit der Berührungsstelle verschiedenartige Veränderungen hervor. Im allgemeinen sind die Epithelien der Verdauungsorgane empfindlicher als diejenigen der äußeren Haut. Die Veränderungen bestehen in Gerinnung, Verschorfung, Auflösung der Gewebe, d. h. in Nekrose, sowie in Hyperämie und Entzündung. Sie kommen durch Wasserentzug, Eiweißniederschläge, Eiweißlösungen und -fällungen, Umwandlung von Fetten und Kohlehydraten in Säuren, Abänderung von Salzen u. a. zustande. Da bei starker Einwirkung von Mineralsäuren und ätzenden Alkalien auch die Gefäße in Mitleidenschaft gezogen werden, schließen sich Blutungen, Thrombosen und entzündliche Veränderungen meistens an. Alkalien können zu schweren pseudomembranösen Entzündungen, konzentrierte Gemische von Kampfgasen zur Entstehung grauweißer Ätzschorfe (Nekrosen) in Rachen und Kehlkopf führen. In je schwächeren Lösungen ätzende Stoffe auf Haut und Schleimhäute einwirken, desto mehr tritt der entzündliche Charakter der lokalen Veränderungen in den Vordergrund, während die Nekrosen zurücktreten. Mit Terpentinöl lassen sich bekanntlich örtlich und durch Fernwirkung aseptische Eiterungen erzeugen.

Viele Gifte, besonders solche pflanzlicher Natur, die vom *Darm* her Eingang finden, wirken weniger im Darm selbst als in der Leber, wofür die toxische Leberdystrophie und die Lebercirrhose (s. S. 105, 107) Beispiele sind. Degenerative und entzündlich-proliferative Prozesse stehen dabei im Vordergrunde. Da die Leber in diesen Fällen ihrer entgiftenden Eigenschaften beraubt ist, so werden häufig noch andere Organe, z. B. das Gehirn in Mitleidenschaft gezogen (Degeneration der Nervenzellen und -fasern bei der Schweinsberger Krankheit).

Manche Gifte besitzen eine elektive Wirkung auf das *Blut (sog. Blutgifte)*. Diese bezieht sich, besonders bei hämolytischen Giften, auf Abnahme der Blutalkalescenz, auf Hemmung (Schlangengift) oder Beschleunigung (Spinnengift) der Blutgerinnung, auf Leukocytose (Phagocytose zum Zwecke der Giftverminderung), seltener auf Leukopenie.

Andere wieder berauben die Blutkörperchen ihrer Fähigkeit Sauerstoffträger zu sein, ohne sie selbst zu zerstören [Bildung von Kohlenoxydhämoglobin bei Kohlenoxydgasvergiftung, von Schwefelmethämoglobin bei Schwefelwasserstoffvergiftung, Cyanmethämoglobin bei Blausäure- und Cyankaliumvergiftung, von Methämoglobin bei Vergiftung mit chlorsaurem Kali, salpetersaurem Kali, Nitrobenzol und Amylnitrat (braune Farbe des Blutes)]. Damit verbunden sind Verfettungen, hyaline Quellungen, Verkalkungen der Gefäßwände, Thrombosierungsvorgänge, Verkalkungen in Ganglienzellen und Achsenzylindern, Verfettungen von Leber, Nieren und Herz, Nekrosen, entzündlich-reaktive Veränderungen und multiple Blutungen im Herzen und im Gehirn.

Wieder andere Gifte führen zur Zerstörung der roten Blutkörperchen, zum Freiwerden des Hämoglobins, zur Hämoglobinämie, Hämoglobinurie, zum Ikterus und zur hämatogenen Siderose der verschiedenen Organe (s. S. 19).

Blutgerinnungen und ihre Folgen bewirken Pflanzengifte wie das Ricin, Abrin, die Sphazelinsäure aus dem Secale cornutum. Im letzteren Falle kommt es zur Thrombosierung peripherischer Arterien und zur Nekrose und Gangrän peripherischer Gliedmaßenteile (Schweif, Zehen).

Wenige Gifte, so z. B. das Adrenalin wirken auf die Nerven und Muskulatur der *Blutgefäßwände*; bei Adrenalinvergiftungen treten Mediaverkalkungen und Aortenaneurysmen auf.

Was die Histopathologie der *auf das Z.N.S. wirkenden Gifte (Nervengifte)* anbetrifft, so werden sowohl Ganglienzellen (NISSLsche Färbung), als auch Leitungsfasern in Mitleidenschaft gezogen, wobei auffällt, daß bestimmte Gifte territorial elektiv wirken. Blei schädigt beispielsweise die Hirnrindenzellen hochgradig, die Spinalganglienzellen nur unbedeutend. Stark arbeitende Bahnen werden stärker angegriffen. Die Narkotica wirken durch physiologische Zustandsveränderung der Zellipoide, gleichgültig ob das Gift unmittelbar oder auf dem Umwege über den Darm auf das Z.N.S. einwirkt. Mit der elektiven Wirkung auf das Z.N.S. ist auch noch eine solche auf das Herz und auf die Leber verbunden. DieVeränderungen der Ganglienzellen bestehen in Schwellung, Schrumpfung, Zerstörung der Kerne. Bei Narkosetod finden sich bisweilen Nekrosen in der Leber.

Eine spezifische Wirkung auf den *Herzmuskel* besitzt Digitalis. Die histologischen Veränderungen bestehen in fettiger Entartung, körniger Trübung, in Nekrosen und Fragmentatio myocardii.

Sekundäre *Veränderungen der Parenchyme*, im besonderen der Leber, der Nieren, des Herzmuskels und unter Umständen des Nervensystems verursachen zahlreiche sonst nur örtliche oder elektiv auf andere Organe wirkende Gifte, dadurch, daß sie von der primären Einwirkungsstelle resorbiert und anderen Organen auf dem Lymphwege zugeführt oder durch die Nieren ausgeschieden werden. Zu diesen sog. „*Parenchym- bzw. Stoffwechselgiften*“ gehören vornehmlich der Phosphor, das Arsen, Antimon, Blei, Chloroform, die Lupinen-, Wicken- und Pilzgifte. Sie verursachen bei langsamer Einwirkung reine Stoffwechselstörungen, vor allem: regressive Verfettungen und zentrolobuläre Nekrosen der Leber mit Glykogenschwund (s. S. 5), Verfettungen der Nieren und des Herzens sowie trübe Schwellung dieser Organe. Bei der Bleivergiftung kommt es zur sog. Bleinekrose der Kieferknochen, die zur eitrigen Periostitis und Osteomyelitis sowie zur Osteosklerose führen kann. Die durch die Nieren ausgeschiedenen Gifte verursachen in diesem Organ degenerative und entzündliche Veränderungen. Bei der Sublimatvergiftung treten Nekrosen der Tubulusepithelien und anschließende dystrophische Verkalkung auf; Cantharidin und Wismut sollen zunächst Schädigung der Glomeruli und dann Degeneration der Harnkanälchen herbeiführen, während Quecksilber und Uransalze zur Entstehung akuter, Blei zur Entstehung chronischer Nierenentzündungen führt.

2. Endogene Toxikosen (Selbstvergiftung, Autointoxikation).

Bei bakteriellen Umsetzungen und bei umfangreichem Zerfall von Geweben (Phlegmone, Verbrennungen), bei innersekretorisch bedingten Störungen des Stoffwechsels (z. B. bei Struma, bei Übermüdung, Überanstrengung u. a.) entstehen giftig wirkende Stoffe im Körper, die zur sog. Autointoxikation führen. Ihre histologische Grundlage besteht in trüber Schwellung und albuminöser Degeneration des Herzmuskels, der Leber und der Nieren mit Herzinsuffizienz und Herztod (s. S. 4).

F. Durch thermische, elektrische, Licht- und Strahlenwirkungen und durch mechanische Einflüsse bedingte Krankheiten.

1. Thermische Einwirkungen.

a) Hitze. Die durch Einwirkung höherer Wärmegrade bedingten Gewebsveränderungen sind teils örtlicher, teils allgemeiner Art.

Bei örtlicher Einwirkung von Hitzegraden zwischen 40 und 50⁰ C entstehen durch Reizung des Gefäßnervensystems Rötung (Hyperämie) und entzündliches Erythem mit Abstoßung der oberflächlichen Zellen der Epidermis. Bei Einwirkung von Wärmegraden zwischen 60 und 80⁰ C stellt sich seröse Exsudation ein und kommt es zur Quellung und Lückenbildung (Vakuolisation) der Zellen des Stratum Malpighii und zur Entstehung von Blasen, die sekundär bakteriell infiziert werden können. Gleichzeitig erfolgt Abstoßung des Epithels und Bildung einer Kruppmembran. Bei noch höheren Wärmegraden stellt sich durch Kreislaufstockung (Stase) Nekrose, Schorfbildung, reaktive Entzündung, Abstoßung des Schorfs und Narbenbildung ein. Durch Schädigung der Gefäßwandzellen kann es auch zur Entstehung von Hitzethrombose (Hitzegerinnung), zum Zerfall der roten und weißen Blutkörperchen und zur Hämolyse kommen.

Ausgebreitete Hautverbrennungen ziehen durch Aufsaugen (Resorption) der beim Gewebszerfall frei werdenden giftigen Eiweißspaltprodukte Selbstvergiftung (Autointoxikation) mit den ihr eigenen Gewebsveränderungen nach sich.

Auch durch Aufenthalt in überhitzten Räumen können sich schwere Veränderungen einstellen, die sich bei kurzer Dauer auf eine Zunahme der roten und weißen Blutkörperchen, bei längerer Dauer auf eine Abnahme der roten Blutkörperchen und des Hämoglobingehaltes und eine Zunahme der weißen Blutkörperchen beziehen. Auch in den blutbildenden Organen treten Veränderungen hervor in Form von erhöhter Phagocytose des reticuloendothelialen Systems, Entstehung von Herden extramedullärer Blutbildung, nekrotischer Veränderungen der PEYERschen Platten mit Zerfall von Lymphocyten, Abstoßung von Zellen des reticuloendothelialen Systems und von Endothelzellen in den Gefäßen sowie Thrombose und Embolie.

b) Kälte. Örtliche Kälteeinwirkungen bedingen ganz ähnliche Gewebsveränderungen wie die Einwirkung höherer Wärmegrade. Sie führen zuerst zur Verengerung der Blutgefäße und dadurch zur Blutleere (Anämie, Ischämie), durch die bei längerer Dauer ein Absterben der Gewebe (Erfrierungsnekrose, Frostgangrän) sich einstellt. Auch unmittelbare Gewebsschädigung durch Kälte in Form von Vakuolenbildung in Epithel- und Endothelzellen, Kernschrumpfung, Endothelzellablösung in den Gefäßen, Verdickung der Epidermis kommen zustande. Die Kältewirkung beruht also zum Teil auf mittelbaren Kreislaufstörungen, zum Teil auf dem unmittelbaren Einfluß auf Zellen und Gewebe, wozu noch eine auf inneren Bedingungen beruhende Empfindlichkeit des Körpers tritt.

Die *mit Erkältungen im Zusammenhange stehenden Gewebsschädigungen* (z. B. Muskeldegeneration bei Rheumatismus oder Entzündung der Schleimhäute) sind entweder die Folge unmittelbarer Kälteeinwirkung oder der Herabsetzung der örtlichen und allgemeinen Abwehrvorrichtungen des Körpers, die eine Aktivierung von saprophytischen Krankheitserregern bedingt.

2. Schädigung durch Elektrizität.

Schwächere elektrische Ströme führen örtlich nur zu geringfügigen Veränderungen, können aber tödlich sein, wenn der Strom durch den ganzen Körper geht und gleichzeitig gute Ableitung gegeben ist. Durch *Starkströme* entstehen Gefäßwandschädigungen mit Blutungen in der Haut, in der Muskulatur, im Endokard, im Herzmuskel, Hautverbrennungen und Verkohlungen bis tief in die Gewebe hinein, Hämolyse, hyalin-wachsartige Entartung der Muskulatur und degenerative Veränderungen in Ganglien und Fasern des Z.N.Ss. Der Tod erfolgt durch Herzlähmung.

Durch *Blitzschlag* können verschiedene Grade der Verbrennung sowie elektrolytische Zerstörungen der Haut zustande kommen. Blutungen sind der Ausdruck von Gefäßwandschädigungen; die sog. Blitzfiguren werden auf Gefäßlähmungen zurückgeführt. Der Blitztod kommt durch Lähmung von Hirnzentren (besonders des Atemzentrums) zustande. An den Ganglienzellen lassen sich dabei schwere degenerative Veränderungen feststellen.

3. Lichtwirkungen und andere Strahlenwirkungen.

Bei *übermäßiger Sonnenlichtbestrahlung* kommt es durch Einwirkung der ultravioletten, kurzwelligen Strahlen zu örtlichen Zell- und Gewebsveränderungen sowie zu allgemeinen Erscheinungen.

Die Empfindlichkeit der Haut ist wechselnd, konstitutionell verschieden und nicht allein abhängig von verschiedenem Blutgehalt und verschiedener Hautdicke. Bei stärkerer Besonnung kommt es in den Zellen der Epidermis zur Lückenbildung, Chromatinauflösung und Nekrose sowie zur Entartung und Ablösung der Gefäßwandendothelien. Außerdem entstehen Blutfülle (arterielle Hyperämie), Entzündungszustände mit Abhebung der Oberhaut (Dermatitis solaris) sowie umfangreicher örtlicher Gewebstod. Bei der Entzündung handelt es sich um eine solche aseptischer, nichtbakterieller Natur, die als unmittelbare Folge von Zellschädigung (Veränderung der Eiweißkörper) aufzufassen ist. Sie bietet Besonderheiten nicht dar und geht mit Erneuerungsvorgängen von seiten des Gefäßbindegewebes und des Epithels einher. In der Epidermis tritt gleichzeitig vermehrte Pigmentbildung (Melanin) auf, das durch oxydierende Fermente (Oxydasen) aus Pigmentvorstufen gebildet wird. Eine erbliche Lichtüberempfindlichkeit der Haut liegt beim Xeroderma pigmentosum vor, bei dem die Haut zu Hyperkeratose, Warzen- und Geschwulstbildungen bis zur Krebsentstehung neigt. Durch Lichtsensibilisatoren kommt es ebenfalls zu einer (erworbenen) Überempfindlichkeit der Haut und zu entsprechender Verstärkung der Lichtwirkung.

Die allgemeinen Veränderungen bei übermäßiger Sonnenbestrahlung sind die Folge eines gesteigerten parenteralen Eiweißzerfalles und bestehen in Fieber, Leukocytose und Steigerung des Eiweißumsatzes.

Röntgenstrahlen wirken nicht nur auf die Haut ein, sondern besitzen die Fähigkeit, die Körpergewebe zu durchdringen und tiefer liegende Zellen und Gewebe in Mitleidenschaft zu ziehen. Die Strahlenwirkung betrifft unmittelbar das Zellprotoplasma durch Änderung des kolloidchemischen Verhaltens der

Eiweißkörper bis zu deren Ausflockung; sie beeinflussen aber auch das Gefäß-
nervensystem. In der Hauptsache erleidet der Zellkern Veränderungen, nament-
lich während des Teilungsvorganges. Die Art der Zellzerstörung ist die des
gewöhnlichen Zerfalles. Die Strahlenwirkung hängt im wesentlichen von der
absorbierten Strahlenmenge und abgestimmten Empfindlichkeit bestimmter
Gewebszellen ab. Am empfindlichsten sind: Haut, Blut und blutbildende
Organe, Keimdrüsen, sowie allgemein embryonales, junges, unreifes und im
Wachstum begriffenes Gewebe.

Die Hautveränderungen sind zunächst durch Rötung (Hyperämie), die
auf Gefäßnervenreizung beruht, gekennzeichnet; dann stellen sich entzündliche
Reaktionen ein, die im wesentlichen den ansteigenden Graden der Verbrennung
entsprechen. Auf diesem Boden entsteht Gewebstod, Abstoßung und Geschwürsbildung mit auffallend geringer Neigung zur Heilung. Schnelligkeit und Schwere
der Gewebsschädigung hängen von Dauer und Art der Bestrahlung ab. Bei
fortgesetzter, wenn auch geringgradiger Strahleneinwirkung kommt es zu
Epidermisverdickungen, Hyperkeratose, Haarausfall, Hautdrüsenschwund,
warzenförmigen Wucherungen und zu atypischen, krebsigen Neubildungen. Ob
auch in anderen Organen geschwulstmäßiges Wachstum angeregt werden kann,
steht noch nicht fest.

Die Blutveränderungen kommen teils unmittelbar, teils durch Einwirkung
auf die blutbildenden Organe zustande. Sie bestehen zunächst in Vermehrung
der Blutplättchen, der roten Blutkörperchen und der Leukocyten, später in
Schwund und Zerfall der Lymphocyten, Leukocyten und Erythrocyten. In
den lymphatischen Geweben handelt es sich um einen akuten Untergang der
Lymphocyten mit Karyorhexis und völliger Nekrose, besonders in den Keimzentren, während das Stützgewebe wuchert und die atrophischen Organe ver-
härten. Auch die lymphatischen Bestandteile der Thymusdrüse werden atrophisch, ebenso das Knochenmark, worauf die Lymphopenie und Leukopenie
zurückzuführen sind.

Was die Keimdrüsen anbetrifft, so fallen auch sie der Atrophie und Nekrose
anheim. Samen- und Eibildung hören unter Umständen auf, während das
Zwischengewebe eine Zunahme erfährt. Auch am Sehnerven und an den Ganglienzellen der Retina werden Atrophie beobachtet.

Die *Wirkung der Radiumstrahlen* auf Zellen und Gewebe ist nahezu gleich.

4. Mechanische Einwirkungen

führen zu Zusammenhangstrennungen der Gewebe, zu Gefäßzerreißungen,
Gewebsblutungen und Blutergüssen, Thrombosen, Embolien, Entzündungen,
Granulationsgewebswucherungen und Narbenbildungen. Quetschungen und
Druckeinwirkungen bedingen umfangreiche Gewebsnekrosen. Durch sekundär
hinzutretende, infektiös-toxische Einflüsse entstehen Verwicklungen in Form
von Eiterungen, Gasbrand, Phlegmonen, Wundstarrkrampf u. a., von denen
auch Fernwirkungen verschiedener Art ausgehen können (Verschleppung, Metastasen, Sepsis). Bei Frakturen und operativen Verletzungen des Skelets kann
sich Fett- oder Luftembolie einstellen. Die histologische Grundlage der traumatischen Gehirn- und Rückenmarkserschütterung ist noch nicht einwandfrei
ermittelt.

Der Ausgang von Verletzungen ist verschieden. Bei kleineren Gewebsverlusten ist Wiederherstellung oder Ausflickung möglich; bei Zerstörung oder
Ausschaltung lebenswichtiger Teile, z. B. des verlängerten Marks, der Lungen,
des Herzmuskels, oder bei allgemeinem Blutverlust und bei Shockwirkung tritt
der Tod ein.

Sachverzeichnis.

A.

A-Avitaminose (Atmungs-
wege) 67.
— und Infektion 178.
— der oberen Verdauungs-
wege 92.
Abgestimmte (spezifische)Ent-
zündung 47.
Abkömmlinge des Blutfarb-
stoffes 19.
Ablagerung vonFarbstoffen 23.
— von Gallefarbstoff 20.
— von Harnsäure 17.
— von harnsauren Salzen 15,
17.
— von Kalksalzen in Ge-
fäßen 54.
Ablagerungen von Kalk 15.
— — in der Milzkapsel 54.
— von Kohlenstaub 21.
— körperfremde 21.
— von krystallinischem Cholesterin 17.
Abnutzungspigment 19.
— in der Leber 111.
Abortus - BANG-Infektion, Al-
lantois - Chorionverände-
rungen 124.
— Hodennekrose 122.
Abräumzellen bei Encephalitis 136, 137.
Abscesse der Nieren bei Pyosepticämie 120.
Abscheidungen, körpereigene,
gefärbte 18.
Acinös-produktive Lungen-
tuberkulose 82.
Acinöse, tuberkulöse Pneumonie 87, 88.
ADDISONsche Krankheit 18.
Adenocarcinom 42.
— (Rectum, Pferd) 44.
Adenocarcinoma cysticum 42.
— simplex 44.
Adenoma papilliferum 41.
Adenome (reife Drüsenepithel-
geschwülste) 40.
— maligne 40.
Adhäsionsthromben 55.
Änderung der Gewebsform, ver-
schiedene Beispiele29.
— — bei Vitamin A-Mangel
29.
Agglutinationsthromben 55.
Agranulocyten bei Sarcospori-
dienbefall 154.

Aktinomykose, Haut 161.
ALLANTOIS-Chorionverände-
rungen bei infektiösem
Abortus 124.
Allgemeine Zell- und Gewebs-
pathologie 2.
Alterative Vorgänge bei Ent-
zündung 45.
Alterspigment 19.
Aluminosis 22.
Amitose 24.
Amöben, histologische Wir-
kung der 173.
Amyloid, achromatisches 15.
Amyloide Entartung 14.
Amyloidose der Leber 15.
Anämische Infarkte der
Nieren 115.
Anämie, infektiöse (Leber,
Pferd) 110.
Aneurysma 55.
Aneurysmenbildung 57.
Angioplasten bei Regenera-
tion 25.
Angioplastisches Sarkom (An-
giosarkom) 37.
Anisocytose 60.
Anschoppung bei Pneumonie
18.
Anthrakosis 21.
— in Lungen 21.
— in Lungenlymphknoten 21,
61.
Aphthenseuche (Haut) 159.
— (Mundhöhle, Rind) 95.
Aplasie der Milzfollikel 67.
Arbeitshypertrophie 26.
ARNOLDscheWirbelstellung der
Epitheloidzellen bei Tuber-
kulose 86.
Arteriitis 55.
Arterienthrombus, gemischter
56.
Arthritis urica 17.
Ascariden, histologische Wir-
kung der 176.
Atelektase 71.
— fetale 72.
Atmungsorgane 67.
Atrophie (Gewebsschwund) 2.
— braune (Herz) 3.
— Druck-, Kompressions- 2.
— einfache 2.
— Inaktivitäts- 2.
— neurotrophische 2.
— numerische 2.
— senile, kachektische 2.

Atrophia lipomatosa (Skelet-
muskulatur) 2.
Atrophische Lebercirrhose
(LAËNNECsche Cirrhose)
107.
Atypische Geschwülste 30, 31,
32.
Augenerkrankung, A-avita-
minotische 67.
Ausheilungsprozesse bei Lun-
genseuche-Pneumonie 79,
80.
Ausscheidungsnephritis 118,
121.
Autointoxikation 182.
Avitaminosen, Vergleichende
Histopathologie der 177 bis
179.

B.

BABESsche Knötchen bei Toll-
wut 136.
Bakterienembolie bei Pyo-
septicämie (Fohlen) 120.
Bakterienkrankheiten, Ver-
gleichende Histopatho-
logie der 170—172.
— Eintrittspforten und Aus-
breitungswege der 170.
— Gewebsveränderungen
durch Toxine bei 170.
— Reaktionsformen bei 172.
— „Reaktionslage" bei 171.
— Schutzeinrichtungen bei
171.
— Virulenzgrad bei 171.
Bakterienkugeln bei Abortus-
BANG-Infektion im
Hoden 123.
— — in Chorionepithelien
124.
Balkenblase 121.
Ballonierende Degeneration
der Epithelzellen bei Ge-
flügelpocken 160.
Bandwürmer und Bandwurm-
blasen, histologische Wir-
kung der 175.
Basaliom 44.
Basalzellenkrebs 44.
B-Avitaminose 179.
Beriberi der Hühner 131.
Bestandgewebe bei Organi-
sation 28.
Bewegungsorgane 147.
Bindegewebsriesenzellen bei
Regeneration 25.

Bindegewebswucherung bei toxischer Leberdystrophie 107.
Bindesubstanzepithelgeschwülste 45.
Bindesubstanzgeschwülste, gemischte 45.
— reife 33.
— unreife 34.
Blander Niereninfarkt bei Schweinerotlauf 115, 116.
Blasenbildung in der Haut bei Aphthenseuche 159.
Blastome 29.
Blitzschlag, histologische Wirkung 183.
Blut, blutbildende Organe 60.
Blutbild bei Leukämie 60.
Blutbildungsstätten, fetale bei Leukämie 109.
— postfetale 108.
Blutfarbstoffabkömmlinge 19.
Blutgefäßveränderungen bei Schweinepest 57.
Blutgifte, histologische Wirkung der 180.
Blutkörperchen, Herkunft der in Schweinepestlymphknoten 64.
Blutpfropfbildung (Thrombose) 55.
Blutresorptionslymphknoten 64.
Blutungen in den Nieren bei Schweinepest 114.
Blutveränderungen durch Röntgenstrahlen 184.
Blutzellformen, pathologische 60.
Bollinger-Körperchen bei Geflügelpocken 140.
Bollingersche Einschlußkörperchen bei Geflügelpocken und -Diphtherie 71, 95, 159, 167.
— Körperchen (Mundschleimhaut, Huhn) 95.
Borell-Körperchen 168.
Borna-Encephalitis 132.
— -Körperchen 141, 142, 143.
Bösartige Gewächse 32.
Boutonbildung in der Darmschleimhaut bei Schweinepest 103.
Braune Atrophie (Herz) 3.
Bronchien 67.
Bronchiektatische Kavernen bei Tuberkulose 84, 88.
Bronchiolitis tuberculosa caseosa 87.
Bronchitis, infektiöse 69.
— tuberculosa 87.
Bronchopneumonie, katarrhalisch-eitrige 81.

C.

Callusbildung 25.
Cancroidperlen 43.
Capillaren bei Schweinepest 57.
Carcinoma simplex 42.
— solidum 42.
Carcinome (Krebse) 42.
C-Avitaminose 179.
Cephalin 6.
Cerasin 6.
Ceratohyalin, bei Verhornung 11.
Cerebroside 6.
Cerebrospinalflüssigkeit bei nichteitriger Encephalitis 135.
Chalicosis 22.
— bei Sarcosporidieninvasion 153.
Chlamydozoen 167.
Cholangitis bei Coccidiose 113, 114.
Cholesteatome [des Plexus choreoid. 17.
Cholesterin 6.
Cholesterinester (Cholesterinfette) 6.
Cholesterinsteine 17.
Chondrodystrophia fetalis 151.
Chondroplasten 37.
Chondroplastisches Sarkom 37.
Chondrosarkom 37.
Chorionepithelien bei Abortus-Bang-Infektion 124.
Chorionveränderungen bei infektiösem Abortus 124.
Chromatolysis 10.
Chromatophoren 18, 39.
Chromatophorome 39.
Chronischer Magenkatarrh 98.
Cirrhose der Leber 107.
— Laënnecsche 107.
— Hanotsche 107.
Coccidien, histologische Wirkung der 173.
Coccidienarten 99.
Coccidienenteritis 100.
Coccidienentwicklungsgang 99, 100.
Coccidienvermehrung 99, 100.
Coccidiose des Darmes 99.
— der Gallengänge 112.
Colitis, diphtheroide bei Schweinepest 102.
Corpora amylacea 15.
— — der Prostata 122.
Coryza contagiosa (Huhn) 68.
Cystadenom 41.
Cystadenoma papilliferum 41.
Cystenbildung bei chronischer, interstitieller Nephritis 118, 119.
Cystoma 41.

D.

Darmcoccidiose 99.
Darmgeschwür bei Schweinepest 103.
Darmkanal 97.
Darmkatarrh, akuter 98.
Darmschleimhautnekrose bei Schweinepest 103.
Darmtrichinelle 155, 156.
D-Avitaminose 179.
Deckepithelgeschwulst, reife 39.
Deckepithelkrebse 42.
Degeneration, amyloide 14.
— — bei Aphthenseuche 96.
— ballonierende 5.
— fettige 5.
— hyaline 13.
— Kolloide 15.
— der Muskulatur, hyalinschollige 152.
— der Nervenzellen bei A-Avitaminose 128.
— myelinige 8.
— parenchymatöse 4.
— retikulierende 5.
— sekundäre der Nervenfasern bei Encephalitis lymphocytaria 138.
— schleimige 13.
— vakuolige 4.
Demyelinisation 138.
Dermatosen, durch filtrierbare Virusarten verursacht 159.
Dermatotrope Viruskrankheiten, Entstehungsfolge und Art der histologischen Veränderungen 164, 165.
Dermatozoonosen, Histopathologie 177.
Desquamativ-Katarrh 99.
Desquamativpneumonie 81.
Detritus, fettiger 11.
Diabetes mellitus 8.
Dickdarmcoccidiose (rote Ruhr, Rind) 100.
Differentialdiagnose, A-Avitaminose, Schnupfen, Diphtherie 68, 69.
Diphtherie beim Geflügel 95.
Diphtheroide Colitis bei Schweinepest 102.
nekrotisierende Enteritis 102.
Direkte Zellteilung 24.
— pathologische Zellteilung 24.
Druckatelektase 72.
Druckatrophie 2.
Drüsenepithelgeschwülste, reife 40.
Drüsenepithelkrebs 44.
Drüsenepithelkrebse 42.
Drüsen, innersekretorische 126.

Dystrophie, toxische der Leber
bei Ferkel 105.
Dystrophische Verkalkung 15.
— — bei Tuberkulose 86.

E.

Eingeweidegicht 17.
Einschlüsse, Auftreten, der in
verschiedenen Zellarten
166.
Einschlußkörperchen bei Bornascher Krankheit 141,
142.
— bei Ektromelie 140.
— bei Geflügelpocken und
-Diphtherie 71, 95, 140,
159, 160, 167.
— bei Herpes 143.
— bei Hundestaupe 143.
— bei Laryngotracheitis 69,
143.
— bei Myxomatosis 140.
— bei Speicheldrüsenkrankheit des Meerschwein-
chens 143.
— bei Tollwut 140, 167.
— bei Varicelleninfektion
143.
— bei Virus III-Inf.Kan. 143.
— chemische Natur der 168.
— Frage der degenerativen
Natur der 168.
— färberische Eigenschaften
der 168.
— bei infektiöser Laryngo-
Tracheo-Bronchitis
(Huhn) 69, 70.
— künstliche Erzeugung
mittels anderer Stoffe
als filtrierbarer Virus-
arten 169.
— morphologische Verände-
rungen der, im Tier-
versuch 169.
— Natur der 166.
— parasitäre Natur der 167.
— von Prowazeksche Hypo-
these der 167.
— vergleichende Histopathologie der 166.
Einschmelzungskavernen bei
Tuberkulose 84, 88.
Eitrige Entzündung des
Unterhautzellgewebes
157.
— Hirnhautentzündung 145.
— Nephritis 118.
Ektromelie, Einschlußkörperchen bei 140.
Eleidin, bei Verhornung 11.
Elektrizität, Schädigung
durch 183.
Elementarkörperchen 167.

Embolie 55.
Embolisch-eitrige Herd-
nephritis 118.
Embolische Narbenniere 115,
117.
Embryome 45.
Emphysem (Lungen) 71.
— alveoläres 71.
— bullöses 71.
— chronisches, alveoläres
(Lunge, Pferd) 72.
— interstitielles 71.
— vikariierendes 71.
Encephalitis 131.
— acuta non purulenta 131,
132.
— bei Bornascher Krankheit
132—144.
— epidem. beim Menschen
132—144.
— bei Geflügelpest 132—144.
— bei Heine-Medinscher
Krankheit 132—144.
— bei Hundestaupe 132—144.
— beim Kaninchen 132—144.
— bei Katarrhalfieber 132—
144.
— beim Rind, enzootische
132—144.
— bei Rinderpest 132—144.
— beim Schaf (Bornasche
Krankheit) 132—144.
— bei spinaler Kinderläh-
mung 132—144.
— bei Schweinepest 132—144.
— bei Tollwut 132—144.
Encephalitis-Diagnostik 144.
Encephalitis epidemica des
Menschen 132.
— haemorrhagica 135.
— non purulenta, Patho-
genese der 143.
— purulenta (Schaf) 144,
145.
Encephalitische Reaktion 132,
163.
— — deren Ausbreitung 139.
Endangitis productiva bei
Hundestaupe-Encephalitis
134, 135.
Endarteriitis 55.
— ulcerosa 56.
— verminosa 56.
Endobronchitis tuberculosa,
caseosa 88.
Endocarditis 51.
— chronica fibrosa 52.
— ulcerosa 51.
— verrucosa 51.
Endogene Pigmente 18.
— Toxikosen 182.
Endokard 51.
Endotheliome 39.
Endotheliom, tubulöses 38.

Entartung, amyloide 14.
— hyaline 13.
— — der Nieren 13.
— kolloide 9, 15.
— schleimige 13.
— vacuoläre 4.
Entartungen mit vorwiegendem Betroffensein
der Zellen 4.
— — — der Zwischenzell-
substanzen 13.
Enteritis catarrhalis acuta 98.
— desquamativa 99.
— diphtherische 102.
— follicularis simplex 98.
— haemorrhagica 99.
Entmarkung 138.
Entmischung, tropfige 4.
Entzündung, abgestimmte,
spezifische 47.
— allgemeine Histopathologie
der 45.
— eitrige des Unterhaut-
zellgewebes 157.
— des Euters 125.
— exsudative 45.
— des Gehirns und Rücken-
marks 131.
— der Lungen 73.
— der Nieren 117.
— produktive 46.
— proliferative 46.
— reparative 46.
Entzündungsformen 47.
Enzootische Ferkelhepatitis
105.
Eosinophile Leukocyten bei
Sarcosporidienbefall 154.
Eosinophilenansammlung bei
Sarcosporidiose 154.
Epidermiswucherung bei Ge-
flügelpocken 159.
Epithelgewebe 30, 31.
Epitheliale Geschwülste, reife
39.
— — unreife 42.
Epitheloidzellen bei Rotz 89.
— bei Tuberkulose 84, 85.
Epitheloidzellgenese bei Tu-
berkulose 84.
Epitheloidzelltuberkel 86.
Epithelregeneration bei
Gallengangscoccidiose 113.
Epithelzellveränderungen der
Gallengänge bei Coccidiose
112, 113.
Epulis sarcomatosa 37.
Erythrophagen bei infektiöser
Anämie (Leber, Pferd)
110.
Euterentzündung 125.
Exogene Pigmentierungen 18,
21.
— Toxikosen 180.
Expansives Geschwulst-
wachstum 32.

Exsudat bei Bronchopneumonie 81.
Exsudativ-infiltrative Prozesse bei Entzündung 45.
— -produktive Bronchialtuberkulose 88.
Exsudative Prozesse bei Tuberkulose 84.
Exsudatzellen bei Entzündung 45, 46.

F.

Farbstoffablagerungen 23.
Fäulnisbrand 10.
Fehlbildungen (Einteilung) 30, 31.
Ferkelhepatitis, enzootische 105.
Fermentthromben 55.
Fetale Blutbildungsstätten bei Leukämie 109.
Fette, anisotrope, isotrope 6.
— chemische Natur der 6.
Fettkörnchenzellen bei Encephalitis purulenta 145.
— bei nichteitriger Encephalitis 134.
Fettretention 6.
Fettsäuren 6.
Fettspeicherung 5.
Fettsynthese, granuläre (ARNOLD) 5.
Fettwanderung 6.
Fibrinöse Pneumonie 74.
Fibroadenoma (mammae) 42.
— intracanaliculare 42.
— pericanaliculare 42.
Fibroblasten bei Regeneration 25.
Fibroblastoma (Fibroma) 33.
Fibroma durum 33.
— molle 34.
Flagellaten, histologische Wirkung der 173.
Fleckniere, weiße beim Kalb 118.
Flickgewebe 25.
Flimmerepithelcarcinome 42.
Fohlenlähme-Nieren 119, 120.
Follikuläre Hyperplasie (Milz) 65.
Fremdkörperriesenzellen bei Organisation 28.

G.

Gallefarbstoff 20.
Gallefarbstoffablagerung 20.
Gallengangsadenom, papilliferes 41.
Gallengangscoccidiose 112.
Gallengangswucherung bei toxischer Leberdystrophie 107.
Gallengangswucherungen bei Cirrhose 108.

Gallertkrebs 42.
Galt, gelber (Mastitis) 125.
Ganglienzelleinschlußkörperchen 140, 141, 142, 143.
Ganglienzellenveränderungen bei A-Avitaminose 128.
— bei Encephalitis lymphocytaria 137.
Gangrän 10.
Gastritis catarrhalis chronica hypertrophicans 97.
— polyposa 97.
Gastrophilus equi, histologische Wirkung 177.
Gefäße 52.
Gefäßobliteration 55.
Gefäßverhältnisse des Tuberkels 86.
Gefäßverkalkung (Hypervitaminose D) 52.
Gefäßwandveränderungen bei Schweinepest 57, 58.
Geflügeldiphtherie 95.
Geflügellähme, MAREKsche 146.
Geflügelpest-Encephalitis 132.
Geflügelpocken 159.
— und -Diphtherie (Atmungswege) 71.
Gehirn 127.
Gehirn- und Rückenmarksentzündung 131.
Gehirnabscesse 144.
Gehirnentzündungen, Diagnostik 144.
Gelbe Leberatrophie 105.
Gelenkgicht 17.
Genese der Naevuszellen 19.
Gerinnungsnekrose im Niereninfarkt 116.
Geschlechtsorgane 121.
— männliche 121.
— weibliche 124.
Geschwulstformen (Einteilung) 30, 31.
Geschwulstparenchym 32.
Geschwulststroma 32.
Geschwulstwachstum, expansives 32.
— infiltratives 32.
Geschwülste 29.
— epitheliale, reife 39.
— — unreife 42.
— Kennzeichen der Gut- und Bösartigkeit 32.
— metastatische 32.
— Muttergewebe der 30, 31.
— reife, homologe, typische 30, 31, 32.
— unreife, heterologe, atypische 30, 31, 32.
Geschwür in der Mundhöhle 95.
Geschwürsbildung in der Darmschleimhaut bei Schweinepest 103.

Gesteigerte Lebensvorgänge in Zellen und Geweben 23.
Gewächse 29.
— bösartige 32.
Gewebliche Ausfüllung und Umwandlung (Organisation) 27.
Gewebsauswahl der Virusarten 165.
Gewebserneuerung (Regeneration) 24.
Gewebsinfiltrate bei nichteitriger Encephalitis 133.
Gewebsreaktionen der Viruskrankheiten 163—165.
— Lokalisation 165.
— Spezifität 166.
Gewebstod 10.
Gewebsveränderungen, abgestimmte, spezifische 172.
— bei Viruskrankheiten, Lokalisation der 165.
Gicht 17.
Gitterfaserwucherung bei toxischer Leberdystrophie 107.
Gitterzellen bei BORNAscher Krankheit 138.
Gliaherde, diffuse bei Encephalitis lymphocytaria 135, 136.
Gliaknötchen 136.
Gliarosetten 135.
Gliasterne 135.
Gliastrauchwerk, SPIELMEYERs 136.
Gliawucherung bei nichteitriger Encephalitis 135.
Gliedertiere, histologische Wirkung der 176.
Glomerulonephritis 118.
Glomerulusabscesse bei Pyosepticämie (Fohlen) 120.
Glomerulusblutung bei Schweinepest 115.
Glycerinester (Neutralfette) 6.
Glykogenanhäufung 8.
Glykogenentartung 8.
Glykogenspeicherung 8.
Granulationen, staubförmige bei Tollwut 141.
Granulationsbildungen, infektiöse 47.
Granulationsgewebe 46.
— bei Wundheilung 27.
Großzelliges Rundzellensarkom 34, 35.
Gutartige Neubildungen 32.

H.

Hämangioendotheliom 37.
Hämatogene Nephritis 118.
Hämatoidin 20.
Hämatoporphyrin 20.
Hämochromatose 19.

Hämoglobinogene Pigmentierungen 19.
Hämogregarinen, histologische Wirkung der 173.
Hämorrhagische Enteritis 99.
Hämosiderin 19.
Hämosiderose 19.
— der Leber bei infektiöser Anämie (Pferd) 110.
Hämosporidien, histologische Wirkung der 173.
HANOTsche Cirrhose 107.
Harnorgane 114.
Harnsäureablagerung 17.
Harnzylinder, hyaline 13.
Haut 157.
Hautentzündung, vesiculäre bei Aphthenseuche 159.
Hautkrebs 42.
Hautpapillom (Pferd) 40.
Hautveränderungen durch Giftwirkung 180.
— durch Röntgenstrahlen 183, 184.
Heilung durch Bildung eines Füllgewebes 27.
— unmittelbare (primäre) 27.
— unter dem Schorf 27.
HEINE-MEDINsche Krankheit 132.
Hepatisation, graue 78.
— rote 78.
Hepatisationsstadien bei croupöser Pneumonie 78.
Hepatitis, chronische interstitielle bei Coccidiose 114.
— enzootische der Ferkel 105.
Herdnephritis 118.
Herpesinfektion, Einschlußkörperchen 143.
Herzbeutelentzündung, fibrinöse 50.
Herzklappenentzündung 51.
Herzklappenfehler und Folgen 52, 53.
Herzmuskelveränderungen bei bösartiger Aphthenseuche 48.
Herzschwiele bei bösartiger Aphthenseuche 48.
Heterologe Geschwülste 30, 31, 32.
Hirnhautentzündung, eitrige 145.
Histiocyten bei Regeneration 25.
Hitze, histologische Wirkung der 182.
Hodennekrose bei Abortus Bang-Infektion 122.
Holzzunge 162.
Homogenisierung 13.
Homologe Geschwülste 30, 31, 32.
Hornkrebs 42.

Hornkugeln 43.
Hornperlen 43.
HORTEGAsche Zellen bei Encephalitis lymphocytaria 136, 137.
HOWSHIPsche Lacunen 149.
Hühnerberiberi 131.
Hundestaupe-Encephalitis 132.
Hundestaupekörperchen 143.
Hundestaupe-Pneumonie 81.
Hyalinisierung 13.
Hyalosomen 14.
Hyperämie, passive, venöse der Leber 104.
Hyperchromatische Mitosen 24.
Hyperkeratose im Papillom 40.
Hyperleukocytosis (Begriffsbestimmung) 60.
Hyperpigmentosis 18.
Hyperplasie 26.
— follikuläre (Milz) 65.
— großzellige in Lymphknoten 64.
— pulpöse (Milz) 65.
— der Schilddrüse 126.
Hyperregeneration 25.
Hypertrophie 26.
— der Blasenschleimhaut 121.
— kompensatorische 26.
— der Prostata 121.
Hypertrophische Lebercirrhose (Rind) 107.
Hypochromatische Mitosen 24.
Hypoderma bovis, histologische Wirkung 177.

I.

Icterus gravis 21.
Immunität und histologische Veränderungen bei Infektionskrankheiten 172.
Inaktivitätsatrophie 2.
Inanitionsatrophie 2.
Infarkt der Nieren 115.
Infarkte bei Endocarditis 52.
— der Milz bei Schweinepest 66.
Infarktnarben in den Nieren 115, 117.
Infektion und A-Avitaminose 178.
Infektionsweg beim Rotz 88.
Infektiöse Anämie (Leber, Perd) 110.
— Laryngo-Tracheo-Bronchitis 69.
— Milzschwellung 65.
Infiltratives Geschwulstwachstum 32.
Infiltratzellenabstammung bei nichteitriger Encephalitis 135.
Initialkörperchen 167.

Innersekretorische Drüsen 126.
Insekten, histologische Wirkung der 176.
Interstitielles Gewebe bei Lungenseuche-Pneumonie 76.
Interstitielle Nephritis 118.
— — Folgen der 119.
Intimafibrose 55.

J.

JOEST-DEGENsche Körperchen bei BORNAscher Krankheit 141, 142, 143.

K.

Kälte, histologische Wirkung der 182.
Käsige Pneumonie 82, 86.
Kalkablagerung, metastatische 15.
— in der Milzkapsel bei Vitamin D-Überschuß 16.
Kalkablagerungen 15.
Kalkbänder 16.
Kalkgicht 15.
Kalkimprägnation der elastischen Fasern 16, 54.
Kalkkugeln 16, 17.
Kalkmetastase 15.
Kalkplatten in Gefäßen 54.
Kalkspangen 16.
Kaninchenencephalitis 132.
Karyokinese 23.
Karyolysis 10.
Karyorhexis 10.
Katarrhalfieber-Encephalitis 132.
Katarrhalische Bronchopneumonie 81.
Katarrhformen, Darmschleimhaut 98.
Kavernen, bronchogene 84, 88.
— pneumiogene 84, 88.
Keimdrüsenveränderungen durch Röntgenstrahlen 184.
Keloidfibrom 34.
Kennzeichen der gut- und bösartigen Geschwülste 32.
Keratomalacie 67.
Kernauflösung 10.
Kerneinschlüsse, vgl. Histopathologie der 166.
Kernfasern 3.
Kernfragmentierung 24.
Kernstrangfasern bei MAREKscher Geflügellähme 147.
Kernteilungsfiguren, normale, pathologische 23.
Kernverdichtung 10.
Kernwandhyperchromatosis 10.
Kernwandsprossung (Nadelkissenbildung) 10.

Kernwucherung, atrophische
26.
Kernzerreißung 10.
Kernzerschnürung 24.
Klassifikation der Encephali-
tis lymphocytaria non
purulenta 139.
Kleinzelliges Spindelzellen-
sarkom 35.
Knochen 147.
Knopf(bouton)bildung in der
Darmschleimhaut bei
Schweinepest 103.
Knorpelabbau bei Rachitis 149.
Koagulationsnekrose im
Niereninfarkt 116.
— bei Tuberkulose 86.
Körpereigene, gefärbte Ab-
scheidungen 18.
Körperfremde Ablagerungen
21.
Kohlenstaubablagerung 21.
— (Lymphknoten) 61.
Kolliquationsnekrose bei Aph-
thenseuche 96.
Kolloid der Schilddrüse 127.
Kolloide Entartung 15.
Kolloidkrebs 42.
Kolloidstruma 126.
Kompressionsatelektase 72.
Kompressionsatrophie 2.
Konglutinationsriesenzellen
24, 85.
Konkrementbildungen 15, 17.
Konkremente der Prostata
122.
Kotyledonenveränderunge bei
Abortus-BANG-Infektion
124.
Krebse 42.
Krebsnabel 42.
Kropf (Struma) 126.
Kropfformen 126, 127.
Kükenruhr 49.

L.

LANGHANSsche Riesenzellen
bei Tuberkulose 84, 85.
Laryngotracheitis, Einschlußkörperchen 69, 143.
Laryngo-Tracheo-Bronchitis,
infektiöse 69.
Leber 104.
— bei infektiöser Anämie
(Pferd) 110.
— bei Leukämie 108.
— Phosphorvergiftung 8.
— progressive 7.
— regressive 8.
— Verfettung 7.
Leberamyloidose 15.
Leberatrophie, gelbe 105.
— rote 105.
Lebercirrhose, atrophische 107.
— hypertrophische 107.

Lebercoccidiose 112.
Leberdystrophie, toxische
beim Ferkel 105.
Leberegel, histologische Wir-
kung der 174.
Leberhämosiderose bei infek-
tiöser Anämie (Pferd) 111.
Leberstauung 104.
— akute 105.
Leberverhärtung (Cirrhose)
107.
— infolge Stauung 105.
Lecithin 6.
Leiomyoblastoma 34.
Leiomyoma fibrosum 34.
— uteri 33, 34.
Leishmanien, histologische
Wirkung der 173.
Leptomeningitis purulenta
145.
Leukämie (Begriffsbestim-
mung) 60.
— (lymphatische), Blutver-
änderungen 60.
Leukämie, lymphatische
(Leber) 109.
— (myeloische), Blutverände-
rungen 60.
— — (Leber) 109.
Leukämieleber 108.
Leukopenie (Begriffsbestim-
mung) 60.
Lichtwirkungen, Schädigung
durch 183.
Lipochrom 19.
Lipofuscin 3, 19.
— in Leberzellen 111.
Lipoide 6.
LIPSCHÜTZsche Strongylo-
plasmentheorie 167.
Lückenbildung im Zelleib 4.
Luftgehalt, vermehrter (Lun-
gen) 71.
— verminderter (Lungen) 71.
Luftröhre 67.
Lungen 71.
Lungenanthrakose 22.
Lungenemphysem 71.
Lungenentzündungen, Ein-
teilung 73.
— Entstehung 73.
— pathologische Anatomie 73.
— Ursache 73.
Lungenknötchen, tuberkulöse,
rotzige, parasitäre, gemein-
same und trennende histo-
logische Kennmale 91.
Lungenödem 72.
Lungenparenchym bei Lun-
genseuchepneumonie 77.
Lungenrotz, exsudative Form
89.
— produktive Form 89.
Lungenrotzknötchen 88.
Lungenseuche des Rindes 74.
Lungenseuchefeststellung 80.

Lungenseuchepathogenese,
schematische Darstellung
74.
Lungenseuchepneumonie, An-
fangs- und Frühstadien
74, 75.
— endobronchiale (bronchogene) Ausbreitung 75.
— peribronchiale (lympho-
gene) Ausbreitung 75.
Lungenstrongylose 91.
Lungentuberkulose 82.
— acinös-produktive 82.
— chronische 84.
— exsudative Prozesse 84.
— produktive Prozesse 84.
Lungenwurmknötchen beim
Pferd 90.
Lungenwurmseuche 91.
— Entwicklungskreis der
Lungenwürmer 92.
Lungenwürmer, Schadwirkung
92.
Lymphadenitis acuta simplex
61.
— chronische 61.
— einfache 61.
— eitrige 61.
— hämorrhagische 61.
Lymphadenose 60.
Lymphangioendotheliom 37.
Lymphatische Blutzellen bei
Leukämie 108.
— Leukämie (Leber) 109.
Lymphknoten 61.
— bei Tuberkulose 83, 84.
Lymphknotenanthrakose 21,
22.
Lymphknotenentzündung
(Lymphadenitis) 61.
Lymphknotenstruktur
(Schwein) 62, 63.
Lymphknotentuberkulose 22,
64.
Lymphknotenveränderungen
bei Schweinepest 62.
Lymphocyten bei Regene-
ration 25.
Lymphocytomatose 61.
Lymphopenie (Begriffsbestim-
mung) 60.
— bei Schweinepest 59.
Lymphoidzellenabstammung
bei infektiöser Anämie
(Leber, Pferd) 111.
Lymphoidzelltuberkel 86.
Lymphoplastische Sarkome 35.
Lymphstrom (Schweine-
lymphknoten) 62.

M.

Männliche Geschlechtsorgane
121.
Magen- und Darmkanal 97.
Magenkatarrh, chronischer 97.

Makrogliazellen bei Encephalitis lymphocytaria 136.
Makrophagen bei Regeneration 25.
Maligne Adenome 40.
— Melanome 39.
Malleusknötchen 88, 89.
Mammaadenom 42.
Mangelkrankheiten, vergleichende Histopathologie 177.
Manteltierchen 167.
MARCHI-Schollen 129.
MAREKsche Geflügellähme 146.
Mastitis 125.
— chronische 125, 126.
— subakute 125.
Mastzellen beiRegeneration25.
Maul- und Klauenseuche (Haut) 159.
Mechanische Einwirkungen, histologische Wirkung der 184.
Medullarkrebs=weicherKrebs 42.
Melanin 18.
Melanoblasten 18.
Melanome, maligne 39.
Melanoplastisches Sarkom (Melanosarkom) 39.
Meningitis bei nichteitriger Encephalitis 132, 133.
Mesenchymale Gewebe 30, 31.
Metachromasie bei Amyloidfärbung 15.
Metaplasie 29.
— direkte 29.
— indirekte 29.
Metastatische Geschwülste 32.
— Herdnephritis 118.
— Kalkablagerung 15.
MIESCHERsche Schläuche 153.
Mikrogliazellen bei Encephalitis lymphocytaria 136, 137.
Milben, histologische Wirkung der 177.
Miliare Rotzknötchen 89.
Miliartuberkel 82, 83.
Miliartuberkulose, Lymphknoten 21, 64.
Milz 65.
Milzinfarkte, anämische 66.
— gemischte 66.
— bei Schweinepest 66.
Milzschwellung, infektiöse, septische 65.
Mischgeschwülste 32, 45.
Mitosen 23.
— entartete 24.
— hyperchromatische 24.
— hypochromatische 24.
Monocyten bei Regeneration 25.
Mucin 14.

Mumifikation 10.
Mundhöhlenentzündung 93.
Mundhöhlengeschwür 94, 95.
Mund- und Rachenhöhle 92.
Muskatnußleber 105.
Muskeln 152.
Muskeldegeneration, hyalinschollige 152.
Muskelkernschläuche 3.
Muskelrheumatismus 152.
Muskeltrichinelle 156.
Muskulatur bei Aphthenseuche 152.
— bei Kalbefieber 152.
— bei Lumbago 152.
— bei Morbus maculosus 152.
— bei Myoglobinurie 152.
— bei Rauschbrand 152.
— bei Sepsis 152.
— bei Tetanus 152.
Muttermal 18.
Myeline 6.
Myelinfiguren 6.
Myelitis acuta non purulenta 131.
— purulenta 131, 144.
Myeloische Blutzellen bei Leukämie 108.
— Leukämie (Leber) 109.
Myoblastoma (Myoma) 34.
Myokard 48.
Myokardfibrose 49.
Myolyse 49, 153.
Myoma laevicellulare 34.
— striocellulare 34.
Myoplastische Sarkome 34.
Myosarkome 34.
Myosiderin 4.
Myositis eosinophilica 154.
Myxomatosis, Einschlußkörperchen bei 140.

N.

Nachgeburtszurückhaltung bei Abortus - BANG - Infektion 124.
Nährschadendegeneration von Nerven 129.
Nährschadenkrankheiten, vergleichende Histopathologie 177, 179.
Nährschadenlähmungen, Histopathologie 179.
Nährschadenneuritis 129.
Naevuszellengenese 19.
Naevuszellhaufen 18.
Narbengewebe 47.
Narbenkeloid 34.
Narbenniere, embolische 115, 117.
Nasen- und Nasennebenhöhlen 67.
Nasenentzündung 68.
Nasenschleimhautverhornung bei A-Avitaminose 67.

NEGRIsche Körperchen bei Tollwut 140, 141, 167.
Nekrobiose 10.
Nekrose 10.
— der Darmschleimhaut bei Schweinepest 103.
— einfache 10.
— Erweichungs- 10
— Gerinnungs- 10.
— der Hoden bei Abortus-BANG-Infektion 122.
— Koagulations- 10.
— Kolliquations- 10.
— im Rotzknötchen 89.
— im Tuberkel 83.
Nekrotisierende Enteritis 102.
Nematodenknötchen in den Lungen 90.
Nephritiden 117.
— anatomischeEinteilung118.
Nephritis, Ausscheidungs- 118, 121.
— eitrige 118, 119.
— embolische 118, 119.
— Glomerulo- 118.
— hämatogene 118, 119.
— interstitielle 118.
— metastatische 119.
— nichteitrige 118.
— urinogene 118.
Nephrosen 118.
Nervendegeneration-beiA-Avitaminose 128, 129, 130.
— auf der Grundlage von Nährschäden 129.
Nervenfaserndegeneration, bei A-Avitaminose 128, 129, 130.
— sekundäre bei Encephalitis lymphocytaria 138.
Nervengifte, histologische Wirkung der 181.
Nervensystem 127.
— bei Vitamin-A-Mangel 127.
Nervenzellenveränderungen bei A-Avitaminose 128.
Neubildungen 29.
— gutartige 32.
Neuritis, chronische, interstitielle bei MAREKscher Geflügellähme 146.
— lymphocytaria 138, **146**.
Neuroektodermale Gewebe 30, 31.
Neurolymphomatosis gallinarum 146.
Neuronophagie 135.
Neurotrope Viruskrankheiten, Entstehungsfolge der histologischen Veränderungen 164.
Neurotrophische Atrophie 2.
Nichteitrige Nephritis 118.
Nierenabscesse 119, 120.
Nierenblutungen beiSchweinepest 114.

Nierenentzündungen 117.
— anatomische Einteilung 118.
Nieren bei Fohlenlähme 119, 120.
Nierengicht 17.
Niereninfarkt 115.
— blander bei Schweinerotlauf 115, 116.

O.

Oligocytämie 60.
Organisation 27.
— bei Endocarditis 52.
— bei Pericarditis 50.
— von Thromben 55.
Organisationsherde, perivasculäre bei Lungenseuchepneumonie 75, 76, 77.
Organisationsprozesse bei Lungenseuchepneumonie 75.
Organisationsschichten, marginale bei Lungenseuchepneumonie 75, 77.
Organisationsvorgänge im subpleuralen und interstitiellen Gewebe bei Lungenseuchepneumonie 77.
Ossifikation, enchondrale, periostale bei Rachitis 149, 150.
Osteoblasten, bei Osteodystrophia fibrosa 149.
Osteoclasie bei Osteodystrophia fibrosa 148.
— bei Rachitis 150.
Osteoclastenriesenzellen bei Rachitis 151.
Osteodystrophia fibrosa (Ostitis fibrosa) 147.
Osteogenesis imperfecta 151.
Osteoidbälkchen bei Osteodystrophia fibrosa 149.
Osteoidgewebe bei Rachitis 149.
Osteomalacie 147, **151.**
Osteoplastisches Sarkom 37.
Ödem, entzündliches 73.
— kollaterales 73.
— Lungen 72.
— Stauungs- 72, 73.
Oestrus ovis, histologische Wirkung 177.

P.

Pallisadenwürmer, histologische Wirkung der 176.
Papilliferes Adenom (Gallengänge) 41.
Papillifere Wucherungen der Gallengangsepithelien bei Coccidiose 112, 113.

Papillom 39.
Papillomatosis 39.
Parabronchitische Herde bei Lungenseuche 79.
Parasitäre Cirrhosen 107.
Parasitäre Krankheiten, vergleichende, Histopathologie der 173—177.
— 1. Protozoen 173—174.
— 2. Würmer 174—176.
— 3. Gliedertiere 176—177.
Parasitäre Lungenknötchen, Unterscheidung von Rotzknötchen 91.
Parasitismus und A-Avitaminose 178.
Parenchymgifte, histologische Wirkung der 181.
Parenchyminfarkte in der Milz bei Schweinepest 66.
Passagekörperchen 169.
Passagewutkörperchen 141.
Pathogenese, Schweinepest 59.
Periarteriitis 55.
Peribronchiales Gewebe bei Lungenseuchepneumonie 79.
Pericarditis fibrinosa (sicca) 50.
— tuberculosa 51.
— urica 17.
Periglomeruläre Blutung bei Schweinepest 115.
Perikard 50.
Peripherische Nerven 127.
Peritheliome 39.
Perivasculäre Blutungen in den Nieren bei Schweinepest 114.
— Zellinfiltrate bei nichteitriger Encephalitis 133.
Pharyngitis 93.
Phlegmone 157.
Phosphatide 6.
Phrenosin 6.
Pigmente, autochthone 18.
— endogene 18.
— exogene 21.
Pigmentierungen, exogene 18.
— hämoglobinogene 19.
— schwärzliche 23.
Pigmentnaevus 18.
Pigmentstoffwechselstörungen 18.
Piroplasmen, histologische Wirkung der 173.
Plasmazellen bei Regeneration 25.
Plasmodien 24.
Plattenepithel, verhornendes bei A-Avitaminose 68.
Plattenepithelcarcinome 42.
Plattenepithelkrebs (Haut) 42.
— verhornender 43.
Plattwürmer, histologische Wirkung der 174.

Pleuritis bei Lungenseuchepneumonie 77.
— tuberkulöse 87.
Plexuscholesteatome 17.
Pneumiogene Kavernen bei Tuberkulose 84, 88.
Pneumokoniosen 22.
Pneumonie, acinöse, tuberkulöse 87, 88.
— fibrinöse 74.
— bei Hundestaupe 81.
— indurierende 78.
— käsige 82.
— katarrhalische, fibrinöse 74, 81.
— perifokale 83.
Pneumonien 73.
— Einteilung 73.
— Entstehung 73.
— Pathogenese 73.
— Pathologische Anatomie 73.
— Ursache 73.
Pockenerkrankung der Mundhöhle (Huhn) 95.
Poikilocytose 60.
Polyblasten bei nichteitriger Encephalitis 133.
— bei Regeneration 25.
Polychromasie 60.
Polychromatophilie 60.
Polyglobulie 60.
Polykaryocyten 25.
Polymorphkerniges Sarkom 36.
Polyneuritis gallinarum 129.
Polyoencephalomyelitis 139.
Postfetale Blutbildungsstätten 108.
Primäre Heilung 27.
Primärkomplex, tuberk. 83.
Produktive Entzündung 46.
— Prozesse bei Tuberkulose 84.
Progressive Zell- und Gewebsveränderungen 23.
Proliferationsriesenzellen 24, 85.
Proliferative Entzündung 46.
Prostatahypertrophie 121.
Prostatakonkremente 122.
Protozoenkrankheiten, vergleichende Histopathologie der 173—174.
PROWAZEKsche Hypothese der Einschlußkörperchen 167.
Pseudohypertrophia lipomatosa 3.
Pseudohypertrophie 26.
Pseudomembran bei Geflügeldiphtherie 95.
Pseudoneuronophagie 135.
Pullorumknötchen (Herzmuskel) 49.
Pullorumkrankheit 49.
Pulpöse Hyperplasie (Milz) 65.
Pyelonephritis 118.

Pyknosis (Kernverdichtung) 10.
Pyosepticämie (Nieren, Fohlen) 119, 120.

R.

Rachendiphtherie beim Geflügel 95.
Rachenhöhle 92.
Rachitis 149.
Radiumstrahlen, Schädigung durch 184.
Räudeformen, Histologie 177.
Randinfarkte in der Milz bei Schweinepest 66.
Rectumcarcinom 44.
Regeneration 24.
— des Gallengangsepithels bei Coccidiose 113.
— bei Lebercirrhose 108.
— luxuriöse 25.
Regenerationsvermögen verschiedener Gewebe 26.
Regressive Zell- und Gewebsveränderungen 2.
Reife Bindesubstanzgeschwülste 33.
— Deckepithelgeschwulst 39.
— Drüsenepithelgeschwülste 40.
— epitheliale Geschwülste 39.
— Geschwülste 30, 31, 32.
Reisneuritis 129.
Reparative Entzündung 46.
Resorptionsikterus 20.
Retentio placentae bei Abortus-BANG-Infektion 124.
Retentionsikterus 20.
— (Leber) 21.
Reticuloendothel der Leber bei infektiöser Anämie, Pferd 110.
Reticuloendothelaktivierung bei septischer Milzschwellung 65.
Rhabdomyom 34.
Rhinitis 68.
— akute 68.
— chronische 68.
— eitrige 68.
— katarrhalische 68.
— pseudomembranöse 68.
Riesenzellen 24.
— bei Tuberkulose 84, 85.
Riesenzellenentstehung bei Tuberkulose 85.
Riesenzellsarkom 37.
Rinderencephalitis, enzootische 132.
Rinderpestencephalitis 132.
Röhrentuberkulose 88.
Röntgenstrahlen, Schädigung durch 183.
Rote Infarkte der Nieren 105.
— Leberatrophie 115.

Rote Ruhr beim Rind 100.
Rotlaufendocarditis 51, 52.
Rotzknötchen, exsudative Form 89.
— in den Lungen 88.
— Unterscheidung von parasitären Knötchen 91.
Rückenmark 127.
Rückenmarksabscesse 144.
Rückenmarksentzündung 131.
Rückläufige Zell- und Gewebsveränderungen 2.
Ruhr, rote beim Rind 100.
Rundzellensarkom 34.
— großzelliges 34, 35.
RUSSELsche Körperchen 13.

S.

Sagomilz 14.
Sarcocystis Miescheriana 153.
— tenella 153.
Sarcosporidien, histologische Wirkung der 173.
Sarcosporidiose 153.
Sarkom, angioplastisches 37.
— chondroplastisches 37.
— melanoplastisches 39.
— osteoplastisches 37.
— polymorphzelliges 36.
Sarkome 34.
— höherer Gewebsreife 37.
— niederster Gewebsreife 34.
— lymphoplastische 35.
— myoplastische 34.
Satellitismus 134, 135.
Schafencephalitis 132.
Schilddrüsenhyperplasie 126.
Schilddrüsenkolloid 127.
Schinkenmilz 14.
Schichtungskörper (Hautkrebs) 43.
Schlagaderausbuchtung 55.
Schlagaderentzündung 55.
Schleim 14.
Schleimhautpolypen 97.
Schleimhautveränderungen durch Giftwirkung 180.
Schleimhautverhornung bei A-Avitaminose 67.
Schleimige Entartung 13.
Schlunddrüsenverhornung bei A-Avitaminose 92.
Schnüffelkrankheit (Schwein) 147.
Schrumpfniere 118, 119.
Schutzeinrichtungen, histologische und A-Avitaminose 178.
Schutzmechanismus-Zerstörung der Schleimhäute bei A-Avitaminose 68.
Schweinepest, Darmveränderungen 102.
Schweinepestdiagnose, histologische 59.

Schweinepest-Encephalitis 132.
— Gefäßwandveränderungen 57, 58, 59.
— Pathogenes 59.
Schwärzliche Pigmentierungen 23.
Schwellung, trübe 4.
— — (Myokard) 4.
Scirrhus = harter Krebs 42.
Sehnenflecke 50.
Seifen, fettsaure 6.
Selbständiges Wachstum (Geschwülste, Gewächse) 29.
Selbstvergiftung 182.
— = Autointoxikation = Endogene Toxikosen 182.
Septineuritis 132.
Septische Milzschwellung 65.
Sequester bei Lungenseuche-Pneumonie 79.
Siderocyten bei infektiöser Anämie (Leber, Pferd) 110.
Siderosis 22.
Skorbut, Histopathologie 179·
Sonnenlichtbestrahlung, histologische Wirkung der 183.
— Schädigung durch 183.
Speckmilz 14.
Speicheldrüsenviruskrankheit (Meerschweinchen), Einschlußkörperchen 143.
Speiseröhre 92.
Spezifische Entzündung 47.
Sphingogalaktoside 6.
Sphingomyelin 6.
Spinale Kinderlähmung 132.
Spindelzellensarkom 35.
— kleinzelliges 35.
Spinnentiere, histologische Wirkung der 176.
Sporozoen, histologische Wirkung der 173.
Spulwürmer, histologische Wirkung der 176.
Stäbchenzellen im Zentralnervensystem 136.
Stagnationsthromben 55.
Staupekörperchen 143.
Stauungscirrhose der Leber 105.
Stauungshyperämie der Leber 104.
Stauungsinduration der Leber 105.
Stauungsikterus 20.
Stauungskatarrh 97, 98.
Stauungsleber 104.
Stauungsödem, Lunge 72.
Störungen des Pigmentstoffwechsels 18.
Stoffwechselgifte, histologische Wirkung der 181.
Stomatitis 93.
— erosiva, ulcerosa 94.

Stomatitis pseudomembra-
nacea 95.
— vesiculosa 95.
Strahlenpilzerkrankung, Haut
161.
Strahlenwirkungen, Schädi-
gung durch 183.
Strangerkrankungen 8.
Strangfasern bei MAREKscher
Geflügellähme 147.
Streptokokkenmastitis 125.
Strongyloidea, histologische
Wirkung der 176.
Strongyloplasmen 167.
Struma (Kropf) 126.
— colloides 9, 126, 127.
— maligna 126.
— parenchymatosa 126.
Subcutane Phlegmone 157,158.
Superfunktionsikterus 20.
Superregeneration 26.
Syncytien 24, 85.

T.

Teratome 45.
Thermische Einwirkungen,
histologische Wirkung 182.
Thromben, blande 55.
— gemischte 55.
— geschichtete 55.
— Zusammensetzung der 55.
Thrombendarteriitis 56.
— Folgen der 57.
— verminosa 56.
Thromboendocarditis ulcerosa
51.
— verrucosa 51.
Thrombose 55.
— bei Phlegmone 158.
Thrombus, obturierender 55.
— wandständiger 56.
Tigerherz 48.
Tochtergeschwülste 32.
Tollwutencephalitis 132.
Tollwutkörperchen 140, 167.
— verschiedene Formen 141.
Toxische Leberdystrophie bei
Ferkel 105.
Toxoplasmen, histologische
Wirkung der 173.
Tracheo-Bronchitis, infektiöse
69.
Transplantation von Geweben
29.
Trichomonas meleagridis,
histologische Wirkung 173.
Trichinella spiralis 155.
Trichinellen-Entwicklungs-
gang 156.
Trichinellose 155.
Trübung, albuminöse 4.
Trypanosomen, histologische
Wirkung der 173.
Tuberkel, Unterscheidung von
Rotz- und parasitären
Knötchen 91.

Tuberkulose der Lungen 82.
— Lymphknoten 64.
Tuberkulöse Primärinfektion
und Folgen 83.
Tubulöses Endotheliom 38.
Typhlitis, durch Coccidien ver-
ursacht 100.
Typische Geschwülste 30, 31,
32.

U.

Überpflanzung (Transplantation) von Geweben 29.
Überschußkrankheiten, vergleichende Histopathologie
der 177, 179.
Unmittelbare Heilung 27.
Unreife Bindesubstanzge-
schwülste (Sarkome) 34.
— epitheliale Geschwülste 42.
— Geschwülste 30, 31, 32.
Urinogene Nephritis 118.

V.

Vaccineeinschlußkörperchen
170.
Vakatwucherung 3.
Vakuolenbildung im Zelleib 4.
Varicellen, Einschlußkörperchen 143.
Vasculäre Zellinfiltrate bei
nichteitriger Encephalitis
133.
Verdauungsorgane 92.
Verfettung 5.
— Leber 7.
— progressive 5.
— regressive 5, 6.
Vergiftungen,Vergleich. Histopathologie der 179—182.
— endogene Toxikosen 182.
— exogene Toxikosen 180—
181.
Vergleichende Histopathologie
163—184.
— — Bakt. Krankheiten 170
—172.
— — Mangel-, Nährschaden-
undÜberschußkrank-
heiten 177—179.
— — Parasitäre Krankheiten
173—177.
— — Thermische,elektrische.
Licht- und Strahlen-
wirkungen, mecha-
nische Einflüsse 182
—184.
— — Vergiftungen 179—182.
— — Viruskrankheiten 163
—170.
Verhärtung der Leber 107.
Verkäsung, strahlige 64.
Verkalkung, dystrophische 15.
— — im Rotzknötchen 89.
— — bei Tuberkulose 86.

Verkalkung, dystrophische
— — in Wurmknötchen 91.
— von Gefäßen (Hypervita-
minose D) 52.
Verkalkung vonMilzgefäßen54.
— bei Trichinellose 157.
Verhornung bei A-Avitami-
nose der oberen Verdau-
ungswege 92.
— krankhafte 11.
— Nasenschleimhaut bei A-
Avitaminose 67.
Verhornender Plattenepithelkrebs 43.
— Verhalten der Kernsub-
stanzen 12.
— im Tuberkel 83.
Verstopfungsatelektase 72.
Vesiculäre Hautentzündung
bei Aphthenseuche 159.
Virulenzgrad der Infektionserreger und Beeinflussung
der histologischen Veränderungen 171.
Virusarten, Gewebsauswahl
der 165.
Virusdermatosen 159.
Virus III-Infektion (Kan.),
Einschlußkörperchen 143.
Viruskrankheiten, dermatotrope, Entstehungsfolge
und Art der histologi-
schen Veränderungen
164, 165.
— Lokalisation der Gewebsveränderungen 165.
— neurotrope, Entstehungsfolge und Art der histo-
logischen Veränderun-
gen 164.
— mit produktiver Artung
der Veränderungen 165.
— mit septicämischem Cha-
rakter, Entstehung und
Art der histologischen
Veränderungen 165.
Viruswanderung bei den Viruskrankheiten des Zentral-
nervensystems 143, 164.
Viscerale Nerven 127.
Vitamin-A-Mangel, Veränderungen des Nervensystems
127.

W.

Wachsleber 14.
WALLERsche Degeneration
der Nervenfasern 138.
Wandertrichinellen 156.
Wanderzellen bei Organisation
28.
Weibliche Geschlechtsorgane
124.
Weißblütigkeit 60.
— Leber 108, 109.
Weißes Fleisch 152.

Wundheilung 26.
Wurmanämie 19.
Wurmknötchen in den Pferdelungen 90.
— — fibröse 90.
— — grau durchscheinende
90.
— — verkalkte 91.
Wurmkrankheiten, verglei-
chende Histopathologie der
174—176.

X.

Xerophthalmie 67.
Xantoproteinreaktion 4.

Z.

Zell- und Gewebsverände-
rungen, progressive 23.
— und Kerneinschlüsse, vgl.
Histopathologie der 166.
— und Kerneinschlüsse 166.
— — künstliche Erzeugung
der 169.

Zell- und Kerneinschlüsse,
Natur der 166—167.
— — verschiedener Zellarten
166.
Zelldegenerationsprodukte
und Einschlußkörperchen
167.
Zelleinschlüsse, durch elektrische Ströme 169.
— künstliche, bei Vergiftungen 169.
— durch Toxinwirkung 169.
Zellen bei Leberleukämie 110.
Zellentartung, ballonierende 5.
— — bei Myxomatosis 5.
— retikulierende 5.
Zellentartungen 4.
— durch Anhäufung von
Stoffwechselprodukten
und durch Befall mit
Parasiten 9.
Zellige Infiltrate bei nichteitriger Encephalitis 133.
Zellinfiltrate, vasculäre, perivasculäre bei Encephalitis
132, 133.

Zellmäntel um Gefäße bei
nichteitriger Encephalitis
133.
Zellteilung, direkte 24.
— indirekte 23.
Zellvermehrung, Pathologie
der 23.
Zellverwilderung 36.
Zellvorgänge bei Organisation
28.
Zentralnervensystem 127.
Zerebrospinalflüssigkeit bei
nichteitriger Encephalitis
135.
Zirrhotische Formen der
Tuberkulose 84.
Zuckergußherz 51.
Zuckerharnruhr 8.
Zungenblase bei Aphthen-
seuche 96.
Zungendrüsenverhornung bei
A-Avitaminose 92, 93.
Zusammengesetzte Gewebe
30, 31.
Zweckmäßigkeitswachstum
24.
Zylinderepithelcarcinome 42.